科学出版社“十四五”普通高等教育

大学数学教学与改革丛书

线性代数

(新工科版)

徐运阁　曾祥勇　陈　媛　编

科学出版社

北　京

内 容 简 介

本书内容主要包括线性方程组、线性变换与矩阵、相似矩阵与二次型理论. 本书以线性方程组与线性变换的矩阵表示为主线, 以更符合学生认知规律的体系展开内容, 力求阐述线性代数相关概念与定理产生的历史背景与科学动机, 体现线性代数的本质; 强调几何直观与代数方法的有机结合, 使抽象概念、理论可视化; 并适当拓展线性代数在现代科技、工程、经济等领域的广泛应用, 以适应新工科建设对数学知识、方法、思维和能力提出的新要求.

本书可作为普通高等学校理科、经济、工科学科等非数学本科专业的线性代数教材, 也可作为上述各专业领域读者的参考书.

图书在版编目(CIP)数据

线性代数: 新工科版/徐运阁, 曾祥勇, 陈媛编. —北京: 科学出版社, 2022.7
(大学数学教学与改革丛书)
科学出版社"十四五"普通高等教育本科规划教材

ISBN 978-7-03-072321-5

Ⅰ. ①线… Ⅱ. ①徐… ②曾… ③陈… Ⅲ. ①线性代数-高等学校-教材 Ⅳ. ①O151.2

中国版本图书馆 CIP 数据核字(2022) 第 086196 号

责任编辑: 王 晶 / 责任校对: 高 嵘
责任印制: 彭 超 / 封面设计: 无极书装

科学出版社 出版
北京东黄城根北街 16 号
邮政编码: 100717
http://www.sciencep.com
武汉市首壹印务有限公司 印刷
科学出版社发行 各地新华书店经销
*
2022 年 7 月第 一 版 开本: 787×1092 1/16
2022 年 7 月第一次印刷 印张: 14 1/4
字数: 335 000
定价: 49.80 元
(如有印装质量问题, 我社负责调换)

前　　言

2017 年以来, 教育部积极推进“新工科”建设, 坚持以学生为中心, 以问题为导向, 探索工程教育改革的新模式. “线性代数”作为新工科建设的重要基础课程之一, 需要在新理念、新行动引领下开展理性自觉的教学改革, 以适应新工科建设提出的新要求.

“线性代数”是数学、计算机、电子类、经济学等各专业的基础课程, 主要包括线性空间及其线性变换理论. 瑞典数学家 L. 戈丁在其著作《数学概观》中指出, 如果不熟悉线性代数的概念, 像线性性质、向量、线性空间、矩阵等等, 要去学习自然科学, 现在看来就和文盲差不多, 甚至可能学习社会科学也是如此. 然而, 按照现行的国际标准, 线性代数是通过公理化来表述的, 它是第二代数学模型……, 这就带来了教学上的困难. 目前国内许多优秀的线性代数教材及教学方法为我国培养了一批又一批科技人才. 这些教材以模块化的结构组织内容, 以公理化体系展开, 具有抽象性与严谨性的特点, 兼之匹配硕士研究生考试大纲以及国内课程学时, 成为国内高校使用最为广泛的教材. 然而, 正由于其高度的抽象性与严谨性导致数学直观性的缺失, 模块化的结构体系不适合初学者的认知规律, 这些教材也被广大初学者所诟病. 尽管有些教材增加相应的数学实验, 但在实际教学中并未得到真正重视与落实. 另外, 线性代数的教学也存在与专业学习、专业能力发展关联度过低的问题, 学生学习线性代数后体会不到该课程对专业发展的支撑作用.

本书强调以下几个方面.

(1) 借助几何直观, 将抽象内容可视化. 书中对绝大多数重要概念、定理都辅以清晰的几何直观, 帮助学生建立数学直觉, 有助于理解抽象的数学概念, 进而理解线性代数的本质. 例如：通过直线和平面的参数方程阐明线性方程组解的结构定理; 通过直线或平面的平移来阐释齐次与非齐次线性方程组解的结构和联系; 用线性变换的分解 (分解为坐标变换与对角变换) 来解释矩阵的相似与相似对角化; 用线性变换对向量的旋转或缩放作用来帮助学生理解特征值与特征向量等.

(2) 动机主导, 理清每个概念与定理产生的背景与动机. 在教学实践中, 我们发现许多学生对线性代数课程产生畏惧心理的重要原因之一是不理解教科书中的概念产生的动机. 例如：初学者不理解矩阵的乘法、行列式、秩、矩阵的相似等概念为什么会那样去定义; 不理解线性方程组解的结构定理、矩阵相似对角化定理等重要定理的动机与本质. 为此, 我们通过融入数学史揭示概念或定理产生的历史背景, 或者深入剖析概念或定理产生的科学动机, 让学生不仅“知其然”, 还要“知其所以然”. 例如：在没有直接给出行列式的定义时, 通过揭示行列式表示列向量所张成的 (超) 平行四面体的“体积”或作为线性变换的缩放系数来引入行列式; 通过直线或平面的参数方程阐明线性方程组解的结构定理及科学动机等.

(3) 以更符合学生认知规律的体系展开内容. 全书没有像大部分“线性代数”课程按照“行列式、矩阵、线性方程组、特征值与特征向量、二次型、线性变换”模块化的体系编制, 而是按照学生的认知规律, 从线性方程组的代数角度、几何角度与线性变换角度着手, 以线性变换及其矩阵表示为主线展开内容. 我们并没有急于定义抽象的秩的概念, 而是以更容易理解的增广矩阵的初等变换及主列数为工具展开线性方程组与线性空间理论; 以线性变换为动机和主线, 展开矩阵及其运算、行列式、逆矩阵及矩阵的秩、相似矩阵、特征值与特征向量、相似对角化等内容. 例如: 通过矩阵与向量相乘自然地过渡到矩阵与矩阵相乘, 然后再推导出矩阵乘法的常见定义; 对行列式的处理也颇具特色, 通过线性变换的缩放系数引入行列式, 利用行列式的性质定义行列式, 并由此推导出行列式的代数刻画 (不同行不同列 n 个元素乘积的代数和). 我们也没有一开始就急于定义矩阵的秩, 而是借助行阶梯形与主列数来替代矩阵的秩解决相关问题, 不断强化对“主列数”的理解, 再水到渠成地将“主列数”定义为矩阵的“列秩”, 进而证明列秩等于行秩, 最后给出矩阵秩的代数刻画等.

(4) 适应新工科建设的时代需求. 新工科建设对数学知识、方法、思维和能力提出新的要求, 对数学知识的交叉运用提出更高的要求. 例如：新工科对最优化理论、数值方法等知识的需要日益迫切, 适当增加 $\boldsymbol{LU}$ 分解、最小二乘法、最小二乘逼近、奇异值分解等在新工科应用广泛的内容; 同时, 重视融入反映工科专业实际问题的案例, 重视数学文化的渗透, 将思政元素与专业知识有机融合, 引导学生探索现代科技背后的数学应用原理, 不仅有助于学生在学习中感受科技发展的巨大魅力, 激发他们的学习热情与求知欲, 也有助于避免他们产生“学这些理论知识有什么用”的学习困惑, 实现教学内容与工科专业学习的相融相通, 培养学生的实践创新能力.

除此之外, 对习题分层. 全书大部分章节不仅对每小节配备习题, 而且针对每章学习内容不同, 将所配置的习题分为 A、B、C 三组. A 组是基础题目, 紧扣章节内容; B 组具有中等难度, 适宜学生能力的培养; C 组习题与每章后的总复习题有利于开阔学生的视野. 同时, 这样安排习题有助于教师根据学生的实际情况分层教学, 因材施教.

本书在作者多年线性代数教学的讲义的基础上编写而成. 书中带“*”号的章节可视学生的能力及专业要求由教师决定是否讲授. 本书的出版感谢湖北大学数学与统计学学院对本课程建设的关心和支持, 感谢付辉敬老师、章舜哲老师、李丽莎老师、田诗竹老师、李娟老师及朱海莹、赵心怡、赵薇等同学对本书进行讨论与校对, 并提出了许多宝贵的意见与建议, 感谢湖北大学付应雄教授、毛泽春教授、黄冈师范学院彭锦教授、武汉大学胡新启教授给予的支持与帮助, 感谢贵州大学章超教授对本书给予宝贵的修改建议. 在本书的编写过程中, 我们也参考了许多“线性代数”教材以及互联网上的相关资料, 在此一并致谢!

由于编者水平有限, 书中不当之处在所难免, 恳请读者批评指正!

徐运阁　曾祥勇　陈　媛

2021 年 11 月

目　　录

第 1 章

线性方程组

线性方程组是线性代数的核心内容之一. 线性方程组的解法早在中国古代的数学著作《九章算术》中就有比较完整的叙述, 所述方法本质上就是高斯 (Gauss) 消元法. 在西方, 线性方程组的研究是在 17 世纪后期由莱布尼茨 (Leibniz) 开创的, 他曾研究含两个未知量的三个方程组成的线性方程组. 在 18 世纪上半叶, 麦克劳林 (Maclaurin) 研究了含二个、三个、四个未知量的线性方程组, 得到了现在称为克拉默 (Cramer) 法则的结果; 克拉默不久后也发表了这个法则. 18 世纪下半叶, 法国数学家贝祖 (Bézou) 对线性方程组理论进行一系列的研究, 给出由 n 个方程组成的 n 元齐次线性方程组有非零解的充要条件是系数行列式等于零. 19 世纪英国数学家史密斯 (Smith) 和道奇森 (Dodgson) 继续研究线性方程组理论, 前者引入了增广矩阵等概念, 后者证明了线性方程组有解的充要条件 (即系数矩阵的秩等于增广矩阵的秩), 该结果连同线性方程组解的结构理论成为现代线性方程组理论的基石, 也是贯穿线性代数始终的最基本的方法.

1.1 线性方程组的概念与矩阵

1949 年哈佛大学列昂惕夫教授根据美国劳动统计局提供的约 25 万条信息, 通过他发明的投入–产出模型, 简化为包含 42 个未知数的 42 个方程的线性方程组, 并利用当时最大的计算机 Mark II 运行了 56 个小时最终得到该线性方程组的解, 标志着应用计算机分析大规模数学模型的开始. 1973 年列昂惕夫获得了诺贝尔经济学奖, 打开了研究经济数学模型的新时代的大门. 线性方程组历来是代数学的主要研究对象之一, 在现代科技的各个领域, 如石油勘探、电路设计、医学诊断等都有着广泛的应用.

例如, 计算机体层成像 (computed tomography, CT) 已成为现代医学诊断的重要手段之一. CT 成像基本原理是用 X 线束对人体检查部位一定厚度的层面进行扫描, 由探测器接收透过该层面的 X 线, 转变为可见光后, 由光电转换器转变为电信号, 再经模拟/数字转换器转为数字信号, 输入计算机处理. 将选定层面分成若干个体积相同的长方体, 称为体素 (voxel). 扫描所得信息经计算而获得每个体素的 X 线衰减系数或吸收系数, 再排列成矩阵, 即数字矩阵 (按行、列排成的数表), 经数字/模拟转换器把数字矩阵中的每个数字转为由黑到白不等灰度的小方块, 即像素 (pixel), 并按矩阵排列, 便构成 CT 图像, 如图 1.1.1 所示.

在一均匀物体中, X 线的衰减服从指数规律 $I = I_0\mathrm{e}^{-\mu L}$, 其中 I 是 X 线透过物体后的强度, I_0 是入射 X 射线的强度, μ 是线性吸收系数, L 是物体的宽度, 如图 1.1.2 所示.

在 X 线穿透人体器官或组织时, 由于人体器官或组织是由多种物质成分和不同的密度构成的, 所以各点对 X 线的吸收系数 μ 是不同的.

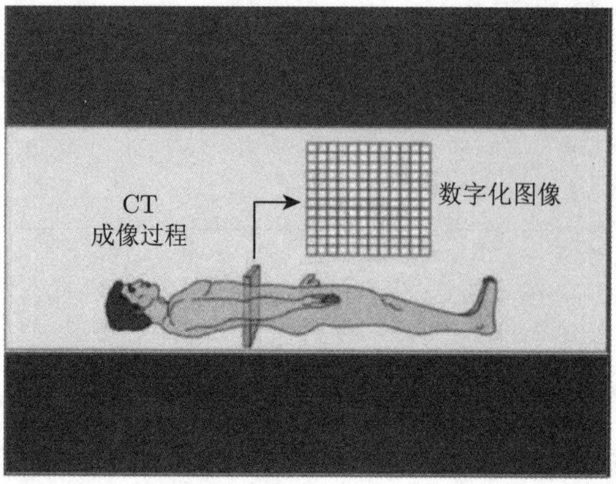

图 1.1.1

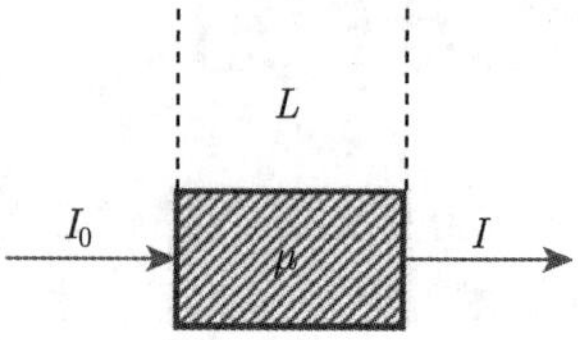

图 1.1.2

设沿 X 线束通过的物体分割成的许多小单元体 (体素) 的厚度 (L_i) 足够小, 使得每个体素均匀, 每个体素的吸收系数 μ_i 为常值, 如果 X 线的入射强度 I_0、透射强度 I_i 和体素的厚度 d_i 均为已知, 沿着 X 线通过路径上的吸收系数之和 $d_1\mu_1+d_2\mu_2+\cdots+d_n\mu_n=p_i=\ln\dfrac{I_0}{I_i}$ 就可计算出来. 例如, 由图 1.1.3 可得到

$$\begin{cases}\mu_1+\mu_2=7\\ \mu_3+\mu_4=10\\ \mu_1+\mu_3=8\\ \mu_2+\mu_4=9\\ \mu_1+\mu_4=12\end{cases}$$

从而解得 $\mu_1=5,\mu_2=2,\mu_3=3,\mu_4=7$.

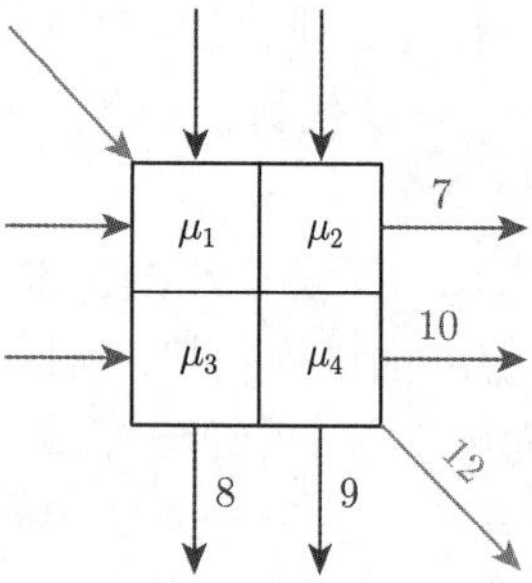

图 1.1.3

设一个部位的断层扫描数字矩阵为

$$\begin{pmatrix}\mu_{11}&\mu_{12}&\cdots&\mu_{1n}\\ \mu_{21}&\mu_{22}&\cdots&\mu_{2n}\\ \vdots&\vdots&&\vdots\\ \mu_{m1}&\mu_{m2}&\cdots&\mu_{mn}\end{pmatrix}$$

每一次扫描都可以得到一个方程, 即

$$\sum_{i=1}^{m}\sum_{j=1}^{n}a_{ij}^{k}\mu_{ij}=p_k \tag{1.1.1}$$

式中：a_{ij}^{k} 表示第 (i,j)-体素的宽度. 为了建立 CT 图像, 必须先求出每个体素的吸收系数 μ_{ij} $(i=1,2,\cdots,m;j=1,2,\cdots,n)$. 为求出 mn 个吸收

系数, 需要建立由式 (1.1.1) 一样 $s(\geqslant mn)$ 个方程组成的方程组

$$\begin{cases} a_{11}^1\mu_{11} + a_{12}^1\mu_{12} + \cdots + a_{mn}^1\mu_{mn} = p_1 \\ a_{11}^2\mu_{11} + a_{12}^2\mu_{12} + \cdots + a_{mn}^2\mu_{mn} = p_2 \\ \cdots\cdots \\ a_{11}^s\mu_{11} + a_{12}^s\mu_{12} + \cdots + a_{mn}^s\mu_{mn} = p_s \end{cases} \tag{1.1.2}$$

因此, CT 成像装置要从不同方向进行 s 次扫描, 来获取足够的数据建立求解吸收系数的方程, 如图 1.1.4 所示. 再将图像上各像素的 CT 值转换为灰度, 得到图像的灰度分布, 就形成 CT 影像.

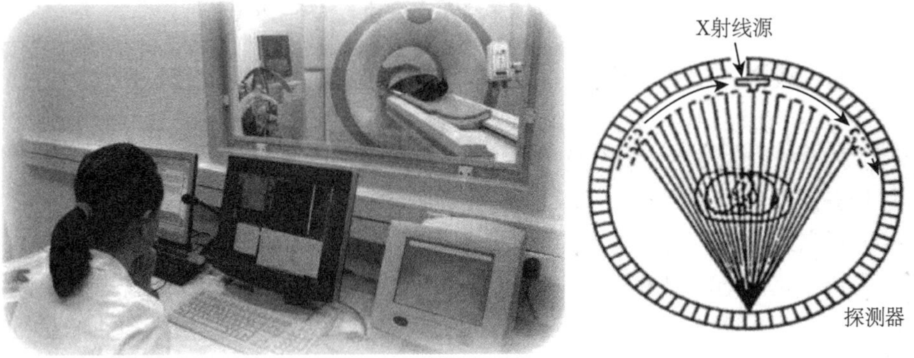

(a)　　　　(b)

图 1.1.4

但求解方程组 (1.1.2) 则需要线性代数这一强大的数学工具.

又例如, 为了配平甲烷 (CH_4) 燃烧的化学方程式

$$CH_4 + O_2 \longrightarrow CO_2 + H_2O$$

设

$$x_1CH_4 + x_2O_2 = x_3CO_2 + x_4H_2O$$

从而

	左边		右边	
碳 C	x_1	$=$	x_3	
氢 H	$4x_1$	$=$		$2x_4$
氧 O	$2x_2$	$=$	$2x_3$	$+x_4$

由此得到方程组

$$\begin{cases} x_1 \quad -x_3 \quad = 0 \\ 4x_1 \quad -2x_4 = 0 \\ 2x_2 - 2x_3 - x_4 = 0 \end{cases}$$

由解析几何可知, 形如 $ax_1+bx_2=c$ 的方程表示平面上的一条直线, 形如 $ax_1+bx_2+cx_3=d$ 的方程表示空间中的一个平面等. 一般地, 将形如

$$a_1x_1+a_2x_2+\cdots+a_nx_n=b \quad (a_1,a_2,\cdots,a_n;b\in\mathbf{R})$$

的方程称为线性方程, 其中 $\mathbf{R}$ 表示实数域. 由有限个线性方程组成的方程组称为线性方程组. 更具体地, 有如下定义.

定义 1.1.1 形如

$$\begin{cases} a_{11}x_1+a_{12}x_2+\cdots+a_{1n}x_n=b_1 \\ a_{21}x_1+a_{22}x_2+\cdots+a_{2n}x_n=b_2 \\ \cdots\cdots \\ a_{m1}x_1+a_{m2}x_2+\cdots+a_{mn}x_n=b_m \end{cases} \tag{1.1.3}$$

的方程组, 称为**线性方程组**. 式中: $x_1,x_2,\cdots,x_n$ 表示 n 个未知量; m 为方程的个数; a_{ij} $(i=1,2,\cdots,m;j=1,2,\cdots,n)$ 称为方程组的**系数**; b_i $(i=1,2,\cdots,m)$ 称为**常数项**. 如果常数项 b_i $(1\leqslant i\leqslant m)$ 不全为零, 那么式 (1.1.3) 称为**非齐次线性方程组**; 否则, 式 (1.1.3) 称为**齐次线性方程组**.

在科学研究或经济领域所用到的线性方程组往往是含有许多个未知量、许多个方程的线性方程组. 例如, 列昂惕夫的投入–产出模型简化前所使用的线性方程组就是含有 500 个未知量、500 个方程的线性方程组. 对于如此复杂的线性方程组, 可引入简化的记号.

首先固定未知量的顺序不变, 将系数 a_{ij} 按照在式 (1.1.3) 中的顺序排为

$$\boldsymbol{A}=\begin{pmatrix} a_{11} & a_{12} & \cdots & a_{1n} \\ a_{21} & a_{22} & \cdots & a_{2n} \\ \vdots & \vdots & & \vdots \\ a_{m1} & a_{m2} & \cdots & a_{mn} \end{pmatrix} \tag{1.1.4}$$

再将常数项 $b_1,b_2,\cdots,b_m$ 加在式 (1.1.4) 的最后一列, 于是得到

$$\overline{\boldsymbol{A}}=\left(\begin{array}{cccc|c} a_{11} & a_{12} & \cdots & a_{1n} & b_1 \\ a_{21} & a_{22} & \cdots & a_{2n} & b_2 \\ \vdots & \vdots & & \vdots & \vdots \\ a_{m1} & a_{m2} & \cdots & a_{mn} & b_m \end{array}\right) \tag{1.1.5}$$

式 (1.1.4) 和式 (1.1.5) 称为矩阵, 可用来简化线性方程组 (1.1.3) 的记法.

定义 1.1.2 由 $m\times n$ 个数 a_{ij} $(i=1,2,\cdots,m;j=1,2,\cdots,n)$ 排成 m 行 n 列的矩形阵列

$$\begin{pmatrix} a_{11} & a_{12} & \cdots & a_{1n} \\ a_{21} & a_{22} & \cdots & a_{2n} \\ \vdots & \vdots & & \vdots \\ a_{m1} & a_{m2} & \cdots & a_{mn} \end{pmatrix}$$

称为 m 行 n 列**矩阵**, 简称 $m\times n$ 阶矩阵. 矩阵一般用大写英文字母 $\boldsymbol{A},\boldsymbol{B},\boldsymbol{C},\cdots$ 表示, 记为 $\boldsymbol{A}=(a_{ij})_{m\times n}$ 或 $\boldsymbol{A}=(a_{ij})$. 其中 a_{ij} 称为矩阵 $\boldsymbol{A}$ 的第 i 行 j 列的元素, 简称第 (i,j) 元; $m\times n$ 称为矩阵 $\boldsymbol{A}$ 的型号. 若矩阵 $\boldsymbol{A}$ 的元素全为实数 (特别地, 复数), 则称 $\boldsymbol{A}$ 为实矩阵 (特别地, 复矩阵). 如无特殊说明, 本书中涉及的矩阵均指实矩阵.

定义1.1.3　称两个矩阵 $\boldsymbol{A}=(a_{ij})_{m\times n}$ 和 $\boldsymbol{B}=(b_{ij})_{s\times t}$ **相等**, 记作 $\boldsymbol{A}=\boldsymbol{B}$, 如果它们的型号相同且对应的元素相等, 即 $m=s,n=t$, 且 $a_{ij}=b_{ij}\ (i=1,2,\cdots,m;j=1,2,\cdots,n)$.

例如, 式 (1.1.4) 与 (1.1.5) 中的矩阵称为线性方程组 (1.1.3) 的系数矩阵与增广矩阵. 增广矩阵的记法最早出现在著名的数学著作《九章算术》中, 但在该书中, 增广矩阵的元素是按列而不是像现在按行排列的. 英国数学家史密斯在 1861 年的文章中引入了增广矩阵和非增广矩阵的概念, 但增广矩阵这一术语的实际使用, 有文献指出是由美国数学家马克西姆 • 布舍尔 (Maxime Bôcher, 1867—1918) 在 1907 年出版的 *Introduction to Higher Algebra* 一书中引入.

元素全为零的 $m\times n$ 阶矩阵称为**零矩阵**, 记作 $\boldsymbol{O}_{m\times n}$ 或简记为 $\boldsymbol{O}$. 设矩阵 $\boldsymbol{A}=(a_{ij})_{m\times n}$, 则 $\boldsymbol{A}$ 的**负矩阵**为

$$-\boldsymbol{A}=\begin{pmatrix}-a_{11}&-a_{12}&\cdots&-a_{1n}\\-a_{21}&-a_{22}&\cdots&-a_{2n}\\\vdots&\vdots&&\vdots\\-a_{m1}&-a_{m2}&\cdots&-a_{mn}\end{pmatrix}$$

$m\times n$ 阶实矩阵的全体记作 $\mathbf{R}^{m\times n}$. 矩阵的重要性不仅在于它可以简化线性方程组的记法, 更在于它可以像数一样进行各种运算.

定义 1.1.4　设 $\boldsymbol{A}=(a_{ij}),\boldsymbol{B}=(b_{ij})\in\mathbf{R}^{m\times n}$. 则矩阵的加法定义为

$$\boldsymbol{A}+\boldsymbol{B}=(a_{ij}+b_{ij})$$

由定义 1.1.4 可直接验证矩阵的加法满足下列运算律.

(1) 交换律: $\boldsymbol{A}+\boldsymbol{B}=\boldsymbol{B}+\boldsymbol{A}$;

(2) 结合律: $(\boldsymbol{A}+\boldsymbol{B})+\boldsymbol{C}=\boldsymbol{A}+(\boldsymbol{B}+\boldsymbol{C})$;

(3) 零元律: $\boldsymbol{A}+\boldsymbol{O}=\boldsymbol{O}+\boldsymbol{A}=\boldsymbol{A}$;

(4) 负元律: $\boldsymbol{A}+(-\boldsymbol{A})=(-\boldsymbol{A})+\boldsymbol{A}=\boldsymbol{O}$.

矩阵的减法可定义为 $\boldsymbol{A}-\boldsymbol{B}=\boldsymbol{A}+(-\boldsymbol{B})$.

定义 1.1.5　设 $k\in\mathbf{R}$, 矩阵的数乘定义为

$$k\boldsymbol{A}=(ka_{ij})$$

即数 k 乘以矩阵 $\boldsymbol{A}$, 也可理解为 k 乘以 $\boldsymbol{A}$ 的每个元素.

由定义 1.1.5 可直接验证矩阵的数乘满足以下运算律:

(1) $k(\boldsymbol{A}+\boldsymbol{B})=k\boldsymbol{A}+k\boldsymbol{B}$;

(2) $(k+l)\boldsymbol{A}=k\boldsymbol{A}+l\boldsymbol{A}$;

(3) $(kl)\boldsymbol{A}=k(l\boldsymbol{A})$;

(4) $1\boldsymbol{A}=\boldsymbol{A}$.

记 E_{ij} 为第 i 行、第 j 列交叉位置的元素为 1, 其余元素为 0 的 $m\times n$ 阶矩阵, $i=1,2,\cdots,m,j=1,2,\cdots,n$, 称为基本矩阵. 例如, 2×2 阶基本矩阵为

$$E_{11}=\begin{pmatrix}1&0\\0&0\end{pmatrix},\quad E_{12}=\begin{pmatrix}0&1\\0&0\end{pmatrix},\quad E_{21}=\begin{pmatrix}0&0\\1&0\end{pmatrix},\quad E_{22}=\begin{pmatrix}0&0\\0&1\end{pmatrix}$$

容易验证, 任一 $m\times n$ 阶矩阵 $\boldsymbol{A}=(a_{ij})_{m\times n}$ 都可以写成

$$\boldsymbol{A}=\sum_{i=1}^{m}\sum_{j=1}^{n}a_{ij}E_{ij}$$

定义 1.1.6 矩阵

$$\boldsymbol{A}=\begin{pmatrix}a_{11}&a_{12}&\cdots&a_{1n}\\a_{21}&a_{22}&\cdots&a_{2n}\\\vdots&\vdots&&\vdots\\a_{m1}&a_{m2}&\cdots&a_{mn}\end{pmatrix}_{m\times n}$$

的转置矩阵定义为

$$\boldsymbol{A}^{\mathrm{T}}=\begin{pmatrix}a_{11}&a_{21}&\cdots&a_{m1}\\a_{12}&a_{22}&\cdots&a_{m2}\\\vdots&\vdots&&\vdots\\a_{1n}&a_{2n}&\cdots&a_{mn}\end{pmatrix}_{n\times m}$$

例如, $1\times n$ 阶矩阵 $\boldsymbol{\alpha}=(a_1,a_2,\cdots,a_n)$ 称为 n 维行向量, 它的转置称为 n 维列向量

$$\boldsymbol{\alpha}^{\mathrm{T}}=\begin{pmatrix}a_1\\a_2\\\vdots\\a_n\end{pmatrix}$$

由定义 1.1.6 可直接验证矩阵转置的性质:

(1) $(\boldsymbol{A}+\boldsymbol{B})^{\mathrm{T}}=\boldsymbol{A}^{\mathrm{T}}+\boldsymbol{B}^{\mathrm{T}}$;

(2) $(k\boldsymbol{A})^{\mathrm{T}}=k\boldsymbol{A}^{\mathrm{T}}$;

(3) $(\boldsymbol{A}^{\mathrm{T}})^{\mathrm{T}}=\boldsymbol{A}$.

注 在同类书中也将矩阵 $\boldsymbol{A}$ 的转置 $\boldsymbol{A}^{\mathrm{T}}$ 记为 $\boldsymbol{A}'$.

习 题 1.1

(A)

1. 设 $\boldsymbol{A}=\begin{pmatrix}2&2-x&3\\3&6&5z\end{pmatrix}$, $\boldsymbol{B}=\begin{pmatrix}2&x&3\\y+1&6&z-2\end{pmatrix}$. 已知 $\boldsymbol{A}=\boldsymbol{B}$, 求 x,y,z.

2. 设 $\boldsymbol{A}=\begin{pmatrix}x&0\\7&y\end{pmatrix}$, $\boldsymbol{B}=\begin{pmatrix}u&v\\y&2\end{pmatrix}$, $\boldsymbol{C}=\begin{pmatrix}3&-4\\x&v\end{pmatrix}$, 且 $\boldsymbol{A}+2\boldsymbol{B}-\boldsymbol{C}=\boldsymbol{O}$, 求 x,y,u,v 的值.

1.2　消元法解线性方程组

在中学里已经学习过用消元法解二元或三元线性方程组, 这是解线性方程组常用的一种方法. 由于两条直线的位置关系可能为平行、相交或重合, 所以二元线性方程组可能无解、有唯一解或无穷多解.

例 1.2.1　解下列线性方程组.

(1) $\begin{cases} x+y=1, \\ x-y=1; \end{cases}$ (2) $\begin{cases} x-y=1, \\ x-y=-1; \end{cases}$ (3) $\begin{cases} x-y=1, \\ 2x-2y=2; \end{cases}$ (4) $\begin{cases} x+y+z=1, \\ x-2z=0. \end{cases}$

解　(1) 表示两条直线交于一点 $(1,0)$, 如图 1.2.1(a) 所示. 所以该方程组有唯一解 $x=1, y=0$.

(2) 表示两条直线平行, 如图 1.2.1(b) 所示. 所以该方程组无解.

(3) 表示两条重合的直线, 如图 1.2.1(c) 所示. 所以该方程组有无穷多解, 可表示为参数形式

$$\begin{cases} x=1+t \\ y=t \end{cases} \quad (t \in \mathbf{R})$$

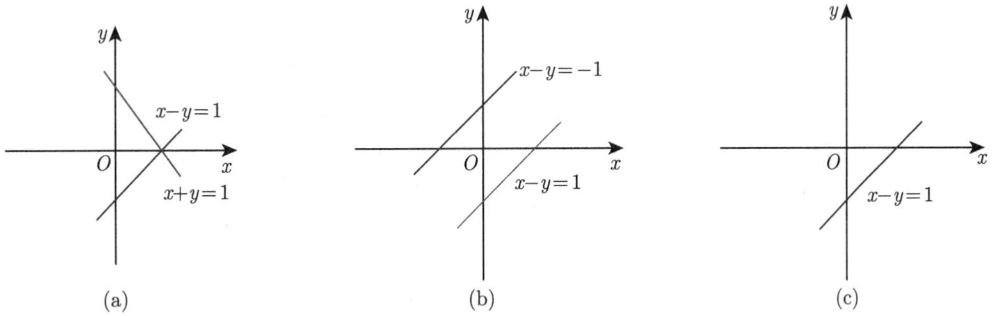

图 1.2.1

(4) 表示空间中两个相交的平面, 因而交线是一条直线. 该方程组有无穷多解, 可用参数形式表示为

$$\begin{cases} x=2t \\ y=1-3t \quad (t \in \mathbf{R}) \\ z=t \end{cases}$$

定义 1.2.1　有序数组 $(c_1, c_2, \cdots, c_n)$ 称为线性方程组 (1.1.3) 的一个**解**, 如果 $x_1, x_2, \cdots, x_n$ 分别用 $c_1, c_2, \cdots, c_n$ 代替, 方程组 (1.1.3) 的每个等式变成恒等式. 方程组 (1.1.3) 的解的全体称为它的**解集合**, 简称为解集. 如果两个方程组有相同的解集合, 那么它们就称为**同解的**.

在中学里使用的加减消元法或代入消元法解二元或三元线性方程组的方法, 本质上是对线性方程组施行以下三种同解变形, 对应地, 对线性方程组增广矩阵的行做了相应的变换.

例 1.2.2 用消元法解线性方程组

$$\begin{cases} x_1 - x_2 + x_3 = 1 \\ x_1 - x_2 - x_3 = 3 \\ 2x_1 - 2x_2 - x_3 = 5 \end{cases}$$

解 使用消元法解线性方程组, 本质上是对方程组进行同解变形. 对应地, 对增广矩阵的行进行了相应的变换. 即

$$\begin{cases} x_1 - x_2 + x_3 = 1 \\ x_1 - x_2 - x_3 = 3 \\ 2x_1 - 2x_2 - x_3 = 5 \end{cases} \Longleftrightarrow \begin{pmatrix} 1 & -1 & 1 & 1 \\ 1 & -1 & -1 & 3 \\ 2 & -2 & -1 & 5 \end{pmatrix}$$

$$\downarrow \qquad\qquad\qquad\qquad \downarrow$$

$$\begin{cases} x_1 - x_2 + x_3 = 1 \\ -2x_3 = 2 \\ -3x_3 = 3 \end{cases} \Longleftrightarrow \begin{pmatrix} 1 & -1 & 1 & 1 \\ 0 & 0 & -2 & 2 \\ 0 & 0 & -3 & 3 \end{pmatrix}$$

$$\downarrow \qquad\qquad\qquad\qquad \downarrow$$

$$\begin{cases} x_1 - x_2 + x_3 = 1 \\ x_3 = -1 \\ -3x_3 = 3 \end{cases} \Longleftrightarrow \begin{pmatrix} 1 & -1 & 1 & 1 \\ 0 & 0 & 1 & -1 \\ 0 & 0 & -3 & 3 \end{pmatrix}$$

$$\downarrow \qquad\qquad\qquad\qquad \downarrow$$

$$\begin{cases} x_1 - x_2 + x_3 = 1 \\ x_3 = -1 \\ 0 = 0 \end{cases} \Longleftrightarrow \begin{pmatrix} 1 & -1 & 1 & 1 \\ 0 & 0 & 1 & -1 \\ 0 & 0 & 0 & 0 \end{pmatrix}$$

$$\downarrow \qquad\qquad\qquad\qquad \downarrow$$

$$\begin{cases} x_1 - x_2 = 2 \\ x_3 = -1 \\ 0 = 0 \end{cases} \Longleftrightarrow \begin{pmatrix} 1 & -1 & 0 & 2 \\ 0 & 0 & 1 & -1 \\ 0 & 0 & 0 & 0 \end{pmatrix}$$

由此可得线性方程组的一般解为

$$\begin{cases} x_1 = 2 + x_2 \\ x_3 = -1 \end{cases}$$

上式中, x_2 称为自由未知量. 此时, 线性方程组的解集可记为

$$\left\{ \begin{pmatrix} 2+t \\ t \\ -1 \end{pmatrix} \middle| \ t \in \mathbf{R} \right\}$$

以上增广矩阵所作的变换称为矩阵的行初等变换. 更具体地, 如下定义.

定义 1.2.2 矩阵的**行初等变换**有下面 3 种变换.

(1) 换法变换：互换矩阵的第 i, j 行的位置, 记作 $r_i \leftrightarrow r_j$;

(2) 倍法变换：以一个非零的数 k 乘矩阵的第 i 行, 记作 kr_i;

(3) 消法变换：将矩阵的第 j 行的 c 倍加到第 i 行, 记作 cr_j+r_i.

类似地, 可以定义矩阵的**列初等变换**, 它们统称为矩阵的**初等变换**.

对线性方程组的同解变形, 相当于对其增广矩阵作相应的行初等变换, 如表 1.2.1 所示.

表 1.2.1

行初等变换	方程组的同解变形	增广矩阵的行初等变换
换法变换	互换两个方程的位置	互换两行
倍法变换	用一非零的数乘某一方程	用一非零的数乘某一行
消法变换	第 j 个方程的 c 倍加到第 i 个方程	第 j 行的 c 倍加到第 i 行

定义 1.2.3 如果矩阵 $\boldsymbol{A}$ 经过有限步行 (或列) 初等变换化为 $\boldsymbol{B}$, 那么称矩阵 $\boldsymbol{A}$ 行 (或列) 等价于 $\boldsymbol{B}$. 如果 $\boldsymbol{A}$ 经有限步初等变换化为 $\boldsymbol{B}$, 那么称 $\boldsymbol{A}$ **等价于** $\boldsymbol{B}$.

矩阵 $\boldsymbol{A}$ 经初等变换化为同型号的矩阵 $\boldsymbol{B}$, 但一般 $\boldsymbol{A}\neq\boldsymbol{B}$. 所以一般用符号 $\boldsymbol{A}\to\boldsymbol{B}$ 表示. 例如

$$\boldsymbol{A}=\begin{pmatrix}1&-1&1&1\\1&-1&-1&3\\2&-2&-1&5\end{pmatrix}\xrightarrow{(-1)\times r_1+r_2}\begin{pmatrix}1&-1&1&1\\0&0&-2&2\\2&-2&-1&5\end{pmatrix}=\boldsymbol{B}$$

由定义 1.2.3 可知, 增广矩阵行等价的两个线性方程组是同解的. 例如, 例 1.2.2 中的线性方程组与

$$\begin{cases}x_1-x_2\quad\;=2\\ \qquad\quad\; x_3=-1\\ \qquad\qquad 0=0\end{cases}$$

是同解方程组, 因为它们的增广矩阵

$$\left(\begin{array}{ccc|c}1&-1&1&1\\1&-1&-1&3\\2&-2&-1&5\end{array}\right)\quad 与\quad\left(\begin{array}{ccc|c}1&-1&0&2\\0&0&1&-1\\0&0&0&0\end{array}\right)$$

是行等价的. 所以我们对线性方程组的增广矩阵进行行初等变换将其化为较简单的矩阵, 目的是得到与之同解的更简单的线性方程组.

下面介绍特殊形式的矩阵, 例如

$$\begin{pmatrix}\textcircled{1}&-1&0&2\\0&0&\textcircled{1}&-1\\0&0&0&0\end{pmatrix},\quad\begin{pmatrix}\textcircled{1}&-1&-1&2&4\\0&\textcircled{1}&-1&5&3\\0&0&0&\textcircled{1}&-3\\0&0&0&0&0\end{pmatrix},\quad\begin{pmatrix}\textcircled{1}&0&-1&0&4\\0&\textcircled{1}&-1&0&3\\0&0&0&\textcircled{1}&-3\\0&0&0&0&0\end{pmatrix}\tag{1.2.1}$$

称为行阶梯形矩阵. 归纳其共同特点, 可得到如下定义.

定义 1.2.4 一个**行阶梯形矩阵**是指矩阵中的任一行从左边第一个元素起至该行的第一个非零元素 (称为该行的**主元**) 所在的下方全为零; 如果该行全为零, 那么它下面的行也全为零. 或等价地, 行阶梯形矩阵满足

(1) 若第 r 行为零行, 则第 $r+1$ 行 (如存在的话) 必为零行;

(2) 若第 $r+1$ 行为非零行, 则该行主元所在的列数必大于第 r 行主元所在的列数.

进一步地, 如果行阶梯形矩阵中主元等于 1, 而且主元所在的列除主元外全为 0, 那么称为**行最简形矩阵**.

例如, 式 (1.2.1) 中第 1、3 个为行最简形矩阵, 第 2 个为行阶梯形矩阵, 但不是行最简形矩阵.

定义 1.2.5 在行阶梯形矩阵中, 主元所在的列称为**主列**.

由定义 1.2.5 知, 行阶梯形矩阵中非零行的数目等于主列数.

例 1.2.3 将 $\boldsymbol{A}=\begin{pmatrix}0 & -7 & -4 & 2\\ 2 & 4 & 6 & 12\\ 3 & 1 & -1 & -2\end{pmatrix}$ 化成行最简形矩阵.

解

$$\boldsymbol{A}\xrightarrow{r_1\leftrightarrow r_2}\begin{pmatrix}2 & 4 & 6 & 12\\ 0 & -7 & -4 & 2\\ 3 & 1 & -1 & -2\end{pmatrix}\xrightarrow{\frac{1}{2}r_1}\begin{pmatrix}1 & 2 & 3 & 6\\ 0 & -7 & -4 & 2\\ 3 & 1 & -1 & -2\end{pmatrix}$$

$$\xrightarrow{(-3)r_1+r_3}\begin{pmatrix}1 & 2 & 3 & 6\\ 0 & -7 & -4 & 2\\ 0 & -5 & -10 & -20\end{pmatrix}\xrightarrow{r_2\leftrightarrow r_3}\begin{pmatrix}1 & 2 & 3 & 6\\ 0 & -5 & -10 & -20\\ 0 & -7 & -4 & 2\end{pmatrix}$$

$$\xrightarrow{(-\frac{1}{5})r_2}\begin{pmatrix}1 & 2 & 3 & 6\\ 0 & 1 & 2 & 4\\ 0 & -7 & -4 & 2\end{pmatrix}\xrightarrow{7r_2+r_3}\begin{pmatrix}1 & 2 & 3 & 6\\ 0 & 1 & 2 & 4\\ 0 & 0 & 10 & 30\end{pmatrix}$$

$$\xrightarrow{\frac{1}{10}r_3}\begin{pmatrix}1 & 2 & 3 & 6\\ 0 & 1 & 2 & 4\\ 0 & 0 & 1 & 3\end{pmatrix}\xrightarrow{(-2)r_3+r_2}\begin{pmatrix}1 & 2 & 3 & 6\\ 0 & 1 & 0 & -2\\ 0 & 0 & 1 & 3\end{pmatrix}$$

$$\xrightarrow{(-3)r_3+r_1}\begin{pmatrix}1 & 2 & 0 & -3\\ 0 & 1 & 0 & -2\\ 0 & 0 & 1 & 3\end{pmatrix}\xrightarrow{(-2)r_2+r_1}\begin{pmatrix}1 & 0 & 0 & 1\\ 0 & 1 & 0 & -2\\ 0 & 0 & 1 & 3\end{pmatrix}$$ □

注 增广矩阵是行最简形矩阵的线性方程组, 是非常容易求解的. 例如, 式 (1.2.1) 的第 3 个行最简形矩阵对应的线性方程组

$$\begin{cases} x_1 \quad -x_3 = 4 \\ \quad x_2 - x_3 = 3 \\ \qquad x_4 = -3 \\ \qquad 0 = 0 \end{cases}$$

的一般解为

$$\begin{cases} x_1 = 4 + x_3 \\ x_2 = 3 + x_3 \\ x_4 = -3 \end{cases}$$

上式中, 非主列对应的 x_3 为自由未知量. 或等价地, 解集为

$$\left\{ \begin{pmatrix} 4+t \\ 3+t \\ t \\ -3 \end{pmatrix} \middle| \, t \in \mathbf{R} \right\}$$

定理 1.2.1　任意一个 $m \times n$ 阶矩阵 $\boldsymbol{A}$ 都可等价于一个行最简形矩阵.

证　若 $\boldsymbol{A} = \boldsymbol{O}$, 则结论已证. 假设 $\boldsymbol{A}$ 非零. 若 $a_{11} \neq \mathbf{0}$, 则将第一行的 $-\dfrac{a_{i1}}{a_{11}}$ 倍加到第 i 行, $i = 2, 3, \cdots, m$, 于是得到

$$\begin{pmatrix} a_{11} & \boldsymbol{\alpha} \\ \mathbf{0} & \boldsymbol{A}_1 \end{pmatrix}$$

式中: $\boldsymbol{\alpha}$ 是 $1 \times (n-1)$ 矩阵; $\boldsymbol{A}_1$ 是 $(m-1) \times (n-1)$ 矩阵. 若 $a_{11} = \mathbf{0}$, 但存在 $a_{i1} \neq \mathbf{0}$, 则交换第 1 行与第 i 行, 所得矩阵归结到 $a_{11} \neq \mathbf{0}$ 的情形. 若第一列全为零, 则将删除 $\boldsymbol{A}$ 的第一列所得矩阵记为 $\boldsymbol{A}_1$. 对 $\boldsymbol{A}_1$ 重复以上操作, 经有限次之后即可得行阶梯形矩阵.

从最后一个主元开始, 利用倍法变换, 将该主元化为 1, 再利用行消法变换, 可将该主元所在的列的其他元素全消为 0. 重复这种操作, 可将行阶梯形矩阵化为行最简形矩阵. □

注　事实上, 每个矩阵 $\boldsymbol{A}$ 都行等价于唯一的一个行最简形矩阵. 关于唯一性将在本章 1.6 节推论中讲解, 但行阶梯形矩阵并不唯一.

若 $m \times n$ 阶矩阵 $\boldsymbol{A}$ 的行数与列数相等, 即 $m = n$, 则称矩阵 $\boldsymbol{A}$ 为 n **阶方阵**. n 阶方阵 $\boldsymbol{A}$ 的元素 $a_{11}, a_{22}, \cdots, a_{nn}$ 称为 $\boldsymbol{A}$ 的对角元. 若一个方阵的非对角元都为零, 则称为**对角矩阵**. 对角矩阵的一般形式可表示为

$$\boldsymbol{A} = \begin{pmatrix} a_{11} & & & \\ & a_{22} & & \\ & & \ddots & \\ & & & a_{nn} \end{pmatrix}$$

其中, 未写出的矩阵元素均为零, 通常简记为 $\boldsymbol{A} = \mathrm{diag}(a_{11}, a_{22}, \cdots, a_{nn})$. 特别地, n 阶对

角矩阵 $\operatorname{diag}(1,1,\cdots,1)$ 称为**单位矩阵**, 记作 $\boldsymbol{E}_n$ 或 $\boldsymbol{I}_n$, 即

$$\boldsymbol{E}_n=\begin{pmatrix}1&0&\cdots&0\\0&1&\cdots&0\\\vdots&\vdots&&\vdots\\0&0&\cdots&1\end{pmatrix}_{n\times n}$$

对于行最简形矩阵, 利用列初等变换, 可以将其化为只有主元为 1, 其余元素全为 0 的矩阵, 称为等价标准形. 由于初等变换能保持矩阵的许多性质不变, 这将为很多问题的处理带来方便.

推论 1.2.1 每个 $m\times n$ 阶矩阵 $\boldsymbol{A}$ 都唯一地等价于

$$\begin{pmatrix}1&0&\cdots&0&0&\cdots&0\\0&1&\cdots&0&0&\cdots&0\\\vdots&\vdots&&\vdots&\vdots&&\vdots\\0&0&\cdots&1&0&\cdots&0\\0&0&\cdots&0&0&\cdots&0\\\vdots&\vdots&&\vdots&\vdots&&\vdots\\0&0&\cdots&0&0&\cdots&0\end{pmatrix}=\begin{pmatrix}\boldsymbol{E}_r&\boldsymbol{O}\\\boldsymbol{O}&\boldsymbol{O}\end{pmatrix}$$

称为 $\boldsymbol{A}$ 的等价标准形, 其中 r 等于 $\boldsymbol{A}$ 的行阶梯形中的主列数.

证 由定理 1.2.1 知, 矩阵 $\boldsymbol{A}$ 等价于行最简形矩阵. 对每个主元, 利用列消法变换, 可以将主元所在行除主元外的非零元变为 0. 再利用行、列换法变换即得, 唯一性参见推论 1.6.4. □

在定理 1.2.1 中将增广矩阵化为行阶梯形矩阵的过程称为高斯消元法, 尽管高斯消元法早就为人所知, 但当德国数学家高斯用它来帮助从有限的数据中计算谷神星的轨道时, 它在科学计算中的重要性就变得更清楚了. 1801 年 1 月 1 日, 西西里岛天文学家、天主教牧师朱塞佩 • 皮亚齐注意到“失踪行星”的暗淡天体, 他将这个天体命名为谷神星, 并进行有限数量的位置观测, 但当它接近太阳时, 就失去了这个天体. 当时高斯利用一种叫作“最小二乘法”(详见 1.9 节) 的技术以及现在称为“高斯消元法”的方法从有限的数据中计算出谷神星的轨道. 一年后, 谷神星在处女座以高斯所预测的几乎精确的位置再次出现时, 高斯的工作引起了学术界的轰动. 该方法的基本思想是由德国工程师威廉 • 若尔当 (Wilhelm Jordan) 在 1888 年出版的大地测量学的著作 *Houth Buffer-Der-Meunung Sunund* 中进一步推广, 因此也将增广矩阵化为行最简形矩阵的过程称为高斯–若尔当 (Gauss-Jordan) 消元法.

由例 1.2.1 可知, 线性方程组有唯一解、无解或无穷多解三种情形. 设 (1.1.5) 中的矩阵 $\overline{\boldsymbol{A}}$ 是线性方程组 (1.1.3) 的增广矩阵, $\overline{\boldsymbol{A}}$ 经行初等变换化为行最简形矩阵 $\boldsymbol{B}$. 若 $\boldsymbol{B}$ 中除最后一列 (增广列) 外每列都是主列 (增广列不是主列, 且主列数 $r=n$), 即

$$\overline{\boldsymbol{A}} \to \boldsymbol{B} = \left(\begin{array}{cccc|c} 1 & 0 & \cdots & 0 & d_1 \\ & 1 & \cdots & 0 & d_2 \\ & & \ddots & \vdots & \vdots \\ & & & 1 & d_n \\ & & & 0 & 0 \\ & & & \vdots & \vdots \\ & & & 0 & 0 \end{array}\right)$$

则线性方程组 (1.1.3) 有唯一解 $x_1 = d_1, x_2 = d_2, \cdots, x_n = d_n$. 此时主列的数目等于未知量的数目.

例如, 在例 1.2.3 中的矩阵对应的非齐次线性方程组为

$$\begin{cases} \quad\quad - 7x_2 - 4x_3 = 2 \\ 2x_1 + 4x_2 + 6x_3 = 12 \\ 3x_1 + x_2 - x_3 = -2 \end{cases}$$

则对增广矩阵作行初等变换, 得到行最简形矩阵为

$$\left(\begin{array}{ccc|c} 0 & -7 & -4 & 2 \\ 2 & 4 & 6 & 12 \\ 3 & 1 & -1 & -2 \end{array}\right) \to \left(\begin{array}{ccc|c} 1 & 0 & 0 & 1 \\ 0 & 1 & 0 & -2 \\ 0 & 0 & 1 & 3 \end{array}\right)$$

即原线性方程组的唯一解为 $x_1 = 1, x_2 = -2, x_3 = 3$.

我们接着考虑增广列不是主列, 但主列的个数 r 小于未知量的数目 n 的情形. 为简便, 设 $\boldsymbol{B}$ 的前 r 列为主列, 即

$$\overline{\boldsymbol{A}} \to \boldsymbol{B} = \begin{pmatrix} 1 & 0 & \cdots & 0 & c_{1,r+1} & \cdots & c_{1n} & d_1 \\ & 1 & \cdots & 0 & c_{2,r+1} & \cdots & c_{2n} & d_2 \\ & & \ddots & \vdots & \vdots & & \vdots & \vdots \\ & & & 1 & c_{r,r+1} & \cdots & c_{rn} & d_r \\ & & & 0 & 0 & \cdots & 0 & 0 \\ & & & \vdots & \vdots & & \vdots & \vdots \\ & & & 0 & 0 & \cdots & 0 & 0 \end{pmatrix}$$

此时对应的线性方程组可写成参数形式

$$\begin{cases} x_1 = d_1 - c_{1,r+1}x_{r+1} - \cdots - c_{1n}x_n \\ x_2 = d_2 - c_{2,r+1}x_{r+1} - \cdots - c_{2n}x_n \\ \quad\quad\quad \cdots\cdots \\ x_r = d_r - c_{r,r+1}x_{r+1} - \cdots - c_{rn}x_n \end{cases}$$

式中非主列对应的未知量 $x_{r+1}, x_{r+2}, \cdots, x_n$ 都是自由未知量, 所以有无穷多解. 具体可参见例 1.2.2.

最后考虑 $\boldsymbol{B}$ 的最后一列 (增广列) 是主列的情形, 即

$$\overline{\boldsymbol{A}} \to \boldsymbol{B} = \begin{pmatrix} 1 & 0 & \cdots & 0 & c_{1,r+1} & \cdots & c_{1n} & 0 \\ & 1 & \cdots & 0 & c_{2,r+1} & \cdots & c_{2n} & 0 \\ & & \ddots & \vdots & \vdots & & \vdots & \vdots \\ & & & 1 & c_{r,r+1} & \cdots & c_{rn} & 0 \\ & & & 0 & 0 & \cdots & 0 & 1 \\ & & & \vdots & \vdots & & \vdots & \vdots \\ & & & 0 & 0 & \cdots & 0 & 0 \end{pmatrix}$$

由于最后一行非零行形如 $(0, 0, \cdots, 0, 1)$, 对应的线性方程为 $0x_1 + 0x_2 + \cdots + 0x_n = 1$ 是矛盾方程, 所以线性方程组 (1.1.3) 无解. 例如, 线性方程组

$$\begin{cases} x - y = 1 \\ x - y = -1 \end{cases}$$

的增广矩阵经行初等变换可化为

$$\left(\begin{array}{cc|c} 1 & -1 & 1 \\ 1 & -1 & -1 \end{array}\right) \to \left(\begin{array}{cc|c} 1 & -1 & 0 \\ 0 & 0 & 1 \end{array}\right)$$

后者对应的线性方程组为

$$\begin{cases} x - y = 0 \\ \quad\ \ 0 = 1 \end{cases}$$

所以无解, 从而原方程组也无解.

由以上分析可得如下定理.

定理 1.2.2 设式 (1.1.5) 中的矩阵 $\overline{\boldsymbol{A}}$ 是线性方程组 (1.1.3) 的增广矩阵, $\overline{\boldsymbol{A}}$ 经行初等变换化为行阶梯形矩阵 $\boldsymbol{B}$.

(1) 若 $\boldsymbol{B}$ 的增广列是主列, 则线性方程组 (1.1.3) 无解;

(2) 若 $\boldsymbol{B}$ 的增广列不是主列, 则线性方程组 (1.1.3) 有解. 其中: 若 $\boldsymbol{B}$ 的前 n 列都是主列, 则线性方程组 (1.1.3) 有唯一解; 若 $\boldsymbol{B}$ 的主列的数目 $r < n$, 则线性方程组 (1.1.3) 有无穷多解.

设齐次线性方程组

$$\begin{cases} a_{11}x_1 + a_{12}x_2 + \cdots + a_{1n}x_n = 0 \\ a_{21}x_1 + a_{22}x_2 + \cdots + a_{2n}x_n = 0 \\ \qquad\qquad \cdots\cdots \\ a_{m1}x_1 + a_{m2}x_2 + \cdots + a_{mn}x_n = 0 \end{cases} \tag{1.2.2}$$

的系数矩阵为

$$A=\begin{pmatrix} a_{11} & a_{12} & \cdots & a_{1n} \\ a_{21} & a_{22} & \cdots & a_{2n} \\ \vdots & \vdots & & \vdots \\ a_{m1} & a_{m2} & \cdots & a_{mn} \end{pmatrix}$$

推论 1.2.2 设方程组 (1.2.2) 的系数矩阵 $\boldsymbol{A}$ 经过行初等变换化为行阶梯形矩阵 $\boldsymbol{B}$.

(1) 若 $\boldsymbol{B}$ 的每列都是主列, 则式 (1.2.2) 只有零解;

(2) 若 $\boldsymbol{B}$ 的主列数目 $< n$, 则式 (1.2.2) 有非零解.

习 题 1.2

(A)

1. 判断下列矩阵哪些是行阶梯形矩阵? 哪些是行最简形矩阵?

(1) $\begin{pmatrix} 1 & 0 & 0 \\ 0 & 1 & 0 \\ 0 & 0 & 1 \end{pmatrix}$; (2) $\begin{pmatrix} 0 & 1 & 0 \\ 0 & 0 & 1 \\ 0 & 0 & 10 \end{pmatrix}$; (3) $\begin{pmatrix} 1 & 0 & 0 \\ 0 & 1 & 0 \\ 0 & 1 & 0 \end{pmatrix}$; (4) $\begin{pmatrix} 1 & 3 & 4 \\ 0 & 0 & 1 \\ 0 & 0 & 0 \end{pmatrix}$;

(5) $\begin{pmatrix} 1 & 0 & 5 \\ 0 & 1 & 1 \\ 0 & 0 & 0 \end{pmatrix}$; (6) $\begin{pmatrix} 1 & 2 & 3 \\ 0 & 0 & 0 \\ 0 & 0 & 1 \end{pmatrix}$; (7) $\begin{pmatrix} 1 & -1 & 0 & 3 \\ 0 & 1 & 3 & 2 \end{pmatrix}$; (8) $\begin{pmatrix} 1 & 2 & 0 \\ 0 & 0 & 1 \\ 0 & 0 & 0 \\ 0 & 0 & 0 \end{pmatrix}$.

2. 求 $\boldsymbol{A}=\begin{pmatrix} 1 & 3 \\ 2 & 7 \end{pmatrix}$ 的两个不同的行阶梯形矩阵.

3. 利用行初等变换将下列矩阵化为行最简形矩阵.

(1) $\begin{pmatrix} 2 & 1 & 3 \\ 0 & -2 & -29 \\ 3 & 4 & 15 \end{pmatrix}$; (2) $\begin{pmatrix} 1 & 1 & 2 & 9 \\ 2 & 4 & -3 & 1 \\ 3 & 6 & -5 & 0 \end{pmatrix}$; (3) $\begin{pmatrix} 0 & -7 & -4 & 92 \\ 2 & 4 & 6 & 12 \\ 3 & 1 & -1 & -2 \end{pmatrix}$.

4. 求线性方程组

$$\begin{cases} x_1+2x_2+2x_3+x_4=0 \\ 2x_1+x_2-2x_3-2x_4=0 \\ x_1-x_2-4x_3-3x_4=0 \end{cases}$$

系数矩阵的行最简形矩阵, 并由此判断该方程组是否有解? 若有解, 求它的一般解.

(B)

5. 当 a 取何值时, 下列方程组无解? 有唯一解? 有无穷多解?

(1) $\begin{cases} x+2y-3z=6; \\ 3x-y+5z=0; \\ 4x+y+(a^2-14)z=a+2; \end{cases}$ (2) $\begin{cases} x+2y+z=2; \\ 2x-2y+3z=1; \\ x+2y-(a^2-3)z=a. \end{cases}$

6. 确定 a,b 的值使下列非齐次线性方程组有解, 并求其解.

(1) $\begin{cases} ax_1+bx_2+2x_3=1; \\ (b-1)x_2+x_3=0; \\ ax_1+bx_2+(1-b)x_3=3-2b; \end{cases}$ (2) $\begin{cases} x_1+2x_2-2x_3+2x_4=2; \\ x_2-x_3-x_4=1; \\ x_1+x_2-x_3+3x_4=a; \\ x_1-x_2+x_3+5x_4=b. \end{cases}$

(C)

7. 设三个平面的位置关系如题图所示.

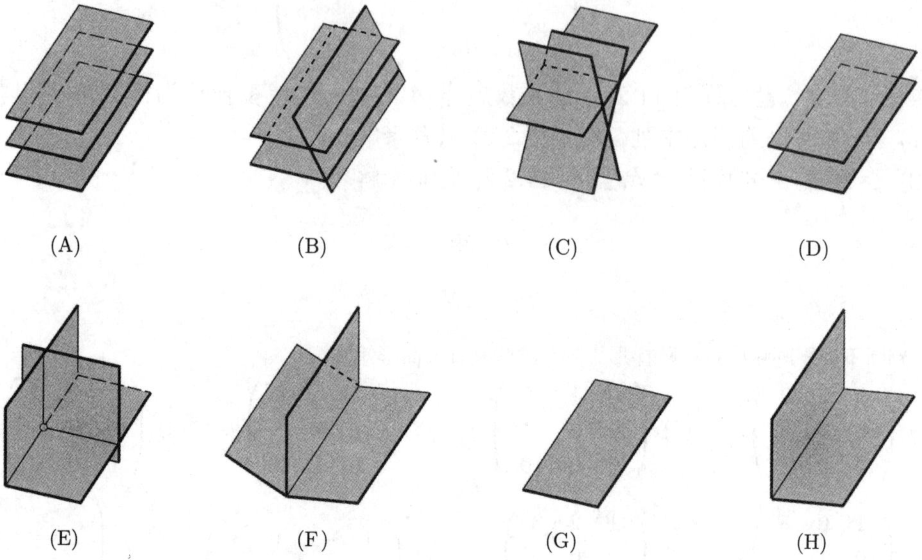

其中题图 7(D) 和题图 7(H) 都有 2 个平面重合, 题图 7(C) 平面的交线两两平行, 题图 7(G) 的 3 个平面重合. 它们的方程分别为

$$a_{i1}x + a_{i2}y + a_{i3}z = d_i \quad (i = 1, 2, 3)$$

试讨论线性方程组

$$\begin{cases} a_{11}x_1 + a_{12}x_2 + a_{13}x_3 = d_1 \\ a_{21}x_1 + a_{22}x_2 + a_{23}x_3 = d_2 \\ a_{31}x_1 + a_{32}x_2 + a_{33}x_3 = d_3 \end{cases}$$

增广矩阵行阶梯形的主元的情况, 并由此讨论解的情况.

1.3 向量空间

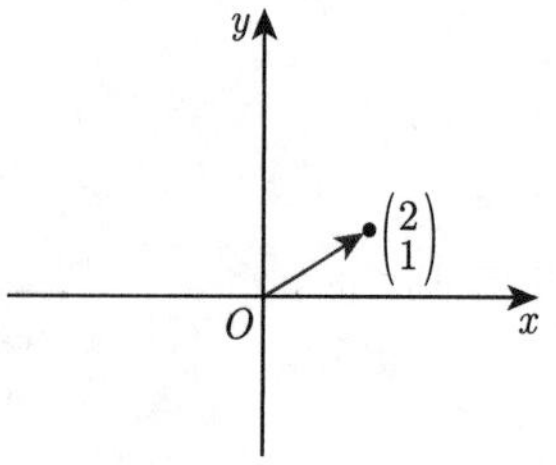

图 1.3.1

线性方程组

$$\begin{cases} x + y = 3 \\ x - y = 1 \end{cases}$$

的解 $x = 2, y = 1$ 可表示为有序数组 $\begin{pmatrix} 2 \\ 1 \end{pmatrix}$, 它既可表示为平面 $\mathbf{R}^2$ 中的一个点, 也对应于一个从原点出发的有向线段, 称为**向量**. 如图 1.3.1 所示.

定义 1.3.1 由实数域 $\mathbf{R}$ 中的 n 个数组成的有序数组

$$\boldsymbol{\alpha}=\begin{pmatrix}a_1\\a_2\\\vdots\\a_n\end{pmatrix} \quad 或 \quad \boldsymbol{\alpha}=(a_1,a_2,\cdots,a_n)$$

称为 n 维列向量 (或行向量), 其中 a_i 称为向量 $\boldsymbol{\alpha}$ 的**第 i 个分量**. 分量全为零的向量称为**零向量**, 记作 $\mathbf{0}$.

如无特殊说明, 本书中的向量总指列向量, 有时简记作 $(a_1,a_2,\cdots,a_n)^{\mathrm{T}}$, 即

$$(a_1,a_2,\cdots,a_n)^{\mathrm{T}}=\begin{pmatrix}a_1\\a_2\\\vdots\\a_n\end{pmatrix}$$

实数域 $\mathbf{R}$ 上 n 维列向量的全体记作 $\mathbf{R}^n$.

一维向量对应于实数轴上的点, 例如图 1.3.2 中 $\boldsymbol{\alpha}=(3),\boldsymbol{\beta}=(-2)$ 分别对应于数轴上的两个点.

二维向量对应于平面 $\mathbf{R}^2$ 中的点, 如图 1.3.1 所示, 三维向量对应于空间 $\mathbf{R}^3$ 中的点等. 例如, $\boldsymbol{e}_1=\begin{pmatrix}1\\0\\0\end{pmatrix},\boldsymbol{e}_2=\begin{pmatrix}0\\1\\0\end{pmatrix},\boldsymbol{e}_3=\begin{pmatrix}0\\0\\1\end{pmatrix}$ 可如图 1.3.3 所示.

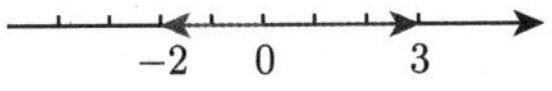

图 1.3.2

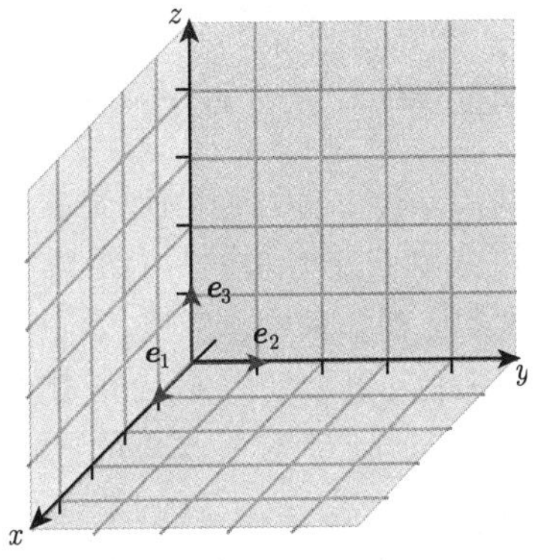

图 1.3.3

定义 1.3.2 对 $1\leqslant i\leqslant n$, 向量 $\boldsymbol{e}_i=(0,\cdots,0,\underset{i}{1},0,\cdots,0)^{\mathrm{T}}$ 称为第 i 个 n **维标准单位向量**. $\boldsymbol{e}_1,\boldsymbol{e}_2,\cdots,\boldsymbol{e}_n$ 称为 n 维标准单位向量组.

向量的概念, 即可以代表力、速度或加速度的大小和方向的有向线段的概念. 例如, 亚里士多德将力表示为向量, 两个力的合成可以用平行四边形法则求得; 西蒙 • 斯蒂文在静力学问题中使用平行四边形法则, 伽利略清楚地叙述了这个定律, 也就是下面定义的向量的加法. 向量也常用来表示二维或三维空间中的位置或位移. 事实上, 自然科学或现实生活中的很多对象均可抽象为向量.

例1.3.1 (RGB 颜色模型) RGB 颜色模型是一种加色模型, 将红 (red)、绿 (green)、蓝 (blue) 三原色的色光以不同的比例相加, 以产生多种多样的光称为与设备相关的颜色模型, 通常使用于彩色阴极射线管等彩色光栅图形显示设备中, 它采用三维直角坐标系. 红、绿、蓝三原色是加性原色 (注, 本书中颜色为黑、深灰、浅灰色), 各个原色混合在一起可以产生复合色, 如图 1.3.4 所示.

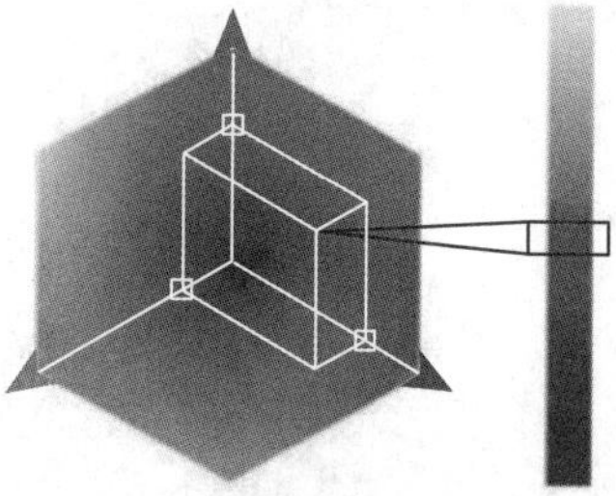

图 1.3.4

三维空间 $\mathbf{R}^3$ 中的每个向量 $\boldsymbol{c}=(k_1,k_2,k_3)^{\mathrm{T}}$ 都表示一种颜色, 如图 1.3.5 所示.

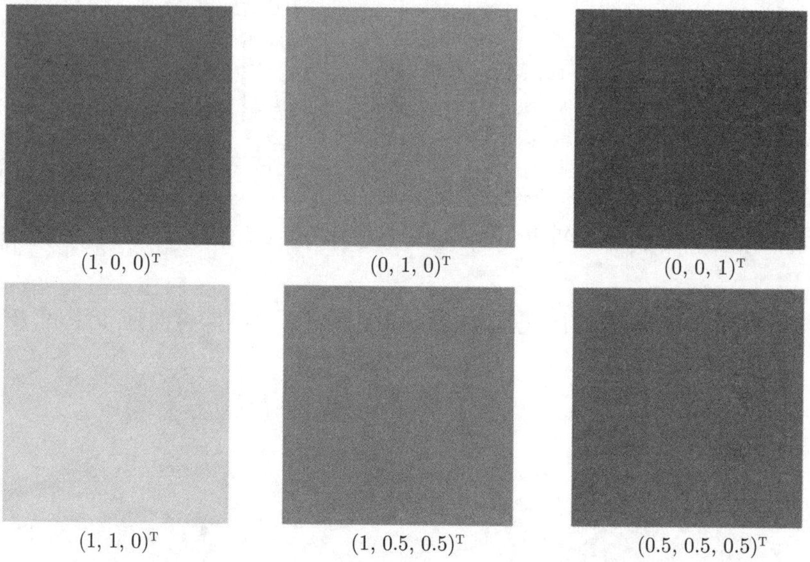

图 1.3.5

例 1.3.2 单色 (黑白) 图像是由 $m\times n$ 个像素 (具有统一灰度级别的正方形面片) 组成的阵列, 有 m 行 n 列. 每个像素位置都有一个灰度或强度值, 0 对应于黑色, 1 对应于亮白色 (也可使用 0~255 的数). 图像可由长度为 mn 的向量表示, 元素在像素位置给出灰度级, 通常按列或行顺序排列. 图 1.3.6 显示了一个简单的例子, 一个 8×8 的图像 (这是一个非常低的分辨率, m 和 n 的典型值是成百上千的).

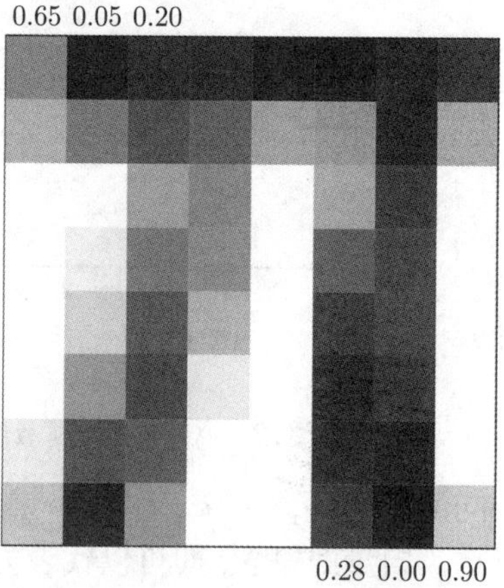
0.65 0.05 0.20
0.28 0.00 0.90

图 1.3.6

例如, 图 1.3.6 关联的 64 维向量是 $\boldsymbol{x}=(0.65,0.05,0.20,\cdots,0.28,0.00,0.90)^{\mathrm{T}}$. 彩色 $m\times n$ 像素图像由长度为 $3mn$ 的向量描述, 其中以某种商定的顺序给出每个像素的 R、G 和 B 值的分量.

例 1.3.3 一个 n 维向量 $\boldsymbol{\alpha}=(a_1,a_2,\cdots,a_n)^{\mathrm{T}}$ 可以表示一个股票投资组合对 n 个不同资产的投资, a_i 给出了持有的资产的股份数. 例如, 向量 $\boldsymbol{\alpha}=(100,50,20)^{\mathrm{T}}$ 表示由 100 股资产 1、50 股资产 2 和 20 股资产 3 组成的投资组合.

空头头寸 (即欠另一方的股份) 由投资组合向量中的负分量表示.

例 1.3.4 向量也可以表示股票的日回报率, 即股票价值在一天内的微小增加 (若为负, 则为减少). 例如, 时间序列向量 $\boldsymbol{\alpha} = (-0.022, 0.014, 0.004)^{\mathrm{T}}$ 意味着股价在第一天下跌 2.2%, 第二天上涨 1.4%, 第三天再次上涨 0.4%. 向量可以表示资产任何其他利息数量 (如价格或数量) 的每日 (或季度、每小时或每分钟) 价值.

例 1.3.5 现金流入和流出一个实体 (例如, 一个公司) 可以用一个向量来表示, 正分量表示对该实体的付款, 负分量表示该实体的付款. 例如, 在每个季度都有现金流的分量下, 向量 $\boldsymbol{\alpha} = (1000, -10, -10, -10, -1010)^{\mathrm{T}}$ 表示 1000 元的一年期贷款, 每个季度只支付 1% 的利息, 最后支付本金和最后一笔利息.

定义 1.3.3 如果两个向量 $\boldsymbol{\alpha} = (a_1, a_2, \cdots, a_n)^{\mathrm{T}}$ 和 $\boldsymbol{\beta} = (b_1, b_2, \cdots, b_n)^{\mathrm{T}}$ 的对应分量都相等, 即

$$a_i = b_i \quad (i = 1, 2, \cdots, n)$$

则称这两个向量**相等**, 记作 $\boldsymbol{\alpha} = \boldsymbol{\beta}$.

在中学里我们知道二维 3 向量 $\boldsymbol{\alpha} = \begin{pmatrix} 1 \\ 3 \end{pmatrix}$ 与 $\boldsymbol{\beta} = \begin{pmatrix} 4 \\ 2 \end{pmatrix}$ 的加法与数乘, 例如

$$\begin{pmatrix} 1 \\ 3 \end{pmatrix} + \begin{pmatrix} 4 \\ 2 \end{pmatrix} = \begin{pmatrix} 5 \\ 5 \end{pmatrix}, \qquad 2\begin{pmatrix} 1 \\ 3 \end{pmatrix} = \begin{pmatrix} 2 \\ 6 \end{pmatrix}$$

从几何上看, 向量的加法满足平行四边形法则, 如图 1.3.7 所示. 即

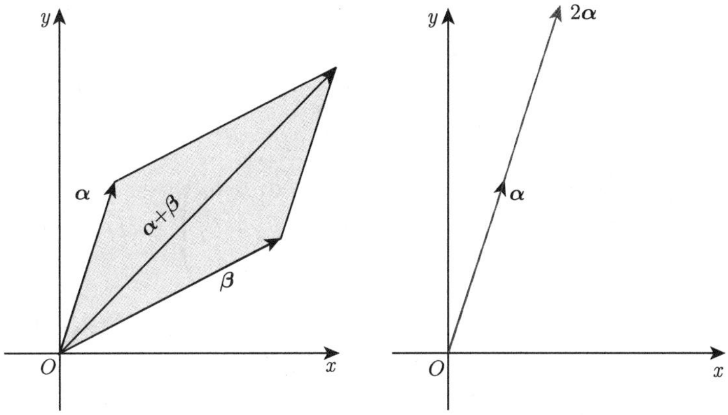

图 1.3.7

二维向量的加法与数乘可推广到 n 维情形.

定义 1.3.4 $\mathbf{R}^n$ 中向量 $\boldsymbol{\alpha} = (a_1, a_2, \cdots, a_n)^{\mathrm{T}}$ 与 $\boldsymbol{\beta} = (b_1, b_2, \cdots, b_n)^{\mathrm{T}}$, $a_i, b_i \in \mathbf{R}$ 的和定义为向量

$$(a_1 + b_1, a_2 + b_2, \cdots, a_n + b_n)^{\mathrm{T}}$$

记作 $\boldsymbol{\alpha} + \boldsymbol{\beta}$.

容易验证, 向量的加法满足以下性质: $\boldsymbol{\alpha},\boldsymbol{\beta},\boldsymbol{\gamma}\in\mathbf{R}^n$,

(1) $\boldsymbol{\alpha}+\boldsymbol{\beta}=\boldsymbol{\beta}+\boldsymbol{\alpha}$;

(2) $(\boldsymbol{\alpha}+\boldsymbol{\beta})+\boldsymbol{\gamma}=\boldsymbol{\alpha}+(\boldsymbol{\beta}+\boldsymbol{\gamma})$;

(3) $\boldsymbol{\alpha}+\mathbf{0}=\boldsymbol{\alpha}$;

(4) $\boldsymbol{\alpha}+(-\boldsymbol{\alpha})=\mathbf{0}$.

定义 1.3.5 设 $k\in\mathbf{R}$, 向量

$$(ka_1,ka_2,\cdots,ka_n)^{\mathrm{T}}$$

称为向量 $\boldsymbol{\alpha}=(a_1,a_2,\cdots,a_n)^{\mathrm{T}}$ 与数 k 的数量乘积, 简称数乘, 记作 $k\boldsymbol{\alpha}$.

向量的数乘运算满足以下性质: $\boldsymbol{\alpha},\boldsymbol{\beta}\in\mathbf{R}^n$, $k,l\in\mathbf{R}$,

(5) $1\boldsymbol{\alpha}=\boldsymbol{\alpha}$;

(6) $(kl)\boldsymbol{\alpha}=k(l\boldsymbol{\alpha})$;

(7) $(k+l)\boldsymbol{\alpha}=k\boldsymbol{\alpha}+l\boldsymbol{\alpha}$;

(8) $k(\boldsymbol{\alpha}+\boldsymbol{\beta})=k\boldsymbol{\alpha}+k\boldsymbol{\beta}$.

向量的减法定义为 $\boldsymbol{\alpha}-\boldsymbol{\beta}=\boldsymbol{\alpha}+(-\boldsymbol{\beta})$.

例 1.3.6 设 n 维向量 $\boldsymbol{\alpha}=(a_1,a_2,\cdots,a_n)^{\mathrm{T}}$ 给出一个投资组合中 n 个资产的份额, n 维向量 $\boldsymbol{\beta}=(b_1,b_2,\cdots,b_n)^{\mathrm{T}}$ 给出购买 (当 b_i 为正) 或出售 (当 b_i 为负) 资产的份额. 在资产购买和出售之后, 投资组合由 $\boldsymbol{\alpha}+\boldsymbol{\beta}$ 给出, 即原始投资组合向量 $\boldsymbol{\alpha}$ 和购买向量 $\boldsymbol{\beta}$ 之和, 也被称为交易向量或交易清单.

定义 1.3.6 集合 $\mathbf{R}^n$ 连同如上定义的加法与数乘运算称为 $\mathbf{R}$ 上的 n 维向量空间.

例 1.3.7 设 $H=\{(x,y,0)^{\mathrm{T}}\in\mathbf{R}^3\mid x,y\in\mathbf{R}\}$ 是 $\mathbf{R}^3$ 的子集, 如图 1.3.8 所示.

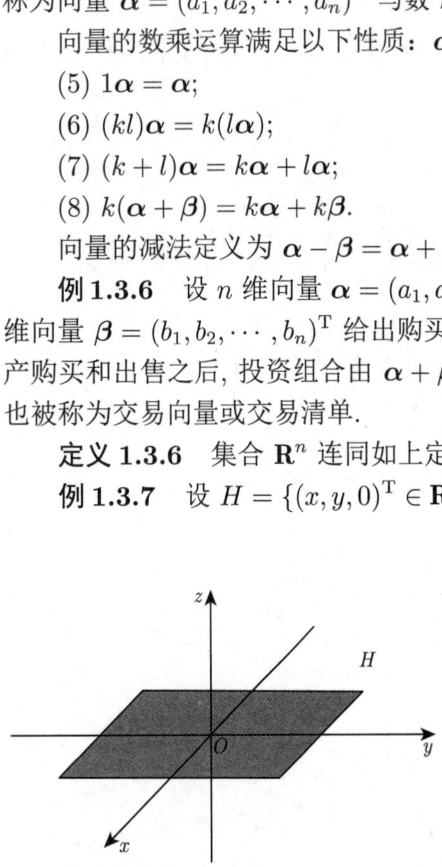

图 1.3.8

显然, 对任意的 $\boldsymbol{\alpha}=\begin{pmatrix}a_1\\a_2\\0\end{pmatrix},\boldsymbol{\beta}=\begin{pmatrix}b_1\\b_2\\0\end{pmatrix}\in H$, $k\in\mathbf{R}$, 有

$$\boldsymbol{\alpha}+\boldsymbol{\beta}=\begin{pmatrix}a_1+b_1\\a_2+b_2\\0\end{pmatrix}\in H,\qquad k\boldsymbol{\alpha}=\begin{pmatrix}ka_1\\ka_2\\0\end{pmatrix}\in H$$

即 H 关于向量的加法与数乘封闭, 这样的子集 H 称为 $\mathbf{R}^3$ 的线性子空间.

定义 1.3.7 设 V 是 $\mathbf{R}^n$ 的一个非空子集. 若

(1) 加法封闭: $\forall\boldsymbol{\alpha},\boldsymbol{\beta}\in V$, $\boldsymbol{\alpha}+\boldsymbol{\beta}\in V$;

(2) 数乘封闭: $\forall\boldsymbol{\alpha}\in V,k\in\mathbf{R}$, $k\boldsymbol{\alpha}\in V$,

则称 V 是 $\mathbf{R}^n$ 的 (线性) 子空间.

例 1.3.8 考虑线性方程组

$$\begin{cases}x_1-x_2+2x_3=0\\-2x_1+2x_2-4x_3=0\end{cases}$$

其系数矩阵的行最简形为

$$\begin{pmatrix} 1 & -1 & 2 \\ -2 & 2 & -4 \end{pmatrix} \to \begin{pmatrix} 1 & -1 & 2 \\ 0 & 0 & 0 \end{pmatrix}$$

所以方程组的解集

$$V = \left\{ \begin{pmatrix} u-2v \\ u \\ v \end{pmatrix} \mid u, v \in \mathbf{R} \right\} \subseteq \mathbf{R}^3$$

任取两个解向量

$$\boldsymbol{\xi}_1 = \begin{pmatrix} u_1 - 2v_1 \\ u_1 \\ v_1 \end{pmatrix}, \qquad \boldsymbol{\xi}_2 = \begin{pmatrix} u_2 - 2v_2 \\ u_2 \\ v_2 \end{pmatrix} \in V$$

则

$$\begin{aligned} \boldsymbol{\xi}_1 + \boldsymbol{\xi}_2 &= \begin{pmatrix} u_1 - 2v_1 \\ u_1 \\ v_1 \end{pmatrix} + \begin{pmatrix} u_2 - 2v_2 \\ u_2 \\ v_2 \end{pmatrix} \\ &= \begin{pmatrix} (u_1+u_2) - 2(v_1+v_2) \\ u_1+u_2 \\ v_1+v_2 \end{pmatrix} \in V \end{aligned}$$

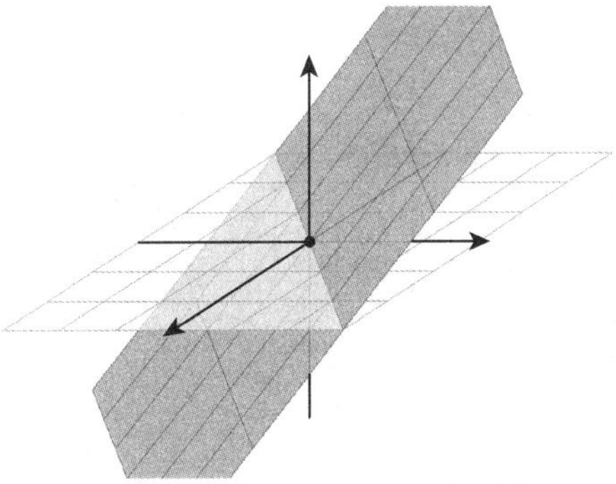

图 1.3.9

即 V 关于加法封闭; 对任意的 $k \in \mathbf{R}$,

$$k\boldsymbol{\xi}_1 = \begin{pmatrix} ku_1 - 2kv_1 \\ ku_1 \\ kv_1 \end{pmatrix} \in V$$

即 V 关于数乘封闭. 所以解集 V 是 $\mathbf{R}^3$ 的子空间, 如图 1.3.9 所示.

拓展阅读：线性空间

n 维向量是中学阶段学习的二维或三维向量的推广. 在历史上有很长一段时间, 空间的向量结构并未被数学家们所认识, 直到 19 世纪末 20 世纪初, 人们才把空间的性质与向量的运算联系起来, 并开始研究与 $\mathbf{R}^n$ 所具有的相同八条运算性质的不特定对象的抽象空间结构. 在这些抽象的空间里, 元素不再仅仅是“有序数组”, 可能是多项式、连续函数、矩阵等不特定的对象. 由于它们具有与 n 维向量 (有序数组) 类似的加法与数乘运算, 以及相同的运算律, 也把这些抽象的元素称为“向量”, 它们所形成的集合称为“线性空间”, 或简单地称为“向量空间”. 这些空间中的向量比几何中的向量要广泛得多, 可以是任意数学对象或物理对象, 从而使线性代数的方法可以应用到更广阔的自然科学、经济学甚至社会科学中.

线性空间的现代定义是由皮亚诺 (Peano) 于 1888 年以公理化的方式提出, 是现代数学最基本的概念之一, 也是定义许多其他概念的基础.

定义 1.3.8 设 V 是一个非空集合, $\mathbf{R}$ 是实数域. 任取 $\boldsymbol{\alpha},\boldsymbol{\beta}\in V$, $k\in\mathbf{R}$, 定义 $\boldsymbol{\alpha}$ 与 $\boldsymbol{\beta}$ 的和 $\boldsymbol{\alpha}+\boldsymbol{\beta}$, k 与 $\boldsymbol{\alpha}$ 的数乘 $k\boldsymbol{\alpha}$ 都属于 V. 且对 $\forall\boldsymbol{\alpha},\boldsymbol{\beta},\boldsymbol{\gamma}\in V$, $k,l\in\mathbf{R}$, 满足

(1) 交换律: $\boldsymbol{\alpha}+\boldsymbol{\beta}=\boldsymbol{\beta}+\boldsymbol{\alpha}$;

(2) 结合律: $(\boldsymbol{\alpha}+\boldsymbol{\beta})+\boldsymbol{\gamma}=\boldsymbol{\alpha}+(\boldsymbol{\beta}+\boldsymbol{\gamma})$;

(3) 零元律: $\exists\theta\in V$, s.t. $\theta+\boldsymbol{\alpha}=\boldsymbol{\alpha},\forall\boldsymbol{\alpha}\in V$;

(4) 负元律: $\forall\boldsymbol{\alpha}\in V,\exists\boldsymbol{\beta}\in V$, s.t. $\boldsymbol{\alpha}+\boldsymbol{\beta}=\theta$;

(5) 幺元律: $1\boldsymbol{\alpha}=\boldsymbol{\alpha}$;

(6) 结合律: $(kl)\boldsymbol{\alpha}=k(l\boldsymbol{\alpha})$;

(7) 分配律: $(k+\boldsymbol{l})\boldsymbol{\alpha}=k\boldsymbol{\alpha}+l\boldsymbol{\alpha}$;

(8) 分配律: $k(\boldsymbol{\alpha}+\boldsymbol{\beta})=k\boldsymbol{\alpha}+k\boldsymbol{\beta}$.

则 V 称为实数域 $\mathbf{R}$ 上的线性空间, V 中的元素称为向量.

例 1.3.9 设 $V=\mathbf{R}^n$, 关于向量的加法与数量乘法作成一个线性空间.

例 1.3.10 设 $V=\mathbf{R}[x]$ 是实系数多项式的全体, 关于多项式的加法与数量乘法作成一个线性空间.

例1.3.11 设 $V=C[a,b], C(a,b)$ 或 $C(-\infty,\infty)$ 分别是区间 $[a,b],(a,b)$ 或 $(-\infty,\infty)$ 上连续函数的全体, 关于函数的加法与数量乘法作成一个线性空间. 其中函数的加法与数量乘法运算如图 1.3.10 所示.

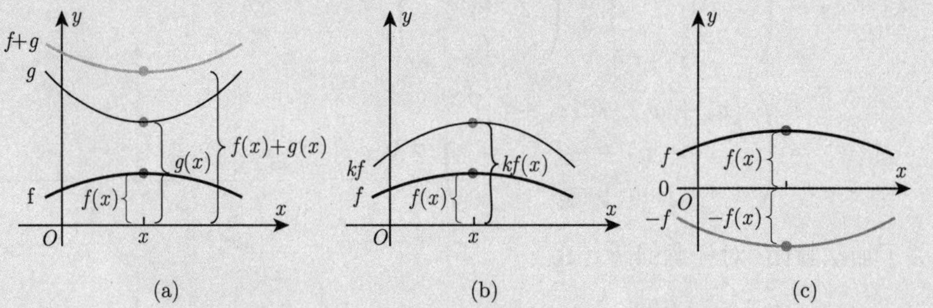

图 1.3.10

习 题 1.3

(A)

1. 设 $\boldsymbol{\alpha}=(-3,2,1,0)^{\mathrm{T}},\boldsymbol{\beta}=(4,7,-3,2)^{\mathrm{T}},\boldsymbol{\gamma}=(5,-2,8,1)^{\mathrm{T}}$, 求:

(1) $\boldsymbol{\alpha}-\boldsymbol{\gamma}$; (2) $6(\boldsymbol{\alpha}-3\boldsymbol{\beta})$; (3) $-\boldsymbol{\alpha}+(\boldsymbol{\beta}-4\boldsymbol{\gamma})$; (4) $(6\boldsymbol{\alpha}-\boldsymbol{\gamma})-(4\boldsymbol{\alpha}+\boldsymbol{\beta})$.

2. 设 $\boldsymbol{\alpha},\boldsymbol{\beta},\boldsymbol{\gamma}$ 如习题 1, 求向量 $\boldsymbol{x}$ 使得 $3\boldsymbol{\alpha}+\boldsymbol{\beta}-2\boldsymbol{\gamma}=3\boldsymbol{x}+2\boldsymbol{\gamma}$.

3. 设 $\boldsymbol{\alpha}=(1,-1,3,5)^{\mathrm{T}},\boldsymbol{\beta}=(2,1,0,-3)^{\mathrm{T}}$, 求 a,b 使得 $a\boldsymbol{\alpha}+b\boldsymbol{\beta}=(1,-4,9,18)^{\mathrm{T}}$.

1.4 线 性 表 示

RGB 颜色模型通常采用图 1.3.4 中所示的单位立方体来表示, 三原色红、绿、蓝分别用 $\mathbf{R}^3$ 中的向量 $\boldsymbol{r},\boldsymbol{g},\boldsymbol{b}$ 来表示, 如表 1.4.1 所示.

表 1.4.1

红	绿	蓝
$\boldsymbol{r}=\begin{pmatrix}1\\0\\0\end{pmatrix}$	$\boldsymbol{g}=\begin{pmatrix}0\\1\\0\end{pmatrix}$	$\boldsymbol{b}=\begin{pmatrix}0\\0\\1\end{pmatrix}$

任一颜色向量 $\boldsymbol{c}$ 都可以写成

$$\boldsymbol{c}=k_1\boldsymbol{r}+k_2\boldsymbol{g}+k_3\boldsymbol{b}=(\boldsymbol{r},\boldsymbol{g},\boldsymbol{b})\begin{pmatrix}k_1\\k_2\\k_3\end{pmatrix}$$

式中：$0\leqslant k_i\leqslant 1$, 表示三原色所占的百分比. 所有颜色向量的集合通常称为 RGB 颜色空间. 在正方体的主对角线上, 各原色的强度相等, 产生由暗到明的白色, 也就是不同的灰度值. 例如, (0, 0, 0) 为黑色, (1, 1, 1) 为白色. 正方体的其他六个角点分别为红、黄、绿、青、蓝和品红.

下面线性组合定义是由美国数学家希尔在 1900 年发表的一篇关于行星运动的研究论文中引入的.

定义 1.4.1　设 $\boldsymbol{\alpha}_1,\boldsymbol{\alpha}_2,\cdots,\boldsymbol{\alpha}_s\in\mathbf{R}^n$, $k_1,k_2,\cdots,k_s\in\mathbf{R}$, 则向量

$$k_1\boldsymbol{\alpha}_1+k_2\boldsymbol{\alpha}_2+\cdots+k_s\boldsymbol{\alpha}_s \tag{1.4.1}$$

称为向量组 $\boldsymbol{\alpha}_1,\boldsymbol{\alpha}_2,\cdots,\boldsymbol{\alpha}_s$ 的**线性组合**, $k_1,k_2,\cdots,k_s$ 称为这个线性组合的**系数**或**权重**.

注　当 $k_1=k_2=\cdots=k_s=1$ 时, 式 (1.4.1) 称为向量 $\boldsymbol{\alpha}_1,\boldsymbol{\alpha}_2,\cdots,\boldsymbol{\alpha}_s$ 的和; 当 $k_1=k_2=\cdots=k_s=\dfrac{1}{s}$ 时, 式 (1.4.1) 称为向量 $\boldsymbol{\alpha}_1,\boldsymbol{\alpha}_2,\cdots,\boldsymbol{\alpha}_s$ 的均值; 若 $k_1+k_2+\cdots+k_s=1$, 则式 (1.4.1) 称为仿射组合; 若仿射组合中的系数 $k_i\geqslant 0$, 则称为凸组合或加权平均.

例 1.4.1　(1) 零向量 $\mathbf{0}$ 的任意线性组合 $k\mathbf{0}=\mathbf{0}$;

(2) 非零向量 $\boldsymbol{\alpha}\in\mathbf{R}^n$ 的线性组合就是它的倍数 $k\boldsymbol{\alpha}$, 因此 $\boldsymbol{\alpha}$ 的所有线性组合是 $\boldsymbol{\alpha}$ 所在的整条直线, 如图 1.4.1 所示;

(3) 设 $\boldsymbol{\alpha}=\begin{pmatrix}1\\2\end{pmatrix}$ 与 $\boldsymbol{\beta}=\begin{pmatrix}1\\0\end{pmatrix}$, 则 $\boldsymbol{\alpha}$ 与 $\boldsymbol{\beta}$ 的各种线性组合如图 1.4.2 所示. 事实上, $\boldsymbol{\alpha}$ 与 $\boldsymbol{\beta}$ 的所有线性组合恰为平面 $\mathbf{R}^2$ 中的所有向量.

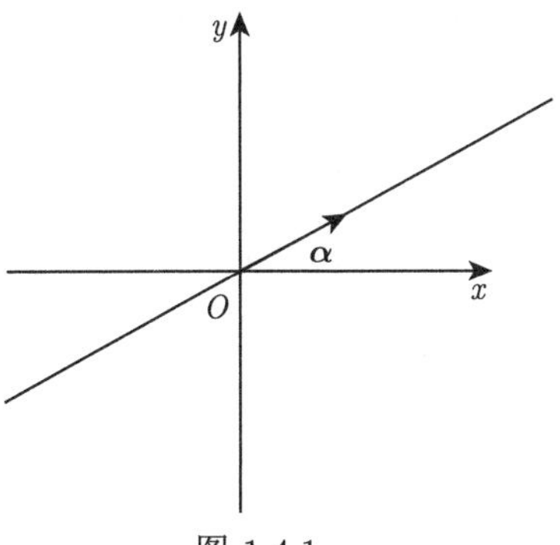

图 1.4.1

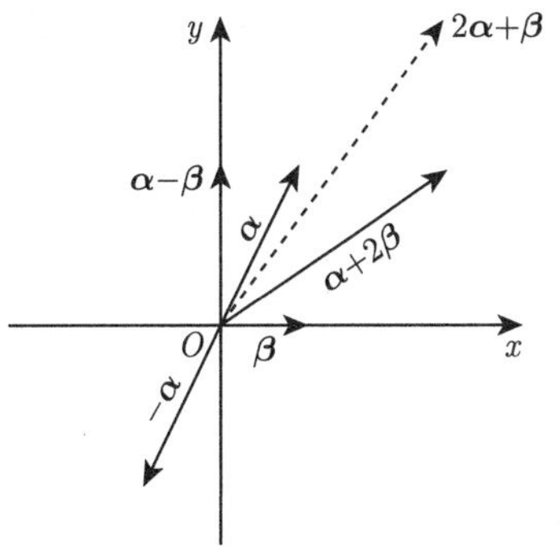

图 1.4.2

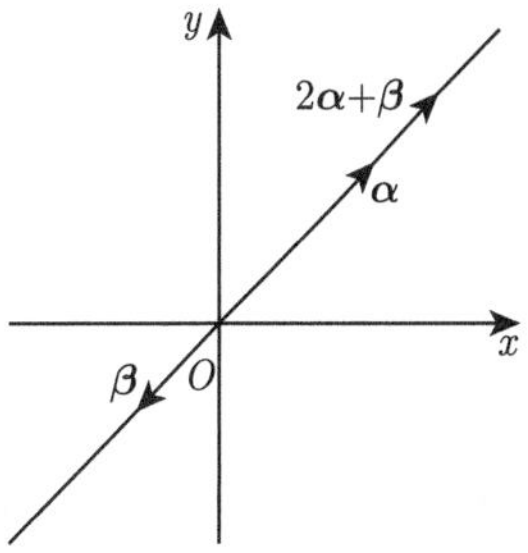

图 1.4.3

(4) 设 $\boldsymbol{\alpha}=\begin{pmatrix}2\\2\end{pmatrix}$ 与 $\boldsymbol{\beta}=\begin{pmatrix}-1\\-1\end{pmatrix}$, 由于 $\boldsymbol{\alpha},\boldsymbol{\beta}$ 共线, 所以它们的线性组合都在一条直线上, 如图 1.4.3 所示.

定义 1.4.2 设 $\boldsymbol{\alpha}_1, \boldsymbol{\alpha}_2, \cdots, \boldsymbol{\alpha}_s \in \mathbf{R}^n$, 则由向量组 $\boldsymbol{\alpha}_1, \boldsymbol{\alpha}_2, \cdots, \boldsymbol{\alpha}_s$ 的所有线性组合作成的集合

$$\{k_1\boldsymbol{\alpha}_1 + k_2\boldsymbol{\alpha}_2 + \cdots + k_s\boldsymbol{\alpha}_s \mid k_1, k_2, \cdots, k_s \in \mathbf{R}\}$$

称为由 $\boldsymbol{\alpha}_1, \boldsymbol{\alpha}_2, \cdots, \boldsymbol{\alpha}_s$ 生成的子空间, 记作

$$\mathrm{span}(\boldsymbol{\alpha}_1, \boldsymbol{\alpha}_2, \cdots, \boldsymbol{\alpha}_s) \quad \text{或} \quad L(\boldsymbol{\alpha}_1, \boldsymbol{\alpha}_2, \cdots, \boldsymbol{\alpha}_s)$$

例 1.4.1(2) 中 $\mathrm{span}(\boldsymbol{\alpha})$ 是 $\boldsymbol{\alpha}$ 所在的直线, 例 1.4.1(3) 中 $\mathrm{span}(\boldsymbol{\alpha}, \boldsymbol{\beta}) = \mathbf{R}^2$, 而例 1.4.1(4) 中 $\mathrm{span}(\boldsymbol{\alpha}, \boldsymbol{\beta})$ 是 $\boldsymbol{\alpha}, \boldsymbol{\beta}$ 所在的直线.

定义 1.4.3 设 $\boldsymbol{\alpha}_1, \boldsymbol{\alpha}_2, \cdots, \boldsymbol{\alpha}_s, \boldsymbol{\beta} \in \mathbf{R}^n$. 称向量 $\boldsymbol{\beta}$ 可由向量组 $\boldsymbol{\alpha}_1, \boldsymbol{\alpha}_2, \cdots, \boldsymbol{\alpha}_s$ **线性表示** (或**线性表出**), 如果 $\boldsymbol{\beta}$ 能够写成向量组 $\boldsymbol{\alpha}_1, \boldsymbol{\alpha}_2, \cdots, \boldsymbol{\alpha}_s$ 的一个**线性组合**, 或等价地, $\boldsymbol{\beta} \in \mathrm{span}(\boldsymbol{\alpha}_1, \boldsymbol{\alpha}_2, \cdots, \boldsymbol{\alpha}_s)$, 即存在 $k_1, k_2, \cdots, k_s \in \mathbf{R}$, 使得

$$\boldsymbol{\beta} = k_1\boldsymbol{\alpha}_1 + k_2\boldsymbol{\alpha}_2 + \cdots + k_s\boldsymbol{\alpha}_s$$

注 零向量可由任意向量组线性表示.

例 1.4.2 n 维向量空间 $\mathbf{R}^n$ 中的任一向量可由 n 维标准单位向量组 $\boldsymbol{e}_1, \boldsymbol{e}_2, \cdots, \boldsymbol{e}_n$ 线性表示. 事实上, 任取 $\boldsymbol{\alpha} = (a_1, a_2, \cdots, a_n)^{\mathrm{T}} \in \mathbf{R}^n$,

$$\boldsymbol{\alpha} = a_1\boldsymbol{e}_1 + a_2\boldsymbol{e}_2 + \cdots + a_n\boldsymbol{e}_n$$

因此, $\mathrm{span}(\boldsymbol{e}_1, \boldsymbol{e}_2, \cdots, \boldsymbol{e}_n) = \mathbf{R}^n$.

例 1.4.3 $\mathbf{R}^3$ 中的任一向量 $\boldsymbol{\alpha} = (b_1, b_2, b_3)^{\mathrm{T}}$ 均可由向量组

$$\boldsymbol{\alpha}_1 = \begin{pmatrix} 1 \\ 0 \\ 0 \end{pmatrix}, \quad \boldsymbol{\alpha}_2 = \begin{pmatrix} 1 \\ 1 \\ 0 \end{pmatrix}, \quad \boldsymbol{\alpha}_3 = \begin{pmatrix} 1 \\ 1 \\ 1 \end{pmatrix}$$

线性表示, 即 $\boldsymbol{\beta} = (b_1 - b_2)\boldsymbol{\alpha}_1 + (b_2 - b_3)\boldsymbol{\alpha}_2 + b_3\boldsymbol{\alpha}_3$. 因此, $\mathrm{span}(\boldsymbol{\alpha}_1, \boldsymbol{\alpha}_2, \boldsymbol{\alpha}_3) = \mathbf{R}^3$.

现在我们可以考虑线性方程组的第二种表示方法——向量表示法. 设线性方程组

$$\begin{cases} a_{11}x_1 + a_{12}x_2 + \cdots + a_{1n}x_n = b_1 \\ a_{21}x_1 + a_{22}x_2 + \cdots + a_{2n}x_n = b_2 \\ \quad\cdots\cdots \\ a_{m1}x_1 + a_{m2}x_2 + \cdots + a_{mn}x_n = b_m \end{cases} \tag{1.4.2}$$

利用向量的运算, 式 (1.4.2) 可写为

$$\begin{pmatrix} a_{11} \\ a_{21} \\ \vdots \\ a_{m1} \end{pmatrix} x_1 + \begin{pmatrix} a_{12} \\ a_{22} \\ \vdots \\ a_{m2} \end{pmatrix} x_2 + \cdots + \begin{pmatrix} a_{1n} \\ a_{2n} \\ \vdots \\ a_{mn} \end{pmatrix} x_n = \begin{pmatrix} b_1 \\ b_2 \\ \vdots \\ b_m \end{pmatrix}$$

令

$$\boldsymbol{\alpha}_j = \begin{pmatrix} a_{1j} \\ a_{2j} \\ \vdots \\ a_{mj} \end{pmatrix} \quad (j = 1, 2, \cdots, n), \qquad \boldsymbol{\beta} = \begin{pmatrix} b_1 \\ b_2 \\ \vdots \\ b_m \end{pmatrix}$$

按大家平常的习惯将 $\boldsymbol{\alpha}_j x_j$ 改写为 $x_j \boldsymbol{\alpha}_j$ $(1 \leqslant j \leqslant n)$, 则线性方程组可表示为向量形式

$$x_1\boldsymbol{\alpha}_1 + x_2\boldsymbol{\alpha}_2 + \cdots + x_n\boldsymbol{\alpha}_n = \boldsymbol{\beta} \tag{1.4.3}$$

设

$$\boldsymbol{A} = (\boldsymbol{\alpha}_1, \boldsymbol{\alpha}_2, \cdots, \boldsymbol{\alpha}_n), \qquad \boldsymbol{x} = \begin{pmatrix} x_1 \\ x_2 \\ \vdots \\ x_n \end{pmatrix}$$

定义 1.4.4 矩阵 $\boldsymbol{A}$ 与向量 $\boldsymbol{x}$ 的乘法可定义为

$$\boldsymbol{A}\boldsymbol{x} = (\boldsymbol{\alpha}_1, \boldsymbol{\alpha}_2, \cdots, \boldsymbol{\alpha}_n) \begin{pmatrix} x_1 \\ x_2 \\ \vdots \\ x_n \end{pmatrix} = x_1\boldsymbol{\alpha}_1 + x_2\boldsymbol{\alpha}_2 + \cdots + x_n\boldsymbol{\alpha}_n \tag{1.4.4}$$

容易验证, 矩阵与向量的乘法满足以下运算律:

(1) $\boldsymbol{A}(\boldsymbol{\alpha} + \boldsymbol{\beta}) = \boldsymbol{A}\boldsymbol{\alpha} + \boldsymbol{A}\boldsymbol{\beta}$;

(2) $\boldsymbol{A}(k\boldsymbol{\alpha}) = k(\boldsymbol{A}\boldsymbol{\alpha})$.

由此可以定义矩阵的乘法:

定义 1.4.5 设 $\boldsymbol{A}$ 是 $m \times n$ 阶矩阵. 对于 $n \times s$ 阶矩阵 $\boldsymbol{B} = (\boldsymbol{\beta}_1, \boldsymbol{\beta}_2, \cdots, \boldsymbol{\beta}_s)$, 矩阵 $\boldsymbol{A}$ 与 $\boldsymbol{B}$ 的乘积定义为

$$\boldsymbol{A}\boldsymbol{B} = \boldsymbol{A}(\boldsymbol{\beta}_1, \boldsymbol{\beta}_2, \cdots, \boldsymbol{\beta}_s) = (\boldsymbol{A}\boldsymbol{\beta}_1, \boldsymbol{A}\boldsymbol{\beta}_2, \cdots, \boldsymbol{A}\boldsymbol{\beta}_s)$$

注 由定义 1.4.5 可知, 只有当矩阵 $\boldsymbol{A}$ 的列数等于 $\boldsymbol{B}$ 的行数时, $\boldsymbol{A}$ 与 $\boldsymbol{B}$ 才能相乘. 而且, 乘积 $\boldsymbol{A}\boldsymbol{B}$ 的行数等于 $\boldsymbol{A}$ 的行数, $\boldsymbol{A}\boldsymbol{B}$ 的列数等于 $\boldsymbol{B}$ 的列数. 矩阵的乘法一般不满足交换律, 即 $\boldsymbol{A}\boldsymbol{B} \neq \boldsymbol{B}\boldsymbol{A}$, 但满足

(1) 结合律: $(\boldsymbol{A}\boldsymbol{B})\boldsymbol{C} = \boldsymbol{A}(\boldsymbol{B}\boldsymbol{C})$;

(2) 分配律: $\boldsymbol{A}(\boldsymbol{B} + \boldsymbol{C}) = \boldsymbol{A}\boldsymbol{B} + \boldsymbol{A}\boldsymbol{C}$, $(\boldsymbol{B} + \boldsymbol{C})\boldsymbol{A} = \boldsymbol{B}\boldsymbol{A} + \boldsymbol{C}\boldsymbol{A}$;

(3) $k(\boldsymbol{A}\boldsymbol{B}) = (k\boldsymbol{A})\boldsymbol{B} = \boldsymbol{A}(k\boldsymbol{B})$;

(4) $(\boldsymbol{A}\boldsymbol{B})^{\mathrm{T}} = \boldsymbol{B}^{\mathrm{T}}\boldsymbol{A}^{\mathrm{T}}$.

注 矩阵乘法满足的运算律, 将在第 2 章命题 2.2.1 中给予证明.

例 1.4.4 设 $\boldsymbol{A}=\begin{pmatrix}1&1&0\\0&1&1\end{pmatrix},\boldsymbol{B}=\begin{pmatrix}1&0\\0&1\\1&0\end{pmatrix}$, 则

$$\begin{aligned}\boldsymbol{AB}&=\begin{pmatrix}1&1&0\\0&1&1\end{pmatrix}\begin{pmatrix}1&0\\0&1\\1&0\end{pmatrix}\\&=\left[\begin{pmatrix}1&1&0\\0&1&1\end{pmatrix}\begin{pmatrix}1\\0\\1\end{pmatrix},\begin{pmatrix}1&1&0\\0&1&1\end{pmatrix}\begin{pmatrix}0\\1\\0\end{pmatrix}\right]\\&=\left[\begin{pmatrix}1\\1\end{pmatrix},\begin{pmatrix}1\\1\end{pmatrix}\right]=\begin{pmatrix}1&1\\1&1\end{pmatrix}\end{aligned}$$

由式 (1.4.3) 得到线性方程组的第三种表示方法——矩阵表示法, 即

$$\boldsymbol{A}x=\boldsymbol{\beta} \tag{1.4.5}$$

于是线性方程组 (1.4.2) 有解, 当且仅当 (1.4.3) 有解, 当且仅当 (1.4.5) 有解, 当且仅当 $\boldsymbol{\beta}\in\operatorname{span}(\boldsymbol{\alpha}_1,\boldsymbol{\alpha}_2,\cdots,\boldsymbol{\alpha}_n)$.

设式 (1.4.2) 的增广矩阵 $\overline{\boldsymbol{A}}=(\boldsymbol{\alpha}_1,\boldsymbol{\alpha}_2,\cdots,\boldsymbol{\alpha}_n;\boldsymbol{\beta})$, 且经过行初等变换化为行最简形矩阵 $\boldsymbol{B}$. 由定理 1.2.2 知, $\boldsymbol{\beta}\in\operatorname{span}(\boldsymbol{\alpha}_1,\boldsymbol{\alpha}_2,\cdots,\boldsymbol{\alpha}_n)$ 当且仅当 $\boldsymbol{B}$ 的最后一列 (增广列) 不是主列. 这给出了利用初等变换判定向量 $\boldsymbol{\beta}$ 是否可由向量组 $\boldsymbol{\alpha}_1,\boldsymbol{\alpha}_2,\cdots,\boldsymbol{\alpha}_s$ 线性表示的方法.

例 1.4.5 设

$$\boldsymbol{\alpha}_1=\begin{pmatrix}1\\2\\6\end{pmatrix},\qquad \boldsymbol{\alpha}_2=\begin{pmatrix}-1\\-2\\-1\end{pmatrix},\qquad \boldsymbol{\beta}=\begin{pmatrix}8\\16\\3\end{pmatrix}$$

因为

$$\left(\begin{array}{cc:c}1&-1&8\\2&-2&16\\6&-1&3\end{array}\right)\xrightarrow{\text{行最简形}}\left(\begin{array}{cc:c}1&0&-1\\0&1&-9\\0&0&0\end{array}\right)$$

最后一列不是主列, 所以 $\boldsymbol{\beta}\in\operatorname{span}(\boldsymbol{\alpha}_1,\boldsymbol{\alpha}_2)$, 从而 $\boldsymbol{\beta}$ 可由 $\boldsymbol{\alpha}_1,\boldsymbol{\alpha}_2$ 线性表示. 而且

$$\boldsymbol{\beta}=-\boldsymbol{\alpha}_1-9\boldsymbol{\alpha}_2$$

定义 1.4.6 若 $\mathbf{R}^n$ 中的向量组 $\boldsymbol{\beta}_1,\boldsymbol{\beta}_2,\cdots,\boldsymbol{\beta}_s$ 中的每一个向量都可由向量组 $\boldsymbol{\alpha}_1,\boldsymbol{\alpha}_2,\cdots,\boldsymbol{\alpha}_r$ 线性表示, 则称向量组 $\boldsymbol{\beta}_1,\boldsymbol{\beta}_2,\cdots,\boldsymbol{\beta}_s$ 可由向量组 $\boldsymbol{\alpha}_1,\boldsymbol{\alpha}_2,\cdots,\boldsymbol{\alpha}_r$ 线性表示; 若两个向量组可以互相线性表示, 则称这两个**向量组等价**.

设向量组 $\boldsymbol{\beta}_1, \boldsymbol{\beta}_2, \cdots, \boldsymbol{\beta}_s$ 可由向量组 $\boldsymbol{\alpha}_1, \boldsymbol{\alpha}_2, \cdots, \boldsymbol{\alpha}_r$ 线性表示, 由定义可知, 存在 k_{1j}, $k_{2j}, \cdots, k_{rj}\,(1 \leqslant j \leqslant s)$, 使得

$$\boldsymbol{\beta}_j = k_{1j}\boldsymbol{\alpha}_1 + k_{2j}\boldsymbol{\alpha}_2 + \cdots + k_{rj}\boldsymbol{\alpha}_r = (\boldsymbol{\alpha}_1, \boldsymbol{\alpha}_2, \cdots, \boldsymbol{\alpha}_r)\begin{pmatrix} k_{1j} \\ k_{2j} \\ \vdots \\ k_{rj} \end{pmatrix}$$

从而

$$(\boldsymbol{\beta}_1, \boldsymbol{\beta}_2, \cdots, \boldsymbol{\beta}_s) = (\boldsymbol{\alpha}_1, \boldsymbol{\alpha}_2, \cdots, \boldsymbol{\alpha}_r)\begin{pmatrix} k_{11} & k_{12} & \cdots & k_{1s} \\ k_{21} & k_{22} & \cdots & k_{2s} \\ \vdots & \vdots & & \vdots \\ k_{r1} & k_{r2} & \cdots & k_{rs} \end{pmatrix}$$

其中, 矩阵 $\boldsymbol{K} = (k_{ij})_{r \times s}$ 称为这一线性表示的**系数矩阵**. 因此, 向量组 $\boldsymbol{\beta}_1, \boldsymbol{\beta}_2, \cdots, \boldsymbol{\beta}_s$ 可由向量组 $\boldsymbol{\alpha}_1, \boldsymbol{\alpha}_2, \cdots, \boldsymbol{\alpha}_r$ 线性表示, 当且仅当存在系数矩阵 $\boldsymbol{K}$ 使得

$$(\boldsymbol{\beta}_1, \boldsymbol{\beta}_2, \cdots, \boldsymbol{\beta}_s) = (\boldsymbol{\alpha}_1, \boldsymbol{\alpha}_2, \cdots, \boldsymbol{\alpha}_r)\boldsymbol{K}$$

由此可得向量组的表示具有传递性, 即:

命题1.4.1　若向量组 $\boldsymbol{\beta}_1, \boldsymbol{\beta}_2, \cdots, \boldsymbol{\beta}_s$ 可由向量组 $\boldsymbol{\alpha}_1, \boldsymbol{\alpha}_2, \cdots, \boldsymbol{\alpha}_r$ 线性表示; $\boldsymbol{\gamma}_1, \boldsymbol{\gamma}_2, \cdots, \boldsymbol{\gamma}_t$ 可由向量组 $\boldsymbol{\beta}_1, \boldsymbol{\beta}_2, \cdots, \boldsymbol{\beta}_s$ 线性表示, 则 $\boldsymbol{\gamma}_1, \boldsymbol{\gamma}_2, \cdots, \boldsymbol{\gamma}_t$ 可由向量组 $\boldsymbol{\alpha}_1, \boldsymbol{\alpha}_2, \cdots, \boldsymbol{\alpha}_r$ 线性表示.

证　由题设, 存在系数矩阵 $\boldsymbol{K}, \boldsymbol{L}$ 使得

$$(\boldsymbol{\beta}_1, \boldsymbol{\beta}_2, \cdots, \boldsymbol{\beta}_s) = (\boldsymbol{\alpha}_1, \boldsymbol{\alpha}_2, \cdots, \boldsymbol{\alpha}_r)\boldsymbol{K}$$

$$(\boldsymbol{\gamma}_1, \boldsymbol{\gamma}_2, \cdots, \boldsymbol{\gamma}_t) = (\boldsymbol{\beta}_1, \boldsymbol{\beta}_2, \cdots, \boldsymbol{\beta}_s)\boldsymbol{L}$$

所以

$$(\boldsymbol{\gamma}_1, \boldsymbol{\gamma}_2, \cdots, \boldsymbol{\gamma}_t) = (\boldsymbol{\alpha}_1, \boldsymbol{\alpha}_2, \cdots, \boldsymbol{\alpha}_r)\boldsymbol{P} \quad (\boldsymbol{P} = \boldsymbol{K}\boldsymbol{L})$$

即 $\boldsymbol{\gamma}_1, \boldsymbol{\gamma}_2, \cdots, \boldsymbol{\gamma}_t$ 可由向量组 $\boldsymbol{\alpha}_1, \boldsymbol{\alpha}_2, \cdots, \boldsymbol{\alpha}_r$ 线性表示. □

下面的定理给出了向量组 $\boldsymbol{\beta}_1, \boldsymbol{\beta}_2, \cdots, \boldsymbol{\beta}_s$ 可由向量组 $\boldsymbol{\alpha}_1, \boldsymbol{\alpha}_2, \cdots, \boldsymbol{\alpha}_r$ 线性表示的判定方法.

定理 1.4.1　设 $\boldsymbol{\alpha}_1, \boldsymbol{\alpha}_2, \cdots, \boldsymbol{\alpha}_r$ 与 $\boldsymbol{\beta}_1, \boldsymbol{\beta}_2, \cdots, \boldsymbol{\beta}_s$ 都是 $\mathbf{R}^n$ 中的向量组, 记 $\boldsymbol{A} = (\boldsymbol{\alpha}_1, \boldsymbol{\alpha}_2, \cdots, \boldsymbol{\alpha}_r)$, $\boldsymbol{B} = (\boldsymbol{\beta}_1, \boldsymbol{\beta}_2, \cdots, \boldsymbol{\beta}_s)$. 则 $\boldsymbol{\beta}_1, \boldsymbol{\beta}_2, \cdots, \boldsymbol{\beta}_s$ 可由向量组 $\boldsymbol{\alpha}_1, \boldsymbol{\alpha}_2, \cdots, \boldsymbol{\alpha}_r$ 线性表示当且仅当矩阵 $(\boldsymbol{A}, \boldsymbol{B})$ 的行阶梯形矩阵的主列都位于前 r 列.

证　由题设知每个 $\boldsymbol{\beta}_j \in \mathrm{span}(\boldsymbol{\alpha}_1, \boldsymbol{\alpha}_2, \cdots, \boldsymbol{\alpha}_r)$, 所以矩阵 $\overline{\boldsymbol{A}}_j = (\boldsymbol{\alpha}_1, \boldsymbol{\alpha}_2, \cdots, \boldsymbol{\alpha}_r; \boldsymbol{\beta}_j)$ 经相同的行初等变换化为阶梯形矩阵 $(\boldsymbol{C}, \boldsymbol{\gamma}_j)$ 后, $(\boldsymbol{C}, \boldsymbol{\gamma}_j)$ 的主列都位于前 r 列 (即 $\boldsymbol{C}$ 中), $j = 1, 2, \cdots, s$. 所以矩阵 $(\boldsymbol{A}, \boldsymbol{B})$ 经相同的行初等变换也化为阶梯形矩阵 $(\boldsymbol{C}, \boldsymbol{\gamma}_1, \cdots, \boldsymbol{\gamma}_s)$, 且 $(\boldsymbol{C}, \boldsymbol{\gamma}_1, \cdots, \boldsymbol{\gamma}_s)$ 的主列都位于前 r 列. □

推论 1.4.1 $\mathbf{R}^n$ 中的向量组 $\boldsymbol{\alpha}_1,\boldsymbol{\alpha}_2,\cdots,\boldsymbol{\alpha}_r$ 与 $\boldsymbol{\beta}_1,\boldsymbol{\beta}_2,\cdots,\boldsymbol{\beta}_s$ 等价当且仅当 $(\boldsymbol{A},\boldsymbol{B})$ 的行阶梯形矩阵的主列都位于前 r 列, 且 $(\boldsymbol{B},\boldsymbol{A})$ 的行阶梯形矩阵的主列都位于前 s 列.

该推论提供了一种利用初等变换法判断两个向量组是否等价的方法.

例 1.4.6 判断 $\mathbf{R}^3$ 中的向量组

$$\boldsymbol{\alpha}_1=\begin{pmatrix}1\\2\\3\end{pmatrix},\boldsymbol{\alpha}_2=\begin{pmatrix}1\\0\\2\end{pmatrix} \quad 与 \quad \boldsymbol{\beta}_1=\begin{pmatrix}3\\4\\8\end{pmatrix},\boldsymbol{\beta}_2=\begin{pmatrix}2\\2\\5\end{pmatrix},\boldsymbol{\beta}_3=\begin{pmatrix}0\\2\\1\end{pmatrix}$$

是否等价?

解 分别对矩阵 $(\boldsymbol{A},\boldsymbol{B})$ 与 $(\boldsymbol{B},\boldsymbol{A})$ 作行初等变换

$$(\boldsymbol{A},\boldsymbol{B})=\left(\begin{array}{cc:ccc}1&1&3&2&0\\2&0&4&2&2\\3&2&8&5&1\end{array}\right)\longrightarrow\left(\begin{array}{cc:ccc}1&0&2&1&1\\0&1&1&1&-1\\0&0&0&0&0\end{array}\right)$$

主列位于前 2 列;

$$(\boldsymbol{B},\boldsymbol{A})=\left(\begin{array}{ccc:cc}3&2&0&1&1\\4&2&2&2&0\\8&5&1&3&2\end{array}\right)\longrightarrow\left(\begin{array}{ccc:cc}3&2&0&1&1\\0&1&-3&-1&2\\0&0&0&0&0\end{array}\right)$$

主列位于前 3 列, 所以向量组 $\boldsymbol{\alpha}_1,\boldsymbol{\alpha}_2$ 与 $\boldsymbol{\beta}_1,\boldsymbol{\beta}_2,\boldsymbol{\beta}_3$ 等价.

习 题 1.4

(A)

1. 将向量 $\boldsymbol{\beta}=(3,5,-6)^{\mathrm{T}}$ 表示成 $\boldsymbol{\alpha}_1=(1,0,1)^{\mathrm{T}},\boldsymbol{\alpha}_2=(1,1,1)^{\mathrm{T}},\boldsymbol{\alpha}_3=(0,-1,-1)^{\mathrm{T}}$ 的线性组合.

2. 已知 $\boldsymbol{\beta}_1=\boldsymbol{\alpha}_1+2\boldsymbol{\alpha}_2+3\boldsymbol{\alpha}_3,\boldsymbol{\beta}_2=\boldsymbol{\alpha}_1-\boldsymbol{\alpha}_2+2\boldsymbol{\alpha}_3,\boldsymbol{\beta}_3=2\boldsymbol{\alpha}_1+\boldsymbol{\alpha}_2-\boldsymbol{\alpha}_3$. 求由 $\boldsymbol{\alpha}_1,\boldsymbol{\alpha}_2,\boldsymbol{\alpha}_3$ 表示 $\boldsymbol{\beta}_1,\boldsymbol{\beta}_2,\boldsymbol{\beta}_3$ 的系数矩阵.

3. 设 $\boldsymbol{\beta}_1=\boldsymbol{\alpha}_1-\boldsymbol{\alpha}_2+\boldsymbol{\alpha}_3,\boldsymbol{\beta}_2=\boldsymbol{\alpha}_1+\boldsymbol{\alpha}_2-\boldsymbol{\alpha}_3,\boldsymbol{\beta}_3=-\boldsymbol{\alpha}_1+\boldsymbol{\alpha}_2+\boldsymbol{\alpha}_3$. 求由 $\boldsymbol{\alpha}_1,\boldsymbol{\alpha}_2,\boldsymbol{\alpha}_3$ 表示 $\boldsymbol{\beta}_1,\boldsymbol{\beta}_2,\boldsymbol{\beta}_3$ 的系数矩阵.

(B)

4. 设 $\boldsymbol{\alpha}_1=\begin{pmatrix}1\\2\\0\end{pmatrix},\boldsymbol{\alpha}_2=\begin{pmatrix}1\\a+2\\-3a\end{pmatrix},\boldsymbol{\alpha}_3=\begin{pmatrix}-1\\-b-2\\a+2b\end{pmatrix},\boldsymbol{\beta}=\begin{pmatrix}1\\3\\-3a\end{pmatrix}$. 试讨论当 a,b 取何值时:

(1) $\boldsymbol{\beta}$ 不能由 $\boldsymbol{\alpha}_1,\boldsymbol{\alpha}_2,\boldsymbol{\alpha}_3$ 线性表示?

(2) $\boldsymbol{\beta}$ 能由 $\boldsymbol{\alpha}_1,\boldsymbol{\alpha}_2,\boldsymbol{\alpha}_3$ 唯一线性表示? 并求出表示式;

(3) $\boldsymbol{\beta}$ 能由 $\boldsymbol{\alpha}_1,\boldsymbol{\alpha}_2,\boldsymbol{\alpha}_3$ 线性表示但表法不唯一?

5. 设向量组 $\boldsymbol{\alpha}_1=(1,0,1)^{\mathrm{T}},\boldsymbol{\alpha}_2=(0,1,1)^{\mathrm{T}},\boldsymbol{\alpha}_3=(1,3,5)^{\mathrm{T}}$ 不能由向量组 $\boldsymbol{\beta}_1=(1,1,1)^{\mathrm{T}},\boldsymbol{\beta}_2=(1,2,3)^{\mathrm{T}},\boldsymbol{\beta}_3=(3,4,a)^{\mathrm{T}}$ 线性表示.

(1) 求 a 的值;

(2) 将 $\boldsymbol{\beta}_1,\boldsymbol{\beta}_2,\boldsymbol{\beta}_3$ 用 $\boldsymbol{\alpha}_1,\boldsymbol{\alpha}_2,\boldsymbol{\alpha}_3$ 线性表示.

(C)

6. 设向量

$$\boldsymbol{\alpha}_1=\begin{pmatrix}1\\1\\0\end{pmatrix},\quad \boldsymbol{\alpha}_2=\begin{pmatrix}5\\3\\2\end{pmatrix},\quad \boldsymbol{\alpha}_3=\begin{pmatrix}1\\3\\-1\end{pmatrix},\quad \boldsymbol{\alpha}_4=\begin{pmatrix}-2\\2\\-3\end{pmatrix}$$

$\boldsymbol{A}$ 是三阶矩阵, 且有 $\boldsymbol{A\alpha}_1=\boldsymbol{\alpha}_2, \boldsymbol{A\alpha}_2=\boldsymbol{\alpha}_3, \boldsymbol{A\alpha}_3=\boldsymbol{\alpha}_4$, 试求 $\boldsymbol{A\alpha}_4$.

1.5 向量组的线性相关性

RGB 空间中的红、绿、蓝“三原色”, 为什么是“三原色”而不是“二原色”或“四原色”呢? 也就是说, 我们能否用两种颜色 (比如红和绿) 调配出所有的颜色? 四种颜色可以吗? 设红 ($\boldsymbol{r}$)、绿 ($\boldsymbol{g}$)、蓝 ($\boldsymbol{b}$) 和黄 ($\boldsymbol{y}$), 则可知

$$\mathbf{b}\neq k_1\mathbf{r}+k_2\mathbf{g},\quad \forall k_1,k_2\in\mathbf{R}$$

蓝是不能由红和绿调配出来的. 类似地, 红也不能由绿和蓝调配出来, 绿也不能由红和蓝调配出来. 用数学的语言, 就是 $\boldsymbol{r},\boldsymbol{g},\boldsymbol{b}$ 中的任一向量都不能由其余向量“线性”地表示出来. 此时我们称红 ($\boldsymbol{r}$)、绿 ($\boldsymbol{g}$)、蓝 ($\boldsymbol{b}$) 是线性无关的.

如果使用红 ($\boldsymbol{r}$)、绿 ($\boldsymbol{g}$)、蓝 ($\boldsymbol{b}$) 和黄 ($\boldsymbol{y}$) 四种颜色, 可以调配出所有的颜色, 因为前三种就可以了, 而且

$$\boldsymbol{y}=k_1\boldsymbol{r}+k_2\boldsymbol{g}+k_3\boldsymbol{b}$$

所以黄 ($\boldsymbol{y}$) 可以认为是多余的, 即 $\boldsymbol{y}$ 可由前三个向量 $\boldsymbol{r},\boldsymbol{g},\boldsymbol{b}$ 线性地表示出来. 此时我们称红 ($\boldsymbol{r}$)、绿 ($\boldsymbol{g}$)、蓝 ($\boldsymbol{b}$) 和黄 ($\boldsymbol{y}$) 是线性相关的. 线性无关与线性相关的概念可以推广到一般的线性空间.

定义 1.5.1 向量组 $\boldsymbol{\alpha}_1,\boldsymbol{\alpha}_2,\cdots,\boldsymbol{\alpha}_s\in\mathbf{R}^n$ 称为**线性相关**的, 如果存在不全为零的实数 $k_1,k_2,\cdots,k_s$, 使得

$$k_1\boldsymbol{\alpha}_1+k_2\boldsymbol{\alpha}_2+\cdots k_s\boldsymbol{\alpha}_s=\mathbf{0}\tag{1.5.1}$$

否则, 向量组 $\boldsymbol{\alpha}_1,\boldsymbol{\alpha}_2,\cdots,\boldsymbol{\alpha}_s$ 称为**线性无关的**, 即式 (1.5.1) 成立, 则有

$$k_1=k_2=\cdots=k_s=\mathbf{0}$$

例 1.5.1 设 $\mathbf{0}\neq\boldsymbol{\alpha}\in\mathbf{R}^n$. 若 $k\boldsymbol{\alpha}=\mathbf{0}$, 则 $k=\mathbf{0}$. 所以 $\boldsymbol{\alpha}$ 线性无关.

例1.5.2 设 $\boldsymbol{\alpha},\boldsymbol{\beta}\in\mathbf{R}^n$. 若 $\boldsymbol{\alpha},\boldsymbol{\beta}$ 线性相关, 则存在不全为零的实数 k,l 使得 $k\boldsymbol{\alpha}+l\boldsymbol{\beta}=0$, 不妨设 $k\neq0$, 则 $\boldsymbol{\alpha}=-\dfrac{l}{k}\boldsymbol{\beta}$, 即 $\boldsymbol{\alpha},\boldsymbol{\beta}$ 共线 (分量对应成比例).

例 1.5.3 设 $\boldsymbol{\alpha}_1=(1,-2,3)^{\mathrm{T}},\boldsymbol{\alpha}_2=(5,6,-1)^{\mathrm{T}},\boldsymbol{\alpha}_3=(3,2,1)^{\mathrm{T}}\in\mathbf{R}^3$. 注意到

$$\boldsymbol{\alpha}_1+\boldsymbol{\alpha}_2=2\boldsymbol{\alpha}_3$$

即

$$\boldsymbol{\alpha}_1+\boldsymbol{\alpha}_2-2\boldsymbol{\alpha}_3=0$$

所以 $\boldsymbol{\alpha}_1,\boldsymbol{\alpha}_2,\boldsymbol{\alpha}_3$ 线性相关. 此时 $\boldsymbol{\alpha}_3\in\mathrm{span}(\boldsymbol{\alpha}_1,\boldsymbol{\alpha}_2)$, 即 $\boldsymbol{\alpha}_1,\boldsymbol{\alpha}_2,\boldsymbol{\alpha}_3$ 共面.

例 1.5.4 设 $\boldsymbol{e}_1=(1,0,0)^{\mathrm{T}},\boldsymbol{e}_2=(0,1,0)^{\mathrm{T}},\boldsymbol{e}_3=(0,0,1)^{\mathrm{T}}\in\mathbf{R}^3$. 假设

$$k_1\boldsymbol{e}_1+k_2\boldsymbol{e}_2+k_3\boldsymbol{e}_3=\mathbf{0}$$

即

$$(k_1,k_2,k_3)=(0,0,0)$$

所以 $k_1=k_2=k_3=0$, 故 $\boldsymbol{e}_1,\boldsymbol{e}_2,\boldsymbol{e}_3$ 线性无关.

类似地, $\mathbf{R}^n$ 中的 n 维标准单位向量组 $\boldsymbol{e}_1,\boldsymbol{e}_2,\cdots,\boldsymbol{e}_n$ 线性无关.

由定义 1.5.1 及上面的例子可得到下面的性质：

(1) 若一个向量组含有零向量, 则这个向量组必线性相关;

(2) 单个向量 $\boldsymbol{\alpha}$ 线性无关的充分必要条件是 $\boldsymbol{\alpha}\neq 0$;

(3) $\mathbf{R}^n$ 中的向量 $\boldsymbol{\alpha}$ 与 $\boldsymbol{\beta}$ 线性相关的充分必要条件是它们共线, 即对应分量成比例. 例如, 当 $n=2$ 时, 如图 1.5.1 所示.

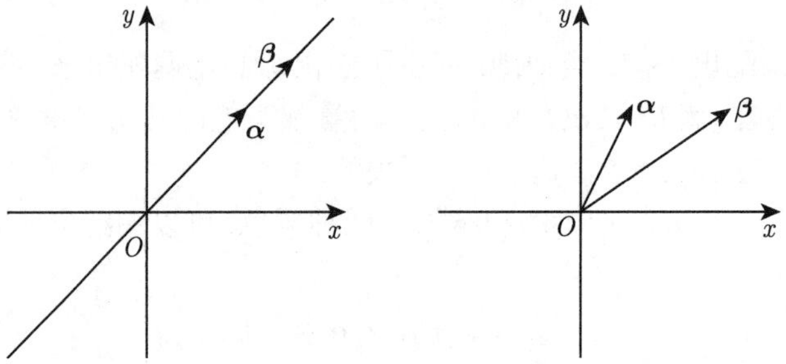

$\boldsymbol{\alpha},\boldsymbol{\beta}$线性相关
(a)

$\boldsymbol{\alpha},\boldsymbol{\beta}$线性无关
(b)

图 1.5.1

(4) $\mathbf{R}^n$ 中的三个向量线性相关的充要条件是它们共面. 例如, 当 $n=3$ 时, 如图 1.5.2 所示.

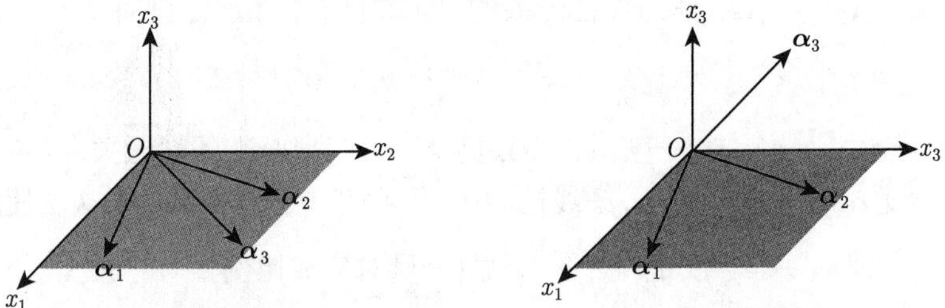

$\boldsymbol{\alpha}_1,\boldsymbol{\alpha}_2,\boldsymbol{\alpha}_3$ 线性相关
(a)

$\boldsymbol{\alpha}_1,\boldsymbol{\alpha}_2,\boldsymbol{\alpha}_3$ 线性无关
(b)

图 1.5.2

由定义 1.5.1 可知, n 维向量 $\boldsymbol{\alpha}_1,\boldsymbol{\alpha}_2,\cdots,\boldsymbol{\alpha}_s\in\mathbf{R}^n$ 线性相关当且仅当齐次线性方程组

$$x_1\boldsymbol{\alpha}_1+x_2\boldsymbol{\alpha}_2+\cdots+x_s\boldsymbol{\alpha}_s=\mathbf{0}$$

有非零解. 设系数矩阵 $\boldsymbol{A}=(\boldsymbol{\alpha}_1,\boldsymbol{\alpha}_2,\cdots,\boldsymbol{\alpha}_s)$ 经过行初等变换化为行阶梯形矩阵 $\boldsymbol{B}$, 则由推论 1.2.2 知, 向量组 $\boldsymbol{\alpha}_1,\boldsymbol{\alpha}_2,\cdots,\boldsymbol{\alpha}_s$ 线性相关当且仅当 $\boldsymbol{B}$ 的主列数小于 s.

定理1.5.1 (判定定理) 设向量组 $\boldsymbol{\alpha}_1,\boldsymbol{\alpha}_2,\cdots,\boldsymbol{\alpha}_s\in\mathbf{R}^n$, 记矩阵 $\boldsymbol{A}=(\boldsymbol{\alpha}_1,\boldsymbol{\alpha}_2,\cdots,\boldsymbol{\alpha}_s)$, $\boldsymbol{A}$ 经行初等变换化为行阶梯形矩阵 $\boldsymbol{B}$.

(1) 向量组 $\boldsymbol{\alpha}_1,\boldsymbol{\alpha}_2,\cdots,\boldsymbol{\alpha}_s$ 线性相关

$\iff$ 齐次线性方程组 $x_1\boldsymbol{\alpha}_1+x_2\boldsymbol{\alpha}_2+\cdots+x_s\boldsymbol{\alpha}_s=\mathbf{0}$ 有非零解;

$\iff$ $\boldsymbol{B}$ 的主列数 $<s$.

(2) 向量组 $\boldsymbol{\alpha}_1,\boldsymbol{\alpha}_2,\cdots,\boldsymbol{\alpha}_s$ 线性无关

$\iff$ 齐次线性方程组 $x_1\boldsymbol{\alpha}_1+x_2\boldsymbol{\alpha}_2+\cdots+x_s\boldsymbol{\alpha}_s=\mathbf{0}$ 只有零解;

$\iff$ $\boldsymbol{B}$ 的每列都是主列.

证 由定义 1.5.1 及推论 1.2.2 即得. □

例 1.5.5 设向量组 $\boldsymbol{\alpha}_1=(1,2,2,-1)^{\mathrm{T}},\boldsymbol{\alpha}_2=(4,9,9,-4)^{\mathrm{T}},\boldsymbol{\alpha}_3=(5,8,9,-5)^{\mathrm{T}}$. 因为

$$\boldsymbol{A}=(\boldsymbol{\alpha}_1,\boldsymbol{\alpha}_2,\boldsymbol{\alpha}_3)=\begin{pmatrix}1&4&5\\2&9&8\\2&9&9\\-1&-4&-5\end{pmatrix}\to\begin{pmatrix}1&4&5\\0&1&-2\\0&0&1\\0&0&0\end{pmatrix}=\boldsymbol{B}$$

而且 $\boldsymbol{B}$ 的每列都是主列, 所以 $\boldsymbol{\alpha}_1,\boldsymbol{\alpha}_2,\boldsymbol{\alpha}_3$ 线性无关.

例 1.5.6 已知向量组 $\boldsymbol{\alpha}_1=(1,0,2,3)^{\mathrm{T}}$, $\boldsymbol{\alpha}_2=(1,1,3,5)^{\mathrm{T}}$, $\boldsymbol{\alpha}_3=(1,-1,t+2,1)^{\mathrm{T}}$, $\boldsymbol{\alpha}_4=(1,2,4,t+9)^{\mathrm{T}}$ 线性相关, 求 t 的值.

解 记 $\boldsymbol{A}=(\boldsymbol{\alpha}_1,\boldsymbol{\alpha}_2,\boldsymbol{\alpha}_3,\boldsymbol{\alpha}_4)$, 由行初等变换得

$$\boldsymbol{A}=\begin{pmatrix}1&1&1&1\\0&1&-1&2\\2&3&t+2&4\\3&5&1&t+9\end{pmatrix}\longrightarrow\begin{pmatrix}1&0&2&-1\\0&1&-1&2\\0&0&t+1&0\\0&0&0&t+2\end{pmatrix}=\boldsymbol{B}$$

因为 $\boldsymbol{\alpha}_1,\boldsymbol{\alpha}_2,\boldsymbol{\alpha}_3,\boldsymbol{\alpha}_4$ 线性相关, 所以 $\boldsymbol{B}$ 的主列数小于 4. 从而 $t=-1$ 或 $t=-2$.

定理 1.5.2 (判定定理) 设向量组 $\boldsymbol{\alpha}_1,\boldsymbol{\alpha}_2,\cdots,\boldsymbol{\alpha}_s\in\mathbf{R}^n$ 线性无关, $\boldsymbol{\beta}_1,\boldsymbol{\beta}_2,\cdots,\boldsymbol{\beta}_s$ 可由 $\boldsymbol{\alpha}_1,\boldsymbol{\alpha}_2,\cdots,\boldsymbol{\alpha}_s$ 线性表示, 即

$$(\boldsymbol{\beta}_1,\boldsymbol{\beta}_2,\cdots,\boldsymbol{\beta}_s)=(\boldsymbol{\alpha}_1,\boldsymbol{\alpha}_2,\cdots,\boldsymbol{\alpha}_s)\begin{pmatrix}k_{11}&k_{12}&\cdots&k_{1s}\\k_{21}&k_{22}&\cdots&k_{2s}\\\vdots&\vdots&&\vdots\\k_{s1}&k_{s2}&\cdots&k_{ss}\end{pmatrix}\tag{1.5.2}$$

设系数矩阵 $\boldsymbol{K}=(k_{ij})_{s\times s}$ 经行初等变换化为行阶梯形矩阵 $\boldsymbol{L}$. 则 $\boldsymbol{\beta}_1,\boldsymbol{\beta}_2,\cdots,\boldsymbol{\beta}_s$ 线性无关, 当且仅当 $\boldsymbol{L}$ 的主列数等于 s.

证 设 $x_1\boldsymbol{\beta}_1+x_2\boldsymbol{\beta}_2+\cdots+x_s\boldsymbol{\beta}_s=\mathbf{0}$, 即

$$(\boldsymbol{\beta}_1,\boldsymbol{\beta}_2,\cdots,\boldsymbol{\beta}_s)\begin{pmatrix}x_1\\x_2\\\vdots\\x_s\end{pmatrix}=\mathbf{0} \tag{1.5.3}$$

将式 (1.5.2) 代入式 (1.5.3), 得

$$(\boldsymbol{\alpha}_1,\boldsymbol{\alpha}_2,\cdots,\boldsymbol{\alpha}_s)\begin{pmatrix}k_{11}&k_{12}&\cdots&k_{1s}\\k_{21}&k_{22}&\cdots&k_{2s}\\\vdots&\vdots&&\vdots\\k_{s1}&k_{s2}&\cdots&k_{ss}\end{pmatrix}\begin{pmatrix}x_1\\x_2\\\vdots\\x_s\end{pmatrix}=\mathbf{0}$$

由 $\boldsymbol{\alpha}_1,\boldsymbol{\alpha}_2,\cdots,\boldsymbol{\alpha}_s$ 线性无关知

$$\begin{pmatrix}k_{11}&k_{12}&\cdots&k_{1s}\\k_{21}&k_{22}&\cdots&k_{2s}\\\vdots&\vdots&&\vdots\\k_{s1}&k_{s2}&\cdots&k_{ss}\end{pmatrix}\begin{pmatrix}x_1\\x_2\\\vdots\\x_s\end{pmatrix}=\mathbf{0} \tag{1.5.4}$$

所以 $\boldsymbol{\beta}_1,\boldsymbol{\beta}_2,\cdots,\boldsymbol{\beta}_s$ 线性无关当且仅当式 (1.5.3) 只有零解, 当且仅当式 (1.5.4) 只有零解, 当且仅当 $\boldsymbol{L}$ 的主列数等于 s. □

例 1.5.7 设向量 $\boldsymbol{\alpha}_1,\boldsymbol{\alpha}_2,\boldsymbol{\alpha}_3$ 线性无关, $\boldsymbol{\beta}_1=\boldsymbol{\alpha}_1+\boldsymbol{\alpha}_2,\boldsymbol{\beta}_2=\boldsymbol{\alpha}_2+\boldsymbol{\alpha}_3,\boldsymbol{\beta}_3=\boldsymbol{\alpha}_3+\boldsymbol{\alpha}_1$. 证明 $\boldsymbol{\beta}_1,\boldsymbol{\beta}_2,\boldsymbol{\beta}_3$ 线性无关.

证 由于

$$(\boldsymbol{\beta}_1,\boldsymbol{\beta}_2,\boldsymbol{\beta}_3)=(\boldsymbol{\alpha}_1,\boldsymbol{\alpha}_2,\boldsymbol{\alpha}_3)\begin{pmatrix}1&0&1\\1&1&0\\0&1&1\end{pmatrix}$$

且

$$\boldsymbol{K}=\begin{pmatrix}1&0&1\\1&1&0\\0&1&1\end{pmatrix}\xrightarrow{\text{行初等变换}}\begin{pmatrix}1&0&1\\0&1&-1\\0&0&1\end{pmatrix}=\boldsymbol{L}$$

其中, $\boldsymbol{L}$ 的主列数等于 3. 所以 $\boldsymbol{\beta}_1,\boldsymbol{\beta}_2,\boldsymbol{\beta}_3$ 线性无关. □

命题 1.5.1 **(性质定理)** 设 $\boldsymbol{\alpha}_1,\boldsymbol{\alpha}_2,\cdots,\boldsymbol{\alpha}_s$ 是向量空间 $\mathbf{R}^n$ 中的向量组. 则:

(1) 向量组 $\boldsymbol{\alpha}_1,\boldsymbol{\alpha}_2,\cdots,\boldsymbol{\alpha}_s(s\geqslant 2)$ 线性相关的充分必要条件是 $\boldsymbol{\alpha}_1,\boldsymbol{\alpha}_2,\cdots,\boldsymbol{\alpha}_s(s\geqslant 2)$ 中有一个向量可由其余向量线性表示.

(2) 设 $\boldsymbol{\beta}$ 可由 $\boldsymbol{\alpha}_1,\boldsymbol{\alpha}_2,\cdots,\boldsymbol{\alpha}_s$ 线性表示, 则向量组 $\boldsymbol{\alpha}_1,\boldsymbol{\alpha}_2,\cdots,\boldsymbol{\alpha}_s$ 线性无关的充分必要条件是该表示法唯一.

(3) 如果向量组 $\boldsymbol{\alpha}_1,\boldsymbol{\alpha}_2,\cdots,\boldsymbol{\alpha}_s$ 线性无关, 而向量组 $\boldsymbol{\alpha}_1,\boldsymbol{\alpha}_2,\cdots,\boldsymbol{\alpha}_s,\boldsymbol{\beta}$ 线性相关, 那么 $\boldsymbol{\beta}$ 可由 $\boldsymbol{\alpha}_1,\boldsymbol{\alpha}_2,\cdots,\boldsymbol{\alpha}_s$ 唯一地线性表示.

(4) 若部分向量组线性相关, 则整个向量组线性相关. 换句话说, 线性无关向量组的任一非空的部分组线性无关.

证 (1) 必要性: 因为向量组 $\boldsymbol{\alpha}_1,\boldsymbol{\alpha}_2,\cdots,\boldsymbol{\alpha}_s$ 线性相关, 所以存在不全为零的数 $k_1,k_2,\cdots,k_s\in\mathbf{R}$, 使得

$$k_1\boldsymbol{\alpha}_1+k_2\boldsymbol{\alpha}_2+\cdots+k_s\boldsymbol{\alpha}_s=\mathbf{0}$$

不妨设 $k_i\neq 0$, 则

$$\boldsymbol{\alpha}_i=-\frac{k_1}{k_i}\boldsymbol{\alpha}_1-\cdots-\frac{k_{i-1}}{k_i}\boldsymbol{\alpha}_{i-1}-\frac{k_{i+1}}{k_i}\boldsymbol{\alpha}_{i+1}-\cdots-\frac{k_s}{k_i}\boldsymbol{\alpha}_s$$

即 $\boldsymbol{\alpha}_i$ 可由 $\boldsymbol{\alpha}_1,\cdots,\boldsymbol{\alpha}_{i-1},\boldsymbol{\alpha}_{i+1},\cdots,\boldsymbol{\alpha}_s$ 线性表示.

充分性: 假设存在 $1\leqslant i\leqslant s$, 使得 $\boldsymbol{\alpha}_i$ 可由 $\boldsymbol{\alpha}_1,\cdots,\boldsymbol{\alpha}_{i-1},\boldsymbol{\alpha}_{i+1},\cdots,\boldsymbol{\alpha}_s$ 线性表示, 即

$$\boldsymbol{\alpha}_i=l_1\boldsymbol{\alpha}_1+\cdots+l_{i-1}\boldsymbol{\alpha}_{i-1}+l_{i+1}\boldsymbol{\alpha}_{i+1}+\cdots+l_s\boldsymbol{\alpha}_s$$

则

$$l_1\boldsymbol{\alpha}_1+\cdots+l_{i-1}\boldsymbol{\alpha}_{i-1}+(-1)\boldsymbol{\alpha}_i+l_{i+1}\boldsymbol{\alpha}_{i+1}+\cdots+l_s\boldsymbol{\alpha}_s=\mathbf{0}$$

即 $\boldsymbol{\alpha}_1,\boldsymbol{\alpha}_2,\cdots,\boldsymbol{\alpha}_s$ 线性相关.

(2) 设 $\boldsymbol{\beta}=k_1\boldsymbol{\alpha}_1+k_2\boldsymbol{\alpha}_2+\cdots+k_s\boldsymbol{\alpha}_s$.

必要性: 若 $\boldsymbol{\beta}=l_1\boldsymbol{\alpha}_1+l_2\boldsymbol{\alpha}_2+\cdots+l_s\boldsymbol{\alpha}_s$, 则

$$(k_1-l_1)\boldsymbol{\alpha}_1+(k_2-l_2)\boldsymbol{\alpha}_2+\cdots+(k_s-l_s)\boldsymbol{\alpha}_s=\mathbf{0}$$

由于 $\boldsymbol{\alpha}_1,\boldsymbol{\alpha}_2,\cdots,\boldsymbol{\alpha}_s$ 线性无关, 所以 $k_i-l_i=0$, 从而 $k_i=l_i$, $i=1,2,\cdots,s$. 即该表示方法唯一.

充分性: 假设 $\boldsymbol{\alpha}_1,\boldsymbol{\alpha}_2,\cdots,\boldsymbol{\alpha}_s$ 线性相关, 则存在不全为零的数 $l_1,l_2,\cdots,l_s$ 使得

$$l_1\boldsymbol{\alpha}_1+l_2\boldsymbol{\alpha}_2+\cdots+l_s\boldsymbol{\alpha}_s=\mathbf{0}$$

所以 $\boldsymbol{\beta}=(k_1+l_1)\boldsymbol{\alpha}_1+(k_2+l_2)\boldsymbol{\alpha}_2+\cdots+(k_s+l_s)\boldsymbol{\alpha}_s$. 不妨设 $l_i\neq 0$, 则 $k_i+l_i\neq k_i$, 即 $\boldsymbol{\beta}$ 表示方法不唯一, 矛盾! 故 $\boldsymbol{\alpha}_1,\boldsymbol{\alpha}_2,\cdots,\boldsymbol{\alpha}_s$ 线性无关.

(3) 因为 $\boldsymbol{\alpha}_1,\boldsymbol{\alpha}_2,\cdots,\boldsymbol{\alpha}_s,\boldsymbol{\beta}$ 线性相关, 所以存在不全为零的数 $k_1,k_2,\cdots,k_s,l$ 使得

$$k_1\boldsymbol{\alpha}_1+k_2\boldsymbol{\alpha}_2+\cdots+k_s\boldsymbol{\alpha}_s+l\boldsymbol{\beta}=\mathbf{0}$$

可知 $l\neq 0$. 否则, $\boldsymbol{\alpha}_1,\boldsymbol{\alpha}_2,\cdots,\boldsymbol{\alpha}_s$ 线性相关, 与已知相矛盾. 故

$$\boldsymbol{\beta}=-\frac{k_1}{l}\boldsymbol{\alpha}_1-\frac{k_2}{l}\boldsymbol{\alpha}_2-\cdots-\frac{k_s}{l}\boldsymbol{\alpha}_s$$

且由证明 (2) 可知该表示方法唯一.

(4) 设 $\boldsymbol{\alpha}_1,\boldsymbol{\alpha}_2,\cdots,\boldsymbol{\alpha}_s$ 的部分组 $\boldsymbol{\alpha}_1,\boldsymbol{\alpha}_2,\cdots,\boldsymbol{\alpha}_r$ 线性相关, 则存在不全为零的数 k_1, $k_2,\cdots,k_r$, 使得

$$k_1\boldsymbol{\alpha}_1+k_2\boldsymbol{\alpha}_2+\cdots+k_r\boldsymbol{\alpha}_r=\mathbf{0}$$

从而存在不全为零的数 $k_1,k_2,\cdots,k_r,0,\cdots,0$. 使得

$$k_1\boldsymbol{\alpha}_1+\cdots+k_r\boldsymbol{\alpha}_r+0\boldsymbol{\alpha}_{r+1}+\cdots+0\boldsymbol{\alpha}_s=\mathbf{0}$$

即 $\boldsymbol{\alpha}_1,\boldsymbol{\alpha}_2,\cdots,\boldsymbol{\alpha}_s$ 线性相关. □

定理 1.5.3 n 维向量空间 $\mathbf{R}^n$ 中线性相关向量组减少对应分量后, 得到的向量组仍线性相关. 换句话说, 线性无关向量组在对应位置增加分量后, 得到的向量组仍线性无关.

证 设 n 维向量组 $\boldsymbol{\alpha}_1,\boldsymbol{\alpha}_2,\cdots,\boldsymbol{\alpha}_s$ 线性无关, 增加一个分量后得到 $n+1$ 维向量组 $\boldsymbol{\alpha}_1',\boldsymbol{\alpha}_2',\cdots,\boldsymbol{\alpha}_s'$.

因为 $\boldsymbol{\alpha}_1,\boldsymbol{\alpha}_2,\cdots,\boldsymbol{\alpha}_s$ 线性无关, 所以齐次线性方程组

$$x_1\boldsymbol{\alpha}_1+x_2\boldsymbol{\alpha}_2+\cdots+x_s\boldsymbol{\alpha}_s=\mathbf{0} \tag{1.5.5}$$

只有零解. 而齐次线性方程组

$$x_1\boldsymbol{\alpha}_1'+x_2\boldsymbol{\alpha}_2'+\cdots+x_s\boldsymbol{\alpha}_s'=\mathbf{0} \tag{1.5.6}$$

的前 n 个方程恰是线性方程组 (1.5.5), 因而方程组 (1.5.6) 也只有零解, 故 $\boldsymbol{\alpha}_1',\boldsymbol{\alpha}_2',\cdots,\boldsymbol{\alpha}_s'$ 也线性无关. □

例 1.5.8 已知向量组 $\boldsymbol{\alpha}_1,\boldsymbol{\alpha}_2,\boldsymbol{\alpha}_3$ 线性相关, $\boldsymbol{\alpha}_2,\boldsymbol{\alpha}_3,\boldsymbol{\alpha}_4$ 线性无关. 试问:

(1) $\boldsymbol{\alpha}_1$ 能否由 $\boldsymbol{\alpha}_2,\boldsymbol{\alpha}_3$ 线性表示? 并证明其结论;

(2) $\boldsymbol{\alpha}_4$ 能否由 $\boldsymbol{\alpha}_1,\boldsymbol{\alpha}_2,\boldsymbol{\alpha}_3$ 线性表示? 并证明其结论.

证 (1) 能. 因为 $\boldsymbol{\alpha}_2,\boldsymbol{\alpha}_3,\boldsymbol{\alpha}_4$ 线性无关, 所以 $\boldsymbol{\alpha}_2,\boldsymbol{\alpha}_3$ 线性无关. 又 $\boldsymbol{\alpha}_1,\boldsymbol{\alpha}_2,\boldsymbol{\alpha}_3$ 线性相关, 故由命题 1.5.1 知 $\boldsymbol{\alpha}_1$ 能由 $\boldsymbol{\alpha}_2,\boldsymbol{\alpha}_3$ 线性表示.

(2) 不能. 若 $\boldsymbol{\alpha}_4$ 能由 $\boldsymbol{\alpha}_1,\boldsymbol{\alpha}_2,\boldsymbol{\alpha}_3$ 线性表示, 由 (1) 知 $\boldsymbol{\alpha}_1$ 能由 $\boldsymbol{\alpha}_2,\boldsymbol{\alpha}_3$ 线性表示, 从而 $\boldsymbol{\alpha}_4$ 能由 $\boldsymbol{\alpha}_2,\boldsymbol{\alpha}_3$ 线性表示, 故 $\boldsymbol{\alpha}_2,\boldsymbol{\alpha}_3,\boldsymbol{\alpha}_4$ 线性相关, 这与 $\boldsymbol{\alpha}_2,\boldsymbol{\alpha}_3,\boldsymbol{\alpha}_4$ 线性无关相矛盾. □

例 1.5.9 证明 $\boldsymbol{\alpha}_1,\boldsymbol{\alpha}_2,\cdots,\boldsymbol{\alpha}_s$ (其中 $\boldsymbol{\alpha}_1\neq\mathbf{0}$) 线性相关的充分必要条件是存在 t $(1<t\leqslant s)$ 使得 $\boldsymbol{\alpha}_t$ 可被 $\boldsymbol{\alpha}_1,\boldsymbol{\alpha}_2,\cdots,\boldsymbol{\alpha}_{t-1}$ 线性表示.

证 充分性由命题 1.5.1(1) 即得.

必要性: 因为 $\boldsymbol{\alpha}_1,\boldsymbol{\alpha}_2,\cdots,\boldsymbol{\alpha}_s$ 线性相关, 所以存在不全为零的数 $k_1,k_2,\cdots,k_s$ 使得 $k_1\boldsymbol{\alpha}_1+k_2\boldsymbol{\alpha}_2+\cdots+k_s\boldsymbol{\alpha}_s=\mathbf{0}$. 设 k_t 是 $k_1,k_2,\cdots,k_s$ 中最后一个不为零的数, 即

$$k_1\boldsymbol{\alpha}_1+k_2\boldsymbol{\alpha}_2+\cdots+k_t\boldsymbol{\alpha}_t=\mathbf{0},\ k_t\neq 0$$

这里 $t\neq 1$, 否则 $\boldsymbol{\alpha}_1=\mathbf{0}$, 是矛盾的. 所以

$$\boldsymbol{\alpha}_t=-\frac{k_1}{k_t}\boldsymbol{\alpha}_1-\frac{k_2}{k_t}\boldsymbol{\alpha}_2-\cdots-\frac{k_{t-1}}{k_t}\boldsymbol{\alpha}_{t-1}$$

即 $\boldsymbol{\alpha}_t$ $(1<t\leqslant s)$ 可被 $\boldsymbol{\alpha}_1,\boldsymbol{\alpha}_2,\cdots,\boldsymbol{\alpha}_{t-1}$ 线性表示. □

习 题 1.5

(A)

1. 判定下列向量组是线性相关还是线性无关:

(1) $\boldsymbol{\alpha}_1=(-1,0,1)^{\mathrm{T}},\boldsymbol{\alpha}_2=(1,-1,0)^{\mathrm{T}},\boldsymbol{\alpha}_3=(3,-5,2)^{\mathrm{T}}$;

(2) $\boldsymbol{\alpha}_1=(2,2,6,2)^{\mathrm{T}},\boldsymbol{\alpha}_2=(3,-1,2,4)^{\mathrm{T}},\boldsymbol{\alpha}_3=(2,2,7,-1)^{\mathrm{T}}$.

2. 当 a 取何值时, 向量组

$$\boldsymbol{\alpha}_1=\begin{pmatrix}a\\1\\1\end{pmatrix},\quad \boldsymbol{\alpha}_2=\begin{pmatrix}1\\a\\-1\end{pmatrix},\quad \boldsymbol{\alpha}_3=\begin{pmatrix}1\\-1\\a\end{pmatrix}$$

线性无关?

(B)

3. 设 $\boldsymbol{\alpha}_1,\boldsymbol{\alpha}_2$ 线性无关, $\boldsymbol{\alpha}_1+\boldsymbol{\beta},\boldsymbol{\alpha}_2+\boldsymbol{\beta}$ 线性相关, 试判断 $\boldsymbol{\beta}$ 能否由 $\boldsymbol{\alpha}_1,\boldsymbol{\alpha}_2$ 线性表示. 若能, 请给出证明; 若不能, 请举出反例.

4. 设 $\boldsymbol{\alpha}_1,\boldsymbol{\alpha}_2$ 线性相关, $\boldsymbol{\beta}_1,\boldsymbol{\beta}_2$ 也线性相关, 试判断 $\boldsymbol{\alpha}_1+\boldsymbol{\beta}_1,\boldsymbol{\alpha}_2+\boldsymbol{\beta}_2$ 是否线性相关? 试举例说明.

5. 设 $\boldsymbol{\alpha}_1,\boldsymbol{\alpha}_2,\cdots,\boldsymbol{\alpha}_s$ 线性无关, $\boldsymbol{\beta}_1=\boldsymbol{\alpha}_1,\boldsymbol{\beta}_2=\boldsymbol{\alpha}_1+\boldsymbol{\alpha}_2,\cdots,\boldsymbol{\beta}_s=\boldsymbol{\alpha}_1+\boldsymbol{\alpha}_2+\cdots+\boldsymbol{\alpha}_s$. 试判断 $\boldsymbol{\beta}_1,\boldsymbol{\beta}_2,\cdots,\boldsymbol{\beta}_s$ 的线性相关性.

(C)

6. 设 $t_1,t_2,\cdots,t_r$ 是互不相同的数 ($r\leqslant n$). 证明: $\boldsymbol{\alpha}_i=(1,t_i,t_i^2,\cdots,t_i^{n-1})^{\mathrm{T}}$ $(i=1,2,\cdots,r)$ 线性无关.

7. 设 $\boldsymbol{A}\in\mathbf{R}^{n\times n}$, $\boldsymbol{\alpha}$ 是 n 维列向量. 若 $\boldsymbol{A}^{k-1}\boldsymbol{\alpha}\neq\mathbf{0}$, 但 $\boldsymbol{A}^k\boldsymbol{\alpha}=\mathbf{0}$, 则 $\boldsymbol{\alpha},\boldsymbol{A}\boldsymbol{\alpha},\boldsymbol{A}^2\boldsymbol{\alpha},\cdots,\boldsymbol{A}^{k-1}\boldsymbol{\alpha}$ 线性无关.

1.6 向量组的极大无关组与秩

本节继续探讨一个向量组中线性无关的向量. 下面的定理可简单地描述为: 若含向量较多的向量组能由含向量较少的向量组线性表示, 则含向量较多的向量组必线性相关, 即"少表多, 多相关".

定理 1.6.1 设向量组 $\boldsymbol{\beta}_1,\boldsymbol{\beta}_2,\cdots,\boldsymbol{\beta}_s$ 可以由向量组 $\boldsymbol{\alpha}_1,\boldsymbol{\alpha}_2,\cdots,\boldsymbol{\alpha}_r$ 线性表示. 若 $s>r$, 则向量组 $\boldsymbol{\beta}_1,\boldsymbol{\beta}_2,\cdots,\boldsymbol{\beta}_s$ 必线性相关.

证 设 $x_1\boldsymbol{\beta}_1+x_2\boldsymbol{\beta}_2+\cdots+x_s\boldsymbol{\beta}_s=\mathbf{0}$, 即

$$(\boldsymbol{\beta}_1,\boldsymbol{\beta}_2,\cdots,\boldsymbol{\beta}_s)\begin{pmatrix}x_1\\x_2\\\vdots\\x_s\end{pmatrix}=\mathbf{0} \tag{1.6.1}$$

由已知可设

$$(\boldsymbol{\beta}_1,\boldsymbol{\beta}_2,\cdots,\boldsymbol{\beta}_s)=(\boldsymbol{\alpha}_1,\boldsymbol{\alpha}_2,\cdots,\boldsymbol{\alpha}_r)\begin{pmatrix}k_{11}&k_{12}&\cdots&k_{1s}\\k_{21}&k_{22}&\cdots&k_{2s}\\\vdots&\vdots&&\vdots\\k_{r1}&k_{r2}&\cdots&k_{rs}\end{pmatrix}\tag{1.6.2}$$

将式 (1.6.2) 代入式 (1.6.1), 由于 $r<s$, 所以齐次线性方程组

$$\begin{pmatrix}k_{11}&k_{12}&\cdots&k_{1s}\\k_{21}&k_{22}&\cdots&k_{2s}\\\vdots&\vdots&&\vdots\\k_{r1}&k_{r2}&\cdots&k_{rs}\end{pmatrix}\begin{pmatrix}x_1\\x_2\\\vdots\\x_s\end{pmatrix}=\mathbf{0}$$

有非零解, 从而式 (1.6.1) 也有非零解, 即 $\boldsymbol{\beta}_1,\boldsymbol{\beta}_2,\cdots,\boldsymbol{\beta}_s$ 线性相关. □

因 $\mathbf{R}^n$ 中的每个向量都可由标准单位向量组 $\boldsymbol{e}_1,\boldsymbol{e}_2,\cdots,\boldsymbol{e}_n$ 线性表示, 故:

推论 1.6.1 向量空间 $\mathbf{R}^n$ 中任意 $n+1$ 个向量必线性相关.

定理 1.6.1 的逆否命题可表述为

推论 1.6.2 设向量组 $\boldsymbol{\beta}_1,\boldsymbol{\beta}_2,\cdots,\boldsymbol{\beta}_s$ 可由 $\boldsymbol{\alpha}_1,\boldsymbol{\alpha}_2,\cdots,\boldsymbol{\alpha}_r$ 线性表示. 若 $r\leqslant s$, 则 $\boldsymbol{\alpha}_1,\boldsymbol{\alpha}_2,\cdots,\boldsymbol{\alpha}_r$ 线性无关.

由推论 1.6.2 可得

推论 1.6.3 两个等价的线性无关向量组所含向量的个数相等.

定义 1.6.1 向量组的一个部分组 $\boldsymbol{\alpha}_1,\boldsymbol{\alpha}_2,\cdots,\boldsymbol{\alpha}_r$ 称为该向量组的一个**极大线性无关组**, 简称为极大无关组. 如果

(1) $\boldsymbol{\alpha}_1,\boldsymbol{\alpha}_2,\cdots,\boldsymbol{\alpha}_r$ 线性无关;

(2) 对向量组中任意一个向量 $\boldsymbol{\beta}$, 向量组 $\boldsymbol{\alpha}_1,\boldsymbol{\alpha}_2,\cdots,\boldsymbol{\alpha}_r,\boldsymbol{\beta}$ 都线性相关.

注 (a) 由 1.5 节命题 1.5.1 中的 (3) 可知, 定义 1.6.1 中的 (2) 等价于

(2′) 该向量组的任一向量都能由 $\boldsymbol{\alpha}_1,\boldsymbol{\alpha}_2,\cdots,\boldsymbol{\alpha}_r$ 线性表示.

(b) 由定义 1.6.1 直接可得

① 一个线性无关向量组的极大线性无关组就是这个向量组本身;

② 向量组与它的任意一个极大线性无关组等价.

定理 1.6.2 向量组的任意两个极大线性无关组所含向量的个数相等.

证 向量组的任意两个极大线性无关组等价, 因而由推论 1.6.3 知含有相同个数的向量. □

定义 1.6.2 向量组 $\boldsymbol{\alpha}_1,\boldsymbol{\alpha}_2,\cdots,\boldsymbol{\alpha}_s$ 的极大线性无关组所含向量的个数称为这个向量组的**秩**, 记作 $r(\boldsymbol{\alpha}_1,\boldsymbol{\alpha}_2,\cdots,\boldsymbol{\alpha}_s)$.

注 全部由零向量组成的向量组没有极大线性无关组, 可规定这样的向量组的**秩为零**.

定理 1.6.3 (1) 若向量组的秩为 r, 则该向量组任意 r 个线性无关的向量必是一个极大线性无关组.

(2) 若向量组 (I) 可以由向量组 (II) 线性表示, 则向量组 (I) 的秩不超过向量组 (II) 的秩.

(3) 等价的向量组必有相同的秩.

证 (1) 设 $\boldsymbol{\alpha}_1,\boldsymbol{\alpha}_2,\cdots,\boldsymbol{\alpha}_r$ 是该向量组的一个极大无关组, 任取 r 个线性无关的部分组 $\boldsymbol{\beta}_1,\boldsymbol{\beta}_2,\cdots,\boldsymbol{\beta}_r$, 则对向量组 $\boldsymbol{\alpha}_1,\boldsymbol{\alpha}_2,\cdots,\boldsymbol{\alpha}_s$ 中任意的向量 $\boldsymbol{\alpha}_i$, 向量组 $\boldsymbol{\beta}_1,\boldsymbol{\beta}_2,\cdots,\boldsymbol{\beta}_r,\boldsymbol{\alpha}_i$ 可由极大无关组 $\boldsymbol{\alpha}_1,\boldsymbol{\alpha}_2,\cdots,\boldsymbol{\alpha}_r$ 线性表示, 从而由定理 1.6.1 知线性相关. 因 $\boldsymbol{\beta}_1,\boldsymbol{\beta}_2,\cdots,\boldsymbol{\beta}_r$ 线性无关, 故为向量组 $\boldsymbol{\alpha}_1,\boldsymbol{\alpha}_2,\cdots,\boldsymbol{\alpha}_s$ 的一个极大无关组.

(2) 设 $\boldsymbol{\alpha}_1,\boldsymbol{\alpha}_2,\cdots,\boldsymbol{\alpha}_r$ 与 $\boldsymbol{\beta}_1,\boldsymbol{\beta}_2,\cdots,\boldsymbol{\beta}_s$ 分别是向量组 (I) 与向量组 (II) 的极大无关组, 因而分别与向量组 (I) 与 (II) 等价; 因为向量组 (I) 可由向量组 (II) 线性表示, 所以 $\boldsymbol{\alpha}_1,\boldsymbol{\alpha}_2,\cdots,\boldsymbol{\alpha}_r$ 可由 $\boldsymbol{\beta}_1,\boldsymbol{\beta}_2,\cdots,\boldsymbol{\beta}_s$ 线性表示. 若 $\boldsymbol{\alpha}_1,\boldsymbol{\alpha}_2,\cdots,\boldsymbol{\alpha}_r$ 线性无关, 则由推论 1.6.2 知 $r\leqslant s$. 即秩 (I) $\leqslant$ 秩 (II).

(3) 由证明 (2) 即得. □

例 1.6.1 设向量组 $\boldsymbol{\alpha}_1,\boldsymbol{\alpha}_2,\cdots,\boldsymbol{\alpha}_s$; $\boldsymbol{\beta}_1,\boldsymbol{\beta}_2,\cdots,\boldsymbol{\beta}_t$; $\boldsymbol{\alpha}_1,\boldsymbol{\alpha}_2,\cdots,\boldsymbol{\alpha}_s,\boldsymbol{\beta}_1,\boldsymbol{\beta}_2,\cdots,\boldsymbol{\beta}_t$ 的秩分别为 r_1, r_2, r_3. 证明：$\max(r_1,r_2)\leqslant r_3\leqslant r_1+r_2$.

证 因为 $\boldsymbol{\alpha}_1,\boldsymbol{\alpha}_2,\cdots,\boldsymbol{\alpha}_s$ 和 $\boldsymbol{\beta}_1,\boldsymbol{\beta}_2,\cdots,\boldsymbol{\beta}_t$ 都可以由 $\boldsymbol{\alpha}_1,\boldsymbol{\alpha}_2,\cdots,\boldsymbol{\alpha}_s,\boldsymbol{\beta}_1,\boldsymbol{\beta}_2,\cdots,\boldsymbol{\beta}_t$ 线性表示, 所以 $\max(r_1,r_2)\leqslant r_3$.

设 $\boldsymbol{\alpha}_{i_1},\boldsymbol{\alpha}_{i_2},\cdots,\boldsymbol{\alpha}_{i_{r_1}}$; $\boldsymbol{\beta}_{j_1},\boldsymbol{\beta}_{j_2},\cdots,\boldsymbol{\beta}_{jr_2}$; $\boldsymbol{\gamma}_{k_1},\boldsymbol{\gamma}_{k_2},\cdots,\boldsymbol{\gamma}_{k_{r_3}}$ 分别为上述三个向量组的一个极大线性无关组, 则 $\boldsymbol{\gamma}_{k_1},\boldsymbol{\gamma}_{k_2},\cdots,\boldsymbol{\gamma}_{k_{r_3}}$ 可由 $\boldsymbol{\alpha}_{i_1},\boldsymbol{\alpha}_{i_2},\cdots,\boldsymbol{\alpha}_{ir_1},\boldsymbol{\beta}_{j_1},\boldsymbol{\beta}_{j_2},\cdots,\boldsymbol{\beta}_{jr_2}$ 线性表示, 从而 $r_3\leqslant r_1+r_2$. □

下面讨论利用行初等变换求一个向量组的极大无关组与秩.

若把矩阵 $\boldsymbol{A}=(a_{ij})_{m\times n}$ 的每行 (列) 看成一个向量, 则所得向量组称为矩阵 $\boldsymbol{A}$ 的行 (列) 向量组.

定义 1.6.3 矩阵 $\boldsymbol{A}$ 的行 (列) 向量组的秩称为 $\boldsymbol{A}$ 的行 (列) 秩.

引理 1.6.1 行初等变换不改变行向量组的秩.

证 设矩阵 $\boldsymbol{A}$ 经一次行初等变换化为 $\boldsymbol{B}$, 记 $\boldsymbol{\alpha}_1,\boldsymbol{\alpha}_2,\cdots,\boldsymbol{\alpha}_m$ 为 $\boldsymbol{A}$ 的行向量组, $\boldsymbol{\beta}_1,\boldsymbol{\beta}_2,\cdots,\boldsymbol{\beta}_m$ 为 $\boldsymbol{B}$ 的行向量组. 若该变换为互换第 i,j 行, 则

$$\boldsymbol{\beta}_1=\boldsymbol{\alpha}_1,\cdots,\boldsymbol{\beta}_i=\boldsymbol{\alpha}_j,\cdots,\boldsymbol{\beta}_j=\boldsymbol{\alpha}_i,\cdots,\boldsymbol{\beta}_m=\boldsymbol{\alpha}_m$$

若该变换为非零常数 c 乘以第 i 行, 则

$$\boldsymbol{\beta}_1=\boldsymbol{\alpha}_1,\cdots,\boldsymbol{\beta}_i=c\boldsymbol{\alpha}_i,\cdots,\boldsymbol{\beta}_m=\boldsymbol{\alpha}_m$$

若该变换将第 j 行的 k 倍加到第 i 行, 则

$$\boldsymbol{\beta}_1=\boldsymbol{\alpha}_1,\cdots,\boldsymbol{\beta}_i=\boldsymbol{\alpha}_i+k\boldsymbol{\alpha}_j,\cdots,\boldsymbol{\beta}_j=\boldsymbol{\alpha}_j,\cdots,\boldsymbol{\beta}_m=\boldsymbol{\alpha}_m$$

由此易知向量组 $\boldsymbol{\alpha}_1,\boldsymbol{\alpha}_2,\cdots,\boldsymbol{\alpha}_m$ 与 $\boldsymbol{\beta}_1,\boldsymbol{\beta}_2,\cdots,\boldsymbol{\beta}_m$ 可以相互线性表示, 从而等价, 因而秩相等. □

设 $\boldsymbol{\alpha}_1 = \begin{pmatrix} 1 \\ -2 \end{pmatrix}, \boldsymbol{\alpha}_2 = \begin{pmatrix} -1 \\ 2 \end{pmatrix}, \boldsymbol{\alpha}_3 = \begin{pmatrix} 2 \\ -4 \end{pmatrix}$, 则 $\boldsymbol{\alpha}_1 = \boldsymbol{\alpha}_2 + \boldsymbol{\alpha}_3$, 我们称这个等式是 $\boldsymbol{\alpha}_1, \boldsymbol{\alpha}_2, \boldsymbol{\alpha}_3$ 的一个线性关系, 此时 $\boldsymbol{\alpha}_1 - \boldsymbol{\alpha}_2 - \boldsymbol{\alpha}_3 = \mathbf{0}$, 等式左边的系数 $(1, -1, -1)^{\mathrm{T}}$ 可看作齐次线性方程 $x_1\boldsymbol{\alpha}_1 + x_2\boldsymbol{\alpha}_2 + x_3\boldsymbol{\alpha}_3 = \mathbf{0}$ 的一个解. 所以也说该方程的解 $(1, -1, -1)^{\mathrm{T}}$ 是 $\boldsymbol{\alpha}_1, \boldsymbol{\alpha}_2, \boldsymbol{\alpha}_3$ 的一个线性关系; 因此该方程的解 $(1, 1, 0)^{\mathrm{T}}, (-2, 0, 1)^{\mathrm{T}}$ 等都是 $\boldsymbol{\alpha}_1, \boldsymbol{\alpha}_2, \boldsymbol{\alpha}_3$ 的线性关系. 一般地, 齐次线性方程 $x_1\boldsymbol{\alpha}_1 + x_2\boldsymbol{\alpha}_2 + \cdots + x_s\boldsymbol{\alpha}_s = \mathbf{0}$ 的任一解都可看作向量组 $\boldsymbol{\alpha}_1, \boldsymbol{\alpha}_2, \cdots, \boldsymbol{\alpha}_s$ 的一个线性关系. 特别地, 若该方程只有零解, 即向量组 $\boldsymbol{\alpha}_1, \boldsymbol{\alpha}_2, \cdots, \boldsymbol{\alpha}_s$ 只有平凡线性关系 $(0, 0, \cdots, 0)^{\mathrm{T}}$, 则 $\boldsymbol{\alpha}_1, \boldsymbol{\alpha}_2, \cdots, \boldsymbol{\alpha}_s$ 线性无关.

引理 1.6.2 行初等变换不改变列向量组的线性关系, 因而不改变列秩.

证 设经过行初等变换

$$\boldsymbol{A} = (\boldsymbol{\alpha}_1, \boldsymbol{\alpha}_2, \cdots, \boldsymbol{\alpha}_s) \to (\boldsymbol{\beta}_1, \boldsymbol{\beta}_2, \cdots, \boldsymbol{\beta}_n) = \boldsymbol{B}$$

显然,

$$x_1\boldsymbol{\alpha}_1 + x_2\boldsymbol{\alpha}_2 + \cdots + x_n\boldsymbol{\alpha}_n = \mathbf{0}$$

与

$$x_1\boldsymbol{\beta}_1 + x_2\boldsymbol{\beta}_2 + \cdots + x_n\boldsymbol{\beta}_n = \mathbf{0}$$

同解, 所以向量组 $\boldsymbol{\alpha}_1, \boldsymbol{\alpha}_2, \cdots, \boldsymbol{\alpha}_n$ 与 $\boldsymbol{\beta}_1, \boldsymbol{\beta}_2, \cdots, \boldsymbol{\beta}_n$ 有相同的线性关系.

特别地, $\boldsymbol{\alpha}_{i_1}, \boldsymbol{\alpha}_{i_2}, \cdots, \boldsymbol{\alpha}_{i_r}$ 是 $\boldsymbol{\alpha}_1, \boldsymbol{\alpha}_2, \cdots, \boldsymbol{\alpha}_n$ 的一个极大无关组, 当且仅当 $\boldsymbol{\beta}_{i_1}, \boldsymbol{\beta}_{i_2}, \cdots, \boldsymbol{\beta}_{i_r}$ 是 $\boldsymbol{\beta}_1, \boldsymbol{\beta}_2, \cdots, \boldsymbol{\beta}_n$ 的极大无关组, 因而有相同的秩. □

由引理 1.6.1 与引理 1.6.2 可知, 行初等变换不改变矩阵的行秩与列秩. 类似地, 列初等变换也不改变矩阵的行秩与列秩.

定理 1.6.4 矩阵 $\boldsymbol{A}$ 的行秩等于列秩, 等于 A 的行阶梯形中主列的数目.

证 设 $\boldsymbol{A}$ 经过初等变换化为

$$\boldsymbol{B} = \begin{pmatrix} \boldsymbol{E}_r & \boldsymbol{O} \\ \boldsymbol{O} & \boldsymbol{O} \end{pmatrix}$$

显然, $\boldsymbol{B}$ 的行秩 $=\boldsymbol{B}$ 的列秩 $= r$. 由推论 1.2.1 知 r 等于 $\boldsymbol{A}$ 的行阶梯形中主列的数目. 由于行初等变换不改变矩阵的行秩与列秩, 所以 $\boldsymbol{A}$ 的行秩 $=\boldsymbol{B}$ 的行秩 $=r$, $\boldsymbol{A}$ 的列秩 $=\boldsymbol{B}$ 的列秩 $=r$. □

由于 $\boldsymbol{A}$ 的行秩与列秩由 $\boldsymbol{A}$ 唯一确定, 所以有如下定义及推论.

定义 1.6.4 矩阵 $\boldsymbol{A}$ 的行秩或列秩统称为矩阵 $\boldsymbol{A}$ 的秩, 记作 $r(\boldsymbol{A})$ 或 $\operatorname{rank}(\boldsymbol{A})$.

由定义 1.6.4 及定理 1.6.4, 可将前几节的很多命题用矩阵的秩重新表述. 例如, 推论 1.2.1 可重新表述为如下推论.

推论 1.6.4 任意 $m \times n$ 阶矩阵 $\boldsymbol{A}$ 都唯一地等价于

$$\begin{pmatrix} \boldsymbol{E}_r & \boldsymbol{O} \\ \boldsymbol{O} & \boldsymbol{O} \end{pmatrix}, \quad r = r(\boldsymbol{A})$$

利用矩阵的秩, 定理 1.2.2 可重新表述为

推论 1.6.5　设 $\boldsymbol{A}$ 是 $m\times n$ 阶实矩阵. 则线性方程组 $\boldsymbol{A}x=\boldsymbol{\beta}$ 有解, 当且仅当方程组系数矩阵的秩等于增广矩阵的秩, 即 $r(\boldsymbol{A})=r(\overline{\boldsymbol{A}})$. 而且

(1) 当 $r(\boldsymbol{A})=r(\overline{\boldsymbol{A}})=n$ 时, 有唯一解;

(2) 当 $r(\boldsymbol{A})=r(\overline{\boldsymbol{A}})<n$ 时, 有无穷多解.

类似地, 对于齐次线性方程组, 则有

推论 1.6.6　设 $\boldsymbol{A}$ 是 $m\times n$ 阶矩阵, 则齐次线性方程组 $\boldsymbol{A}x=\mathbf{0}$ 有非零解的充分必要条件是 $r(\boldsymbol{A})<n$.

若记 $\boldsymbol{A}=(\boldsymbol{\alpha}_1,\boldsymbol{\alpha}_2,\cdots,\boldsymbol{\alpha}_r)$, $\boldsymbol{B}=(\boldsymbol{\beta}_1,\boldsymbol{\beta}_2,\cdots,\boldsymbol{\beta}_s)$, 则推论 1.4.1 可重新表述为

推论 1.6.7　$\mathbf{R}^n$ 中的向量组 $\boldsymbol{\alpha}_1,\boldsymbol{\alpha}_2,\cdots,\boldsymbol{\alpha}_r$ 与 $\boldsymbol{\beta}_1,\boldsymbol{\beta}_2,\cdots,\boldsymbol{\beta}_s$ 等价, 当且仅当 $r(\boldsymbol{A})=r(\boldsymbol{A},\boldsymbol{B})=r(\boldsymbol{B})$.

例 1.6.2　设 $\boldsymbol{A}=\boldsymbol{BC}$. 则 $r(\boldsymbol{A})\leqslant\min\{r(\boldsymbol{B}),r(\boldsymbol{C})\}$.

证　设 $\boldsymbol{A}=(\boldsymbol{\alpha}_1,\boldsymbol{\alpha}_2,\cdots,\boldsymbol{\alpha}_s)$, $\boldsymbol{B}=(\boldsymbol{\beta}_1,\boldsymbol{\beta}_2,\cdots,\boldsymbol{\beta}_n)$, $\boldsymbol{C}=(\boldsymbol{c}_{ij})_{n\times s}$. 由 $\boldsymbol{A}=\boldsymbol{BC}$ 知 $\boldsymbol{A}$ 的列向量组可由 $\boldsymbol{B}$ 的列向量组线性表示, 故由定理 1.6.3 中 (2) 可知 $r(\boldsymbol{A})\leqslant r(\boldsymbol{B})$.

类似地, $\boldsymbol{A}$ 的行向量组可由 $\boldsymbol{C}$ 的行向量组线性表示, 所以由定理 1.6.3 中 (2) 可知 $r(\boldsymbol{A})\leqslant r(\boldsymbol{C})$. 故 $r(\boldsymbol{A})\leqslant\min\{r(\boldsymbol{B}),r(\boldsymbol{C})\}$. □

目前, 互联网的出现促使人们研究如何在有限带宽的通信线路上传输大量数字信息. 数字数据通常以矩阵形式存储, 而矩阵的秩在某种意义上是“冗余”信息的一种度量方式, 在提高传输速度的许多技术方面都扮演着重要的角色. 若 $\boldsymbol{A}$ 是秩 r 的 $m\times n$ 阶矩阵, 则其中的 $m-r$ 个行向量、$n-r$ 个列向量 (可看作冗余数据) 分别可由 r 个线性无关的行向量与列向量线性表示, 所以这 r 个线性无关的行向量或列向量表达了与 $\boldsymbol{A}$ 几乎相同的信息. 在许多数据压缩方案中, 其基本思想就是通过传输包含几乎相同信息的较小秩的数据集来近似原始数据集, 然后在近似集中消除冗余向量以加快传输时间.

定理 1.6.4 为我们提供了求向量组的极大无关组及秩的方法.

设 $\boldsymbol{\alpha}_1,\boldsymbol{\alpha}_2,\cdots,\boldsymbol{\alpha}_s$ 是一组 n 维列向量, 记矩阵 $\boldsymbol{A}=(\boldsymbol{\alpha}_1,\boldsymbol{\alpha}_2,\cdots,\boldsymbol{\alpha}_s)$ 经过行初等变换, 将 $\boldsymbol{A}$ 化为最简形矩阵 $\boldsymbol{B}$, 即

$$\boldsymbol{A}=(\boldsymbol{\alpha}_1,\boldsymbol{\alpha}_2,\cdots,\boldsymbol{\alpha}_s)\xrightarrow{\text{行初等变换}}(\boldsymbol{\beta}_1,\boldsymbol{\beta}_2,\cdots,\boldsymbol{\beta}_s)=\boldsymbol{B}$$

设 $\boldsymbol{B}$ 的主元所在的列为 $j_1,j_2,\cdots,j_r$, 则 $\boldsymbol{\alpha}_{j_1},\boldsymbol{\alpha}_{j_2},\cdots,\boldsymbol{\alpha}_{j_r}$ 为向量组 $\boldsymbol{\alpha}_1,\boldsymbol{\alpha}_2,\cdots,\boldsymbol{\alpha}_s$ 的一个极大无关组.

例 1.6.3　设

$$\boldsymbol{\alpha}_1=\begin{pmatrix}2\\1\\4\\3\end{pmatrix},\boldsymbol{\alpha}_2=\begin{pmatrix}-1\\1\\-6\\6\end{pmatrix},\boldsymbol{\alpha}_3=\begin{pmatrix}-1\\-2\\2\\-9\end{pmatrix},\boldsymbol{\alpha}_4=\begin{pmatrix}1\\1\\-2\\7\end{pmatrix},\boldsymbol{\alpha}_5=\begin{pmatrix}2\\4\\4\\9\end{pmatrix}$$

求该向量组的一个极大无关组, 并将其余向量用这个极大无关组表示出来.

解 施行行初等变换

$$A=(\boldsymbol{\alpha}_1,\cdots,\boldsymbol{\alpha}_5)=\begin{pmatrix}2&-1&-1&1&2\\1&1&-2&1&4\\4&-6&2&-2&4\\3&6&-9&7&9\end{pmatrix}$$

$$\to\begin{pmatrix}1&1&-2&1&4\\0&1&-1&1&0\\0&0&0&1&-3\\0&0&0&0&0\end{pmatrix}\to\begin{pmatrix}①&0&-1&0&4\\0&①&-1&0&3\\0&0&0&①&-3\\0&0&0&0&0\end{pmatrix}$$

则 $\boldsymbol{\alpha}_1,\boldsymbol{\alpha}_2,\boldsymbol{\alpha}_4$ 是一个极大无关组, 且

$$\boldsymbol{\alpha}_3=-\boldsymbol{\alpha}_1-\boldsymbol{\alpha}_2$$
$$\boldsymbol{\alpha}_5=4\boldsymbol{\alpha}_1+3\boldsymbol{\alpha}_2-3\boldsymbol{\alpha}_4$$

习 题 1.6

(A)

1. 求下列向量组的一个极大无关组, 并将其余向量用此极大无关组线性表示.

(1) $\boldsymbol{\alpha}_1=(1,1,0)^{\mathrm{T}},\boldsymbol{\alpha}_2=(1,1,1)^{\mathrm{T}},\boldsymbol{\alpha}_3=(1,0,0)^{\mathrm{T}},\boldsymbol{\alpha}_4=(1,2,-3)^{\mathrm{T}}$;

(2) $\boldsymbol{\alpha}_1=(-1,1,7,10)^{\mathrm{T}},\boldsymbol{\alpha}_2=(2,1,1,1)^{\mathrm{T}},\boldsymbol{\alpha}_3=(-3,-1,1,2)^{\mathrm{T}},\boldsymbol{\alpha}_4=(8,5,9,11)^{\mathrm{T}}$.

2. 设向量组 $\boldsymbol{\alpha}_1=(a,3,1)^{\mathrm{T}},\boldsymbol{\alpha}_2=(2,b,3)^{\mathrm{T}},\boldsymbol{\alpha}_3=(2,4,2)^{\mathrm{T}},\boldsymbol{\alpha}_4=(-2,-3,-1)^{\mathrm{T}}$ 的秩为 2, 求 a,b 的值.

3. 设 $\boldsymbol{\alpha}_1,\boldsymbol{\alpha}_2,\boldsymbol{\alpha}_3$ 线性无关, $\boldsymbol{\beta}_1=\boldsymbol{\alpha}_1-\boldsymbol{\alpha}_2,\boldsymbol{\beta}_2=\boldsymbol{\alpha}_2-\boldsymbol{\alpha}_3,\boldsymbol{\beta}_3=\boldsymbol{\alpha}_3-\boldsymbol{\alpha}_1$, 求向量组 $\boldsymbol{\beta}_1,\boldsymbol{\beta}_2,\boldsymbol{\beta}_3$ 的秩.

4. 求矩阵 $A=\begin{pmatrix}1&-1&-1&1\\1&-1&1&-3\\1&-1&-2&3\end{pmatrix}$ 的列向量组的一个极大无关组.

5. 求向量组

$$\boldsymbol{\alpha}_1=\begin{pmatrix}1\\-1\\2\\4\end{pmatrix},\quad\boldsymbol{\alpha}_2=\begin{pmatrix}0\\3\\1\\2\end{pmatrix},\quad\boldsymbol{\alpha}_3=\begin{pmatrix}3\\0\\7\\14\end{pmatrix},\quad\boldsymbol{\alpha}_4=\begin{pmatrix}1\\-1\\2\\0\end{pmatrix},\quad\boldsymbol{\alpha}_5=\begin{pmatrix}2\\1\\5\\6\end{pmatrix}$$

的秩和一个极大无关组, 并将其余向量表示为这个极大无关组的线性组合.

(B)

6. 当 a 取何值时, 下面向量组不等价?

$$\boldsymbol{\alpha}_1=\begin{pmatrix}1\\0\\2\end{pmatrix},\qquad\boldsymbol{\alpha}_2=\begin{pmatrix}1\\1\\3\end{pmatrix},\qquad\boldsymbol{\alpha}_3=\begin{pmatrix}1\\-1\\a+2\end{pmatrix}$$

$$\boldsymbol{\beta}_1=\begin{pmatrix}1\\2\\a+3\end{pmatrix},\quad \boldsymbol{\beta}_2=\begin{pmatrix}2\\1\\a+6\end{pmatrix},\quad \boldsymbol{\beta}_3=\begin{pmatrix}2\\1\\a+4\end{pmatrix}$$

7. 设 $r(\boldsymbol{\alpha}_1,\boldsymbol{\alpha}_2,\boldsymbol{\alpha}_3)=3, r(\boldsymbol{\alpha}_1,\boldsymbol{\alpha}_2,\boldsymbol{\alpha}_3,\boldsymbol{\alpha}_4)=3, r(\boldsymbol{\alpha}_1,\boldsymbol{\alpha}_2,\boldsymbol{\alpha}_3,\boldsymbol{\alpha}_5)=4$, 求 $r(\boldsymbol{\alpha}_1,\boldsymbol{\alpha}_2,\boldsymbol{\alpha}_3,\boldsymbol{\alpha}_4+\boldsymbol{\alpha}_5)$.

8. 设 $\boldsymbol{A}=(a_{ij}),\boldsymbol{B}=(b_{ij})$ 都是 $m\times n$ 阶矩阵. 证明 $r(\boldsymbol{A}+\boldsymbol{B})\leqslant r(\boldsymbol{A})+r(\boldsymbol{B})$.

9. 设向量 $\boldsymbol{\beta}$ 可由向量组 $\boldsymbol{\alpha}_1,\boldsymbol{\alpha}_2,\cdots,\boldsymbol{\alpha}_s$ 线性表示, 但不能由 $\boldsymbol{\alpha}_1,\boldsymbol{\alpha}_2,\cdots,\boldsymbol{\alpha}_{s-1}$ 线性表示. 证明 $r(\boldsymbol{\alpha}_1,\boldsymbol{\alpha}_2,\cdots,\boldsymbol{\alpha}_s)=r(\boldsymbol{\alpha}_1,\boldsymbol{\alpha}_2,\cdots,\boldsymbol{\alpha}_{s-1},\boldsymbol{\beta})$.

(C)

10. 证明: 两个向量组等价的充要条件是它们的秩相等且其中一个向量组能由另一个向量组线性表示.

11. 设向量组 $\boldsymbol{\alpha}_1,\boldsymbol{\alpha}_2,\cdots,\boldsymbol{\alpha}_s$ 的秩为 r, 在其中任取 m 个向量 $\boldsymbol{\alpha}_{i_1},\boldsymbol{\alpha}_{i_2},\cdots,\boldsymbol{\alpha}_{i_m}$. 证明: 所取向量组的秩 $\geqslant r+m-s$.

1.7　基、维数与坐标

定义 1.7.1　设 V 是 $\mathbf{R}^n$ 的一个子空间. V 的有限子集 $\mathcal{B}=\{\alpha_1,\alpha_2,\cdots,\alpha_r\}$ 称为 V 的一组**基**, 如果

(1) $\boldsymbol{\alpha}_1,\boldsymbol{\alpha}_2,\cdots,\boldsymbol{\alpha}_r$ 线性无关;

(2) V 中的任一向量都可由 $\boldsymbol{\alpha}_1,\boldsymbol{\alpha}_2,\cdots,\boldsymbol{\alpha}_r$ 线性表示.

$\mathcal{B}$ 中所含向量的个数 r 称为 V 的**维数**, 记作 $\dim V=r$.

注　零子空间没有基, 规定它的维数为 0.

例 1.7.1　(1) 一维空间 $\mathbf{R}$ 中的任一非零向量都是它的一组基, 如图 1.7.1 所示;

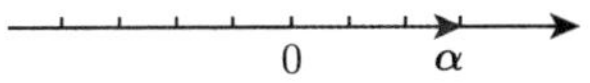

图 1.7.1

(2) $\boldsymbol{e}_1=\begin{pmatrix}1\\0\end{pmatrix},\boldsymbol{e}_2=\begin{pmatrix}0\\1\end{pmatrix}\in\mathbf{R}^2$ 显然线性无关, $\forall\boldsymbol{\alpha}=\begin{pmatrix}a\\b\end{pmatrix}\in\mathbf{R}^2$, $\boldsymbol{\alpha}=a\boldsymbol{e}_1+b\boldsymbol{e}_2$. 所以 $\boldsymbol{e}_1,\boldsymbol{e}_2$ 是 $\mathbf{R}^2$ 的一组基, $\dim\mathbf{R}^2=2$.

注意到 $\boldsymbol{e}_1=\begin{pmatrix}1\\0\end{pmatrix},\boldsymbol{\alpha}_2=\begin{pmatrix}1\\1\end{pmatrix}\in\mathbf{R}^2$ 也线性无关, $\forall\boldsymbol{\beta}=\begin{pmatrix}a\\b\end{pmatrix}\in\mathbf{R}^2$, $\boldsymbol{\beta}=(a-b)\boldsymbol{e}_1+b\boldsymbol{\alpha}_2$. 所以 $\boldsymbol{e}_1,\boldsymbol{\alpha}_2$ 也是 $\mathbf{R}^2$ 的一组基. 类似地, 可以证明 $\boldsymbol{e}_1=\begin{pmatrix}1\\0\end{pmatrix},\boldsymbol{\alpha}_1=\begin{pmatrix}0\\2\end{pmatrix}$ 与 $\boldsymbol{e}_1=\begin{pmatrix}1\\0\end{pmatrix},\boldsymbol{\alpha}_3=\begin{pmatrix}1\\2\end{pmatrix}$ 都是 $\mathbf{R}^2$ 的基, 如图 1.7.2 所示.

例 1.7.2　由例 1.5.4 知 $\boldsymbol{e}_1=(1,0,0)^{\mathrm{T}},\boldsymbol{e}_2=(0,1,0)^{\mathrm{T}},\boldsymbol{e}_3=(0,0,1)^{\mathrm{T}}$ 线性无关, 对任意的 $\boldsymbol{\alpha}=(a,b,c)^{\mathrm{T}}\in\mathbf{R}^3$,

$$\boldsymbol{\alpha}=a\boldsymbol{e}_1+b\boldsymbol{e}_2+c\boldsymbol{e}_3$$

所以 $\boldsymbol{e}_1,\boldsymbol{e}_2,\boldsymbol{e}_3$ 是 $\mathbf{R}^3$ 的一组基, $\dim\mathbf{R}^3=3$, 如图 1.7.3 所示.

类似可证,

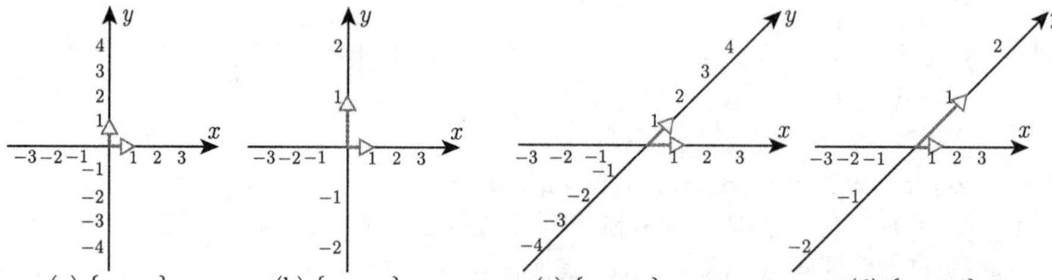

(a) $\{\boldsymbol{e}_1, \boldsymbol{e}_2\}$ (b) $\{\boldsymbol{e}_1, \boldsymbol{\alpha}_1\}$ (c) $\{\boldsymbol{e}_1, \boldsymbol{\alpha}_2\}$ (d) $\{\boldsymbol{e}_1, \boldsymbol{\alpha}_3\}$

图 1.7.2

$$\boldsymbol{e}_1 = \begin{pmatrix} 1 \\ 0 \\ \vdots \\ 0 \end{pmatrix}, \quad \boldsymbol{e}_2 = \begin{pmatrix} 0 \\ 1 \\ \vdots \\ 0 \end{pmatrix}, \quad \cdots, \quad \boldsymbol{e}_n = \begin{pmatrix} 0 \\ 0 \\ \vdots \\ 1 \end{pmatrix}$$

是 $\mathbf{R}^n$ 的一组基, 称为 $\mathbf{R}^n$ 的标准基, 且 $\dim\mathbf{R}^n = n$.

例 1.7.3 设 $\boldsymbol{A}$ 是 $m \times n$ 阶实矩阵, 则齐次线性方程组 $\boldsymbol{Ax} = \mathbf{0}$ 的解集是 $\mathbf{R}^n$ 的子空间. 事实上, 设 $\boldsymbol{\alpha}, \boldsymbol{\beta}$ 是 $\boldsymbol{Ax} = \mathbf{0}$ 的任意二个解, 则 $\boldsymbol{A\alpha} = \mathbf{0}, \boldsymbol{A\beta} = \mathbf{0}$, 即

$$\boldsymbol{A}(\boldsymbol{\alpha} + \boldsymbol{\beta}) = \boldsymbol{A\alpha} + \boldsymbol{A\beta} = \mathbf{0} + \mathbf{0} = \mathbf{0}, \qquad \boldsymbol{A}(k\boldsymbol{\alpha}) = kA\boldsymbol{\alpha} = \mathbf{0}, \forall k \in \mathbf{R}$$

所以 $\boldsymbol{Ax} = \mathbf{0}$ 的解集是 $\mathbf{R}^n$ 的子空间, 称为齐次线性方程组 $\boldsymbol{Ax} = \mathbf{0}$ 的解空间. 解空间的维数也称为矩阵 $\boldsymbol{A}$ 的零度, 记作 Nullity$(\boldsymbol{A})$.

例 1.7.4 参考例 1.3.8. 设 $\boldsymbol{\alpha}_1 = \begin{pmatrix} 1 \\ 1 \\ 0 \end{pmatrix}, \boldsymbol{\alpha}_2 = \begin{pmatrix} -2 \\ 0 \\ 1 \end{pmatrix}$. 则 $\boldsymbol{\alpha}_1, \boldsymbol{\alpha}_2$ 线性无关, 且 V 中的任一向量

$$\begin{pmatrix} u - 2v \\ u \\ v \end{pmatrix} = u\boldsymbol{\alpha}_1 + v\boldsymbol{\alpha}_2$$

所以 $\boldsymbol{\alpha}_1, \boldsymbol{\alpha}_2$ 是 V 的一组基, 如图 1.7.4 所示.

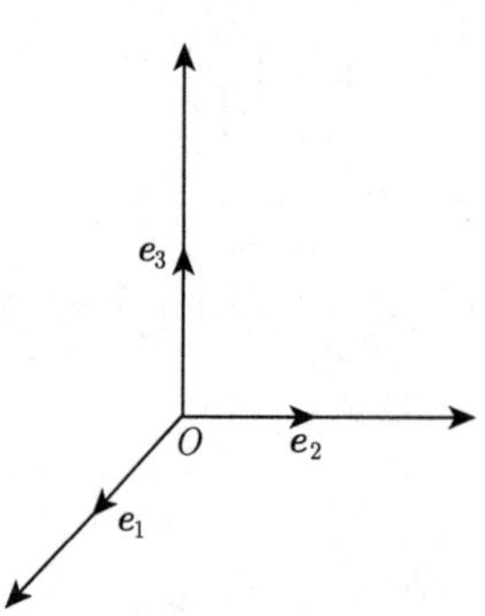

图 1.7.3

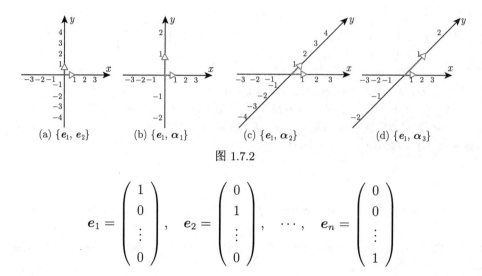

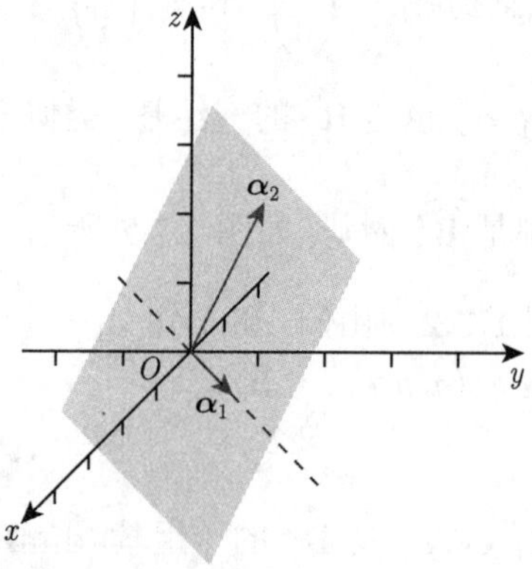

图 1.7.4

例 1.7.5 设齐次线性方程组

$$\begin{cases} x_1 - x_2 - \ \ x_3 + \ \ x_4 = 0 \\ x_1 - x_2 + \ \ x_3 - 3x_4 = 0 \\ x_1 - x_2 - 2x_3 + 3x_4 = 0 \end{cases}$$

对系数矩阵施行行初等变换, 得行最简形矩阵为

$$\begin{pmatrix} 1 & -1 & -1 & 1 \\ 1 & -1 & 1 & -3 \\ 1 & -1 & -2 & 3 \end{pmatrix} \to \begin{pmatrix} 1 & -1 & 0 & -1 \\ 0 & 0 & 1 & -2 \\ 0 & 0 & 0 & 0 \end{pmatrix}$$

所以齐次线性方程组的一般解为

$$\begin{cases} x_1 = x_2 + x_4 \\ x_3 = 2x_4 \end{cases}$$

即解空间

$$S = \left\{ \begin{pmatrix} u+v \\ u \\ 2v \\ v \end{pmatrix} \middle| \ u, v \in \mathbf{R} \right\}$$

设 $\boldsymbol{\xi}_1 = \begin{pmatrix} 1 \\ 1 \\ 0 \\ 0 \end{pmatrix}, \boldsymbol{\xi}_2 = \begin{pmatrix} 1 \\ 0 \\ 2 \\ 1 \end{pmatrix}$, 则 $\boldsymbol{\xi}_1, \boldsymbol{\xi}_2$ 线性无关, 且 S 中的每个向量

$$\begin{pmatrix} u+v \\ u \\ 2v \\ v \end{pmatrix} = u\boldsymbol{\xi}_1 + v\boldsymbol{\xi}_2$$

所以 $\boldsymbol{\xi}_1, \boldsymbol{\xi}_2$ 是解空间 S 的一组基, $\text{Nullity}(\boldsymbol{A}) = \dim S = 2$.

定理 1.7.1 n 维线性空间 V 中任意 n 个线性无关的向量都是它的一组基.

证 设 $\boldsymbol{\alpha}_1, \boldsymbol{\alpha}_2, \cdots, \boldsymbol{\alpha}_n$ 是 V 中线性无关的向量组, $\boldsymbol{\varepsilon}_1, \boldsymbol{\varepsilon}_2, \cdots, \boldsymbol{\varepsilon}_n$ 是 V 的一组基. 对任意的向量 $\boldsymbol{\beta} \in V$, 由于 $\boldsymbol{\alpha}_1, \boldsymbol{\alpha}_2, \cdots, \boldsymbol{\alpha}_n, \boldsymbol{\beta}$ 能由 $\boldsymbol{\varepsilon}_1, \boldsymbol{\varepsilon}_2, \cdots, \boldsymbol{\varepsilon}_n$ 线性表示, 所以由定理 1.6.1 知 $\boldsymbol{\alpha}_1, \boldsymbol{\alpha}_2, \cdots, \boldsymbol{\alpha}_n, \boldsymbol{\beta}$ 线性相关, 从而由命题 1.5.1 知 $\boldsymbol{\beta}$ 能由 $\boldsymbol{\alpha}_1, \boldsymbol{\alpha}_2, \cdots, \boldsymbol{\alpha}_n$ 线性表示. 故由定义 1.7.1 知 $\boldsymbol{\alpha}_1, \boldsymbol{\alpha}_2, \cdots, \boldsymbol{\alpha}_n$ 是 V 的一组基. □

推论 1.7.1 设 $\boldsymbol{\alpha}_1, \boldsymbol{\alpha}_2, \cdots, \boldsymbol{\alpha}_s \in \mathbf{R}^n$. 则 $\boldsymbol{\alpha}_1, \boldsymbol{\alpha}_2, \cdots, \boldsymbol{\alpha}_s$ 的任一极大无关组都是 span $(\boldsymbol{\alpha}_1, \boldsymbol{\alpha}_2, \cdots, \boldsymbol{\alpha}_s)$ 的一组基.

定义 1.7.2 设 V 是 $\mathbf{R}^n$ 的一个 r 维子空间, $\mathcal{B}=\{\boldsymbol{\alpha}_1,\boldsymbol{\alpha}_2,\cdots,\boldsymbol{\alpha}_r\}$ 是 V 的一组基. 对任意的 $\boldsymbol{\alpha}\in V$, $\boldsymbol{\alpha}$ 可由基 $\boldsymbol{\alpha}_1,\boldsymbol{\alpha}_2,\cdots,\boldsymbol{\alpha}_r$ 唯一地线性表示, 即

$$\boldsymbol{\alpha}=a_1\boldsymbol{\alpha}_1+a_2\boldsymbol{\alpha}_2+\cdots+a_r\boldsymbol{\alpha}_r$$

则 r 元数组 $(a_1,a_2,\cdots,a_r)^{\mathrm{T}}$ 称为 $\boldsymbol{\alpha}$ 在基 $\boldsymbol{\alpha}_1,\boldsymbol{\alpha}_2,\cdots,\boldsymbol{\alpha}_r$ 下的**坐标**. 记为

$$\boldsymbol{\alpha}=(\boldsymbol{\alpha}_1,\boldsymbol{\alpha}_2,\cdots,\boldsymbol{\alpha}_r)\begin{pmatrix}a_1\\a_2\\\vdots\\a_r\end{pmatrix}\quad 或 \quad [\boldsymbol{\alpha}]_{\mathcal{B}}=\begin{pmatrix}a_1\\a_2\\\vdots\\a_r\end{pmatrix}$$

注 $\mathbf{R}^n$ 中的 r 维子空间 V 的向量都是 n 维向量 (即含 n 个分量), 但它在取定基 $\mathcal{B}$ 下的坐标却是 r 维向量 (即含 r 个分量). 例如, 设 V 是平面 x_1Ox_2, 它是 $\mathbf{R}^3$ 的二维子空间. 向量 $\boldsymbol{OP}=(a,b,c)^{\mathrm{T}}$ 在 V 中的投影向量 $\boldsymbol{OQ}=(a,b,0)^{\mathrm{T}}$ 看作 V 中的向量, 在 V 的标准基 $\boldsymbol{e}_1=(1,0,0)^{\mathrm{T}},\boldsymbol{e}_2=(0,1,0)^{\mathrm{T}}$ 下的坐标是 $(a,b)^{\mathrm{T}}$, 如图 1.7.5 所示.

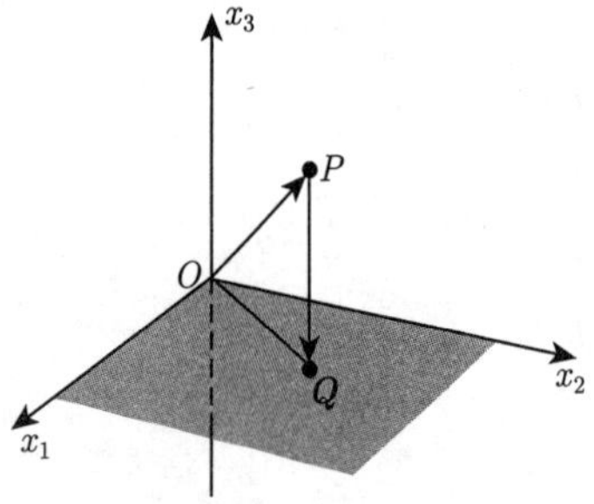

图 1.7.5

例如, 在例 1.7.4 的向量空间 V 中, 向量 $\boldsymbol{\xi}=(-3,1,2)^{\mathrm{T}}\in V$ 可表示为

$$\boldsymbol{\xi}=\boldsymbol{\alpha}_1+2\boldsymbol{\alpha}_2$$

所以 $\boldsymbol{\xi}$ 关于 V 的基 $\boldsymbol{\alpha}_1,\boldsymbol{\alpha}_2$ 的坐标为 $\begin{pmatrix}1\\2\end{pmatrix}$.

又如, 在例 1.7.5 的向量空间 S 中, 向量 $\boldsymbol{\xi}=(3,2,2,1)^{\mathrm{T}}\in S$ 可表示为

$$\boldsymbol{\xi}=2\boldsymbol{\xi}_1+\boldsymbol{\xi}_2$$

所以 $\boldsymbol{\xi}$ 关于 S 的基 $\boldsymbol{\xi}_1,\boldsymbol{\xi}_2$ 的坐标为 $\begin{pmatrix}2\\1\end{pmatrix}$.

一般地, 如何求向量 $\boldsymbol{\beta}\in V$ 在基 $\mathcal{B}=\{\boldsymbol{\alpha}_1,\boldsymbol{\alpha}_2,\cdots,\boldsymbol{\alpha}_r\}$ 下的坐标呢? 根据定义, 只需将 $\boldsymbol{\beta}$ 表示为 $\boldsymbol{\alpha}_1,\boldsymbol{\alpha}_2,\cdots,\boldsymbol{\alpha}_r$ 的线性组合就可得到, 所以有如下初等变换求法.

$$(\boldsymbol{\alpha}_1,\boldsymbol{\alpha}_2,\cdots,\boldsymbol{\alpha}_r,\boldsymbol{\beta})\xrightarrow{\text{行初等变换}}\begin{pmatrix}1&0&\cdots&0&b_1\\0&1&\cdots&0&b_2\\\vdots&\vdots&&\vdots&\vdots\\0&0&\cdots&1&b_r\end{pmatrix}$$

则 $\boldsymbol{\beta}$ 在基 $\mathcal{B}=\{\boldsymbol{\alpha}_1,\boldsymbol{\alpha}_2,\cdots,\boldsymbol{\alpha}_r\}$ 下的坐标 $[\boldsymbol{\beta}]_{\mathcal{B}}=\begin{pmatrix}b_1\\b_2\\\vdots\\b_r\end{pmatrix}$.

习　题　1.7

(A)

1. 判断下述向量组是否为 $\mathbf{R}^4$ 的一组基.

(1) $\boldsymbol{\alpha}_1=\begin{pmatrix}2\\-1\\3\\5\end{pmatrix},\boldsymbol{\alpha}_2=\begin{pmatrix}1\\7\\-2\\0\end{pmatrix},\boldsymbol{\alpha}_3=\begin{pmatrix}-3\\0\\4\\1\end{pmatrix},\boldsymbol{\alpha}_4=\begin{pmatrix}6\\1\\0\\-4\end{pmatrix}$;

(2) $\boldsymbol{\alpha}_1=\begin{pmatrix}0\\0\\0\\1\end{pmatrix},\boldsymbol{\alpha}_2=\begin{pmatrix}0\\0\\1\\1\end{pmatrix},\boldsymbol{\alpha}_3=\begin{pmatrix}0\\1\\1\\1\end{pmatrix},\boldsymbol{\alpha}_4=\begin{pmatrix}1\\1\\1\\1\end{pmatrix}$.

2. 设 $\boldsymbol{\alpha}_1=(1,-1,0)^{\mathrm{T}},\boldsymbol{\alpha}_2=(2,1,3)^{\mathrm{T}},\boldsymbol{\alpha}_3=(3,1,2)^{\mathrm{T}}$.

(1) 证明 $\boldsymbol{\alpha}_1,\boldsymbol{\alpha}_2,\boldsymbol{\alpha}_3$ 是 $\mathbf{R}^3$ 的一组基;

(2) 求 $\boldsymbol{\beta}_1=(1,2,3)^{\mathrm{T}},\boldsymbol{\beta}_2=(9,8,13)^{\mathrm{T}}$ 在上述基下的坐标.

3. 设 $\boldsymbol{\alpha}_1=(1,2,-1,0)^{\mathrm{T}},\boldsymbol{\alpha}_2=(1,1,0,2)^{\mathrm{T}},\boldsymbol{\alpha}_3=(2,1,1,a)^{\mathrm{T}}$. 若由 $\boldsymbol{\alpha}_1,\boldsymbol{\alpha}_2,\boldsymbol{\alpha}_3$ 生成的向量空间的维数是 2, 求 a 的值.

(B)

4. (2015, 数学一)　设 $\boldsymbol{\alpha}_1,\boldsymbol{\alpha}_2,\boldsymbol{\alpha}_3$ 是 $\mathbf{R}^3$ 的一组基, $\boldsymbol{\beta}_1=2\boldsymbol{\alpha}_1+2k\boldsymbol{\alpha}_3,\boldsymbol{\beta}_2=2\boldsymbol{\alpha}_2,\boldsymbol{\beta}_3=\boldsymbol{\alpha}_1+(k+1)\boldsymbol{\alpha}_3$.

(1) 证明 $\boldsymbol{\beta}_1,\boldsymbol{\beta}_2,\boldsymbol{\beta}_3$ 是 $\mathbf{R}^3$ 的一组基;

(2) 当 k 为何值时, 存在非零向量 $\boldsymbol{\xi}$, 在基 $\boldsymbol{\alpha}_1,\boldsymbol{\alpha}_2,\boldsymbol{\alpha}_3$ 与 $\boldsymbol{\beta}_1,\boldsymbol{\beta}_2,\boldsymbol{\beta}_3$ 下的坐标相同, 并求所有的 $\boldsymbol{\xi}$.

1.8　线性方程组解的结构

在解析几何中, $\mathbf{R}^2$ 中的直线可由直线上的一点 x_0 与平行于该直线的向量 $\boldsymbol{v}$ 确定, $\mathbf{R}^3$ 中的平面可由平面上的一点 x_0 与该平面上二个不共线的向量 $\boldsymbol{v}_1,\boldsymbol{v}_2$ 确定, 如图 1.8.1 所示.

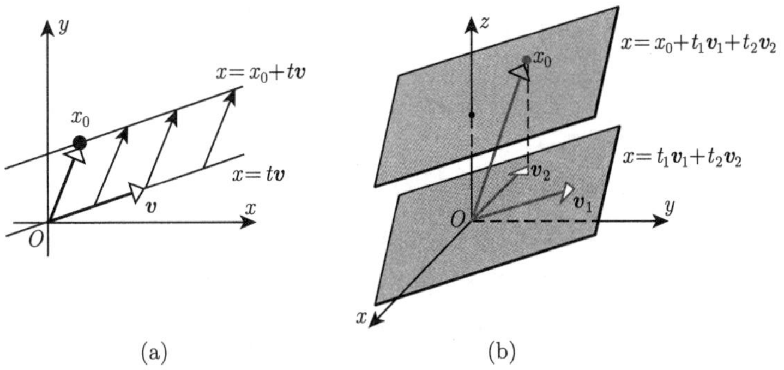

图 1.8.1

设 x 是直线 (或平面) 上的任一点, 由于 $x-x_0$ 与 $\boldsymbol{v}$ 平行 (线性相关), 所以

$$x-x_0=t\boldsymbol{v},\quad t\in\mathbf{R}$$

类似地, 由于 $x-x_0$ 与 $\boldsymbol{v}_1,\boldsymbol{v}_2$ 共面 (线性相关), 所以

$$x-x_0=t_1\boldsymbol{v}_1+t_1\boldsymbol{v}_2,\qquad t_1,t_2\in\mathbf{R}$$

由此可得直线或平面的参数方程, 如表 1.8.1 所示.

表 1.8.1

类型	过原点	不过原点
直线	$\boldsymbol{x}=t\boldsymbol{v}$	$\boldsymbol{x}=\boldsymbol{x}_0+t\boldsymbol{v}$
平面	$\boldsymbol{x}=t_1\boldsymbol{v}_1+t_1\boldsymbol{v}_2$	$\boldsymbol{x}=\boldsymbol{x}_0+t_1\boldsymbol{v}_1+t_1\boldsymbol{v}_2$

我们已经知道, 空间 $\mathbf{R}^3$ 中任一过原点的直线或平面都是某一 (三元) 齐次线性方程组的解集. 空间 $\mathbf{R}^3$ 中不过原点的直线或平面可以看作过原点的直线或平面沿某一向量平移得到的, 它们是某一非齐次线性方程组的解集. 由于一般的线性方程组是直线与平面的高维推广, 本节将研究线性方程组解的结构, 将一般线性方程组的解写成表 1.8.1 中的形式.

1.8.1 齐次线性方程组解的结构

例 1.7.3 表明齐次线性方程组

$$\begin{cases}a_{11}x_1+a_{12}x_2+\cdots+a_{1n}x_n=0\\a_{21}x_1+a_{22}x_2+\cdots+a_{2n}x_n=0\\\cdots\cdots\\a_{m1}x_1+a_{m2}x_2+\cdots+a_{mn}x_n=0\end{cases}\tag{1.8.1}$$

的解集作成 $\mathbf{R}^n$ 的线性子空间, 称为式 (1.8.1) 的解空间. 解空间的一组基称为齐次线性方程组的一个基础解系, 或等价地.

定义 1.8.1 齐次线性方程组 (1.8.1) 的一组解 $\boldsymbol{\eta}_1,\boldsymbol{\eta}_2,\cdots,\boldsymbol{\eta}_r$ 称为它的一个**基础解系**, 如果

(1) $\boldsymbol{\eta}_1,\boldsymbol{\eta}_2,\cdots,\boldsymbol{\eta}_r$ 线性无关;

(2) 方程组的任一解都能由 $\boldsymbol{\eta}_1,\boldsymbol{\eta}_2,\cdots,\boldsymbol{\eta}_r$ 线性表示.

下面的定理称为齐次线性方程组解的结构定理, 是线性代数中最基本的定理之一.

定理 1.8.1 设 $\boldsymbol{A}$ 是 $m\times n$ 阶实矩阵, 若 $r(\boldsymbol{A})=r$, 则齐次线性方程组 $\boldsymbol{A}x=\mathbf{0}$ 解空间 S 的维数 $\dim S=n-r$. 设 $\boldsymbol{A}x=\mathbf{0}$ 的基础解系为 $\boldsymbol{\xi}_1,\boldsymbol{\xi}_2,\cdots,\boldsymbol{\xi}_{n-r}$, 则 $\boldsymbol{A}x=\mathbf{0}$ 的解空间

$$S=\{t_1\boldsymbol{\xi}_1+t_2\boldsymbol{\xi}_2+\cdots+t_{n-r}\boldsymbol{\xi}_{n-r}\mid t_1,t_2,\cdots,t_{n-r}\in\mathbf{R}\}$$

证 若 $r(\boldsymbol{A})=n$, 则 $\boldsymbol{A}$ 的行阶梯形的每一列都是主列, 所以 $S=0$, 结论成立. 因此设 $r(\boldsymbol{A})=r<n$.

第一步, 对 $\boldsymbol{A}$ 施行行初等变换化成行最简形矩阵 $\boldsymbol{B}$, 不妨设 $\boldsymbol{B}$ 的主元位于第 $1,2,\cdots,r$ 列

$$\boldsymbol{A}\xrightarrow{\text{行初等变换}}\begin{pmatrix}1 & 0 & \cdots & 0 & b_{1,r+1} & \cdots & b_{1n}\\ & 1 & \cdots & 0 & b_{2,r+1} & \cdots & b_{2n}\\ & & \ddots & \vdots & \vdots & & \vdots\\ & & & 1 & b_{r,r+1} & \cdots & b_{rn}\\ & & & 0 & 0 & \cdots & 0\\ & & & \vdots & \vdots & & \vdots\\ & & & 0 & 0 & \cdots & 0\end{pmatrix}=\boldsymbol{B}$$

于是 $\boldsymbol{A}x=\mathbf{0}$ 的一般解为

$$\begin{cases}x_1=-b_{1,r+1}x_{r+1}-\cdots-b_{1n}x_n\\ x_2=-b_{2,r+1}x_{r+1}-\cdots-b_{2n}x_n\\ \quad\cdots\cdots\\ x_r=-b_{r,r+1}x_{r+1}-\cdots-b_{rn}x_n\end{cases}\tag{1.8.2}$$

其中, 非主列对应的未知量 $x_{r+1},x_{r+2},\cdots,x_n$ 为自由未知量.

第二步, 让自由未知量 $x_{r+1},x_{r+2},\cdots,x_n$ 分别取下述 $n-r$ 组数

$$\begin{pmatrix}1\\0\\\vdots\\0\end{pmatrix},\begin{pmatrix}0\\1\\\vdots\\0\end{pmatrix},\cdots,\begin{pmatrix}0\\0\\\vdots\\1\end{pmatrix}\tag{1.8.3}$$

由方程组的一般解 (1.8.2) 得到 $n-r$ 个解

$$\boldsymbol{\xi}_1=\begin{pmatrix}-b_{1,r+1}\\-b_{2,r+1}\\\vdots\\-b_{r,r+1}\\1\\0\\\vdots\\0\end{pmatrix},\boldsymbol{\xi}_2=\begin{pmatrix}-b_{1,r+2}\\-b_{2,r+2}\\\vdots\\-b_{r,r+2}\\0\\1\\\vdots\\0\end{pmatrix},\cdots,\boldsymbol{\xi}_{n-r}=\begin{pmatrix}-b_{1n}\\-b_{2n}\\\vdots\\-b_{rn}\\0\\0\\\vdots\\1\end{pmatrix}\tag{1.8.4}$$

由于式 (1.8.3) 中的向量组线性无关, 所以它们的延长向量组 (1.8.4) 也线性无关.

第三步, 取线性方程组 $\boldsymbol{A}x=\mathbf{0}$ 的任一解 $\boldsymbol{\eta}=\begin{pmatrix}c_1\\c_2\\\vdots\\c_n\end{pmatrix}$, $\boldsymbol{\eta}$ 满足一般解 (1.8.2), 即

$$\begin{cases}c_1=-b_{1,r+1}c_{r+1}-\cdots-b_{1n}c_n\\c_2=-b_{2,r+1}c_{r+1}-\cdots-b_{2n}c_n\\\quad\cdots\cdots\\c_r=-b_{r,r+1}c_{r+1}-\cdots-b_{rn}c_n\end{cases}$$

从而解向量 $\boldsymbol{\eta}$ 可写成

$$\begin{aligned}\boldsymbol{\eta}=&\begin{pmatrix}c_1\\\vdots\\c_r\\c_{r+1}\\\vdots\\c_n\end{pmatrix}=\begin{pmatrix}-b_{1,r+1}c_{r+1}-\cdots-b_{1n}c_n\\\vdots\\-b_{r,r+1}c_{r+1}-\cdots-b_{rn}c_n\\c_{r+1}+0+\cdots+0\\\vdots\\0+\cdots+0+c_n\end{pmatrix}\\=&c_{r+1}\begin{pmatrix}-b_{1,r+1}\\\vdots\\-b_{r,r+1}\\1\\0\\\vdots\\0\end{pmatrix}+\cdots+c_n\begin{pmatrix}-b_{1n}\\\vdots\\-b_{rn}\\0\\0\\\vdots\\1\end{pmatrix}\\=&c_{r+1}\boldsymbol{\xi}_1+\cdots+c_n\boldsymbol{\xi}_{n-r}\end{aligned}$$

即方程组的任一解 $\boldsymbol{\eta}$ 都可由 $\boldsymbol{\xi}_1,\boldsymbol{\xi}_2,\cdots,\boldsymbol{\xi}_{n-r}$ 线性表示, 从而 $\boldsymbol{\xi}_1,\boldsymbol{\xi}_2,\cdots,\boldsymbol{\xi}_{n-r}$ 是一组基础解系, 且 $\dim S=n-r(\boldsymbol{A})$. □

推论 1.8.1 齐次线性方程组 $\boldsymbol{Ax}=\mathbf{0}$ 的任意 $n-r(\boldsymbol{A})$ 个线性无关的解向量都是它的一个基础解系.

注 (1) 设 $\boldsymbol{A}$ 为 $m\times n$ 阶矩阵, 则定理 1.8.1 表明 $\operatorname{rank}(\boldsymbol{A})+\operatorname{Nullity}(\boldsymbol{A})=n$.

(2) 定理 1.8.1 的证明过程给出了一个具体找基础解系的方法, 即只需写出该证明过程的第一步与第二步.

例 1.8.1 求下列齐次线性方程组的通解:

$$\begin{cases}x_1-x_2-\ \ x_3+\ \ x_4=0\\x_1-x_2+\ \ x_3-3x_4=0\\x_1-x_2-2x_3+3x_4=0\end{cases}$$

解 对系数矩阵施行行初等变换, 得

$$\begin{pmatrix} 1 & -1 & -1 & 1 \\ 1 & -1 & 1 & -3 \\ 1 & -1 & -2 & 3 \end{pmatrix} \to \begin{pmatrix} 1 & -1 & 0 & -1 \\ 0 & 0 & 1 & -2 \\ 0 & 0 & 0 & 0 \end{pmatrix}$$

所以齐次线性方程组的一般解为

$$\begin{cases} x_1 = x_2 + x_4 \\ x_3 = 2x_4 \end{cases}$$

其中, x_2, x_4 为自由未知量. 分别令 $x_2 = 1, x_4 = 0$ 与 $x_2 = 0, x_4 = 1$, 得基础解系 $\boldsymbol{\xi}_1 = (1,1,0,0)^{\mathrm{T}}$, $\boldsymbol{\xi}_2 = (1,0,2,1)^{\mathrm{T}}$. 从而线性方程组的通解为

$$k_1\boldsymbol{\xi}_1 + k_2\boldsymbol{\xi}_2, \quad k_1, k_2 \in \mathbf{R}$$

1.8.2 非齐次线性方程组解的结构

齐次线性方程组

$$\begin{cases} a_{11}x_1 + a_{12}x_2 + \cdots + a_{1n}x_n = 0 \\ a_{21}x_1 + a_{22}x_2 + \cdots + a_{2n}x_n = 0 \\ \qquad\cdots\cdots \\ a_{m1}x_1 + a_{m2}x_2 + \cdots + a_{mn}x_n = 0 \end{cases} \tag{1.8.5}$$

称为非齐次线性方程组

$$\begin{cases} a_{11}x_1 + a_{12}x_2 + \cdots + a_{1n}x_n = b_1 \\ a_{21}x_1 + a_{22}x_2 + \cdots + a_{2n}x_n = b_2 \\ \qquad\cdots\cdots \\ a_{m1}x_1 + a_{m2}x_2 + \cdots + a_{mn}x_n = b_m \end{cases} \tag{1.8.6}$$

的**导出组**. 那么, 方程组 (1.8.6) 的解与导出组 (1.8.5) 的解密切相关.

引理 1.8.1 非齐次线性方程组的解与它的导出组的解之间有如下关系:

(1) 非齐次线性方程组的两个解的差是它的导出组的一个解;

(2) 非齐次线性方程组的一个解与它的导出组的一个解之和是原非齐次线性方程组的一个解.

证 (1) 设 $\boldsymbol{\gamma}_1, \boldsymbol{\gamma}_2$ 为非齐次线性方程组 $\boldsymbol{Ax} = \boldsymbol{b}$ 的任意两个解, 则 $\boldsymbol{A\gamma}_i = \boldsymbol{b}, i = 1, 2$. 于是

$$\boldsymbol{A}(\boldsymbol{\gamma}_1 - \boldsymbol{\gamma}_2) = \boldsymbol{A\gamma}_1 - \boldsymbol{A\gamma}_2 = \boldsymbol{b} - \boldsymbol{b} = \boldsymbol{0}$$

即 $\boldsymbol{\gamma}_1 - \boldsymbol{\gamma}_2$ 是 $\boldsymbol{Ax} = \boldsymbol{b}$ 的解.

(2) 设 $\boldsymbol{\gamma}$ 是非齐次线性方程组 $\boldsymbol{Ax} = \boldsymbol{b}$ 的解, $\boldsymbol{\eta}$ 是导出组 $\boldsymbol{Ax} = \boldsymbol{0}$ 的任一解, 则

$$\boldsymbol{A}(\boldsymbol{\gamma} + \boldsymbol{\eta}) = \boldsymbol{A\gamma} + \boldsymbol{A\eta} = \boldsymbol{b} + \boldsymbol{0} = \boldsymbol{b}$$

即 $\boldsymbol{\gamma} + \boldsymbol{\eta}$ 是 $\boldsymbol{Ax} = \boldsymbol{0}$ 的解. □

注 非齐次线性方程组的两个解之和, 以及一个解的倍数一般不再是该非齐次线性方程组的解. 因此, 非齐次线性方程组的解集一般不构成向量空间. 特别地, 平面 $\mathbf{R}^2$ 上不过原点的直线不是 $\mathbf{R}^2$ 的子空间.

定理 1.8.2 设 γ_0 是线性方程组 $\boldsymbol{Ax}=\boldsymbol{b}$ 的一个特解, 那么线性方程组 $\boldsymbol{Ax}=\boldsymbol{b}$ 的任一个解 $\boldsymbol{\gamma}$ 都可以表成

$$\boldsymbol{\gamma}=\boldsymbol{\gamma}_0+\boldsymbol{\eta} \tag{1.8.7}$$

式中: $\boldsymbol{\eta}$ 是它的导出组 $\boldsymbol{Ax}=\mathbf{0}$ 的一个解. 因此, 若 $\boldsymbol{\xi}_1,\boldsymbol{\xi}_2,\cdots,\boldsymbol{\xi}_{n-r}$ 是它的导出组 $\boldsymbol{Ax}=\mathbf{0}$ 的一个基础解系, 则

$$\{\gamma_0+t_1\boldsymbol{\xi}_1+t_2\boldsymbol{\xi}_2+\cdots+t_{n-r}\boldsymbol{\xi}_{n-r}\mid t_1,t_2,\cdots,t_{n-r}\in\mathbf{R}\}$$

为线性方程组 $\boldsymbol{Ax}=\boldsymbol{b}$ 的解集.

证 显然, $\gamma=\gamma_0+(\gamma-\gamma_0)$. 因为

$$\boldsymbol{A}(\gamma-\gamma_0)=\boldsymbol{A\gamma}-\boldsymbol{A\gamma}_0=\boldsymbol{b}-\boldsymbol{b}=\mathbf{0}$$

所以 $\boldsymbol{\gamma}-\boldsymbol{\gamma}_0$ 为导出组 $\boldsymbol{Ax}=\mathbf{0}$ 的一个解. 反之, 任取 $\boldsymbol{Ax}=\mathbf{0}$ 的一个解 $\boldsymbol{\eta}$, 则 $\boldsymbol{A}(\boldsymbol{\gamma}_0+\boldsymbol{\eta})=\boldsymbol{A\gamma}_0+\boldsymbol{A\eta}=\boldsymbol{b}$, 即 $\boldsymbol{\gamma}_0+\boldsymbol{\eta}$ 是方程组 $\boldsymbol{Ax}=\boldsymbol{b}$ 的一个解.

因此, 后半部分结论是显而易见的. □

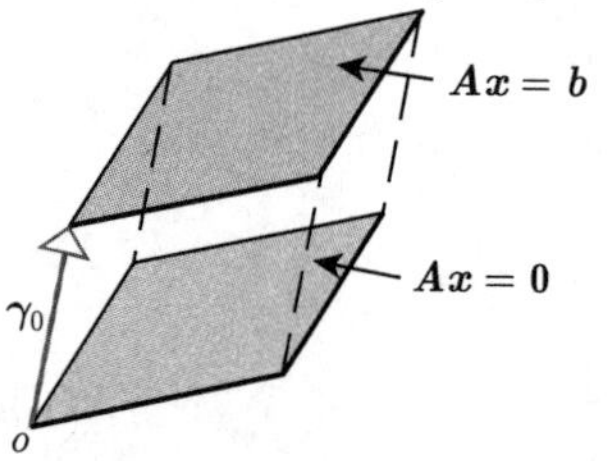

图 1.8.2

注 设 γ_0 为一般线性方程组 $\boldsymbol{Ax}=\boldsymbol{b}$ 的一个特解, S 是它的导出组 $\boldsymbol{Ax}=\mathbf{0}$ 的解空间, 则定理 1.8.2 表明 S 沿 γ_0 平移所得到的集合

$$\gamma_0+S=\{\gamma_0+\boldsymbol{\eta}\mid\boldsymbol{\eta}\in S\}$$

就是 $\boldsymbol{Ax}=\boldsymbol{b}$ 的解集, 常称为仿射子空间, 如图 1.8.2 所示.

例 1.8.2 考虑非齐次线性方程组

$$\begin{cases} x_1-3x_2=-3\\ 2x_1-6x_2=-6\end{cases}$$

其增广矩阵为

$$\overline{\boldsymbol{A}}=\left(\begin{array}{cc:c}1&-3&-3\\2&-6&-6\end{array}\right)\longrightarrow\left(\begin{array}{cc:c}1&-3&-3\\0&0&0\end{array}\right)$$

由此得特解 $\boldsymbol{\gamma}=\begin{pmatrix}-3\\0\end{pmatrix}$, 导出组 $\boldsymbol{Ax}=\mathbf{0}$ 的基础解系 $\boldsymbol{\xi}=\begin{pmatrix}3\\1\end{pmatrix}$. 所以原方程组 $\boldsymbol{Ax}=\boldsymbol{b}$ 的通解为

$$\boldsymbol{x}=\boldsymbol{\gamma}+t\boldsymbol{\xi},\quad t\in\mathbf{R}$$

可以看作由 $\boldsymbol{\xi}$ 张成的直线沿 $\boldsymbol{\gamma}$ 的平移, 如图 1.8.3 所示.

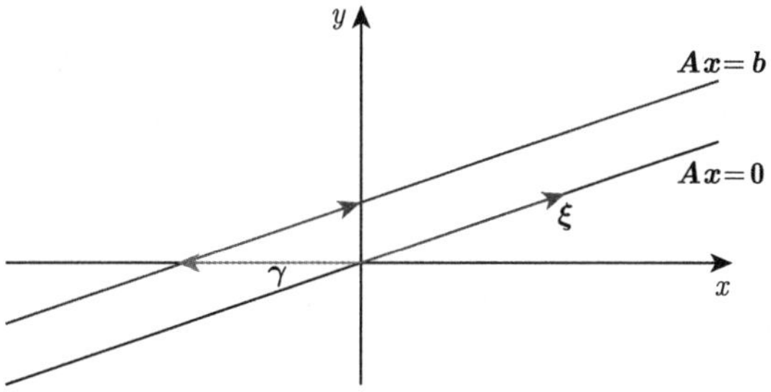

图 1.8.3

例 1.8.3 考虑非齐次线性方程组

$$\begin{cases} x_1 - x_2 + 2x_3 = 2 \\ -2x_1 + 2x_2 - 4x_3 = -4 \end{cases}$$

其增广矩阵为

$$\left(\begin{array}{ccc|c} 1 & -1 & 2 & 2 \\ -2 & 2 & -4 & -4 \end{array}\right) \to \left(\begin{array}{ccc|c} 1 & -1 & 2 & 2 \\ 0 & 0 & 0 & 0 \end{array}\right)$$

原方程组等价于

$$x_1 - x_2 + 2x_3 = 2$$

式中: x_2, x_3 为自由未知量.

令 $x_2 = 0, x_3 = 0$, 得特解 $\boldsymbol{\gamma} = \begin{pmatrix} 2 \\ 0 \\ 0 \end{pmatrix}$, 再分别令 $x_2 = 1, x_3 = 0$ 与 $x_2 = 0, x_3 = 1$, 得导出组 $\boldsymbol{Ax} = \boldsymbol{0}$ 的基础解系 $\boldsymbol{\xi}_1 = \begin{pmatrix} 1 \\ 1 \\ 0 \end{pmatrix}, \boldsymbol{\xi}_2 = \begin{pmatrix} -2 \\ 0 \\ 1 \end{pmatrix}$. 所以原方程组 $\boldsymbol{Ax} = \boldsymbol{b}$ 的通解为

$$x = \boldsymbol{\gamma} + t_1\boldsymbol{\xi}_1 + t_2\boldsymbol{\xi}_2, \quad t_1, t_2 \in \mathbf{R}$$

可以看作由 $\boldsymbol{\xi}_1, \boldsymbol{\xi}_2$ 生成的平面沿 $\boldsymbol{\gamma}$ 的平移, 如图 1.8.4 所示.

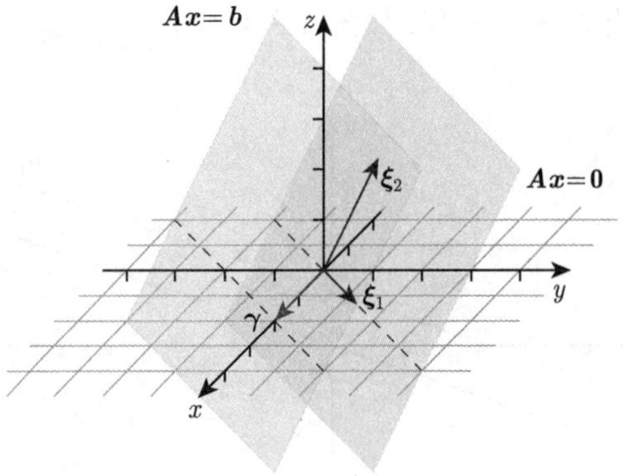

图 1.8.4

例 1.8.4 当 a, b 取什么值时, 线性方程组

$$\begin{cases} x_1 + x_2 + x_3 + x_4 + x_5 = 1 \\ 3x_1 + 2x_2 + x_3 + x_4 - 3x_5 = a \\ x_2 + 2x_3 + 2x_4 + 6x_5 = 3 \\ 5x_1 + 4x_2 + 3x_3 + 3x_4 - x_5 = b \end{cases}$$

有解? 同时在有解的情形下, 求一般解.

解 增广矩阵经过初等变换化为

$$\left(\begin{array}{ccccc:c} 1 & 1 & 1 & 1 & 1 & 1 \\ 3 & 2 & 1 & 1 & -3 & a \\ 0 & 1 & 2 & 2 & 6 & 3 \\ 5 & 4 & 3 & 3 & -1 & b \end{array}\right) \rightarrow \left(\begin{array}{ccccc:c} 1 & 0 & -1 & -1 & -5 & a-2 \\ 0 & 1 & 2 & 2 & 6 & 3-a \\ 0 & 0 & 0 & 0 & 0 & a \\ 0 & 0 & 0 & 0 & 0 & b-2 \end{array}\right)$$

故当 $a = 0$, $b = 2$ 时, 线性方程组有解. 且导出组的一个基础解系为 $\boldsymbol{\eta}_1 = (1, -2, 1, 0, 0)^{\mathrm{T}}$, $\boldsymbol{\eta}_2 = (1, -2, 0, 1, 0)^{\mathrm{T}}$, $\boldsymbol{\eta}_3 = (5, -6, 0, 0, 1)^{\mathrm{T}}$; $\boldsymbol{\gamma}_0 = (-2, 3, 0, 0, 0)^{\mathrm{T}}$ 为原方程组的一个特解. 所以方程组的通解为

$$\boldsymbol{\gamma}_0 + c_1\boldsymbol{\eta}_1 + c_2\boldsymbol{\eta}_2 + c_3\boldsymbol{\eta}_3, \quad \forall c_1, c_2, c_3 \in \mathbf{R}$$

例 1.8.5 设

$$\begin{cases} x_1 - x_2 = a_1 \\ x_2 - x_3 = a_2 \\ x_3 - x_4 = a_3 \\ x_4 - x_5 = a_4 \\ x_5 - x_1 = a_5 \end{cases}$$

证明：它有解的充分必要条件是 $\sum\limits_{i=1}^{5} a_i = 0$. 在有解的情形, 求一般解.

证　增广矩阵经过初等变换化为

$$\begin{pmatrix} 1 & -1 & 0 & 0 & 0 & a_1 \\ 0 & 1 & -1 & 0 & 0 & a_2 \\ 0 & 0 & 1 & -1 & 0 & a_3 \\ 0 & 0 & 0 & 1 & -1 & a_4 \\ -1 & 0 & 0 & 0 & 1 & a_5 \end{pmatrix} \to \begin{pmatrix} 1 & 0 & 0 & 0 & -1 & a_1+a_2+a_3+a_4 \\ 0 & 1 & 0 & 0 & -1 & a_2+a_3+a_4 \\ 0 & 0 & 1 & 0 & -1 & a_3+a_4 \\ 0 & 0 & 0 & 1 & -1 & a_4 \\ 0 & 0 & 0 & 0 & 0 & \sum\limits_{i=1}^{5} a_i \end{pmatrix}$$

从而有解的充分必要条件是 $\sum\limits_{i=1}^{5} a_i = 0$.

由行最简形即得 $\boldsymbol{\gamma}_0 = (a_1+a_2+a_3+a_4, a_2+a_3+a_4, a_3+a_4, a_4, 0)^{\mathrm{T}}$ 为一个特解, 导出组的基础解系为 $\boldsymbol{\eta} = (1,1,1,1,1)^{\mathrm{T}}$. 所以方程组的通解为

$$\boldsymbol{\gamma}_0 + c\boldsymbol{\eta}, \quad c \in \mathbf{R}$$ □

例 1.8.6　当 λ 为何值时, 线性方程组

$$\begin{cases} \lambda x_1 + x_2 + x_3 = 1 \\ x_1 + \lambda x_2 + x_3 = \lambda \\ x_1 + x_2 + \lambda x_3 = \lambda^2 \end{cases}$$

无解, 有唯一解或无穷多解? 并在有解时求其解.

解　对增广矩阵作行初等变换, 得

$$\overline{\boldsymbol{A}} = \begin{pmatrix} \lambda & 1 & 1 & 1 \\ 1 & \lambda & 1 & \lambda \\ 1 & 1 & \lambda & \lambda^2 \end{pmatrix} \to \begin{pmatrix} 1 & 1 & \lambda & \lambda^2 \\ 0 & \lambda-1 & 1-\lambda & \lambda(1-\lambda) \\ 0 & 0 & (1-\lambda)(2+\lambda) & (1-\lambda)(1+\lambda)^2 \end{pmatrix}$$

当 $\lambda = 1$ 时, $r(\boldsymbol{A}) = r(\overline{\boldsymbol{A}}) = 1 < 3$, 方程组有无穷多解; 此时一般解为

$$x = \begin{pmatrix} 1 \\ 0 \\ 0 \end{pmatrix} + c_1 \begin{pmatrix} -1 \\ 1 \\ 0 \end{pmatrix} + c_2 \begin{pmatrix} -1 \\ 0 \\ 1 \end{pmatrix}, \quad c_1, c_2 \in \mathbf{R}$$

当 $\lambda = -2$ 时, $r(\boldsymbol{A}) = 2 \neq 3 = r(\overline{\boldsymbol{A}})$, 方程组无解;
当 $\lambda \neq 1, -2$ 时, $r(\boldsymbol{A}) = r(\overline{\boldsymbol{A}}) = 3$, 方程组有唯一解, 其解为

$$x=\left(-\frac{\lambda+1}{\lambda+2},\frac{1}{\lambda+2},\frac{(\lambda+1)^2}{\lambda+2}\right)^{\mathrm{T}}$$

注 对增广矩阵施行行初等变换时, 应避免含参数 λ 的式子做分母.

例 1.8.7 设 $\boldsymbol{A}$ 是四阶实方阵, 且 $r(\boldsymbol{A})=3$. 已知 $\boldsymbol{\eta}_1,\boldsymbol{\eta}_2,\boldsymbol{\eta}_3$ 是非齐次线性方程组 $\boldsymbol{Ax}=\boldsymbol{b}$ 的三个解向量, 且

$$\boldsymbol{\eta}_1+\boldsymbol{\eta}_2+\boldsymbol{\eta}_3=\begin{pmatrix}3\\0\\6\\3\end{pmatrix},\qquad \boldsymbol{\eta}_2+2\boldsymbol{\eta}_3=\begin{pmatrix}1\\2\\3\\4\end{pmatrix}$$

求 $\boldsymbol{Ax}=\boldsymbol{b}$ 的通解.

解 因为 $\boldsymbol{\eta}_1,\boldsymbol{\eta}_3$ 为 $\boldsymbol{Ax}=\boldsymbol{b}$ 的解, 所以

$$\boldsymbol{\eta}_1-\boldsymbol{\eta}_3=(\boldsymbol{\eta}_1+\boldsymbol{\eta}_2+\boldsymbol{\eta}_3)-(\boldsymbol{\eta}_2+2\boldsymbol{\eta}_3)=\begin{pmatrix}2\\-2\\3\\-1\end{pmatrix}$$

是导出组 $\boldsymbol{Ax}=\boldsymbol{0}$ 的非零解. 又因为 $r(\boldsymbol{A})=3$, 所以 $\boldsymbol{Ax}=\boldsymbol{0}$ 的解空间的维数为 $4-r(\boldsymbol{A})=4-3=1$. 因此 $\boldsymbol{\eta}_1-\boldsymbol{\eta}_3$ 是导出组 $\boldsymbol{Ax}=\boldsymbol{0}$ 的一个基础解系.

由于

$$\boldsymbol{A}(\boldsymbol{\eta}_1+\boldsymbol{\eta}_2+\boldsymbol{\eta}_3)=\boldsymbol{A\eta}_1+\boldsymbol{A\eta}_2+\boldsymbol{A\eta}_3=\boldsymbol{b}+\boldsymbol{b}+\boldsymbol{b}=3\boldsymbol{b}$$

所以

$$\boldsymbol{A}\left(\frac{\boldsymbol{\eta}_1+\boldsymbol{\eta}_2+\boldsymbol{\eta}_3}{3}\right)=\boldsymbol{b}$$

即 $\frac{1}{3}(\boldsymbol{\eta}_1+\boldsymbol{\eta}_2+\boldsymbol{\eta}_3)=\begin{pmatrix}1\\0\\2\\1\end{pmatrix}$ 是 $\boldsymbol{Ax}=\boldsymbol{b}$ 的一个特解. 所以方程组 $\boldsymbol{Ax}=\boldsymbol{b}$ 的通解为

$$\begin{pmatrix}1\\0\\2\\1\end{pmatrix}+c\begin{pmatrix}2\\-2\\3\\-1\end{pmatrix},\quad c\in\mathbf{R}$$

拓展阅读：LU 分解

图灵 (Turing, 1912—1954) 英国数学家、逻辑学家，他是人工智能研究领域的奠基人之一. 尽管矩阵 $\boldsymbol{LU}$ 分解的思想早就为人所知, 但 1948 年图灵在这个问题上做了大量的工作, 使 $\boldsymbol{LU}$ 分解算法得到广泛的应用, 目前已成为许多计算机算法的基础.

高斯消元法或高斯–若尔当消元法是求解小规模线性方程组的有效方法. 当线性方程组的规模非常大时, 由于计算机的舍入误差、内存使用及运算速度等限制, 上述消元法求解线性方程组非常不方便. 下面介绍用于求解含 n 个未知数、n 个方程的线性方程组的一种新方法, 其核心思想是将其系数矩阵分解为上、下三角矩阵的乘积, 称为矩阵的 $\boldsymbol{LU}$ 分解.

设线性方程组为 $\boldsymbol{Ax}=\boldsymbol{b}$, 假设

$$\boldsymbol{A}=\boldsymbol{LU}$$

式中：$\boldsymbol{L}$ 是下三角矩阵 (即对角元以上的元素都为 $\mathbf{0}$ 的矩阵); $\boldsymbol{U}$ 是上三角矩阵 (即对角元以下的元素都为 $\mathbf{0}$ 的矩阵), 则 $\boldsymbol{Ax}=\boldsymbol{b}$ 可写为

$$\boldsymbol{LUx}=\boldsymbol{b}$$

令 $\boldsymbol{Ux}=\boldsymbol{y}$, 则 $\boldsymbol{Ax}=\boldsymbol{b}$ 可写成两个线性方程组

$$\boldsymbol{Ly}=\boldsymbol{b} \quad 及 \quad \boldsymbol{Ux}=\boldsymbol{y}$$

注 $\boldsymbol{L}$ 是下三角矩阵, 所以利用代入法很容易从 $\boldsymbol{Ly}=\boldsymbol{b}$ 解出 $\boldsymbol{y}$; 因为 $\boldsymbol{U}$ 是上三角矩阵, 再利用回代, 容易从 $\boldsymbol{Ux}=\boldsymbol{y}$ 解出 $\boldsymbol{x}$.

例如, 设 $\boldsymbol{A}=\begin{pmatrix} 2 & 6 & 2 \\ -3 & -8 & 0 \\ 4 & 9 & 2 \end{pmatrix}$ 有 $\boldsymbol{LU}$ 分解

$$\boldsymbol{A}=\begin{pmatrix} 2 & 0 & 0 \\ -3 & 1 & 0 \\ 4 & -3 & 7 \end{pmatrix}\begin{pmatrix} 1 & 3 & 1 \\ 0 & 1 & 3 \\ 0 & 0 & 1 \end{pmatrix}$$

则线性方程组

$$\begin{pmatrix} 2 & 6 & 2 \\ -3 & -8 & 0 \\ 4 & 9 & 2 \end{pmatrix}\begin{pmatrix} x_1 \\ x_2 \\ x_3 \end{pmatrix}=\begin{pmatrix} 2 \\ 2 \\ 3 \end{pmatrix}$$

可以写为

$$\begin{pmatrix} 2 & 0 & 0 \\ -3 & 1 & 0 \\ 4 & -3 & 7 \end{pmatrix}\begin{pmatrix} y_1 \\ y_2 \\ y_3 \end{pmatrix}=\begin{pmatrix} 2 \\ 2 \\ 3 \end{pmatrix} \tag{1.8.8}$$

$$\begin{pmatrix} 1 & 3 & 1 \\ 0 & 1 & 3 \\ 0 & 0 & 1 \end{pmatrix}\begin{pmatrix} x_1 \\ x_2 \\ x_3 \end{pmatrix}=\begin{pmatrix} y_1 \\ y_2 \\ y_3 \end{pmatrix} \tag{1.8.9}$$

线性方程组 (1.8.8) 等价于

$$\begin{cases} 2y_1 = 2 \\ -3y_1 + y_2 = 2 \\ 4y_1 - 3y_2 + 7y_3 = 3 \end{cases}$$

利用代入法可直接解出

$$y_1 = 1, \quad y_2 = 5, \quad y_3 = 2$$

代入式 (1.8.9), 可解出

$$x_1 = 2, \quad x_2 = -1, \quad x_3 = 2$$

那么如何求矩阵 $\boldsymbol{A}$ 的 $\boldsymbol{LU}$ 分解呢? 我们有如下定理:

定理 1.8.3 若 n 阶方阵 $\boldsymbol{A}$ 只经过倍法变换 $\boldsymbol{P}_i(k)$ 和消法变换 $\boldsymbol{P}_{ij}(k)(i>j)$ 化为行阶梯形矩阵 $\boldsymbol{U}$, 则 $\boldsymbol{A}$ 有 $\boldsymbol{LU}$ 分解 $\boldsymbol{A}=\boldsymbol{LU}$, 其中 $\boldsymbol{L}$ 是下三角矩阵.

证 设

$$\boldsymbol{P}_s \cdots \boldsymbol{P}_2\boldsymbol{P}_1\boldsymbol{A} = \boldsymbol{U}$$

其中 $\boldsymbol{P}_i$ 是题设要求的倍法矩阵或消法矩阵, $\boldsymbol{U}$ 是行阶梯形矩阵. 令

$$\boldsymbol{P} = \boldsymbol{P}_s \cdots \boldsymbol{P}_2\boldsymbol{P}_1, \qquad \boldsymbol{L} = \boldsymbol{P}^{-1}$$

则 $\boldsymbol{P}$ 与 $\boldsymbol{L}$ 都是下三角矩阵, 且 $\boldsymbol{A}=\boldsymbol{LU}$. □

设 $\boldsymbol{A}$ 是 n 阶方阵, 则 $\boldsymbol{A}$ 的第 $1,2,\cdots,k$ 行与第 $1,2,\cdots,k$ 列交叉位置的元素排成的 k 阶行列式称为 $\boldsymbol{A}$ 的 k 阶顺序主子式, 记作 $\boldsymbol{A}(1,2,\cdots,k)$. 则有如下更一般的定理 (略去证明).

定理 1.8.4 设 $\boldsymbol{A}$ 是 n 阶方阵, $r(\boldsymbol{A})=r$. 若

$$\boldsymbol{A}(1,2,\cdots,k) \neq 0 \quad (k=1,2,\cdots,r)$$

则 $\boldsymbol{A}=\mathbf{LU}$, 其中 $\boldsymbol{L}$ 是下三角矩阵, $\boldsymbol{U}$ 是上三角矩阵.

由定理 1.8.3 的证明过程可以得到用初等变换法求 $\boldsymbol{LU}$ 分解的方法:

$$\begin{pmatrix} \boldsymbol{A} & \boldsymbol{E} \\ & \boldsymbol{E} \end{pmatrix} \xrightarrow{\text{前 } n \text{ 行倍法、消法变换}} \begin{pmatrix} \boldsymbol{U} & \boldsymbol{P} \\ & \boldsymbol{E} \end{pmatrix} \xrightarrow[\text{后 } n \text{ 列初等列变换}]{} \begin{pmatrix} \boldsymbol{U} & \boldsymbol{E} \\ & \boldsymbol{L} \end{pmatrix}$$

如果 $\boldsymbol{A}$ 不满足定理 1.8.3 的条件, 那么在实际应用中我们往往对 $\boldsymbol{A}$ 作“预调整”, 对 $\boldsymbol{A}$ 预先作一系列的行换法变换, 即左乘

$$\boldsymbol{Q} = \boldsymbol{Q}_t \cdots \boldsymbol{Q}_2\boldsymbol{Q}_1, \quad (\boldsymbol{Q}_i\text{是换法矩阵}, i=1,2,\cdots,s)$$

使得 $\boldsymbol{QA}$ 满足定理 1.8.3 的条件, 从而

$$\boldsymbol{QA} = \boldsymbol{LU}$$

注意: $\boldsymbol{Q}$ 是置换矩阵, 从而可逆, 因此左乘 $\boldsymbol{Q}$ 不改变线性方程组 $\boldsymbol{Ax} = \boldsymbol{b}$ 的解. 所以求解 $\boldsymbol{Ax} = \boldsymbol{b}$ 相当于求解 $\boldsymbol{QAx} = \boldsymbol{Q}\boldsymbol{b}$ 或 $\boldsymbol{LUx} = \boldsymbol{Qb}$.

注　定理 1.8.3 的证明及定理 1.8.4 后面的说明, 用到了第 2 章 2.8 节的知识.

习　题　1.8

(A)

1. 求下列线性方程组的通解.

(1) $\begin{cases} 2x_1 - 3x_2 - 2x_3 + x_4 = 0, \\ 3x_1 - 5x_2 + 4x_3 - 2x_4 = 0, \\ 8x_1 + 7x_2 + 6x_3 - 3x_4 = 0; \end{cases}$　　(2) $\begin{cases} x_1 + 2x_2 - 3x_3 - 4x_4 = -5, \\ 3x_1 - x_2 + 5x_3 + 6x_4 = -1, \\ -5x_1 - 3x_2 + x_3 + 2x_4 = 11, \\ -9x_1 - 4x_2 - x_3 = 17. \end{cases}$

2. 已知 $\boldsymbol{x} = (1, -1, 1, -1)^{\mathrm{T}}$ 是线性方程组

$$\begin{cases} x_1 + \lambda x_2 + \mu x_3 + x_4 = 0 \\ 2x_1 + x_2 + x_3 + 2x_4 = 0 \\ 3x_1 + (2+\lambda)x_2 + (4+\mu)x_3 + 4x_4 = 1 \end{cases}$$

的一个解. 试求该方程组的全部解.

3. 设线性方程组 $\begin{cases} x_1 + x_2 + x_3 = 0, \\ x_1 + 2x_2 + ax_3 = 0, \\ x_1 + 4x_2 + a^2x_3 = 0, \end{cases}$ 与方程 $x_1 + 2x_2 + x_3 = a - 1$ 有公共解, 求 a 的值及所有公共解.

(B)

4. 设 $\boldsymbol{A} = (\boldsymbol{\alpha}_1, \boldsymbol{\alpha}_2, \boldsymbol{\alpha}_3)$ 为三阶方阵, 若 $\boldsymbol{\alpha}_1, \boldsymbol{\alpha}_2$ 线性无关, 且 $\boldsymbol{\alpha}_3 = -\boldsymbol{\alpha}_1 + 2\boldsymbol{\alpha}_2$, 求线性方程组 $\boldsymbol{Ax} = \boldsymbol{0}$ 的通解.

5. 设 $\boldsymbol{A} = (\boldsymbol{\alpha}_1, \boldsymbol{\alpha}_2, \boldsymbol{\alpha}_3, \boldsymbol{\alpha}_4)$, $\boldsymbol{\alpha}_2, \boldsymbol{\alpha}_3, \boldsymbol{\alpha}_4$ 线性无关, $\boldsymbol{\alpha}_1 = 2\boldsymbol{\alpha}_2 - \boldsymbol{\alpha}_3$, $\boldsymbol{\beta} = \boldsymbol{\alpha}_1 + \boldsymbol{\alpha}_2 + \boldsymbol{\alpha}_3 + \boldsymbol{\alpha}_4$. 求 $\boldsymbol{Ax} = \boldsymbol{\beta}$ 的通解.

6. 设 $\boldsymbol{A}$ 是四阶方阵, $r(\boldsymbol{A}) = 3$. $\boldsymbol{\eta}_1, \boldsymbol{\eta}_2, \boldsymbol{\eta}_3$ 是 $\boldsymbol{Ax} = \boldsymbol{\beta}$ 的三个解, 且

$$\boldsymbol{\eta}_1 = \begin{pmatrix} 2 \\ 3 \\ 4 \\ 5 \end{pmatrix}, \quad \boldsymbol{\eta}_2 + \boldsymbol{\eta}_3 = \begin{pmatrix} 1 \\ 2 \\ 3 \\ 4 \end{pmatrix}$$

求 $\boldsymbol{Ax} = \boldsymbol{\beta}$ 的通解.

7. 设 $\boldsymbol{A}$ 是 $m \times n$ 实矩阵. 证明:

(1) $\boldsymbol{Ax}=\mathbf{0}$ 与 $\boldsymbol{A}^{\mathrm{T}}\boldsymbol{Ax}=\mathbf{0}$ 是同解线性方程组;

(2) $r(\boldsymbol{A}^{\mathrm{T}}\boldsymbol{A})=r(\boldsymbol{AA}^{\mathrm{T}})=r(\boldsymbol{A})$.

8. 已知平面上三条不同直线的方程分别为

$$\begin{aligned} l_1: &\quad ax+2by+3c=0 \\ l_2: &\quad bx+2cy+3a=0 \\ l_3: &\quad cx+2ay+3b=0 \end{aligned}$$

证明这三条直线交于一点的充要条件是 $a+b+c=0$.

(C)

9. 设三个平面的位置关系如图题 1.8.1.

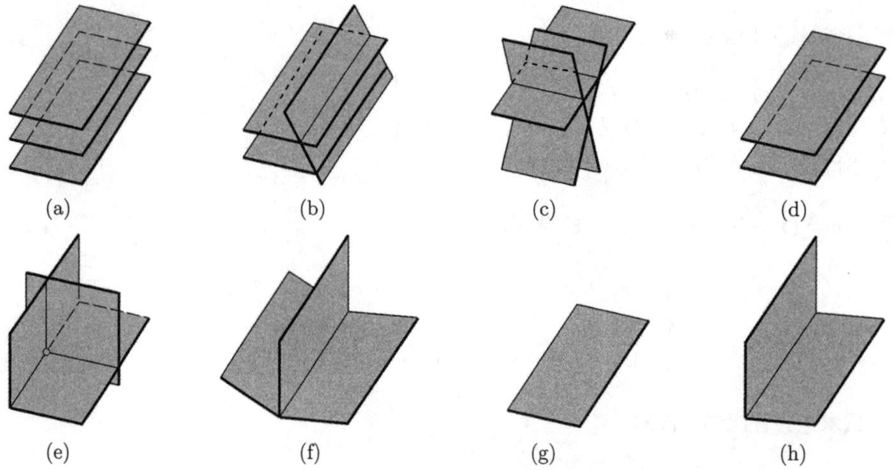

图题 1.8.1

其中图题 1.8.1(d)(h) 都有 2 个平面重合, 图题 1.8.1(c) 平面的交线两两平行, 图题 1.8.1(g) 3 个平面重合. 它们的方程分别为

$$a_{i1}x+a_{i2}y+a_{i3}z=d_i \quad (i=1,2,3)$$

对每种情形试计算线性方程组

$$\begin{cases} a_{11}x_1+a_{12}x_2+a_{13}x_3=d_1 \\ a_{21}x_1+a_{22}x_2+a_{23}x_3=d_2 \\ a_{31}x_1+a_{32}x_2+a_{33}x_3=d_3 \end{cases}$$

的系数矩阵与增广矩阵的秩, 并由此讨论解的情况.

10. 设 $\boldsymbol{\alpha}_1,\boldsymbol{\alpha}_2,\cdots,\boldsymbol{\alpha}_s$ 为线性方程组 $\boldsymbol{Ax}=\mathbf{0}$ 的一个基础解系

$$\boldsymbol{\beta}_1=t_1\boldsymbol{\alpha}_1+t_2\boldsymbol{\alpha}_2,\boldsymbol{\beta}_2=t_1\boldsymbol{\alpha}_2+t_2\boldsymbol{\alpha}_3,\cdots,\boldsymbol{\beta}_s=t_1\boldsymbol{\alpha}_s+t_2\boldsymbol{\alpha}_1 \quad (t_1,t_2\in\mathbf{R})$$

试问 t_1,t_2 满足什么条件时, $\boldsymbol{\beta}_1,\boldsymbol{\beta}_2,\cdots,\boldsymbol{\beta}_s$ 也是 $\boldsymbol{Ax}=\mathbf{0}$ 的一个基础解系?

1.9 正 交 性

注意到平面 $\mathbf{R}^2$ 的标准基 $\boldsymbol{e}_1, \boldsymbol{e}_2$ 是相互正交 (或垂直) 的, 如何刻画向量的这种正交关系呢? 在解析几何中, 向量 $\boldsymbol{\alpha} = \begin{pmatrix} a \\ b \end{pmatrix}$ 与 $\boldsymbol{\beta} = \begin{pmatrix} c \\ d \end{pmatrix}$ 的长度与夹角可以通过两个向量的点积 (或数量积)

$$\boldsymbol{\alpha} \cdot \boldsymbol{\beta} = \|\boldsymbol{\alpha}\| \, \|\boldsymbol{\beta}\| \cos\theta \quad (\theta \text{ 为 } \boldsymbol{\alpha} \text{ 与 } \boldsymbol{\beta} \text{ 的夹角})$$

来表示, 且在直角坐标系中, 有

$$\boldsymbol{\alpha} \cdot \boldsymbol{\beta} = ac + bd$$

点积的概念可以推广到 $\mathbf{R}^n$ 中, 常称为内积.

定义 1.9.1 n 维向量 $\boldsymbol{\alpha} = \begin{pmatrix} a_1 \\ a_2 \\ \vdots \\ a_n \end{pmatrix}$ 与 $\boldsymbol{\beta} = \begin{pmatrix} b_1 \\ b_2 \\ \vdots \\ b_n \end{pmatrix}$ 的内积定义为

$$(\boldsymbol{\alpha}, \boldsymbol{\beta}) = a_1 b_1 + a_2 b_2 + \cdots + a_n b_n$$

注 $\boldsymbol{\alpha}$ 与 $\boldsymbol{\beta}$ 的内积 $(\boldsymbol{\alpha}, \boldsymbol{\beta})$ 有时也记作 $[\boldsymbol{\alpha}, \boldsymbol{\beta}]$, $\langle \boldsymbol{\alpha}, \boldsymbol{\beta} \rangle$ 或 $\boldsymbol{\alpha} \cdot \boldsymbol{\beta}$.

设 $\boldsymbol{\alpha}, \boldsymbol{\beta}, \boldsymbol{\gamma} \in \mathbf{R}^n$, 则内积满足以下运算性质:

(1) $(\boldsymbol{\alpha}, \boldsymbol{\beta}) = (\boldsymbol{\beta}, \boldsymbol{\alpha})$;

(2) $(\boldsymbol{\alpha} + \boldsymbol{\beta}, \boldsymbol{\gamma}) = (\boldsymbol{\alpha}, \boldsymbol{\gamma}) + (\boldsymbol{\beta}, \boldsymbol{\gamma})$;

(3) $(k\boldsymbol{\alpha}, \boldsymbol{\beta}) = k(\boldsymbol{\alpha}, \boldsymbol{\beta})$ $(\forall k \in \mathbf{R})$;

(4) $(\boldsymbol{\alpha}, \boldsymbol{\alpha}) \geqslant 0$. 当且仅当 $\boldsymbol{\alpha} = \mathbf{0}$ 时 $(\boldsymbol{\alpha}, \boldsymbol{\alpha}) = 0$.

当赋予向量实际意义时, 向量的内积也有相应的实际意义.

例 1.9.1 设 $\boldsymbol{c} = (c_1, c_2, \cdots, c_n)^{\mathrm{T}}$ 为表示现金流的 n 维向量, c_i 为第 i 期收到的现金 (当 $c_i > 0$ 时). 设 n 维向量

$$\boldsymbol{d} = \left(1, \frac{1}{1+r}, \cdots, \frac{1}{(1+r)^{n-1}}\right)^{\mathrm{T}}$$

式中: $r \geqslant 0$ 表示利率. 那么

$$(\boldsymbol{c}, \boldsymbol{d}) = c_1 + c_2 \frac{1}{1+r} + \cdots + c_n \frac{1}{(1+r)^{n-1}}$$

表示现金流的贴现总额, 即净现值.

例 1.9.2 假设 $\boldsymbol{r} = (r_1, r_2, \cdots, r_n)^{\mathrm{T}}$ 是一段时间内 n 项资产 (部分) 收益的向量, 即资产相对价格改变

$$r_i = \frac{p_i^{\text{final}} - p_i^{\text{initial}}}{p_i^{\text{initial}}} \quad (i = 1, 2, \cdots, n)$$

式中: p_i^{initial} 和 p_i^{final} 是资产 i 在初始与最终时的价格. 如果 n 维向量 $\boldsymbol{h}=(h_1,h_2,\cdots,h_n)^{\mathrm{T}}$ 表示一个投资组合向量, h_i 表示所持有的资产 i 的美元价值, 那么内积 $(\boldsymbol{r},\boldsymbol{h})$ 是投资组合在这段时间内的总回报, 单位为美元. 如果 $\boldsymbol{w}$ 代表投资组合的部分 (美元) 持有量, 则 $(\boldsymbol{r},\boldsymbol{w})$ 表示投资组合的总回报. 例如, 如果 $(\boldsymbol{r},\boldsymbol{w})=0.09$, 那么投资组合回报率为 9%. 如果当初投资 10 000 美元, 那么我们就能赚 900 美元.

定义 1.9.2 设 $\boldsymbol{\alpha}\in\mathbf{R}^n$. 则 $\|\boldsymbol{\alpha}\|=\sqrt{(\boldsymbol{\alpha},\boldsymbol{\alpha})}$ 称为向量 $\boldsymbol{\alpha}$ 的**长度**.

长度为 1 的向量称为单位向量. 对任意的非零向量 $\boldsymbol{\alpha}$, 易见 $\dfrac{\boldsymbol{\alpha}}{\|\boldsymbol{\alpha}\|}$ 是单位向量. 将 $\boldsymbol{\alpha}$ 化为 $\dfrac{\boldsymbol{\alpha}}{\|\boldsymbol{\alpha}\|}$ 的过程称为向量的单位化.

由柯西 (Cauchy) 不等式

$$(a_1b_1+a_2b_2+\cdots+a_nb_n)^2\leqslant(a_1^2+a_2^2+\cdots+a_n^2)(b_1^2+b_2^2+\cdots+b_n^2)$$

可知, $(\boldsymbol{\alpha},\boldsymbol{\beta})^2\leqslant(\boldsymbol{\alpha},\boldsymbol{\alpha})(\boldsymbol{\beta},\boldsymbol{\beta})$, 称为柯西–施瓦茨 (Cauchy-Schwarz) 不等式. 于是有

$$-1\leqslant\frac{(\boldsymbol{\alpha},\boldsymbol{\beta})}{\|\boldsymbol{\alpha}\|\cdot\|\boldsymbol{\beta}\|}\leqslant 1$$

从而可以有如下定义.

定义 1.9.3 设 $\mathbf{0}\neq\boldsymbol{\alpha},\boldsymbol{\beta}\in\mathbf{R}^n$. 则 $\boldsymbol{\alpha},\boldsymbol{\beta}$ 的夹角 θ 由

$$\cos\theta=\frac{(\boldsymbol{\alpha},\boldsymbol{\beta})}{\|\boldsymbol{\alpha}\|\cdot\|\boldsymbol{\beta}\|}$$

所确定. 特别地, 当 $(\boldsymbol{\alpha},\boldsymbol{\beta})=0$, 即 $\theta=\dfrac{\pi}{2}$ 时, 称 $\boldsymbol{\alpha}$ 与 $\boldsymbol{\beta}$ **正交或垂直**, 记作 $\boldsymbol{\alpha}\perp\boldsymbol{\beta}$.

注 将柯西–施瓦茨不等式变形, 得 $\dfrac{(\boldsymbol{\alpha},\boldsymbol{\beta})^2}{(\boldsymbol{\beta},\boldsymbol{\beta})}\leqslant(\boldsymbol{\alpha},\boldsymbol{\alpha})$, 即

$$\frac{(\boldsymbol{\alpha},\boldsymbol{\beta})}{\|\boldsymbol{\beta}\|}\leqslant\|\boldsymbol{\alpha}\|$$

式中: $\dfrac{(\boldsymbol{\alpha},\boldsymbol{\beta})}{\|\boldsymbol{\beta}\|}$ 表示向量 $\boldsymbol{\alpha}$ 在向量 $\boldsymbol{\beta}$ 上的投影的长度. 因此, 柯西–施瓦茨不等式的几何意义是"直角三角形的直角边长不大于斜边长", 如图 1.9.1 所示.

例 1.9.3 设 $\boldsymbol{u}_1=(k,0,0)^{\mathrm{T}},\boldsymbol{u}_2=(0,k,0)^{\mathrm{T}},\boldsymbol{u}_3=(0,0,k)^{\mathrm{T}}$ 张成了一个立方体 (图 1.9.2), 向量

$$\boldsymbol{d}=(k,k,k)^{\mathrm{T}}=\boldsymbol{u}_1+\boldsymbol{u}_2+\boldsymbol{u}_3$$

是该立方体的对角线. 则 $\boldsymbol{d}$ 与 $\boldsymbol{u}_1$ 的夹角 θ 满足

$$\cos\theta=\frac{(\boldsymbol{u}_1,\boldsymbol{d})}{\|\boldsymbol{u}_1\|\,\|\boldsymbol{d}\|}=\frac{k^2}{k\cdot\sqrt{3k^2}}=\frac{1}{\sqrt{3}}$$

由此可得 $\theta=\arccos\dfrac{1}{\sqrt{3}}\approx 54.74^{\circ}$.

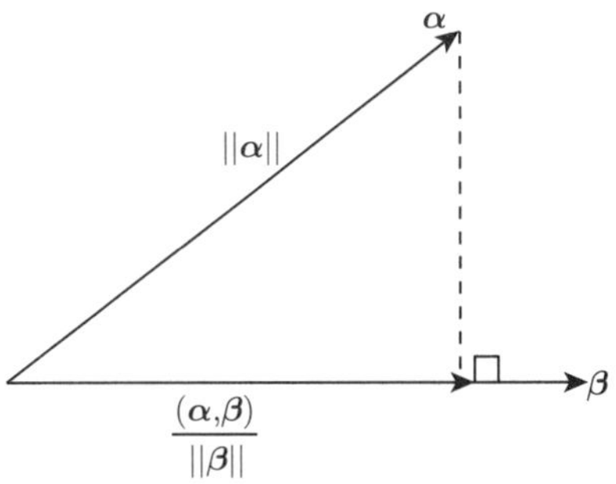

图 1.9.1

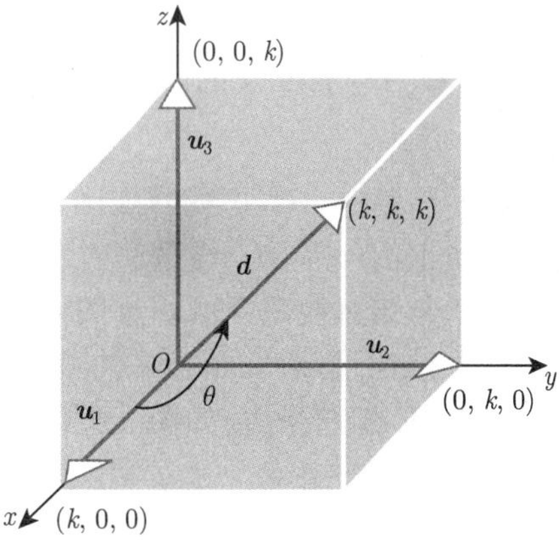

图 1.9.2

向量的夹角常作为图像相似性的度量方式. 如图 1.9.3 所示.

(a)　(b)　(c)　(d)

图 1.9.3

按照例 1.3.2 中的方法, 可以将图 1.9.3 对应到高维向量中, 如图 1.9.4 所示, 图 1.9.3(a)、(b) 对应到图 1.9.4(a) 中的向量 $\boldsymbol{\alpha}$ 与 $\boldsymbol{\beta}$ 的夹角小, 即相似程度高; 而图 1.9.3(c)、(d) 对应到图 1.9.4(b) 中的向量 $\boldsymbol{\alpha}$ 与 $\boldsymbol{\gamma}$ 夹角大, 表示相似程度低.

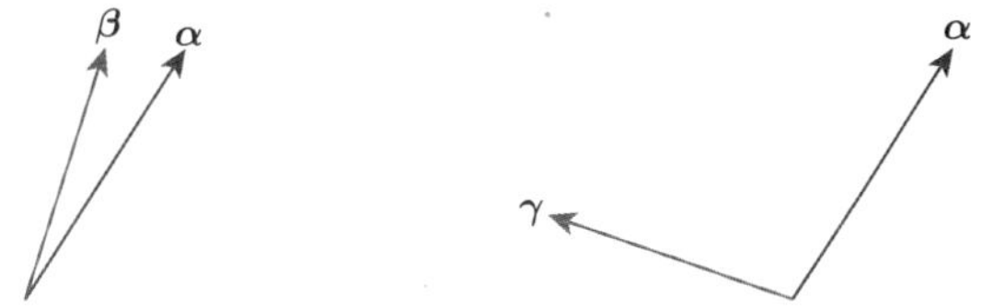

$\boldsymbol{\alpha}, \boldsymbol{\beta}$ 相似程度高　(a)

$\boldsymbol{\alpha}, \boldsymbol{\gamma}$ 相似程度低　(b)

图 1.9.4

例 1.9.4　求 $\mathbf{R}^3$ 中与 $\boldsymbol{\alpha}_1 = (1,0,1)^{\mathrm{T}}$, $\boldsymbol{\alpha}_2 = (0,1,1)^{\mathrm{T}}$ 都正交的向量.

解　设 $\boldsymbol{x} = (x_1, x_2, x_3)^{\mathrm{T}}$ 与 $\boldsymbol{\alpha}_1, \boldsymbol{\alpha}_2$ 都正交, 所以

$$\begin{cases} x_1 + x_3 = 0 \\ x_2 + x_3 = 0 \end{cases}$$

解之, 得与 $\boldsymbol{\alpha}_1,\boldsymbol{\alpha}_2$ 都正交的向量为 $\boldsymbol{k}\begin{pmatrix}-1\\-1\\1\end{pmatrix}$ $(k\in\mathbf{R})$.

在解析几何中, $\mathbf{R}^2$ 中的直线由直线上的一点 P_0 与该直线的斜率确定, $\mathbf{R}^3$ 中的平面也是由平面上的一点 P_0 与平面的倾斜度来确定. 而描述直线的斜率或平面的倾斜度的方法是利用与该直线或平面垂直的向量——法向量 $\boldsymbol{n}$. 例如, 图 1.9.5 中描述的是过点 $P_0(x_0,y_0)$、法向量 $\boldsymbol{n}=(a,b)$ 的直线, 如图 1.9.5(a) 所示, 以及过点 $P_0(x_0,y_0,z_0)$、法向量 $\boldsymbol{n}=(a,b,c)$ 的平面, 如图 1.9.5(b) 所示.

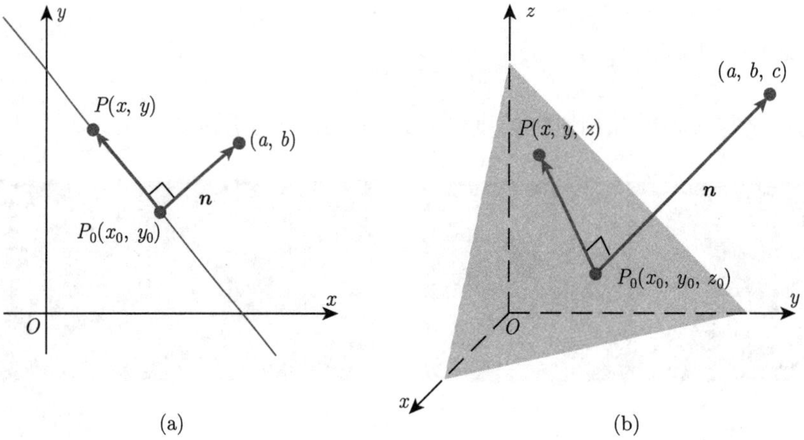

图 1.9.5

它们的方程可表示为

$$\boldsymbol{n}\cdot\boldsymbol{P}_0\boldsymbol{P}=0$$

式中：$P(x,y)$ [特别地, $P(x,y,z)$] 是直线 (特别地, 平面) 上的任意点. 向量 $\boldsymbol{P}_0\boldsymbol{P}$ 可表示为

$$\boldsymbol{P}_0\boldsymbol{P}=(x-x_0,y-y_0)\ (\text{直线}),\qquad \boldsymbol{P}_0\boldsymbol{P}=(x-x_0,y-y_0,z-z_0)\ (\text{平面})$$

故直线和平面的点法式方程分别为

$$\begin{aligned}&\text{直线:}\quad a(x-x_0)+b(y-y_0)=0\\&\text{平面:}\quad a(x-x_0)+b(y-y_0)+c(z-z_0)=0\end{aligned}$$

定义 1.9.4 设 S 是 $\mathbf{R}^n$ 的一个非空子集, 则

$$S^{\perp}=\{\boldsymbol{\alpha}\in V\mid(\boldsymbol{\alpha},\boldsymbol{x})=0,\forall\boldsymbol{x}\in S\}$$

称为 S 的**正交补**.

设齐次线性方程组

$$\begin{cases} a_{11}x_1 + a_{12}x_2 + \cdots + a_{1n}x_n = 0 \\ a_{21}x_1 + a_{22}x_2 + \cdots + a_{2n}x_n = 0 \\ \cdots\cdots \\ a_{m1}x_1 + a_{m2}x_2 + \cdots + a_{mn}x_n = 0 \end{cases} \tag{1.9.1}$$

的系数矩阵

$$\boldsymbol{A} = \begin{pmatrix} a_{11} & a_{12} & \cdots & a_{1n} \\ a_{21} & a_{22} & \cdots & a_{2n} \\ \vdots & \vdots & & \vdots \\ a_{m1} & a_{m2} & \cdots & a_{mn} \end{pmatrix}$$

记 $\boldsymbol{\gamma}_i = (a_{i1}, a_{i2} \cdots, a_{in})$ 是 $\boldsymbol{A}$ 的第 i 个行向量 $(i = 1, 2, \cdots, m)$. 令

$$\mathrm{Row}(\boldsymbol{A}) = \mathrm{span}(\boldsymbol{\gamma}_i^{\mathrm{T}}, \boldsymbol{\gamma}_2^{\mathrm{T}}, \cdots, \boldsymbol{\gamma}_m^{\mathrm{T}})$$

定理 1.9.1 齐次线性方程组 (1.9.1) 的解空间为 $\mathrm{Row}(\boldsymbol{A})^{\perp}$.

证 齐次线性方程组 (1.9.1) 等价于

$$(\boldsymbol{\gamma}_i^{\mathrm{T}}, x) = 0 \quad (i = 1, 2, \cdots, m)$$

所以方程组 (1.9.1) 的解空间为

$$\{\boldsymbol{x} \in \mathbf{R}^n \mid (\boldsymbol{\gamma}_i^{\mathrm{T}}, x) = 0, i = 1, 2, \cdots, m\} = \mathrm{Row}(\boldsymbol{A})^{\perp} \qquad \square$$

例 1.9.5 考虑 $\mathbf{R}$ 上的齐次线性方程组

$$\begin{cases} x + y = 0 \\ -2x + z = 0 \end{cases}$$

系数矩阵 $\boldsymbol{A} = \begin{pmatrix} 1 & 1 & 0 \\ -2 & 0 & 1 \end{pmatrix}$. 记 $\boldsymbol{\alpha}_1 = (1, 1, 0)^{\mathrm{T}}$, $\boldsymbol{\alpha}_2 = (-2, 0, 1)^{\mathrm{T}}$, 则 $\mathrm{Row}(\boldsymbol{A}) = \mathrm{span}(\boldsymbol{\alpha}_1, \boldsymbol{\alpha}_2)$, $\boldsymbol{\beta} \in \mathbf{R}^3$ 是方程组的解, 当且仅当 $\boldsymbol{\beta}$ 满足 $(\boldsymbol{\alpha}_1, \boldsymbol{\beta}) = 0 = (\boldsymbol{\alpha}_2, \boldsymbol{\beta})$, 当且仅当 $\boldsymbol{\beta} \in \mathrm{Row}(A)^{\perp}$.

如图 1.9.6 所示, $U = \mathrm{Row}(\boldsymbol{A})$ 表示由 $\boldsymbol{\alpha}_1, \boldsymbol{\alpha}_2$ 所在的平面 U, 而线性方程组的解空间 S 为平面 U 的正交补空间 $U^{\perp}$, 即为图中 $\boldsymbol{\beta}$ 所在直线上的所有向量. 从解析几何方面来说, 该齐次线性方程组的解即为平面 $x + y = 0$ 与平面 $-2x + z = 0$ 的交空间所形成的直线, 也就是 $\boldsymbol{\beta}$ 所在直线.

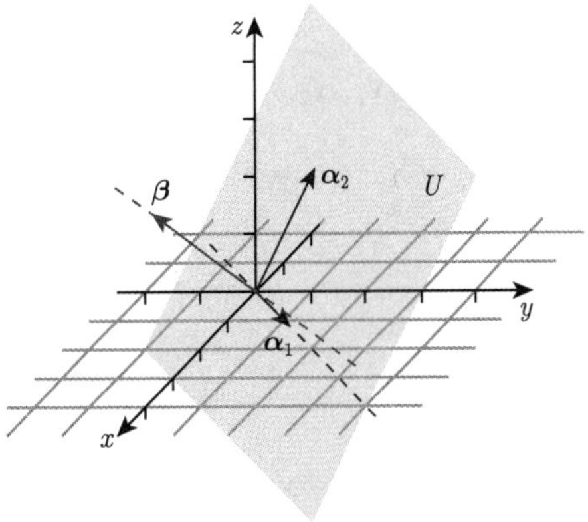

图 1.9.6

定理 1.9.1 表明齐次线性方程组 $\boldsymbol{Ax} = \boldsymbol{0}$ 的解空间与系数矩阵 $\boldsymbol{A}$ 的行空间 $\mathrm{Row}(\boldsymbol{A})$ 正交, 因此, 由 $\boldsymbol{Ax} = \boldsymbol{0}$ 的解空间可以反求系数矩阵 $\boldsymbol{A}$.

例1.9.6 求以 $\boldsymbol{\beta}_1=(2,1,0,0,0)^{\mathrm{T}},\boldsymbol{\beta}_2=(0,0,1,1,0)^{\mathrm{T}},\boldsymbol{\beta}_3=(1,0,-5,0,3)^{\mathrm{T}}$ 为基础解系的齐次线性方程组.

解 设所求的齐次线性方程组为 $\boldsymbol{Ax}=\mathbf{0}$, $\boldsymbol{B}=(\boldsymbol{\beta}_1,\boldsymbol{\beta}_2,\boldsymbol{\beta}_3)$. 则 $\boldsymbol{AB}=\boldsymbol{O}$, 所以 $\boldsymbol{B}^{\mathrm{T}}\boldsymbol{A}^{\mathrm{T}}=\boldsymbol{O}$, 即 $\boldsymbol{A}^{\mathrm{T}}$ 的列向量是齐次线性方程组 $\boldsymbol{B}^{\mathrm{T}}\boldsymbol{y}=\mathbf{0}$ 的解向量.

$$\boldsymbol{B}^{\mathrm{T}}=\begin{pmatrix}2&1&0&0&0\\0&0&1&1&0\\1&0&-5&0&3\end{pmatrix}\rightarrow\begin{pmatrix}1&0&0&5&3\\0&1&0&-10&-6\\0&0&1&1&0\end{pmatrix}$$

解得 $\boldsymbol{B}^{\mathrm{T}}\boldsymbol{y}=\mathbf{0}$ 的基础解系为

$$\boldsymbol{\alpha}_1=\begin{pmatrix}-5\\10\\-1\\1\\0\end{pmatrix},\quad \boldsymbol{\alpha}_2=\begin{pmatrix}-3\\6\\0\\0\\1\end{pmatrix}$$

令

$$\boldsymbol{A}=\begin{pmatrix}\boldsymbol{\alpha}_1^{\mathrm{T}}\\\boldsymbol{\alpha}_2^{\mathrm{T}}\end{pmatrix}=\begin{pmatrix}-5&10&-1&1&0\\-3&6&0&0&1\end{pmatrix}$$

则 $\boldsymbol{Ax}=\mathbf{0}$ 即为所求.

在解析几何中, 直角坐标系扮演着极其重要的角色. 下面所研究的标准正交基正是直角坐标系的高维推广.

定义 1.9.5 若 n 维非零向量组 $\boldsymbol{\alpha}_1,\boldsymbol{\alpha}_2,\cdots,\boldsymbol{\alpha}_m$ 两两正交, 则称为**正交向量组**; 而且, 若 $\|\boldsymbol{\alpha}_i\|=1\ (i=1,2,\cdots,m)$, 则称该向量组为**标准正交向量组**.

定理 1.9.2 非零正交向量组必线性无关.

证 设 $\boldsymbol{\alpha}_1,\boldsymbol{\alpha}_2,\cdots,\boldsymbol{\alpha}_m$ 是正交向量组, 且

$$k_1\boldsymbol{\alpha}_1+k_2\boldsymbol{\alpha}_2+\cdots+k_m\boldsymbol{\alpha}_m=0$$

对 $i=1,2,\cdots,m$, 用 $\boldsymbol{\alpha}_i$ 与上式作内积, 可得

$$k_i(\boldsymbol{\alpha}_i,\boldsymbol{\alpha}_i)=0$$

由 $\boldsymbol{\alpha}_i\neq\mathbf{0}$ 知 $(\boldsymbol{\alpha}_i,\boldsymbol{\alpha}_i)\neq0$, 所以 $k_i=0\ (i=1,2,\cdots,m)$. 即 $\boldsymbol{\alpha}_1,\boldsymbol{\alpha}_2,\cdots,\boldsymbol{\alpha}_m$ 线性无关. □

定义 1.9.6 在 n 维向量空间 $\mathbf{R}^n$ 中, 由 n 个向量组成的正交向量组称为**正交基**, 由 n 个单位向量组成的正交向量组称为**标准正交基**.

例1.9.7 标准单位向量组 $\boldsymbol{e}_1,\boldsymbol{e}_2,\cdots,\boldsymbol{e}_n$ 显然是 $\mathbf{R}^n$ 的一个标准正交基. 而 $\boldsymbol{e}_1,2\boldsymbol{e}_2,\cdots,$

$n\boldsymbol{e}_n$ 是正交基, 但不是标准正交基.

$$\boldsymbol{\beta}_1=\begin{pmatrix}1\\0\\0\\\vdots\\0\end{pmatrix},\quad \boldsymbol{\beta}_2=\begin{pmatrix}1\\1\\0\\\vdots\\0\end{pmatrix},\quad \cdots,\quad \boldsymbol{\beta}_n=\begin{pmatrix}1\\1\\1\\\vdots\\1\end{pmatrix}$$

则是 $\mathbf{R}^n$ 的一组基, 但既不是正交基, 也不是标准正交基.

如何构造 $\mathbf{R}^n$ 的线性子空间 V 的标准正交基呢? 设 $\boldsymbol{\alpha}_1,\boldsymbol{\alpha}_2,\cdots,\boldsymbol{\alpha}_r$ 是 V 的一组基, 需要找 V 中一组两两正交的单位向量 $\boldsymbol{\varepsilon}_1,\boldsymbol{\varepsilon}_2,\cdots,\boldsymbol{\varepsilon}_r$, 使得 $\boldsymbol{\varepsilon}_1,\boldsymbol{\varepsilon}_2,\cdots,\boldsymbol{\varepsilon}_r$ 与 $\boldsymbol{\alpha}_1,\boldsymbol{\alpha}_2,\cdots,\boldsymbol{\alpha}_r$ 等价即可.

我们首先可通过下面的施密特 (Schmidt) 正交化过程, 将线性无关组 $\boldsymbol{\alpha}_1,\boldsymbol{\alpha}_2,\cdots,\boldsymbol{\alpha}_r$ 正交化, 令

$$\begin{cases}\boldsymbol{\beta}_1=\boldsymbol{\alpha}_1\\ \boldsymbol{\beta}_2=\boldsymbol{\alpha}_2-\dfrac{(\boldsymbol{\alpha}_2,\boldsymbol{\beta}_1)}{(\boldsymbol{\beta}_1,\boldsymbol{\beta}_1)}\boldsymbol{\beta}_1\\ \cdots\cdots\\ \boldsymbol{\beta}_r=\boldsymbol{\alpha}_r-\dfrac{(\boldsymbol{\alpha}_r,\boldsymbol{\beta}_1)}{(\boldsymbol{\beta}_1,\boldsymbol{\beta}_1)}\boldsymbol{\beta}_1-\dfrac{(\boldsymbol{\alpha}_r,\boldsymbol{\beta}_2)}{(\boldsymbol{\beta}_2,\boldsymbol{\beta}_2)}\boldsymbol{\beta}_2-\cdots-\dfrac{(\boldsymbol{\alpha}_r,\boldsymbol{\beta}_{r-1})}{(\boldsymbol{\beta}_{r-1},\boldsymbol{\beta}_{r-1})}\boldsymbol{\beta}_{r-1}\end{cases}\tag{1.9.2}$$

易验证 $\boldsymbol{\beta}_1,\boldsymbol{\beta}_2,\cdots,\boldsymbol{\beta}_r$ 两两正交, 且 $\boldsymbol{\beta}_1,\boldsymbol{\beta}_2,\cdots,\boldsymbol{\beta}_r$ 与 $\boldsymbol{\alpha}_1,\boldsymbol{\alpha}_2,\cdots,\boldsymbol{\alpha}_r$ 等价.

再单位化, 令

$$\boldsymbol{\varepsilon}_1=\frac{\boldsymbol{\beta}_1}{\|\boldsymbol{\beta}_1\|},\boldsymbol{\varepsilon}_2=\frac{\boldsymbol{\beta}_2}{\|\boldsymbol{\beta}_2\|},\cdots,\boldsymbol{\varepsilon}_r=\frac{\boldsymbol{\beta}_r}{\|\boldsymbol{\beta}_r\|}$$

则 $\boldsymbol{\varepsilon}_1,\boldsymbol{\varepsilon}_2,\cdots,\boldsymbol{\varepsilon}_r$ 是 V 的一组标准正交基.

注 公式 (1.9.2) 称为施密特正交化过程, 它有着明确的几何意义. 例如, 设 $\boldsymbol{\alpha}_1,\boldsymbol{\alpha}_2\in\mathbf{R}^2$ 线性无关, 则 $\boldsymbol{\beta}_1=\boldsymbol{\alpha}_1$, $\boldsymbol{\beta}_2$ 是向量 $\boldsymbol{\alpha}_2$ 与其在 $\boldsymbol{\beta}_1=\boldsymbol{\alpha}_1$ 上的投影向量 $\dfrac{(\boldsymbol{\alpha}_2,\boldsymbol{\beta}_1)}{(\boldsymbol{\beta}_1,\boldsymbol{\beta}_1)}\boldsymbol{\beta}_1$ 之差, 即施密特正交化过程如图 1.9.7 所示.

同理, 在 $\mathbf{R}^3$ 中, 设 $\boldsymbol{\alpha}_1,\boldsymbol{\alpha}_2,\boldsymbol{\alpha}_3$ 线性无关, 则 $\boldsymbol{\beta}_1=\boldsymbol{\alpha}_1$, $\boldsymbol{\beta}_2$ 为 $\boldsymbol{\alpha}_2$ 减去其在 $\boldsymbol{\alpha}_1$ 方向上的投影向量 $\boldsymbol{\gamma}_2$ 得到的向量, 而向量 $\boldsymbol{\beta}_3$ 为 $\boldsymbol{\alpha}_3$ 减去其在 $\boldsymbol{\beta}_1,\boldsymbol{\beta}_2$ 所确定的平面上的投影, 即在 $\boldsymbol{\beta}_1$ 方向上的投影向量 $\boldsymbol{\gamma}_{32}$ 与在 $\boldsymbol{\beta}_2$ 方向上的投影向量 $\boldsymbol{\gamma}_{31}$ 之和, 则 $\boldsymbol{\beta}_1,\boldsymbol{\beta}_2,\boldsymbol{\beta}_3$ 为正交向量组. 如图 1.9.8 所示.

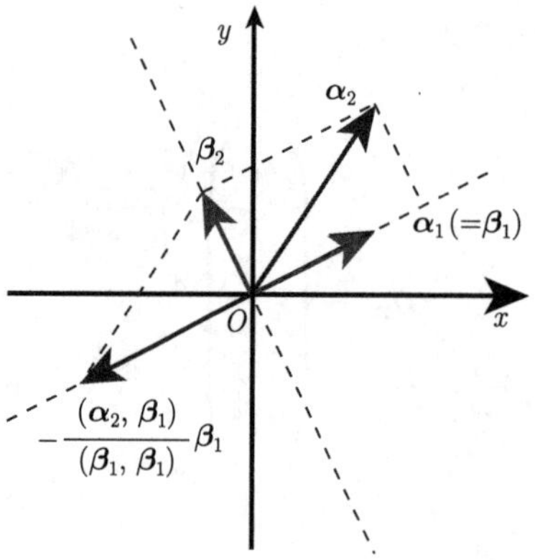

图 1.9.7

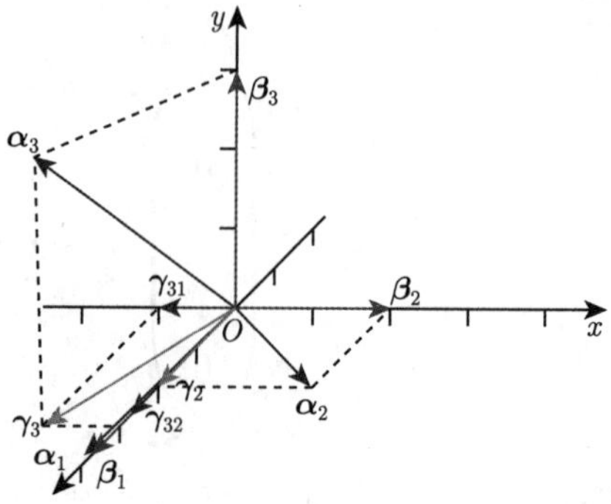

图 1.9.8

例 1.9.8 将向量组

$$\boldsymbol{\alpha}_1 = \begin{pmatrix} 1 \\ 1 \\ 1 \\ 1 \end{pmatrix}, \quad \boldsymbol{\alpha}_2 = \begin{pmatrix} 1 \\ -2 \\ -3 \\ -4 \end{pmatrix}, \quad \boldsymbol{\alpha}_3 = \begin{pmatrix} 1 \\ 2 \\ 2 \\ 3 \end{pmatrix}$$

标准正交化.

解 利用施密特正交化过程, 正交化, 得

$$\begin{aligned}
\boldsymbol{\beta}_1 &= \boldsymbol{\alpha}_1 \\
\boldsymbol{\beta}_2 &= \boldsymbol{\alpha}_2 - \frac{(\boldsymbol{\alpha}_2, \boldsymbol{\beta}_1)}{(\boldsymbol{\beta}_1, \boldsymbol{\beta}_1)}\boldsymbol{\beta}_1 = (3, 0, -1, -2)^{\mathrm{T}} \\
\boldsymbol{\beta}_3 &= \boldsymbol{\alpha}_3 - \frac{(\boldsymbol{\alpha}_3, \boldsymbol{\beta}_1)}{(\boldsymbol{\beta}_1, \boldsymbol{\beta}_1)}\boldsymbol{\beta}_1 - \frac{(\boldsymbol{\alpha}_3, \boldsymbol{\beta}_2)}{(\boldsymbol{\beta}_2, \boldsymbol{\beta}_2)}\boldsymbol{\beta}_2 = \frac{1}{14}(1, 0, -5, 4)^{\mathrm{T}}
\end{aligned}$$

单位化, 得

$$\begin{aligned}
\boldsymbol{\gamma}_1 &= \frac{\boldsymbol{\beta}_1}{\|\boldsymbol{\beta}_1\|} = \left(\frac{1}{2}, \frac{1}{2}, \frac{1}{2}, \frac{1}{2}\right)^{\mathrm{T}} \\
\boldsymbol{\gamma}_2 &= \frac{\boldsymbol{\beta}_2}{\|\boldsymbol{\beta}_2\|} = \left(\frac{3}{\sqrt{14}}, 0, \frac{-1}{\sqrt{14}}, -\frac{2}{\sqrt{14}}\right)^{\mathrm{T}} \\
\boldsymbol{\gamma}_3 &= \frac{\boldsymbol{\beta}_3}{\|\boldsymbol{\beta}_3\|} = \left(\frac{1}{\sqrt{42}}, 0, -\frac{5}{\sqrt{42}}, \frac{4}{\sqrt{42}}\right)^{\mathrm{T}}
\end{aligned}$$

例 1.9.9 求向量 $\boldsymbol{x} = \begin{pmatrix} 0 \\ 3 \end{pmatrix}$ 关于 $\mathbf{R}^2$ 的基 $\boldsymbol{\mathcal{B}} = \left\{ \boldsymbol{u}_1 = \begin{pmatrix} 1 \\ 2 \end{pmatrix}, \boldsymbol{u}_2 = \begin{pmatrix} -4 \\ 2 \end{pmatrix} \right\}$ 的坐标, 如图 1.9.9 所示.

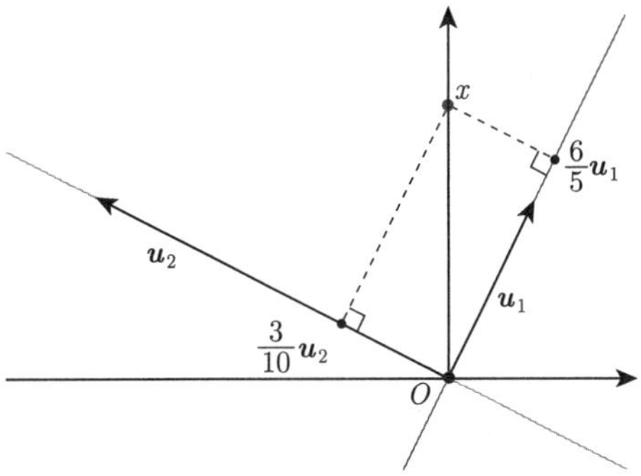

图 1.9.9

解 因为 $(\boldsymbol{u}_1, \boldsymbol{u}_2) = 0$, 且

$$\frac{(\boldsymbol{x}, \boldsymbol{u}_1)}{(\boldsymbol{u}_1, \boldsymbol{u}_1)} = \frac{6}{5}, \qquad \frac{(\boldsymbol{x}, \boldsymbol{u}_2)}{(\boldsymbol{u}_2, \boldsymbol{u}_2)} = \frac{3}{10}$$

所以

$$[\boldsymbol{x}]_{\mathcal{B}} = \begin{pmatrix} \frac{6}{5} \\ \frac{3}{10} \end{pmatrix}$$ □

拓展阅读: $\boldsymbol{A}$ 的行空间、列空间与零空间

一个很自然的问题是: 向量空间 $\mathbf{R}^n$ 能否分解成它的有限个子空间的并? 遗憾的是这一般不成立. 但 $\mathbf{R}^n$ 可以写成它的有限个子空间的和. 例如, 三维空间 $\mathbf{R}^3$ 可以写成二维子空间 xOy 平面与一维子空间 z 轴的和. 将高维空间分解成有限个低维空间的和是研究线性空间的基本方法.

定义 1.9.7 若 V_1, V_2 是线性空间 $\mathbf{R}^n$ 的两个子空间, 则子集

$$V_1 + V_2 = \{\boldsymbol{\alpha}_1 + \boldsymbol{\alpha}_2 \mid \boldsymbol{\alpha}_1 \in V_1, \boldsymbol{\alpha}_2 \in V_2\}$$

称为 V_1 与 V_2 的和.

定理 1.9.3 设 V_1, V_2 是线性空间 $\mathbf{R}^n$ 的两个子空间, 则 $V_1 \cap V_2$ 与 $V_1 + V_2$ 都是 $\mathbf{R}^n$ 的子空间.

证 因为 $\mathbf{0} \in V_1 \cap V_2$, 所以 $V_1 \cap V_2 \neq \emptyset$. $\forall \boldsymbol{\alpha}, \boldsymbol{\beta} \in V_1 \cap V_2$, $\forall a, b \in \mathbf{R}$, 由于 V_1 是 $\mathbf{R}^n$ 的子空间, 所以 $a\boldsymbol{\alpha} + b\boldsymbol{\beta} \in V_1$; 同理, $a\boldsymbol{\alpha} + b\boldsymbol{\beta} \in V_2$, 从而 $a\boldsymbol{\alpha} + b\boldsymbol{\beta} \in V_1 \cap V_2$. 即 $V_1 \cap V_2$ 是 $\mathbf{R}^n$ 的子空间.

因为 $\mathbf{0} = \mathbf{0} + \mathbf{0} \in V_1 + V_2$, 所以 $V_1 + V_2 \neq \emptyset$. $\forall \boldsymbol{\alpha}, \boldsymbol{\beta} \in V_1 + V_2$, $\forall a, b \in \mathbf{R}$, 使得

$$\boldsymbol{\alpha} = \boldsymbol{\alpha}_1 + \boldsymbol{\alpha}_2, \quad \boldsymbol{\alpha}_1 \in V_1, \quad \boldsymbol{\alpha}_2 \in V_2$$
$$\boldsymbol{\beta} = \boldsymbol{\beta}_1 + \boldsymbol{\beta}_2, \quad \boldsymbol{\beta}_1 \in V_1, \quad \boldsymbol{\beta}_2 \in V_2$$

所以 $a\boldsymbol{\alpha}_1 + b\boldsymbol{\beta}_1 \in V_1$, $a\boldsymbol{\alpha}_2 + b\boldsymbol{\beta}_2 \in V_2$, 从而

$$a\boldsymbol{\alpha} + b\boldsymbol{\beta} = (a\boldsymbol{\alpha}_1 + b\boldsymbol{\beta}_1) + (a\boldsymbol{\alpha}_2 + b\boldsymbol{\beta}_2) \in V_1 + V_2$$

即 $V_1 + V_2$ 是 $\mathbf{R}^n$ 的子空间. □

定义 1.9.8 设 V_1, V_2 是线性空间 $\mathbf{R}^n$ 的两个子空间. 若 $V_1 \cap V_2 = \{\mathbf{0}\}$, 则称和 $V_1 + V_2$ 为直和, 记为 $V_1 \oplus V_2$.

定理 1.9.4 设 U 是 $\mathbf{R}^n$ 的一个子空间, 则 $\mathbf{R}^n = U \oplus U^{\perp}$.

证 先证 $\mathbf{R}^n = U + U^{\perp}$. 取定 U 的一组标准正交基 $\boldsymbol{\varepsilon}_1, \boldsymbol{\varepsilon}_2, \cdots, \boldsymbol{\varepsilon}_r$. $\forall \boldsymbol{\alpha} \in \mathbf{R}^n$, 令

$$\boldsymbol{\alpha}_1 = \sum_{i=1}^{r} (\boldsymbol{\alpha}, \boldsymbol{\varepsilon}_i) \quad (\boldsymbol{\varepsilon}_i \in U), \qquad \boldsymbol{\alpha}_2 = \boldsymbol{\alpha} - \boldsymbol{\alpha}_1$$

首先: $\boldsymbol{\alpha}_2 \in U^{\perp}$. 事实上, $\forall j = 1, 2, \cdots, r$,

$$\begin{aligned}
(\boldsymbol{\alpha}_2, \boldsymbol{\varepsilon}_j) &= (\boldsymbol{\alpha} - \boldsymbol{\alpha}_1, \boldsymbol{\varepsilon}_j) = (\boldsymbol{\alpha}, \boldsymbol{\varepsilon}_j) - \left(\sum_{i=1}^{r} (\boldsymbol{\alpha}, \boldsymbol{\varepsilon}_i) \boldsymbol{\varepsilon}_i, \boldsymbol{\varepsilon}_j \right) \\
&= (\boldsymbol{\alpha}, \boldsymbol{\varepsilon}_j) - \sum_{i=1}^{r} (\boldsymbol{\alpha}, \boldsymbol{\varepsilon}_i)(\boldsymbol{\varepsilon}_i, \boldsymbol{\varepsilon}_j) \\
&= (\boldsymbol{\alpha}, \boldsymbol{\varepsilon}_j) - (\boldsymbol{\alpha}, \boldsymbol{\varepsilon}_j) \\
&= 0
\end{aligned}$$

所以 $\boldsymbol{\alpha}_2 \perp U$, 即 $\boldsymbol{\alpha}_2 \in U^{\perp}$. 于是

$$\boldsymbol{\alpha} = \boldsymbol{\alpha}_1 + \boldsymbol{\alpha}_2 \in U + U^{\perp}$$

再证 $U \cap U^{\perp} = \mathbf{0}$. 若 $\forall \boldsymbol{\xi} \in U \cap U^{\perp}$, 则 $\boldsymbol{\xi} \in U$ 且 $\boldsymbol{\xi} \perp U$, 即 $(\boldsymbol{\xi}, \boldsymbol{\xi}) = 0$, 所以 $\boldsymbol{\xi} = \mathbf{0}$. 从而 $V = U \oplus U^{\perp}$. □

由于齐次线性方程组 (1.9.1) 的解空间就是系数矩阵 $\boldsymbol{A}$ 的零空间 $\mathrm{Null}(\boldsymbol{A})$, 定理 1.9.1 可表明为

$$\mathrm{Null}(\boldsymbol{A}) = \mathrm{Row}(\boldsymbol{A})^{\perp}$$

因此, 由定理 1.9.4 可得

$$\mathbf{R}^n = \mathrm{Null}(\boldsymbol{A}) \oplus \mathrm{Row}(\boldsymbol{A})$$

类似地

$$\mathbf{R}^m = \mathrm{Null}(\boldsymbol{A}^{\mathrm{T}}) \oplus \mathrm{Row}(\boldsymbol{A}^{\mathrm{T}}) = \mathrm{Null}(\boldsymbol{A}^{\mathrm{T}}) \oplus \mathrm{Col}(\boldsymbol{A})$$

其中 $\mathrm{Col}(\boldsymbol{A})$ 表示矩阵 $\boldsymbol{A}$ 的列向量生成的子空间, 称为矩阵 $\boldsymbol{A}$ 的列空间.

设 $\boldsymbol{A} = (\boldsymbol{\alpha}_1, \boldsymbol{\alpha}_2, \cdots, \boldsymbol{\alpha}_n)$, 则对任意的 $x = (x_1, x_2, \cdots, x_n)^{\mathrm{T}} \in \mathbf{R}^n$; 若 $x \in \mathrm{Null}(\boldsymbol{A})$, 则 $\boldsymbol{A}\boldsymbol{x} = \mathbf{0}$; 若 $x \in \mathrm{Row}(\boldsymbol{A})$, 则

$$\boldsymbol{A}\boldsymbol{x} = x_1\boldsymbol{\alpha}_1 + x_2\boldsymbol{\alpha}_2 + \cdots + x_n\boldsymbol{\alpha}_n \in \mathrm{Col}(\boldsymbol{A})$$

注 矩阵的行空间、列空间与零空间的关系如图 1.9.10 所示.

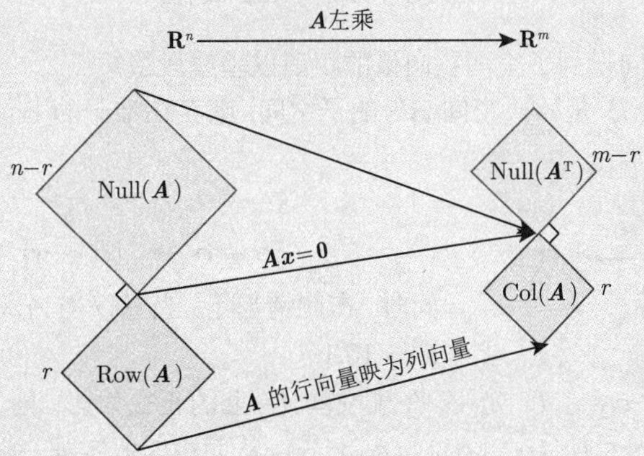

图 1.9.10

习　题　1.9

(A)

1. 设 $\boldsymbol{\alpha}=(2,-1,3)^{\mathrm{T}},\boldsymbol{\beta}=(4,-1,2)^{\mathrm{T}}$. 求 $\boldsymbol{\alpha}$ 在 $\boldsymbol{\beta}$ 上的投影向量.

2. 求 $\mathbf{R}^3$ 中与向量 $\boldsymbol{\alpha}=(1,1,1)^{\mathrm{T}}$ 正交的所有向量.

3. 设 $\boldsymbol{\alpha}_1,\boldsymbol{\alpha}_2,\boldsymbol{\alpha}_3$ 是 $\mathbf{R}^3$ 的标准正交基, 求 $\|\boldsymbol{\alpha}_1+2\boldsymbol{\alpha}_2-3\boldsymbol{\alpha}_3\|$.

4. 将下面向量组标准正交化.

$$\boldsymbol{\alpha}_1=\begin{pmatrix}1\\0\\0\end{pmatrix},\quad \boldsymbol{\alpha}_2=\begin{pmatrix}1\\1\\0\end{pmatrix},\quad \boldsymbol{\alpha}_3=\begin{pmatrix}1\\1\\1\end{pmatrix}$$

(B)

5. 设 $\boldsymbol{\alpha}_i=\begin{pmatrix}a_{i1}\\a_{i2}\\\vdots\\a_{in}\end{pmatrix}(i=1,2,\cdots,r,r<n)$ 是 n 维实向量, 且 $\boldsymbol{\alpha}_1,\boldsymbol{\alpha}_2,\cdots,\boldsymbol{\alpha}_r$ 线性无关, 已知 $\boldsymbol{\beta}$ 是线性方程组

$$\begin{cases}a_{11}x_1+a_{12}x_2+\cdots+a_{1n}x_n=0\\a_{21}x_1+a_{22}x_2+\cdots+a_{2n}x_n=0\\\qquad\cdots\cdots\\a_{r1}x_1+a_{r2}x_2+\cdots+a_{rn}x_n=0\end{cases}$$

的一个非零解向量, 试判断 $\boldsymbol{\alpha}_1,\boldsymbol{\alpha}_2,\cdots,\boldsymbol{\alpha}_r,\boldsymbol{\beta}$ 线性相关性.

6. 设 n 维列向量 $\boldsymbol{\alpha}_1,\boldsymbol{\alpha}_2,\cdots,\boldsymbol{\alpha}_{n-1}$ 线性无关, 且与非零向量 $\boldsymbol{\beta}_1,\boldsymbol{\beta}_2$ 都正交. 证明:

(1) $\boldsymbol{\beta}_1,\boldsymbol{\beta}_2$ 线性相关;

(2) $\boldsymbol{\alpha}_1,\boldsymbol{\alpha}_2,\cdots,\boldsymbol{\alpha}_{n-1},\boldsymbol{\beta}_1$ 线性无关.

7. 求一个齐次线性方程组, 使得 $\boldsymbol{\xi}_1=(1,2,3,4)^{\mathrm{T}},\boldsymbol{\xi}_2=(4,3,2,1)^{\mathrm{T}}$ 是它的一个基础解系.

*1.10 最小二乘法

下面的定理表明向量到子空间各向量的距离以垂线段最短.

定理 1.10.1 设 U 是欧氏空间 $\mathbf{R}^n$ 的子空间, 则存在唯一的 $\boldsymbol{\alpha}_1 \in U$, 使得 $\boldsymbol{\alpha}-\boldsymbol{\alpha}_1 \in U^{\perp}$, 当且仅当

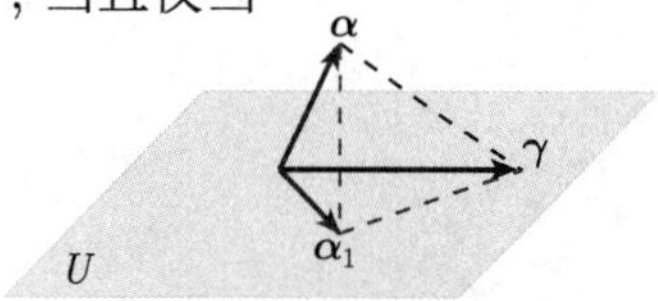

图 1.10.1

$$\|\boldsymbol{\alpha}-\boldsymbol{\alpha}_1\| \leqslant \|\boldsymbol{\alpha}-\boldsymbol{\gamma}\|, \quad \forall \boldsymbol{\gamma} \in U$$

同时, 在此情形下, 当且仅当 $\boldsymbol{\gamma}=\boldsymbol{\alpha}_1$ 时等号成立, 如图 1.10.1.

证 必要性: 设 $\boldsymbol{\alpha}_1 \in U$ 是 $\boldsymbol{\alpha}$ 在子空间 U 上的正交射影, 则 $(\boldsymbol{\alpha}-\boldsymbol{\alpha}_1) \in U^{\perp}$, 即 $(\boldsymbol{\alpha}-\boldsymbol{\alpha}_1) \perp U$, 所以 $\forall \boldsymbol{\gamma} \in U$, $(\boldsymbol{\alpha}-\boldsymbol{\alpha}_1) \perp (\boldsymbol{\alpha}_1-\boldsymbol{\gamma})$. 从而由勾股定理, 得

$$\begin{aligned} \|\boldsymbol{\alpha}-\boldsymbol{\gamma}\|^2 &= \|(\boldsymbol{\alpha}-\boldsymbol{\alpha}_1)+(\boldsymbol{\alpha}_1-\boldsymbol{\gamma})\|^2 \\ &= \|\boldsymbol{\alpha}-\boldsymbol{\alpha}_1\|^2+\|\boldsymbol{\alpha}_1-\boldsymbol{\gamma}\|^2 \\ &\geqslant \|\boldsymbol{\alpha}-\boldsymbol{\alpha}_1\|^2 \end{aligned}$$

即 $\|\boldsymbol{\alpha}-\boldsymbol{\alpha}_1\| \leqslant \|\boldsymbol{\alpha}-\boldsymbol{\gamma}\|$.

充分性: 设 $\boldsymbol{\beta} \in U$ 是 $\boldsymbol{\alpha}$ 在子空间 U 上的正交射影, 则由必要性可知 $\|\boldsymbol{\alpha}-\boldsymbol{\beta}\| \leqslant \|\boldsymbol{\alpha}-\boldsymbol{\alpha}_1\|$. 由题设知 $\|\boldsymbol{\alpha}-\boldsymbol{\alpha}_1\| \leqslant \|\boldsymbol{\alpha}-\boldsymbol{\beta}\|$, 故 $\|\boldsymbol{\alpha}-\boldsymbol{\beta}\|=\|\boldsymbol{\alpha}-\boldsymbol{\alpha}_1\|$.

另一方面, 由于 $\boldsymbol{\alpha}-\boldsymbol{\beta} \in U^{\perp}$, $\boldsymbol{\beta}-\boldsymbol{\alpha}_1 \in U$, 所以

$$\|\boldsymbol{\alpha}-\boldsymbol{\alpha}_1\|^2=\|(\boldsymbol{\alpha}-\boldsymbol{\beta})+(\boldsymbol{\beta}-\boldsymbol{\alpha}_1)\|^2=\|\boldsymbol{\alpha}-\boldsymbol{\beta}\|^2+\|\boldsymbol{\beta}-\boldsymbol{\alpha}_1\|^2$$

故 $\|\boldsymbol{\beta}-\boldsymbol{\alpha}_1\|^2=\mathbf{0}$, 从而 $\boldsymbol{\alpha}_1=\boldsymbol{\beta}$ 是 $\boldsymbol{\alpha}$ 在 U 上的正交投影. □

在许多实际问题中都需要研究变量 y 与变量 $x_1, x_2, \cdots, x_n$ 之间的依赖关系. 假如经过测量与分析, 发现变量 y 与变量 $x_1, x_2, \cdots, x_n$ 之间呈线性关系

$$y=k_1x_1+k_2x_2+\cdots+k_nx_n$$

为确定未知系数 $k_1, k_2, \cdots, k_n$, 经过 m 次观测, 所得数据为

y	x_1	x_2	$\cdots$	x_n
b_1	a_{11}	a_{12}	$\cdots$	a_{1n}
$\vdots$	$\vdots$	$\vdots$		$\vdots$
b_m	a_{m1}	a_{m2}	$\cdots$	a_{mn}

如果观测绝对精确地话, 那么只需 $m=n$ 次观测, 通过线性方程组即可求得 $k_1, k_2, \cdots, k_n$. 然而任何观测都会有误差, 因此需要更多的观测数据, 即 $m>n$. 于是得到线性方程组

$$\boldsymbol{AX}=\boldsymbol{\beta}, \quad \boldsymbol{A}=\begin{pmatrix} a_{11} & a_{12} & \cdots & a_{1n} \\ a_{21} & a_{22} & \cdots & a_{2n} \\ \vdots & \vdots & & \vdots \\ a_{m1} & a_{m2} & \cdots & a_{mn} \end{pmatrix}, \quad \boldsymbol{X}=\begin{pmatrix} k_1 \\ k_2 \\ \vdots \\ k_n \end{pmatrix}, \quad \boldsymbol{\beta}=\begin{pmatrix} b_1 \\ b_2 \\ \vdots \\ b_m \end{pmatrix} \tag{1.10.1}$$

由于误差的原因, 上述方程组可能无解. 在这种情况下, 我们希望找到最好 (误差最小) 的近似解, 即找到 $\boldsymbol{\xi}=(c_1,c_2,\cdots,c_n)^{\mathrm{T}}$, 使得

$$\|\boldsymbol{A\xi}-\boldsymbol{\beta}\|^2=\sum_{i=1}^{m}\left(\sum_{j=1}^{n}a_{ij}c_j-b_i\right)^2$$

最小, 即

$$\sum_{i=1}^{m}\left(\sum_{j=1}^{n}a_{ij}c_j-b_i\right)^2\leqslant\sum_{i=1}^{m}\left(\sum_{j=1}^{n}a_{ij}d_j-b_i\right)^2,\ \forall d_1,d_2,\cdots,d_n\in\mathbf{R}$$

或用距离的概念,

$$\|A\xi-\boldsymbol{\beta}\|^2\leqslant\|AX-\boldsymbol{\beta}\|^2,\ \forall X\in\mathbf{R}^n.$$

此时, 称 $\boldsymbol{\xi}$ 为上述线性方程组的**最小二乘解**.

如何求方程组 (1.10.1) 的最小二乘解呢? 记 $\boldsymbol{A}=(\boldsymbol{\alpha}_1,\boldsymbol{\alpha}_2,\cdots,\boldsymbol{\alpha}_n)$, 令 $U=\mathrm{span}(\boldsymbol{\alpha}_1,\boldsymbol{\alpha}_2,\cdots,\boldsymbol{\alpha}_n)$. 则对任意的 $\boldsymbol{X}\in\mathbf{R}^n$, $\boldsymbol{AX}\in U$. 从而

$$\begin{aligned}
&\boldsymbol{\xi}\text{ 是 }\boldsymbol{AX}=\boldsymbol{\beta}\text{ 的最小二乘解}\\
&\Longleftrightarrow\|A\boldsymbol{\xi}-\boldsymbol{\beta}\|^2\leqslant\|\boldsymbol{AX}-\boldsymbol{\beta}\|^2,\ \forall\boldsymbol{X}\in\mathbf{R}^n\\
&\Longleftrightarrow(\boldsymbol{\beta}-\boldsymbol{A\xi})\in U^{\perp}\\
&\Longleftrightarrow(\boldsymbol{\beta}-\boldsymbol{A\xi},\boldsymbol{\alpha}_j)=0\ (j=1,2,\cdots,n)\\
&\Longleftrightarrow\boldsymbol{\alpha}_j^{\mathrm{T}}(\boldsymbol{\beta}-\boldsymbol{A\xi})=0\ (j=1,2,\cdots,n)\\
&\Longleftrightarrow\boldsymbol{A}^{\mathrm{T}}(\boldsymbol{\beta}-\boldsymbol{A\xi})=0\\
&\Longleftrightarrow\boldsymbol{A}^{\mathrm{T}}\boldsymbol{A\xi}=\boldsymbol{A}^{\mathrm{T}}\boldsymbol{\beta}\\
&\Longleftrightarrow\boldsymbol{\xi}\text{ 是线性方程组 }\boldsymbol{A}^{\mathrm{T}}\boldsymbol{AX}=\boldsymbol{A}^{\mathrm{T}}\boldsymbol{\beta}\text{ 的解}
\end{aligned}$$

因为

$$r(\boldsymbol{A}^{\mathrm{T}}A)\leqslant r(\boldsymbol{A}^{\mathrm{T}}\boldsymbol{A},\boldsymbol{A}^{\mathrm{T}}\boldsymbol{\beta})=r(\boldsymbol{A}^{\mathrm{T}}(\boldsymbol{A},\boldsymbol{\beta}))\leqslant r(\boldsymbol{A}^{\mathrm{T}})=r(\boldsymbol{A}^{\mathrm{T}}\boldsymbol{A})$$

所以 $r(\boldsymbol{A}^{\mathrm{T}}\boldsymbol{A},\boldsymbol{A}^{\mathrm{T}}\boldsymbol{\beta})=r(\boldsymbol{A}^{\mathrm{T}}\boldsymbol{A})$, 从而方程组 $\boldsymbol{A}^{\mathrm{T}}\boldsymbol{AX}=\boldsymbol{A}^{\mathrm{T}}\boldsymbol{\beta}$ 一定有解, 且其解为 $\boldsymbol{AX}=\boldsymbol{\beta}$ 的最小二乘解. 而且, 当 $\boldsymbol{A}_{m\times n}$ 为列满秩矩阵时, 即 $m\geqslant n$ 且 $r(\boldsymbol{A})=n$, 则 n 阶方阵 $\boldsymbol{A}^{\mathrm{T}}\boldsymbol{A}$ 是可逆矩阵, 此时 $\boldsymbol{A}^{\mathrm{T}}\boldsymbol{Ax}=\boldsymbol{A}^{\mathrm{T}}\boldsymbol{\beta}$ 有唯一解, 即存在唯一的最小二乘解 $\boldsymbol{\xi}=(\boldsymbol{A}^{\mathrm{T}}\boldsymbol{A})^{-1}\boldsymbol{A}^{\mathrm{T}}\boldsymbol{\beta}$. 则有以下定理.

定理 1.10.2 设 $\boldsymbol{A}$ 是 $m\times n$ 阶矩阵, 则非齐次线性方程组 $\boldsymbol{Ax}=\boldsymbol{\beta}$ 的最小二乘解一定存在. 而且, 当 $\boldsymbol{A}$ 为列满秩矩阵时, $\boldsymbol{Ax}=\boldsymbol{\beta}$ 有唯一的最小二乘解, 即

$$\boldsymbol{\xi}=(\boldsymbol{A}^{\mathrm{T}}\boldsymbol{A})^{-1}\boldsymbol{A}^{\mathrm{T}}\boldsymbol{\beta}$$

例 1.10.1 利用最小二乘法寻找直线 L: $y=ax+b$, 使得

$$A(0,1),\quad B(1,3),\quad C(2,4),\quad D(3,4)$$

与直线 L 的误差最小.

解 设直线 $y=ax+b$ 过点 A,B,C,D, 则

$$\begin{cases}0a+b=1\\1a+b=3\\2a+b=4\\3a+b=4\end{cases}$$

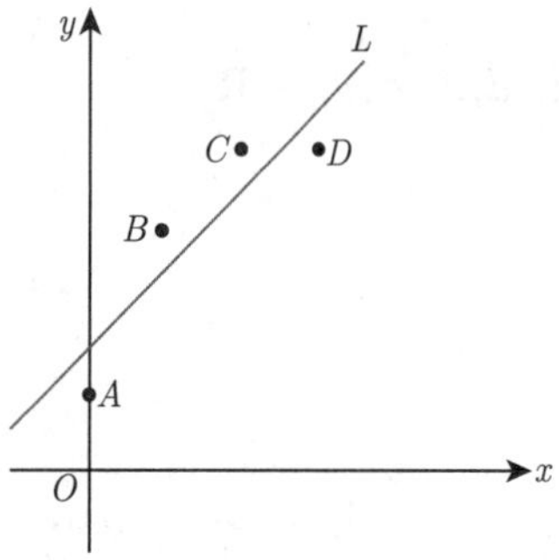

图 1.10.2

即 $(a,b)^{\mathrm{T}}$ 满足非齐次线性方程组 $\boldsymbol{AX}=\boldsymbol{\beta}$, 其中

$$\boldsymbol{A}=\begin{pmatrix}0&1\\1&1\\2&1\\3&1\end{pmatrix},\qquad \boldsymbol{\beta}=\begin{pmatrix}1\\3\\4\\4\end{pmatrix}$$

由定理 1.10.2 可知, 利用最小二乘法所求直线 $y=a^*x+b^*$ 的系数 $(a^*,b^*)^{\mathrm{T}}$ 满足

$$\boldsymbol{A}^{\mathrm{T}}\boldsymbol{AX}=\boldsymbol{A}^{\mathrm{T}}\boldsymbol{\beta}$$

得到直线为 $y=x+1.5$. 如图 1.10.2 所示.

拓展阅读: 最小二乘逼近

定理 1.10.1 可以推广到任意的抽象欧氏空间 V, 常用来解决极小化 (或函数最佳逼近) 问题: 给定 V 的子空间 U 和向量 $\boldsymbol{\alpha}\in V$, 求向量 $\boldsymbol{\beta}\in U$ 使得 $\|\boldsymbol{\alpha}-\boldsymbol{\beta}\|$ 最小, 这样 $\boldsymbol{\beta}$ 称为 $\boldsymbol{\alpha}$ 关于子空间 U 的最小二乘逼近. 由定理 1.10.1, 取 $\boldsymbol{\alpha}$ 在子空间 U 中的投影 $\boldsymbol{\beta}=\mathscr{P}_U(\boldsymbol{\alpha})$ 可解决这个最小二乘逼近问题.

例 1.10.2 求一个次数不超过 5 的实系数多项式 $f(x)$, 使其在区间 $[-\pi,\pi]$ 上尽量好地逼近 $\sin x$, 即使得

$$\int_{-\pi}^{\pi}[\sin x-f(x)]^2\mathrm{d}x$$

最小, 并比较该结果与泰勒级数逼近.

解 设 $C[-\pi,\pi]$ 表示由 $[-\pi,\pi]$ 上的实值连续函数构成的欧氏空间, 其内积为

$$(f(x),g(x))=\int_{-\pi}^{\pi}f(x)g(x)\mathrm{d}x$$

令 $U=\mathbf{R}[x]_6$ 表示次数小于 6 的实系数多项式, 它是 $C[-\pi,\pi]$ 的子空间.

取 U 的基 $1,x,x^2,x^3,x^4,x^5$, 应用施密特正交化方法, 得到 U 的标准正交基 $\boldsymbol{e}_1,\boldsymbol{e}_2,\cdots,\boldsymbol{e}_6$, 则由定理 1.10.1 可得

$$\begin{aligned}f(x)=\mathscr{P}_U(\sin x)&=\sum_{i=1}^{6}(\sin x,\boldsymbol{e}_i)\boldsymbol{e}_i\\&=0.987\,862x-0.155\,271x^3+0.005\,643\,12x^5\end{aligned}$$

例 1.10.2 的逼近非常精确, 在区间 $[-\pi,\pi]$ 上两个图形几乎完全重合. 而经典的泰勒级数逼近

$$x-\frac{x^3}{3!}+\frac{x^5}{5!}$$

只在 0 点附近对 $\sin x$ 有很好的逼近, 如图 1.10.3 所示.

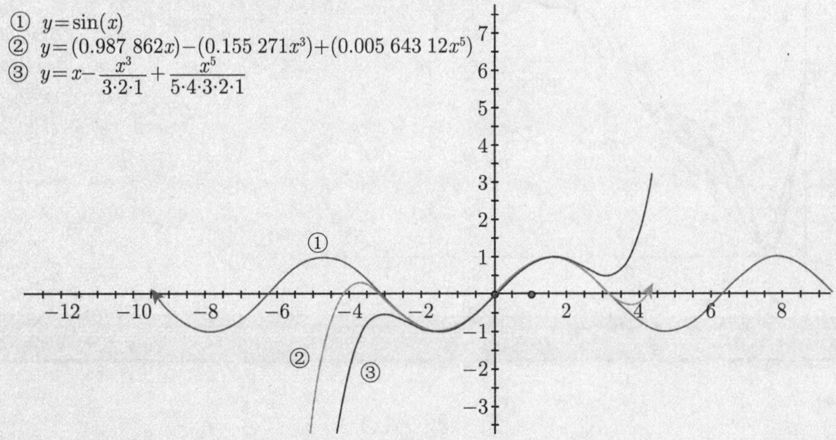

图 1.10.3

在科学研究或生产实践中, 应用更为广泛的是用三角函数来逼近一般的 (周期) 函数, 即傅里叶展开.

例 1.10.3　设 $U_n=\mathrm{span}(1,\cos x,\sin x,\cdots,\cos nx,\sin nx)$ 是 $C[0,2\pi]$ 的子空间. 求函数 $f(x)\in U_n$ 使得 $f(x)$ 是 $y=x$ 的最佳逼近.

解　容易证明 $1,\cos x,\sin x,\cdots,\cos nx,\sin nx$ 是 U_n 的一组正交基. 设

$$f(x)=a_0+\sum_{k=1}^{n}(a_k\cos kx+b_k\sin kx)$$

则

$$a_0=\frac{1}{2\pi}\int_0^{2\pi}x\cdot 1\mathrm{d}x=\pi$$

$$a_k=\frac{1}{\pi}\int_0^{2\pi}x\cdot\cos kx\mathrm{d}x=0$$

$$b_k=\frac{1}{\pi}\int_0^{2\pi}x\cdot\sin kx\mathrm{d}x=-\frac{2}{k}$$

所以

$$f(x)=\pi-2\sum_{k=1}^{n}\frac{\sin kx}{k}$$

n 的不同取值的逼近效果如图 1.10.4 所示.

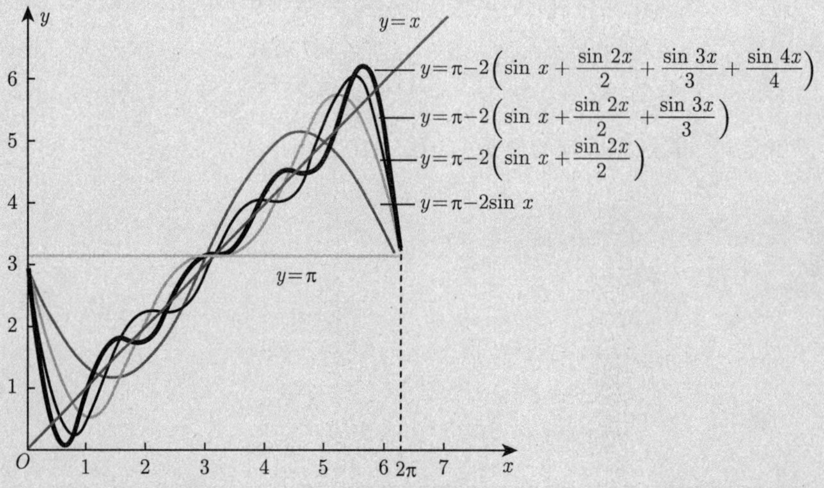

图 1.10.4

习 题 1.10

(A)

1. 求下列方程组的最小二乘解.

(1) $\begin{cases} x_1 - x_2 = 4, \\ 3x_1 + 2x_2 = 1, \\ -2x_1 + 4x_2 = 3; \end{cases}$ (2) $\begin{cases} x_1 - x_3 = 6, \\ 2x_1 + x_2 - 2x_3 = 0, \\ x_1 + x_2 = 9, \\ x_1 + x_2 - x_3 = 3. \end{cases}$

2. 设 $\boldsymbol{A}$ 是 $m\times n$ 阶矩阵, $\boldsymbol{Ax}=\boldsymbol{b}$ 有唯一解. 证明 $\boldsymbol{A}^{\mathrm{T}}\boldsymbol{A}$ 可逆, 并求 $\boldsymbol{Ax}=\boldsymbol{b}$ 的唯一解.

3. 设矩阵 $\boldsymbol{A}=\begin{pmatrix} 1 & 1 & 1-a \\ 1 & 0 & a \\ a+1 & 1 & a+1 \end{pmatrix}$, $\boldsymbol{\beta}=\begin{pmatrix} 0 \\ 1 \\ 2a-2 \end{pmatrix}$, 且方程组 $\boldsymbol{Ax}=\boldsymbol{\beta}$ 无解. 求:

(1) a 的值;

(2) 方程组 $\boldsymbol{Ax}=\boldsymbol{\beta}$ 的最小二乘解.

复习题一

一、选择题

1. 已知向量组 $\boldsymbol{\alpha}_1,\boldsymbol{\alpha}_2,\boldsymbol{\alpha}_3,\boldsymbol{\alpha}_4$ 线性无关, 则向量组 (　　).

A. $\boldsymbol{\alpha}_1+\boldsymbol{\alpha}_2,\boldsymbol{\alpha}_2+\boldsymbol{\alpha}_3,\boldsymbol{\alpha}_3+\boldsymbol{\alpha}_4,\boldsymbol{\alpha}_4+\boldsymbol{\alpha}_1$ 线性无关

B. $\boldsymbol{\alpha}_1-\boldsymbol{\alpha}_2,\boldsymbol{\alpha}_2-\boldsymbol{\alpha}_3,\boldsymbol{\alpha}_3-\boldsymbol{\alpha}_4,\boldsymbol{\alpha}_4-\boldsymbol{\alpha}_1$ 线性无关

C. $\boldsymbol{\alpha}_1+\boldsymbol{\alpha}_2,\boldsymbol{\alpha}_2+\boldsymbol{\alpha}_3,\boldsymbol{\alpha}_3+\boldsymbol{\alpha}_4,\boldsymbol{\alpha}_4-\boldsymbol{\alpha}_1$ 线性无关

D. $\boldsymbol{\alpha}_1+\boldsymbol{\alpha}_2,\boldsymbol{\alpha}_2+\boldsymbol{\alpha}_3,\boldsymbol{\alpha}_3-\boldsymbol{\alpha}_4,\boldsymbol{\alpha}_4-\boldsymbol{\alpha}_1$ 线性无关

2. 设 n 维列向量组 $\boldsymbol{\alpha}_1,\boldsymbol{\alpha}_2,\cdots,\boldsymbol{\alpha}_m\ (m<n)$ 线性无关, 则 n 维列向量组 $\boldsymbol{\beta}_1,\boldsymbol{\beta}_2,\cdots,\boldsymbol{\beta}_m$ 线性无关的充分必要条件为 (　　).

A. 向量组 $\boldsymbol{\alpha}_1,\boldsymbol{\alpha}_2,\cdots,\boldsymbol{\alpha}_m$ 可由向量组 $\boldsymbol{\beta}_1,\boldsymbol{\beta}_2,\cdots,\boldsymbol{\beta}_m$ 线性表示

B. 向量组 $\boldsymbol{\beta}_1,\boldsymbol{\beta}_2,\cdots,\boldsymbol{\beta}_m$ 可由向量组 $\boldsymbol{\alpha}_1,\boldsymbol{\alpha}_2,\cdots,\boldsymbol{\alpha}_m$ 线性表示

C. 向量组 $\boldsymbol{\alpha}_1,\boldsymbol{\alpha}_2,\cdots,\boldsymbol{\alpha}_m$ 与向量组 $\boldsymbol{\beta}_1,\boldsymbol{\beta}_2,\cdots,\boldsymbol{\beta}_m$ 等价

D. 矩阵 $\boldsymbol{A}=(\boldsymbol{\alpha}_1,\boldsymbol{\alpha}_2,\cdots,\boldsymbol{\alpha}_m)$ 与矩阵 $\boldsymbol{B}=(\boldsymbol{\beta}_1,\boldsymbol{\beta}_2,\cdots,\boldsymbol{\beta}_m)$ 等价

3. 设向量组 I: $\boldsymbol{\alpha}_1,\boldsymbol{\alpha}_2,\cdots,\boldsymbol{\alpha}_r$ 可由向量组 II: $\boldsymbol{\beta}_1,\boldsymbol{\beta}_2,\cdots,\boldsymbol{\beta}_s$ 线性表示, 则 (　　).

A. 当 $r<s$ 时, 向量组 II 必线性相关

B. 当 $r>s$ 时, 向量组 II 必线性相关

C. 当 $r<s$ 时, 向量组 I 必线性相关

D. 当 $r>s$ 时, 向量组 I 必线性相关

4. 设 A,B 为满足 $\boldsymbol{AB}=\boldsymbol{O}$ 的任意两个非零矩阵, 则必有 (　　).

A. $\boldsymbol{A}$ 的列向量组线性相关, $\boldsymbol{B}$ 的行向量组线性相关

B. $\boldsymbol{A}$ 的列向量组线性相关, $\boldsymbol{B}$ 的列向量组线性相关

C. $\boldsymbol{A}$ 的行向量组线性相关, $\boldsymbol{B}$ 的行向量组线性相关

D. $\boldsymbol{A}$ 的行向量组线性相关, $\boldsymbol{B}$ 的列向量组线性相关

5. 设向量组 $\boldsymbol{\alpha}_1,\boldsymbol{\alpha}_2,\boldsymbol{\alpha}_3$ 线性无关, 则下列向量组线性相关的是 (　　).

A. $\boldsymbol{\alpha}_1-\boldsymbol{\alpha}_2,\boldsymbol{\alpha}_2-\boldsymbol{\alpha}_3,\boldsymbol{\alpha}_3-\boldsymbol{\alpha}_1$　　B. $\boldsymbol{\alpha}_1+\boldsymbol{\alpha}_2,\boldsymbol{\alpha}_2+\boldsymbol{\alpha}_3,\boldsymbol{\alpha}_3+\boldsymbol{\alpha}_1$

C. $\boldsymbol{\alpha}_1-2\boldsymbol{\alpha}_2,\boldsymbol{\alpha}_2-2\boldsymbol{\alpha}_3,\boldsymbol{\alpha}_3-2\boldsymbol{\alpha}_1$　　D. $\boldsymbol{\alpha}_1+2\boldsymbol{\alpha}_2,\boldsymbol{\alpha}_2+2\boldsymbol{\alpha}_3,\boldsymbol{\alpha}_3+2\boldsymbol{\alpha}_1$

6. 设 $\boldsymbol{\alpha}_1=\begin{pmatrix}0\\0\\c_1\end{pmatrix},\boldsymbol{\alpha}_2=\begin{pmatrix}0\\1\\c_2\end{pmatrix},\boldsymbol{\alpha}_3=\begin{pmatrix}1\\-1\\c_3\end{pmatrix},\boldsymbol{\alpha}_4=\begin{pmatrix}-1\\1\\c_4\end{pmatrix}$, 其中 c_1,c_2,c_3,c_4 为任意常数, 则下列向量组线性相关的是 (　　).

A. $\boldsymbol{\alpha}_1,\boldsymbol{\alpha}_2,\boldsymbol{\alpha}_3$　　B. $\boldsymbol{\alpha}_1,\boldsymbol{\alpha}_2,\boldsymbol{\alpha}_4$　　C. $\boldsymbol{\alpha}_1,\boldsymbol{\alpha}_3,\boldsymbol{\alpha}_4$　　D. $\boldsymbol{\alpha}_2,\boldsymbol{\alpha}_3,\boldsymbol{\alpha}_4$

7. 设 $\boldsymbol{A},\boldsymbol{B},\boldsymbol{C}$ 均为 n 阶矩阵, 若 $\boldsymbol{AB}=\boldsymbol{C}$, 且 $\boldsymbol{B}$ 可逆, 则 (　　).

A. 矩阵 $\boldsymbol{C}$ 的行向量组与矩阵 $\boldsymbol{A}$ 的行向量组等价

B. 矩阵 $\boldsymbol{C}$ 的列向量组与矩阵 $\boldsymbol{A}$ 的列向量组等价

C. 矩阵 $\boldsymbol{C}$ 的行向量组与矩阵 $\boldsymbol{B}$ 的行向量组等价

D. 矩阵 $\boldsymbol{C}$ 的列向量组与矩阵 $\boldsymbol{B}$ 的列向量组等价

8. 设 $\boldsymbol{\alpha}_1,\boldsymbol{\alpha}_2,\boldsymbol{\alpha}_3$ 是三维向量, 则对任意常数 k,l, 向量 $\boldsymbol{\alpha}_1+k\boldsymbol{\alpha}_3,\boldsymbol{\alpha}_2+l\boldsymbol{\alpha}_3$ 线性无关是向量 $\boldsymbol{\alpha}_1,\boldsymbol{\alpha}_2,\boldsymbol{\alpha}_3$ 线性无关的 (　　).

A. 必要非充分条件　　B. 充分非必要条件

C. 充要条件　　　　D. 既非充分又非必要条件

9. 已知 $\boldsymbol{\beta}_1,\boldsymbol{\beta}_2$ 是非齐次线性方程组 $\boldsymbol{AX}=\boldsymbol{b}$ 的两个不同的解, $\boldsymbol{\alpha}_1,\boldsymbol{\alpha}_2$ 是对应齐次线性方程组 $\boldsymbol{AX}=\boldsymbol{0}$ 的基础解系, k_1,k_2 为任意常数, 则方程 $\boldsymbol{AX}=\boldsymbol{b}$ 的通解 (一般解) 必是 (　　).

A. $k_1\boldsymbol{\alpha}_1+k_2(\boldsymbol{\alpha}_1+\boldsymbol{\alpha}_2)+\dfrac{\boldsymbol{\beta}_1-\boldsymbol{\beta}_2}{2}$　　　　B. $k_1\boldsymbol{\alpha}_1+k_2(\boldsymbol{\alpha}_1-\boldsymbol{\alpha}_2)+\dfrac{\boldsymbol{\beta}_1+\boldsymbol{\beta}_2}{2}$

C. $k_1\boldsymbol{\alpha}_1+k_2(\boldsymbol{\beta}_1+\boldsymbol{\beta}_2)+\dfrac{\boldsymbol{\beta}_1-\boldsymbol{\beta}_2}{2}$　　　　D. $k_1\boldsymbol{\alpha}_1+k_2(\boldsymbol{\beta}_1-\boldsymbol{\beta}_2)+\dfrac{\boldsymbol{\beta}_1+\boldsymbol{\beta}_2}{2}$

10. 要使 $\boldsymbol{\xi}_1=\begin{pmatrix}1\\0\\2\end{pmatrix},\boldsymbol{\xi}_2=\begin{pmatrix}0\\1\\-1\end{pmatrix}$ 都是线性方程组 $\boldsymbol{AX}=\boldsymbol{0}$ 的解, 只要系数矩阵 $\boldsymbol{A}=$ (　　).

A. $(-2\ 1\ 1)$　　　　B. $\begin{pmatrix}2&0&-1\\0&1&1\end{pmatrix}$

C. $\begin{pmatrix}-1&0&2\\0&1&-1\end{pmatrix}$　　　　D. $\begin{pmatrix}0&1&-1\\4&-2&-2\\0&1&1\end{pmatrix}$

11. 已知 $\boldsymbol{Q}=\begin{pmatrix}1&2&3\\2&4&t\\3&6&9\end{pmatrix}$, $\boldsymbol{P}$ 为三阶非零矩阵, 且满足 $\boldsymbol{PQ}=\boldsymbol{0}$, 则 (　　).

A. $t=6$ 时 $\boldsymbol{P}$ 的秩必为 1　　　　B. $t=6$ 时 $\boldsymbol{P}$ 的秩必为 2

C. $t\neq 6$ 时 $\boldsymbol{P}$ 的秩必为 1　　　　D. $t\neq 6$ 时 $\boldsymbol{P}$ 的秩必为 2

12. 设 $\boldsymbol{\alpha}_1=\begin{pmatrix}a_1\\a_2\\a_3\end{pmatrix},\boldsymbol{\alpha}_2=\begin{pmatrix}b_1\\b_2\\b_3\end{pmatrix},\boldsymbol{\alpha}_3=\begin{pmatrix}c_1\\c_2\\c_3\end{pmatrix}$, 则三条直线 $\begin{cases}a_1x+b_1y+c_1=0,\\a_2x+b_2y+c_2=0,\\a_3x+b_3y+c_3=0,\end{cases}$ $(a_i^2+b_i^2\neq 0,i=1,2,3)$ 交于一点的充要条件是 (　　).

A. $\boldsymbol{\alpha}_1,\boldsymbol{\alpha}_2,\boldsymbol{\alpha}_3$ 线性相关　　　　B. $\boldsymbol{\alpha}_1,\boldsymbol{\alpha}_2,\boldsymbol{\alpha}_3$ 线性无关

C. $r(\boldsymbol{\alpha}_1,\boldsymbol{\alpha}_2,\boldsymbol{\alpha}_3)=r(\boldsymbol{\alpha}_1,\boldsymbol{\alpha}_2)$　　　　D. $\boldsymbol{\alpha}_1,\boldsymbol{\alpha}_2,\boldsymbol{\alpha}_3$ 线性相关, $\boldsymbol{\alpha}_1,\boldsymbol{\alpha}_2$ 线性无关

13. 设矩阵 $\begin{pmatrix}a_1&b_1&c_1\\a_2&b_2&c_2\\a_3&b_3&c_3\end{pmatrix}$ 是满秩的, 则直线 $\dfrac{x-a_3}{a_1-a_2}=\dfrac{y-b_3}{b_1-b_2}=\dfrac{z-c_3}{c_1-c_2}$ 与直线 $\dfrac{x-a_1}{a_2-a_3}=\dfrac{y-b_1}{b_2-b_3}=\dfrac{z-c_1}{c_2-c_3}$(　　).

A. 相交于一点　　　　B. 重合

C. 平行但不重合　　　　D. 异面

14. 已知直线 $L_1:\dfrac{x-a_2}{a_1}=\dfrac{y-b_2}{b_1}=\dfrac{z-c_2}{c_1}$ 与直线 $L_2:\dfrac{x-a_3}{a_2}=\dfrac{y-b_3}{b_2}=\dfrac{z-c_3}{c_2}$ 相交于一点, 法向量 $\boldsymbol{\alpha}_i=\begin{pmatrix}a_i\\b_i\\c_i\end{pmatrix}(i=1,2,3)$. 则 (　　).

A. $\boldsymbol{\alpha}_1$ 可由 $\boldsymbol{\alpha}_2,\boldsymbol{\alpha}_3$ 线性表示　　　　B. $\boldsymbol{\alpha}_2$ 可由 $\boldsymbol{\alpha}_1,\boldsymbol{\alpha}_3$ 线性表示

C. $\boldsymbol{\alpha}_3$ 可由 $\boldsymbol{\alpha}_1,\boldsymbol{\alpha}_2$ 线性表示　　　　D. $\boldsymbol{\alpha}_1,\boldsymbol{\alpha}_2,\boldsymbol{\alpha}_3$ 线性无关

15. 设有三张不同平面两两相交, 交线互相平行, 如下图所示.

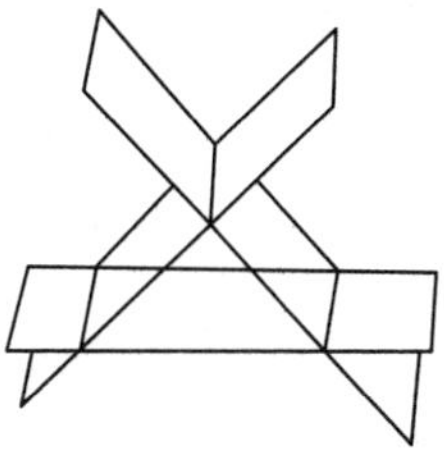

其方程 $a_{i1}x+a_{i2}y+a_{i3}z=d_i\ (i=1,2,3)$ 组成的线性方程组的系数矩阵与增广矩阵分别记为 $\boldsymbol{A},\overline{\boldsymbol{A}}$, 则 (　　).

A. $r(\boldsymbol{A})=2, r(\overline{\boldsymbol{A}})=3$　　B. $r(\boldsymbol{A})=2, r(\overline{\boldsymbol{A}})=2$

C. $r(\boldsymbol{A})=1, r(\overline{\boldsymbol{A}})=2$　　D. $r(\boldsymbol{A})=1, r(\overline{\boldsymbol{A}})=1$

16. 设有 3 张不同平面方程为 $a_ix+b_iy+c_iz=d_i\ (i=1,2,3)$, 它们所组成的线性方程组的系数矩阵与增广矩阵的秩为 2, 则这 3 张平面可能的位置关系为 (　　).

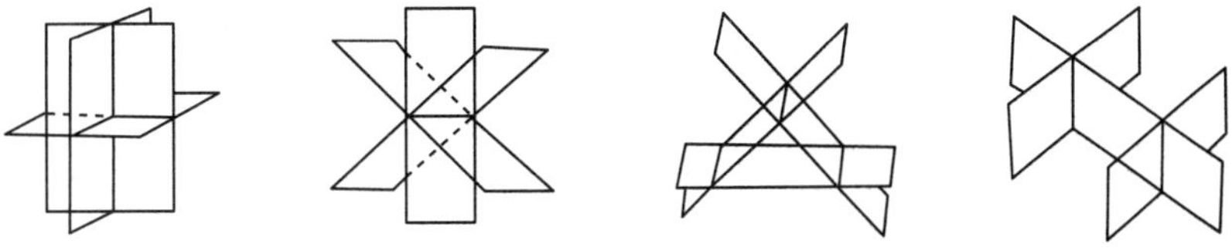

A　　B　　C　　D

17. 设有齐次线性方程组 $\boldsymbol{Ax}=\boldsymbol{0}$ 和 $\boldsymbol{Bx}=\boldsymbol{0}$, 其中 $\boldsymbol{A},\boldsymbol{B}$ 均为 $m\times n$ 阶矩阵, 现有 4 个命题:

① 若 $\boldsymbol{Ax}=\boldsymbol{0}$ 的解均是 $\boldsymbol{Bx}=\boldsymbol{0}$ 的解, 则 $r(\boldsymbol{A})\geqslant r(\boldsymbol{B})$

② 若 $r(\boldsymbol{A})\leqslant r(\boldsymbol{B})$, 则 $\boldsymbol{Ax}=\boldsymbol{0}$ 的解均是 $\boldsymbol{Bx}=\boldsymbol{0}$ 的解

③ 若 $\boldsymbol{Ax}=\boldsymbol{0}$ 与 $\boldsymbol{Bx}=\boldsymbol{0}$ 同解, 则 $r(\boldsymbol{A})=r(\boldsymbol{B})$

④ 若 $r(\boldsymbol{A})=r(\boldsymbol{B})$, 则 $\boldsymbol{Ax}=\boldsymbol{0}$ 与 $\boldsymbol{Bx}=\boldsymbol{0}$ 同解

以上命题中正确的是 (　　).

A. ①②　　B. ①③　　C. ②④　　D. ③④

18. 设矩阵 $\boldsymbol{A}=\begin{pmatrix}1&1&1\\1&2&a\\1&4&a^2\end{pmatrix}$, $\boldsymbol{\beta}=\begin{pmatrix}1\\d\\d^2\end{pmatrix}$, 若集合 $\Omega=\{1,2\}$, 则线性方程组 $\boldsymbol{Ax}=\boldsymbol{\beta}$ 有无穷多解的充分必要条件为 (　　).

A. $a\notin\Omega, d\notin\Omega$　　B. $a\notin\Omega, d\in\Omega$

C. $a\in\Omega, d\notin\Omega$　　D. $a\in\Omega, d\in\Omega$

19. 设矩阵 $\boldsymbol{A}=\begin{pmatrix}a&-1&-1\\-1&a&-1\\-1&-1&a\end{pmatrix}$ 与 $\boldsymbol{B}=\begin{pmatrix}1&1&0\\0&-1&1\\1&0&1\end{pmatrix}$ 等价, 则 $a=$ (　　).

A. -1 B. 2 C. -1 或 2 D. 0

20. 若向量组 $\boldsymbol{\alpha},\boldsymbol{\beta},\boldsymbol{\gamma}$ 线性无关, $\boldsymbol{\alpha},\boldsymbol{\beta},\boldsymbol{\delta}$ 线性相关, 则 (　　).

A. $\boldsymbol{\alpha}$ 必可由 $\boldsymbol{\beta},\boldsymbol{\gamma},\boldsymbol{\delta}$ 线性表示 B. $\boldsymbol{\beta}$ 必不可由 $\boldsymbol{\alpha},\boldsymbol{\gamma},\boldsymbol{\delta}$ 线性表示

C. $\boldsymbol{\delta}$ 必可由 $\boldsymbol{\alpha},\boldsymbol{\beta},\boldsymbol{\gamma}$ 线性表示 D. $\boldsymbol{\delta}$ 必不可由 $\boldsymbol{\alpha},\boldsymbol{\beta},\boldsymbol{\gamma}$ 线性表示

21. 设向量 $\boldsymbol{\beta}$ 可由向量组 $\boldsymbol{\alpha}_1,\boldsymbol{\alpha}_2,\cdots,\boldsymbol{\alpha}_n$ 线性表示, 但不能由向量组 (I): $\boldsymbol{\alpha}_1,\boldsymbol{\alpha}_2,\cdots,\boldsymbol{\alpha}_{n-1}$ 线性表示, 记向量组 (II): $\boldsymbol{\alpha}_1,\boldsymbol{\alpha}_2,\cdots,\boldsymbol{\alpha}_{n-1},\boldsymbol{\beta}$. 则 (　　).

A. $\boldsymbol{\alpha}_n$ 不能由 (I) 线性表示, 也不能由 (II) 线性表示

B. $\boldsymbol{\alpha}_n$ 不能由 (I) 线性表示, 但能由 (II) 线性表示

C. $\boldsymbol{\alpha}_n$ 能由 (I) 线性表示, 也能由 (II) 线性表示

D. $\boldsymbol{\alpha}_n$ 能由 (I) 线性表示, 但不能由 (II) 线性表示

22. 设 $\boldsymbol{A}$ 是 $m\times n$ 阶矩阵, 非齐次线性方程组 $\boldsymbol{Ax}=\boldsymbol{b}$, 则 (　　).

A. 当 $r(\boldsymbol{A})=m$ 时, $\boldsymbol{Ax}=\boldsymbol{b}$ 有解

B. 当 $r(\boldsymbol{A})=n$ 时, $\boldsymbol{Ax}=\boldsymbol{b}$ 有唯一解

C. 当 $m=n$ 时, $\boldsymbol{Ax}=\boldsymbol{b}$ 有唯一解

D. 当 $r(\boldsymbol{A})=r<n$ 时, $\boldsymbol{Ax}=\boldsymbol{b}$ 有无穷多解

23. 设 $\boldsymbol{A}$ 是 $m\times n$ 阶矩阵, $\boldsymbol{B}$ 是 $n\times m$ 阶矩阵, 则齐次线性方程组 $\boldsymbol{ABx}=0$ (　　).

A. 当 $n>m$ 时仅有零解 B. 当 $n>m$ 时必有非零解

C. 当 $m>n$ 时仅有零解 D. 当 $m>n$ 时必有非零解

24. 设 $\boldsymbol{A}=(\boldsymbol{\alpha}_1,\boldsymbol{\alpha}_2,\boldsymbol{\alpha}_3,\boldsymbol{\alpha}_4)$, 齐次线性方程组 $\boldsymbol{Ax}=\boldsymbol{0}$ 有通解 $k(1,0,1,2)^{\mathrm{T}}$, 则下列方程组中有非零解的是 (　　).

A. $(\boldsymbol{\alpha}_1,\boldsymbol{\alpha}_2,\boldsymbol{\alpha}_3)x=0$ B. $(\boldsymbol{\alpha}_1,\boldsymbol{\alpha}_2,\boldsymbol{\alpha}_4)x=0$

C. $(\boldsymbol{\alpha}_1,\boldsymbol{\alpha}_3,\boldsymbol{\alpha}_4)x=0$ D. $(\boldsymbol{\alpha}_2,\boldsymbol{\alpha}_3,\boldsymbol{\alpha}_4)x=0$

25. 设 $\boldsymbol{A}$ 是 $m\times n$ 阶矩阵且 $m\leqslant n$. 若 $\boldsymbol{Ax}=\boldsymbol{\beta}$ 对任意的 m 维向量 $\boldsymbol{\beta}$ 都有解, 则 (　　).

A. $r(\boldsymbol{A})=n$ B. $r(\boldsymbol{A})=m$

C. $r(\boldsymbol{A})>m$ D. $r(\boldsymbol{A})<m$

二、解答题

1. (2019, 数学二) 已知向量组 I: $\boldsymbol{\alpha}_1=(1,1,4)^{\mathrm{T}},\boldsymbol{\alpha}_2=(1,0,4)^{\mathrm{T}},\boldsymbol{\alpha}_3=(1,2,a^2+3)^{\mathrm{T}}$, II: $\boldsymbol{\beta}_1=(1,1,a+3)^{\mathrm{T}},\boldsymbol{\beta}_2=(0,2,1-a)^{\mathrm{T}},\boldsymbol{\beta}_3=(1,3,a^2+3)^{\mathrm{T}}$. 若向量组 I 与 II 不等价, 求 a 的值, 并将 $\boldsymbol{\beta}_3$ 用 $\boldsymbol{\alpha}_1,\boldsymbol{\alpha}_2,\boldsymbol{\alpha}_3$ 线性表示.

2. (2006, 数学三) 已知非齐次线性方程组

$$\begin{cases} x_1+\ \ x_2+\ \ x_3+\ \ x_4=-1 \\ 4x_1+3x_2+5x_3-\ \ x_4=-1 \\ ax_1+\ \ x_2+3x_3-bx_4=\ \ 1 \end{cases}$$

有且恰有 3 个线性无关的解.

(1) 证明方程组系数矩阵 $\boldsymbol{A}$ 的秩 $r(\boldsymbol{A})=2$;

(2) 求 a,b 的值及方程组的通解.

3. 设 $\boldsymbol{A}=\begin{pmatrix}\lambda & 1 & 1\\ 0 & \lambda-1 & 0\\ 1 & 1 & \lambda\end{pmatrix}, \boldsymbol{b}=\begin{pmatrix}a\\1\\1\end{pmatrix}$, 已知线性方程组 $\boldsymbol{Ax}=\boldsymbol{b}$ 存在两个不同的解. 求:

(1) λ, a;

(2) 方程组 $\boldsymbol{Ax}=\boldsymbol{b}$ 的通解.

4. 设 $\boldsymbol{A}=\begin{pmatrix}1 & a & 0 & 0\\ 0 & 1 & a & 0\\ 0 & 0 & 1 & a\\ a & 0 & 0 & 1\end{pmatrix}, \boldsymbol{b}=\begin{pmatrix}1\\-1\\0\\0\end{pmatrix}$. 已知线性方程组 $\boldsymbol{Ax}=\boldsymbol{b}$ 有无穷多解, 求 a, 并求 $\boldsymbol{Ax}=\boldsymbol{b}$ 的通解.

5. 已知线性方程组

$$\text{(I)}\ \begin{cases} a_{11}x_1+a_{12}x_2+\cdots+a_{1,2n}x_{2n}=0 \\ a_{21}x_1+a_{22}x_2+\cdots+a_{2,2n}x_{2n}=0 \\ \cdots\cdots \\ a_{n1}x_1+a_{n2}x_2+\cdots+a_{n,2n}x_{2n}=0 \end{cases}$$

的一个基础解系为

$$\begin{pmatrix}b_{11}\\b_{12}\\\vdots\\b_{1,2n}\end{pmatrix}, \begin{pmatrix}b_{21}\\b_{22}\\\vdots\\b_{2,2n}\end{pmatrix}, \cdots, \begin{pmatrix}b_{n1}\\b_{n2}\\\vdots\\b_{n,2n}\end{pmatrix}$$

试写出线性方程组

$$\text{(II)}\ \begin{cases} b_{11}x_1+b_{12}x_2+\cdots+b_{1,2n}x_{2n}=0 \\ b_{21}x_1+b_{22}x_2+\cdots+b_{2,2n}x_{2n}=0 \\ \cdots\cdots \\ b_{n1}x_1+b_{n2}x_2+\cdots+b_{n,2n}x_{2n}=0 \end{cases}$$

的通解, 并说明理由.

6. 设 $\boldsymbol{B}$ 是秩为 2 的 5×4 矩阵,

$$\boldsymbol{\alpha}_1=\begin{pmatrix}1\\1\\2\\3\end{pmatrix},\quad \boldsymbol{\alpha}_2=\begin{pmatrix}-1\\1\\4\\-1\end{pmatrix},\quad \boldsymbol{\alpha}_3=\begin{pmatrix}5\\-1\\-8\\9\end{pmatrix}$$

是齐次线性方程组 $\boldsymbol{Bx}=\mathbf{0}$ 的解向量. 求 $\boldsymbol{Bx}=\mathbf{0}$ 的解空间的一个标准正交基.

7. 设四元齐次线性方程组 (I) : $\begin{cases} x_1+x_2=0 \\ x_2-x_4=0 \end{cases}$. 又已知某齐次线性方程组 (II) 的通解为

$$k_1\begin{pmatrix}0\\1\\1\\0\end{pmatrix}+k_2\begin{pmatrix}-1\\2\\2\\1\end{pmatrix}$$

(1) 求线性方程组 (I) 的基础解系;

(2) 问线性方程组 (I) 和 (II) 是否有非零公共解? 若有, 则求出所有的非零公共解; 若没有, 请说明理由.

8. (1996, 数学三) 设 $\boldsymbol{\alpha}_1,\boldsymbol{\alpha}_2,\cdots,\boldsymbol{\alpha}_t$ 是齐次线性方程组 $\boldsymbol{Ax}=\mathbf{0}$ 的一个基础解系, 向量 $\boldsymbol{\beta}$ 不是 $\boldsymbol{Ax}=\mathbf{0}$ 的解, 即 $\boldsymbol{A\beta}\neq\mathbf{0}$. 证明 $\boldsymbol{\beta},\boldsymbol{\beta}+\boldsymbol{\alpha}_1,\boldsymbol{\beta}+\boldsymbol{\alpha}_2,\cdots,\boldsymbol{\beta}+\boldsymbol{\alpha}_t$ 线性无关.

9. 设 $\boldsymbol{\alpha}_1,\boldsymbol{\alpha}_2,\cdots,\boldsymbol{\alpha}_n\in\mathbf{R}^n$, 已知齐次线性方程组 $x_1\boldsymbol{\alpha}_1+x_2\boldsymbol{\alpha}_2+\cdots+x_n\boldsymbol{\alpha}_n=\mathbf{0}$ 只有零解, 问齐次线性方程组

$$x_1(\boldsymbol{\alpha}_1+\boldsymbol{\alpha}_2)+x_2(\boldsymbol{\alpha}_2+\boldsymbol{\alpha}_3)+\cdots+x_n(\boldsymbol{\alpha}_n+\boldsymbol{\alpha}_1)=\mathbf{0}$$

是否有非零解? 若有, 求出它的通解; 若没有, 请说明理由.

10. 设 $\boldsymbol{\alpha}_i\ (1\leqslant i\leqslant 4),\boldsymbol{\beta}$ 是四维列向量, 非齐次线性方程组 $x_1\boldsymbol{\alpha}_1+x_2\boldsymbol{\alpha}_2+x_3\boldsymbol{\alpha}_3+x_4\boldsymbol{\alpha}_4=\boldsymbol{\beta}$ 有通解 $\begin{pmatrix}4\\-1\\0\\3\end{pmatrix}+k\begin{pmatrix}-2\\3\\1\\0\end{pmatrix}$.

(1) $\boldsymbol{\beta}$ 能否由 $\boldsymbol{\alpha}_2,\boldsymbol{\alpha}_3,\boldsymbol{\alpha}_4$ 线性表示? 若能表示, 则求出表达式; 若不能, 请说明理由;

(2) $\boldsymbol{\alpha}_4$ 能否由 $\boldsymbol{\alpha}_1,\boldsymbol{\alpha}_2,\boldsymbol{\alpha}_3$ 线性表示? 请说明理由;

(3) 求线性方程组

$$(\boldsymbol{\alpha}_1+\boldsymbol{\beta},\boldsymbol{\alpha}_1,\boldsymbol{\alpha}_2,\boldsymbol{\alpha}_3,\boldsymbol{\alpha}_4)x=\boldsymbol{\beta}$$

的通解.

11. 求线性方程组

$$\begin{cases} x_1+x_2 \qquad\quad =0 \\ \qquad\ \ x_2-x_4=0 \end{cases} \quad 与 \quad \begin{cases} x_1-x_2+x_3 \qquad\quad =0 \\ \qquad\ \ x_2-x_3+x_4=0 \end{cases}$$

的公共解.

12. 求当 a,b,c,d 满足什么条件时, 下列线性方程组同解?

$$\begin{cases} x_1 \qquad\ +3x_3+5x_4=0 \\ x_1-x_2-2x_3+2x_4=0 \\ 2x_1-x_2-x_3+3x_4=0 \end{cases} \quad 与 \quad \begin{cases} x_1 \qquad\ +3x_3+5x_4=0 \\ x_1-x_2-2x_3+2x_4=0 \\ 2x_1-x_2-x_3+3x_4=0 \\ ax_1+bx_2+cx_3+dx_4=0 \end{cases}$$

13. 设 $\boldsymbol{A},\boldsymbol{B}$ 是 3×4 阶矩阵, $\boldsymbol{Ax}=\mathbf{0}$ 有基础解系 $\boldsymbol{\alpha}_1,\boldsymbol{\alpha}_2,\boldsymbol{\alpha}_3$, $\boldsymbol{Bx}=\mathbf{0}$ 有基础解系 $\boldsymbol{\beta}_1,\boldsymbol{\beta}_2$.

(1) 证明 $\boldsymbol{Ax}=\mathbf{0}$ 与 $\boldsymbol{Bx}=\mathbf{0}$ 有非零公共解;

(2) 若 $\boldsymbol{\alpha}_1=\begin{pmatrix}1\\-1\\2\\4\end{pmatrix},\boldsymbol{\alpha}_2=\begin{pmatrix}0\\3\\1\\2\end{pmatrix},\boldsymbol{\alpha}_3=\begin{pmatrix}1\\-2\\2\\0\end{pmatrix},\ \boldsymbol{\beta}_1=\begin{pmatrix}3\\0\\7\\14\end{pmatrix},\boldsymbol{\beta}_2=\begin{pmatrix}2\\1\\5\\10\end{pmatrix}$, 求 $\boldsymbol{Ax}=\mathbf{0}$ 与 $\boldsymbol{Bx}=\mathbf{0}$ 的非零公共解.

14. 设 $\boldsymbol{\alpha}_1,\boldsymbol{\alpha}_2,\boldsymbol{\beta}_1,\boldsymbol{\beta}_2$ 都是三维列向量, 且 $\boldsymbol{\alpha}_1,\boldsymbol{\alpha}_2$ 线性无关, $\boldsymbol{\beta}_1,\boldsymbol{\beta}_2$ 线性无关. 证明存在非零向量 γ, 使得 γ 既可以由 $\boldsymbol{\alpha}_1,\boldsymbol{\alpha}_2$ 线性表示又可以由 $\boldsymbol{\beta}_1,\boldsymbol{\beta}_2$ 线性表示.

第 2 章

线性变换与矩阵

线性变换是现代科技中应用最为广泛的一类变换. 数学分析中的微分变换、积分变换都是线性变换; 现代科技中使用的傅里叶变换、拉普拉斯变换等, 也都是线性变换: 计算机图形学中的标准变换如旋转、镜面反射、透视、投影、缩放等都是线性变换. 这些变换的研究打开了虚拟现实技术、电影特技、游戏制作等最新和最激动人心的应用的研究之门.

取定向量空间 $\mathbf{R}^n$ 的一组基, 则 $\mathbf{R}^n$ 上的线性变换可以用矩阵来表示. 线性变换的加法、数乘与乘法分别对应于对应矩阵的加法、数乘与乘法. 矩阵是现代数学最重要的基本概念之一, 是代数学的一个主要研究对象, 已成为数学研究及应用的重要工具. "矩阵"这个词最初由英国数学家西尔维斯特 (James Joseph Sylvester, 1814—1897) 首次提出, 英国数学家凯莱 (Cayley, 1821—1895) 则被公认为是矩阵论的创立者. 由于计算机与互联网的快速发展与应用, 社会生产与生活中的许多实际问题都可以通过离散化的数值计算得到定量的解决, 而线性代数 (特别是矩阵的数值分析理论) 作为处理离散问题的重要工具, 已成为从事数学研究和工程设计人员必备的数学基础.

2.1 线性变换

设 $\boldsymbol{S},\boldsymbol{T}$ 是两个非空集合. **映射** $\varphi:\boldsymbol{S}\to\boldsymbol{T}$ 是指一个对应法则, 使得对任意的 $\boldsymbol{\alpha}\in S$, 都存在唯一的 $\boldsymbol{\beta}\in T$ 与之对应, 记作 $\boldsymbol{\varphi}(\boldsymbol{\alpha})=\boldsymbol{\beta}$ 或 $\boldsymbol{\varphi}:\boldsymbol{\alpha}\mapsto\boldsymbol{\beta}$. 注意我们用 $\to$ 表示两个集合之间的对应, 而用 $\mapsto$ 表示元素之间的对应. 两个映射 $\varphi,\psi:S\to T$ 称为**相等的**, 如果 $\forall\boldsymbol{\alpha}\in S$, 都有 $\varphi(\boldsymbol{\alpha})=\psi(\boldsymbol{\alpha})$.

映射 $\varphi:S\to T$ 与映射 $\psi:T\to U$ 的**合成**定义为 $\psi\varphi:S\to U$, $(\psi\varphi)(\boldsymbol{\alpha})=\psi(\varphi(\boldsymbol{\alpha}))$. 映射的合成满足结合律.

集合 S 到自身的映射 $\sigma:S\to S$ 称为 S 的一个**变换**. 数学中的变换在物理上可看作对运动的描述. 例如: 描述质点运动的一元函数 $y=f(x)$ 可看作变换 $f:\mathbf{R}\to\mathbf{R},x\mapsto y$, 如 $\sin x$ 描述的是质点的简谐振动; 对一个平面图形的旋转、反射、切变等运动则需要变换 $\sigma:\mathbf{R}^2\to\mathbf{R}^2$ 来描述, 见例 2.1.1~2.1.6; 而对空间中一个物体运动的描述通常需要变换 $\sigma:\mathbf{R}^3\to\mathbf{R}^3$.

映射 $\varphi:V\to W$ 的**像集**与元素 $\beta\in W$ 的**原像集**分别定义为

$$\mathrm{Im}\,(\varphi)=\{\varphi(\alpha)\mid\alpha\in V\}\subseteq W,\quad \varphi^{-1}(\beta)=\{\alpha\in V\mid\varphi(\alpha)=\beta\}\subseteq V$$

特别地, 若 V,W 都是实数域 R 上的线性空间, 则 0 的原像集 $\varphi^{-1}(0)$ 也称作 φ 的**核**, 记作 $\mathrm{Ker}\,(\varphi)$, 如图 2.1.1 所示.

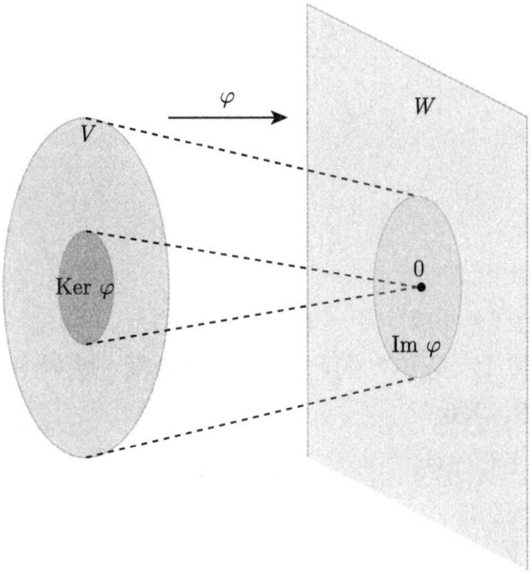

图 2.1.1

将线性方程组

$$\begin{cases} a_{11}x_1+a_{12}x_2+\cdots+a_{1n}x_n=b_1 \\ a_{21}x_1+a_{22}x_2+\cdots+a_{2n}x_n=b_2 \\ \cdots\cdots \\ a_{m1}x_1+a_{m2}x_2+\cdots+a_{mn}x_n=b_m \end{cases}$$

简记为 $\boldsymbol{Ax}=\boldsymbol{\beta}$, 其中

$$\boldsymbol{A}=\begin{pmatrix} a_{11} & a_{12} & \cdots & a_{1n} \\ a_{21} & a_{22} & \cdots & a_{2n} \\ \vdots & \vdots & & \vdots \\ a_{m1} & a_{m2} & \cdots & a_{mn} \end{pmatrix}, \quad \boldsymbol{x}=\begin{pmatrix} x_1 \\ x_2 \\ \vdots \\ x_n \end{pmatrix}, \quad \boldsymbol{\beta}=\begin{pmatrix} b_1 \\ b_2 \\ \vdots \\ b_m \end{pmatrix}$$

定义映射

$$\sigma_A:\mathbf{R}^n\to\mathbf{R}^m, \qquad \boldsymbol{\alpha}\mapsto\boldsymbol{A\alpha}.$$

设 $\boldsymbol{A}=(\boldsymbol{\alpha}_1,\boldsymbol{\alpha}_2,\cdots,\boldsymbol{\alpha}_n)$, 则 σ_A 的像集

$$\begin{aligned}\operatorname{Im}(\sigma_A)&=\{\boldsymbol{A\alpha}\mid\forall\boldsymbol{\alpha}=(a_1,a_2,\cdots,a_n)^{\mathrm{T}}\in\mathbf{R}^n\}\\&=\{a_1\boldsymbol{\alpha}_1+a_2\boldsymbol{\alpha}_2+\cdots+a_n\boldsymbol{\alpha}_n\mid a_1,a_2,\cdots,a_n\in\mathbf{R}\}\\&=\operatorname{span}(\boldsymbol{\alpha}_1,\boldsymbol{\alpha}_2,\cdots,\boldsymbol{\alpha}_n)=\operatorname{Col}(\boldsymbol{A})\end{aligned}$$

从而线性方程组 $\boldsymbol{Ax}=\boldsymbol{\beta}$ 有解当且仅当 $\boldsymbol{\beta}\in\operatorname{Im}(\sigma_A)$, 当且仅当 $\boldsymbol{\beta}\in\operatorname{Col}(\boldsymbol{A})$; 而且, 线性方程组 $\boldsymbol{Ax}=\boldsymbol{\beta}$ 的解集可看作是向量 $\boldsymbol{\beta}$ 的原像集

$$\sigma_A^{-1}(\boldsymbol{\beta})=\{x\in\mathbf{R}^n\mid\sigma_A(x)=\boldsymbol{\beta}\}$$

特别地, 齐次线性方程组 $\boldsymbol{Ax}=\mathbf{0}$ 的解空间恰好是 σ_A 的核 $\mathrm{Ker}(\sigma_A)$.

映射 σ_A 具有如下性质:

$$\begin{gathered}\forall x, y \in \mathbf{R}^n, \forall k \in \mathbf{R} \\ \sigma_A(x+y)=A(x+y)=Ax+Ay=\sigma_A(x)+\sigma_A(y) \\ \sigma_A(kx)=A(kx)=kAx=k\sigma_A(x)\end{gathered}$$

具有上述性质的映射称为线性映射. 更一般地, 我们有

定义 2.1.1 设 V 和 W 是 $\mathbf{R}^n$ 的两个线性子空间. 映射 $\sigma: V\rightarrow W$ 称为**线性映射**, 如果对 $\forall \boldsymbol{\alpha}, \boldsymbol{\beta} \in V, \forall k \in \mathbf{R}$, 满足

(1) $\sigma(\boldsymbol{\alpha}+\boldsymbol{\beta})=\sigma(\boldsymbol{\alpha})+\sigma(\boldsymbol{\beta})$;

(2) $\sigma(k\boldsymbol{\alpha})=k\sigma(\boldsymbol{\alpha})$.

如果 $W=V$, 则称 σ 为 V 上的**线性变换**.

例如, 给定 n 维向量 $\boldsymbol{\alpha}$, $\mathbf{R}^n$ 上的内积定义了从 $\mathbf{R}^n$ 到 $\mathbf{R}$ 的线性映射

$$\sigma_{\boldsymbol{\alpha}}: \mathbf{R}^n \rightarrow \mathbf{R},\ \boldsymbol{\beta} \mapsto (\boldsymbol{\alpha}, \boldsymbol{\beta})=\boldsymbol{\alpha}^{\mathrm{T}}\boldsymbol{\beta}$$

事实上, 对任意的 $\boldsymbol{\beta}_1, \boldsymbol{\beta}_2 \in \mathbf{R}^n$, $k \in \mathbf{R}$

$$\begin{aligned}\sigma_{\boldsymbol{\alpha}}(\boldsymbol{\beta}_1+\boldsymbol{\beta}_2)&=(\boldsymbol{\alpha}, \boldsymbol{\beta}_1+\boldsymbol{\beta}_2)=(\boldsymbol{\alpha}, \boldsymbol{\beta}_1)+(\boldsymbol{\alpha}, \boldsymbol{\beta}_2)=\sigma_{\boldsymbol{\alpha}}(\boldsymbol{\beta}_1)+\sigma_{\boldsymbol{\alpha}}(\boldsymbol{\beta}_2) \\ \sigma_{\boldsymbol{\alpha}}(k\boldsymbol{\beta}_1)&=(\boldsymbol{\alpha}, k\boldsymbol{\beta}_1)=k(\boldsymbol{\alpha}, \boldsymbol{\beta}_1)=k\sigma_{\boldsymbol{\alpha}}(\boldsymbol{\beta}_1)\end{aligned}$$

例 2.1.1 许多在科学和工程中出现的标量值函数都是由线性或仿射函数很好地逼近的. 图 2.1.2 桥梁设计中的垂度预测可以作为一个典型的例子. 假设一个钢结构桥梁, n 维向量 $\boldsymbol{w}$ 表示 n 个特定位置的桥上荷载的重量 (单位: t), 这些荷载将导致桥梁轻微变形 (移动和改变形状). 设 s 表示桥上特定点因荷载 $\boldsymbol{w}$ 而下垂的距离 (单位: mm).

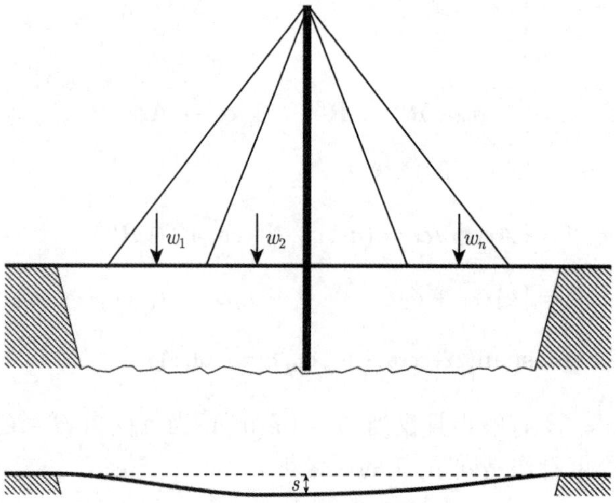

图 2.1.2

设计桥梁的承重能力时, 垂度很好地近似为线性函数 $s=f(\boldsymbol{w})$, 这个函数可以表示为一个内积 $s=(\boldsymbol{c},\boldsymbol{w})=c_1w_1+c_2w_2+\cdots+c_nw_n$, 其中向量 $\boldsymbol{c}=(c_1,c_2,\cdots,c_n)^{\mathrm{T}}$ 通过求解偏微分方程来计算, c_i (单位: mm/t) 称为顺应量, 表示垂度对第 i 个位置上施加的荷载的灵敏度; c_iw_i 表示由权重 w_i 引起的凹陷量.

在桥梁设计过程中, 一旦建桥, 可以使用公式

$$c_i=f(\boldsymbol{e}_i)\quad(i=1,2,\cdots,n)$$

来测量向量 $\boldsymbol{c}$. 当施加荷载 $\boldsymbol{w}=\boldsymbol{e}_i$ 时, 这意味着在桥梁的第一个荷载位置施加一吨荷载, 而在其他位置没有荷载. 然后我们可以测量凹陷, 也就是 c_1. 重复这个实验, 把一吨的负载移动到 $2,3,\cdots,n$ 的位置, 这就得到了系数 $c_2,c_3,\cdots,c_n$, 从而得到向量 $\boldsymbol{c}$. 所以我们现在可以预测在任何其他荷载作用下的凹陷. 为了检查测量值 (以及凹陷函数的线性度), 可以在其他更复杂的载荷下测量凹陷, 并在每种情况下将预测值 [即 $(\boldsymbol{c},\boldsymbol{w})$ 与实际测量的凹陷进行比较. 表 2.1.1 显示了 $n=3$ 时的实验, 每一行代表一个实验 (即放置荷载和测量垂度]. 在最后两行中, 我们使用线性函数和前三个实验中发现的系数来比较测量的凹陷和预测的凹陷.

表 2.1.1

w_1	w_2	w_3	凹陷测量值	凹陷预测值
1	0	0	0.12	—
0	1	0	0.31	—
0	0	1	0.26	—
0.3	1.1	0.3	0.481	0.479
1.5	0.8	1.2	0.736	0.740

实际上, 在科学和工程中使用的许多线性映射或线性变换都是由矩阵定义的, 例如: 几何学或计算机图形学中常见的旋转、反射、投影等变换; 材料力学中的切变变换等.

例 2.1.2　设 $\boldsymbol{A}=\begin{pmatrix}1&2\\2&1\end{pmatrix}$, 定义线性变换 $\sigma_A:\mathbf{R}^2\to\mathbf{R}^2,\quad x\mapsto \boldsymbol{Ax}$, 因为

$$\boldsymbol{A}\begin{pmatrix}0\\0\end{pmatrix}=\begin{pmatrix}0\\0\end{pmatrix},\quad \boldsymbol{A}\begin{pmatrix}1\\1\end{pmatrix}=\begin{pmatrix}3\\3\end{pmatrix},\quad \boldsymbol{A}\begin{pmatrix}1\\0\end{pmatrix}=\begin{pmatrix}1\\2\end{pmatrix}$$

所以线性变换 σ_A 将 ΔOPQ 映成 $\Delta OP'Q'$, 如图 2.1.3 所示.

例 2.1.3　类似地, 设 $\boldsymbol{A}=\begin{pmatrix}-1&0\\0&1\end{pmatrix}$, 则线性变换 $\sigma_A:\mathbf{R}^2\to\mathbf{R}^2,\quad x\mapsto \boldsymbol{Ax}$ 描述了平面 $\mathbf{R}^2$ 中关于 y 轴的反射, 如图 2.1.4 所示.

若 $\boldsymbol{A}=\begin{pmatrix}1&0\\0&-1\end{pmatrix}$, 则线性变换 $\sigma_A:\mathbf{R}^2\to\mathbf{R}^2,\quad x\mapsto \boldsymbol{Ax}$ 描述了平面 $\mathbf{R}^2$ 中关于 x 轴的反射, 如图 2.1.5 所示.

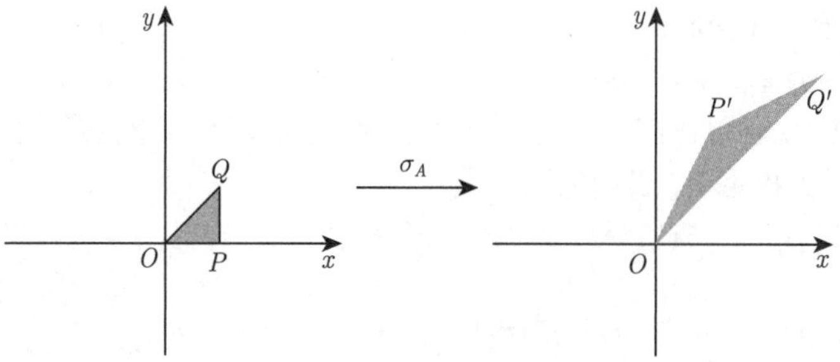

图 2.1.3

图 2.1.4

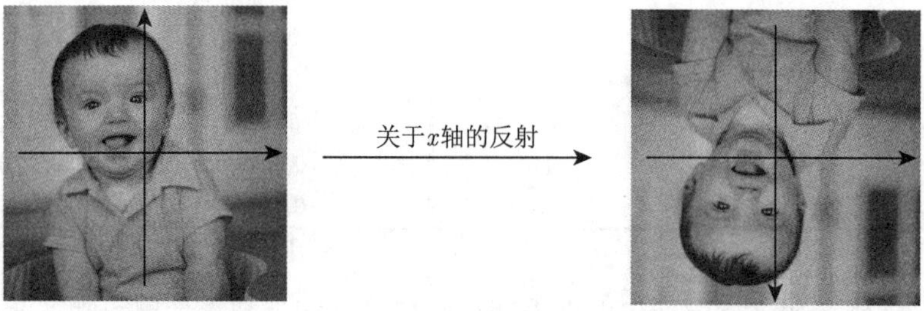

图 2.1.5

例 2.1.4 若 $\boldsymbol{A}=\begin{pmatrix}1.5 & 0\\ 0 & 2\end{pmatrix}$, 则线性变换 $\sigma_A:\mathbf{R}^2\to\mathbf{R}^2,\quad x\mapsto \boldsymbol{Ax}$ 描述了平面 $\mathbf{R}^2$ 中关于 x 轴放大 1.5 倍、关于 y 轴放大 2 倍的变换, 如图 2.1.6 所示.

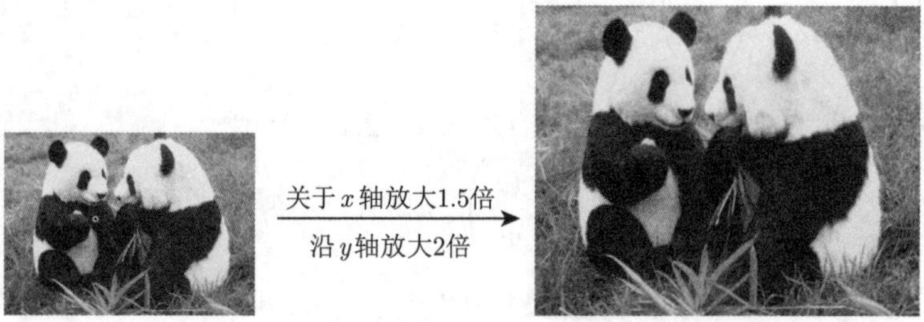

图 2.1.6

这个线性变换也将单位圆变成了椭圆, 如图 2.1.7 所示.

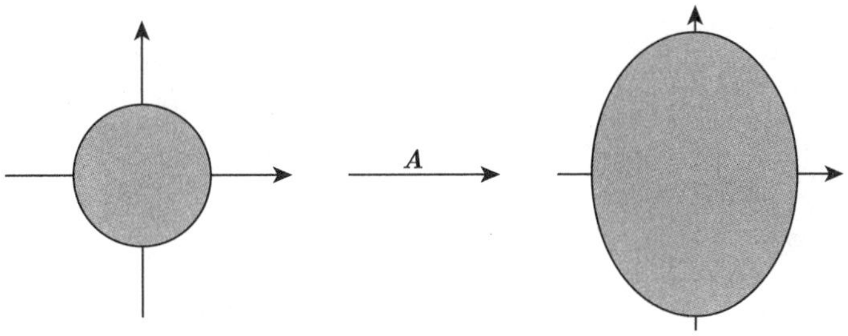

图 2.1.7

例 2.1.5　若 $\boldsymbol{A}=\begin{pmatrix}0&-1\\1&0\end{pmatrix}$, 则线性变换 $\sigma_A:\mathbf{R}^2\to\mathbf{R}^2,\quad x\mapsto \boldsymbol{Ax}$ 描述了平面 $\mathbf{R}^2$ 中绕原点逆时针旋转 90° 的变换, 如图 2.1.8 所示.

图 2.1.8

更一般地, 平面 $\mathbf{R}^2$ 中绕原点逆时针旋转 θ 的变换由下面矩阵定义.

$$\begin{pmatrix}\cos\theta & -\sin\theta\\ \sin\theta & \cos\theta\end{pmatrix}$$

例 2.1.6　$\boldsymbol{A}=\begin{pmatrix}1&1\\0&1\end{pmatrix}$, 则线性变换 $\sigma_A:\mathbf{R}^2\to\mathbf{R}^2,\quad x\mapsto \boldsymbol{Ax}$ 描述了平面 $\mathbf{R}^2$ 中的切变变换, 将 ΔOPQ 映成 $\Delta OPQ'$, 如图 2.1.9 所示.

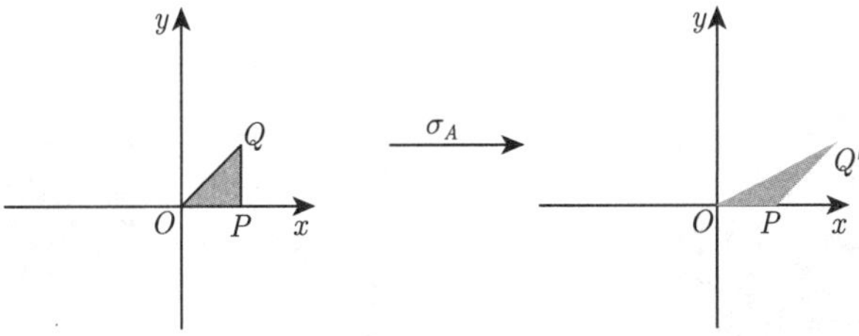

图 2.1.9

对图形的变换效果, 如图 2.1.10 所示.

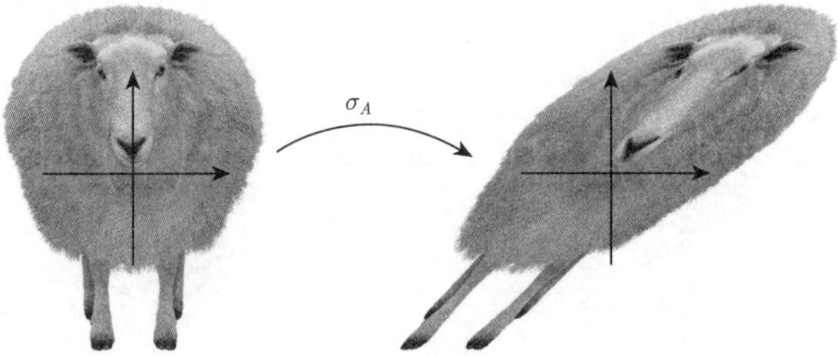

图 2.1.10

设 σ,τ 是 $\mathbf{R}^n$ 上的线性变换. 定义 σ 与 τ 的加法

$$\sigma+\tau:\mathbf{R}^n\to\mathbf{R}^n,\quad x\mapsto\sigma(x)+\tau(x)$$

以及对任意的 $k\in\mathbf{R}$, 定义 k 与 σ 的数乘

$$k\sigma:\mathbf{R}^n\to\mathbf{R}^n,\quad x\mapsto k\sigma(x)$$

则线性变换的加法与数乘满足

(1) $\sigma+\tau=\tau+\sigma$;

(2) $(\sigma+\tau)+\varphi=\sigma+(\tau+\varphi)$;

(3) $\mathscr{O}+\sigma=\sigma$;

(4) $\sigma+(-\sigma)=\mathscr{O}$;

(5) $1\sigma=\sigma$;

(6) $(kl)\sigma=k(l\sigma)$;

(7) $(k+l)\sigma=k\sigma+l\sigma$;

(8) $k(\sigma+\tau)=k\sigma+k\tau$.

其中 $\mathscr{O}:\mathbf{R}^n\to\mathbf{R}^n,\alpha\mapsto 0$ 是零变换, $k,l\in\mathbf{R}$.

进一步地, σ 与 τ 的乘法 $\sigma\tau$ 定义为映射的合成, 即

$$(\sigma\tau)(x)=\sigma\big(\tau(x)\big)\quad(\forall x\in\mathbf{R}^n)$$

不难验证线性变换的乘法满足

(1) $(\sigma\tau)\varphi=\sigma(\tau\varphi)$;

(2) $\sigma(\tau+\varphi)=\sigma\tau+\sigma\varphi$; $(\tau+\varphi)\sigma=\tau\sigma+\varphi\sigma$;

(3) $k(\sigma\tau)=(k\sigma)\tau=\sigma(k\tau)$.

但线性变换的乘法一般不满足交换律, 即 $\sigma\tau\neq\tau\sigma$. 如图 2.1.1 所示. 表达了线性变换 $\tau\sigma$,

图 2.1.11

其中 σ 表示逆时针旋转 $90°$, τ 表示关于 y 轴的反射. 然而 $\sigma\tau$ 表示的线性变换却是图 2.1.12, 最后的结果是不同的, 所以 $\sigma\tau \neq \tau\sigma$.

图 2.1.12

习　题　2.1

(A)

1. 证明映射

$$\begin{array}{cccc} \sigma: & \mathbf{R}^3 & \to & \mathbf{R}^3 \\ & \begin{pmatrix} x_1 \\ x_2 \\ x_3 \end{pmatrix} & \mapsto & \begin{pmatrix} x_1+x_2-x_3 \\ 2x_2-3x_3 \\ 2x_1-x_2+x_3 \end{pmatrix} \end{array}$$

是 $\mathbf{R}^3$ 的线性变换.

2. 设 $\boldsymbol{\gamma}$ 是一个 n 维列向量, σ 是沿 $\boldsymbol{\gamma}$ 的平移变换, 即 $\sigma: \mathbf{R}^n \to \mathbf{R}^n$, $\sigma(x) = x + \gamma$, $\forall \boldsymbol{x} \in \mathbf{R}^n$. 试判断 σ 是否为线性变换, 若是, 请给予证明; 若不是, 请说明理由.

2.2　线性变换的矩阵表示

在 2.1 节中我们已知, 任一 n 阶方阵都能定义 $\mathbf{R}^n$ 中的一个线性变换. 一个自然的问题是: $\mathbf{R}^n$ 中的每一个线性变换是否都是由矩阵定义的呢?

设 σ 是将平面 $\mathbf{R}^2$ 中的向量绕原点逆时针旋转 $30°$ 的线性变换, 如图 2.2.1 所示. 那么如何求 $\sigma\begin{pmatrix}2\\3\end{pmatrix}$ 呢? 我们取 $\mathbf{R}^2$ 的一组基 $\boldsymbol{e}_1 = \begin{pmatrix}1\\0\end{pmatrix}, \boldsymbol{e}_2 = \begin{pmatrix}0\\1\end{pmatrix}$, 则

$$\begin{cases} \sigma(\boldsymbol{e}_1) = \begin{pmatrix} \dfrac{\sqrt{3}}{2} \\ \dfrac{1}{2} \end{pmatrix} = \dfrac{\sqrt{3}}{2}\boldsymbol{e}_1 + \dfrac{1}{2}\boldsymbol{e}_2 \\ \sigma(\boldsymbol{e}_2) = \begin{pmatrix} -\dfrac{1}{2} \\ \dfrac{\sqrt{3}}{2} \end{pmatrix} = -\dfrac{1}{2}\boldsymbol{e}_1 + \dfrac{\sqrt{3}}{2}\boldsymbol{e}_2 \end{cases}$$

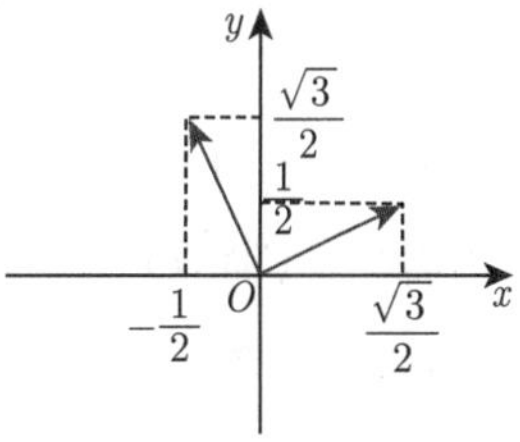

图 2.2.1

所以

$$[\sigma(\boldsymbol{e}_1),\sigma(\boldsymbol{e}_2)]=(\boldsymbol{e}_1,\boldsymbol{e}_2)\begin{pmatrix}\dfrac{\sqrt{3}}{2} & -\dfrac{1}{2}\\ \dfrac{1}{2} & \dfrac{\sqrt{3}}{2}\end{pmatrix}$$

从而

$$\sigma\begin{pmatrix}2\\3\end{pmatrix}=\sigma(2\boldsymbol{e}_1+3\boldsymbol{e}_2)=2\sigma(\boldsymbol{e}_1)+3\sigma(\boldsymbol{e}_2)=[\sigma(\boldsymbol{e}_1),\sigma(\boldsymbol{e}_2)]\begin{pmatrix}2\\3\end{pmatrix}$$

$$=(\boldsymbol{e}_1,\boldsymbol{e}_2)\begin{pmatrix}\dfrac{\sqrt{3}}{2} & -\dfrac{1}{2}\\ \dfrac{1}{2} & \dfrac{\sqrt{3}}{2}\end{pmatrix}\begin{pmatrix}2\\3\end{pmatrix}=(\boldsymbol{e}_1,\boldsymbol{e}_2)\begin{pmatrix}\sqrt{3}-\dfrac{3}{2}\\ 1+\dfrac{3\sqrt{3}}{2}\end{pmatrix}$$

这表明取定 $\mathbf{R}^2$ 的基 $\boldsymbol{e}_1,\boldsymbol{e}_2$ 后, 线性变换 σ 完全由它作用在基 $\boldsymbol{e}_1,\boldsymbol{e}_2$ 上所得的矩阵

$$\boldsymbol{A}=\begin{pmatrix}\dfrac{\sqrt{3}}{2} & -\dfrac{1}{2}\\ \dfrac{1}{2} & \dfrac{\sqrt{3}}{2}\end{pmatrix}$$

确定, 即 $\forall\boldsymbol{\alpha}\in\mathbf{R}^2,\sigma(\boldsymbol{\alpha})=\boldsymbol{A}\boldsymbol{\alpha}$. 因此, 矩阵 $\boldsymbol{A}$ 可以看作是线性变换 σ 的一种表示.

事实上, 所有的线性变换都可以由矩阵来表达. 我们有如下的定义:

定义 2.2.1 设 $\boldsymbol{\alpha}_1,\boldsymbol{\alpha}_2,\cdots,\boldsymbol{\alpha}_n$ 是 n 维线性空间 $\mathbf{R}^n$ 的一组基, σ 是 $\mathbf{R}^n$ 的一个线性变换. 设

$$\begin{cases}\sigma(\boldsymbol{\alpha}_1)=a_{11}\boldsymbol{\alpha}_1+a_{21}\boldsymbol{\alpha}_2+\cdots+a_{n1}\boldsymbol{\alpha}_n\\ \sigma(\boldsymbol{\alpha}_2)=a_{12}\boldsymbol{\alpha}_1+a_{22}\boldsymbol{\alpha}_2+\cdots+a_{n2}\boldsymbol{\alpha}_n\\ \qquad\cdots\cdots\\ \sigma(\boldsymbol{\alpha}_n)=a_{1n}\boldsymbol{\alpha}_1+a_{2n}\boldsymbol{\alpha}_2+\cdots+a_{nn}\boldsymbol{\alpha}_n\end{cases}$$

或简记为

$$\sigma(\boldsymbol{\alpha}_1,\boldsymbol{\alpha}_2,\cdots,\boldsymbol{\alpha}_n)=(\boldsymbol{\alpha}_1,\boldsymbol{\alpha}_2,\cdots,\boldsymbol{\alpha}_n)\boldsymbol{A},\quad \text{其中 } \boldsymbol{A}=\begin{pmatrix}a_{11} & a_{12} & \cdots & a_{1n}\\ a_{21} & a_{22} & \cdots & a_{2n}\\ \vdots & \vdots & & \vdots\\ a_{n1} & a_{n2} & \cdots & a_{nn}\end{pmatrix}$$

则矩阵 $\boldsymbol{A}$ 称为 σ **在基** $\boldsymbol{\alpha}_1,\boldsymbol{\alpha}_2,\cdots,\boldsymbol{\alpha}_n$ **下的矩阵**.

作为例子, 我们考虑二维情形下几何上常用的线性变换的矩阵表达.

例 2.2.1 **(缩放)** 设 σ 是将平面 $\mathbf{R}^2$ 中的向量沿 x 轴方向缩放 d_1 倍, 沿 y 轴方向缩放 d_2 倍的线性变换. 取 $\mathbf{R}^2$ 的标准基 $\boldsymbol{e}_1=\begin{pmatrix}1\\0\end{pmatrix},\boldsymbol{e}_2=\begin{pmatrix}0\\1\end{pmatrix}$. 因为

$$\sigma(\boldsymbol{e}_1)=d_1\boldsymbol{e}_1,\qquad \sigma(\boldsymbol{e}_2)=d_2\boldsymbol{e}_2$$

所以 σ 在基 $\boldsymbol{e}_1,\boldsymbol{e}_2$ 下的矩阵为

$$\begin{pmatrix} d_1 & 0 \\ 0 & d_2 \end{pmatrix}$$

若 $|d_i|<1$, 则表示图形的缩小; 若 $|d_i|>1$, 则表示图形的放大. 另外, 若 $d_i<0$, 则表示图形关于对应坐标轴的翻转.

例 2.2.2　**(旋转)** 设 σ 是将平面 $\mathbf{R}^2$ 中的向量绕原点逆时针旋转 θ 的线性变换, 取 $\mathbf{R}^2$ 的标准基 $\boldsymbol{e}_1=\begin{pmatrix}1\\0\end{pmatrix},\boldsymbol{e}_2=\begin{pmatrix}0\\1\end{pmatrix}$. 因为

$$\sigma(\boldsymbol{e}_1)=(\cos\theta)\boldsymbol{e}_1+(\sin\theta)\boldsymbol{e}_2,\qquad \sigma(\boldsymbol{e}_2)=(-\sin\theta)\boldsymbol{e}_1+(\cos\theta)\boldsymbol{e}_2$$

所以 σ 在基 $\boldsymbol{e}_1,\boldsymbol{e}_2$ 下的矩阵为

$$\begin{pmatrix} \cos\theta & -\sin\theta \\ \sin\theta & \cos\theta \end{pmatrix}$$

例 2.2.3　**(反射)** 设 l 是过原点且与 x 轴正向夹角为 θ 的直线, σ 是平面 $\mathbf{R}^2$ 中关于直线 l 的反射. 如图 2.2.1 所示.

因为

$$\sigma(\boldsymbol{e}_1)=(\cos 2\theta)\boldsymbol{e}_1+(\sin 2\theta)\boldsymbol{e}_2,\qquad \sigma(\boldsymbol{e}_2)=(\sin 2\theta)\boldsymbol{e}_1-(\cos 2\theta)\boldsymbol{e}_2$$

所以 σ 在基 $\boldsymbol{e}_1,\boldsymbol{e}_2$ 下的矩阵为

$$\begin{pmatrix} \cos 2\theta & \sin 2\theta \\ \sin 2\theta & -\cos 2\theta \end{pmatrix}$$

例 2.2.4　**(投影)** 设 l 是过原点且与 x 轴正向夹角为 θ 的直线, σ 是将平面 $\mathbf{R}^2$ 中的向量向直线 l 的投影变换. 如图 2.2.2 所示.

因为

$$\sigma(\boldsymbol{e}_1)=\frac{1}{2}(1+\cos 2\theta)\boldsymbol{e}_1+\frac{1}{2}(\sin 2\theta)\boldsymbol{e}_2,\qquad \sigma(\boldsymbol{e}_2)=\frac{1}{2}(\sin 2\theta)\boldsymbol{e}_1+\frac{1}{2}(1-\cos 2\theta)\boldsymbol{e}_2$$

所以 σ 在基 $\boldsymbol{e}_1,\boldsymbol{e}_2$ 下的矩阵为

$$\begin{pmatrix} \frac{1}{2}(1+\cos 2\theta) & \frac{1}{2}\sin 2\theta \\ \frac{1}{2}\sin 2\theta & \frac{1}{2}(1-\cos 2\theta) \end{pmatrix}$$

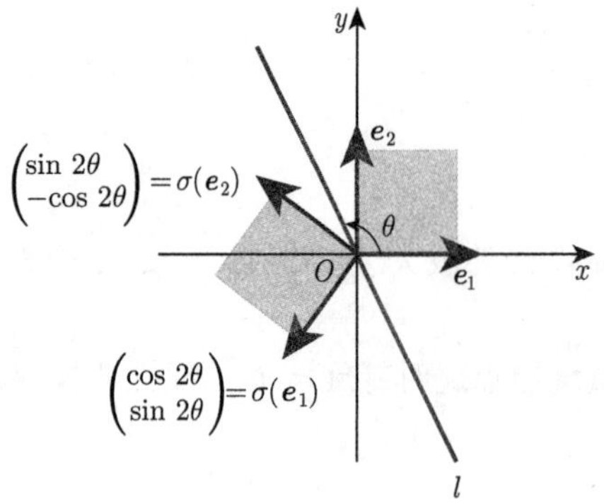

图 2.2.1

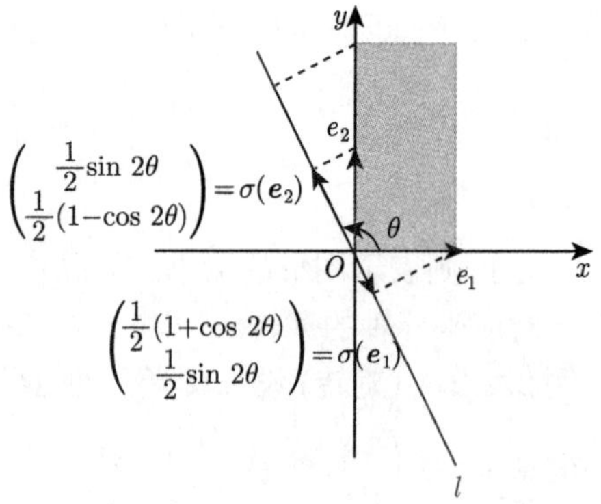

图 2.2.2

定理 2.2.1 设线性变换 σ 在基 $\boldsymbol{\alpha}_1, \boldsymbol{\alpha}_2, \cdots, \boldsymbol{\alpha}_n$ 下的矩阵是 $\boldsymbol{A}$. 若 $\boldsymbol{\xi}, \sigma(\boldsymbol{\xi})$ 在基 $\boldsymbol{\alpha}_1, \boldsymbol{\alpha}_2, \cdots, \boldsymbol{\alpha}_n$ 下的坐标分别为 $(x_1, x_2, \cdots, x_n)^{\mathrm{T}}$ 和 $(y_1, y_2, \cdots, y_n)^{\mathrm{T}}$, 则

$$\boldsymbol{A}\begin{pmatrix} x_1 \\ x_2 \\ \vdots \\ x_n \end{pmatrix} = \begin{pmatrix} y_1 \\ y_2 \\ \vdots \\ y_n \end{pmatrix}$$

证 由于

$$\begin{aligned}(\boldsymbol{\alpha}_1, \boldsymbol{\alpha}_2, \cdots, \boldsymbol{\alpha}_n)\begin{pmatrix} y_1 \\ y_2 \\ \vdots \\ y_n \end{pmatrix} &= \sigma(\boldsymbol{\xi}) = \sigma(\boldsymbol{\alpha}_1, \boldsymbol{\alpha}_2, \cdots, \boldsymbol{\alpha}_n)\begin{pmatrix} x_1 \\ x_2 \\ \vdots \\ x_n \end{pmatrix} \\ &= (\boldsymbol{\alpha}_1, \boldsymbol{\alpha}_2, \cdots, \boldsymbol{\alpha}_n)\boldsymbol{A}\begin{pmatrix} x_1 \\ x_2 \\ \vdots \\ x_n \end{pmatrix}\end{aligned}$$

即

$$(\boldsymbol{\alpha}_1, \boldsymbol{\alpha}_2, \cdots, \boldsymbol{\alpha}_n)\left[\begin{pmatrix} y_1 \\ y_2 \\ \vdots \\ y_n \end{pmatrix} - \boldsymbol{A}\begin{pmatrix} x_1 \\ x_2 \\ \vdots \\ x_n \end{pmatrix}\right] = \mathbf{0}$$

因为 $\boldsymbol{\alpha}_1, \boldsymbol{\alpha}_2, \cdots, \boldsymbol{\alpha}_n$ 线性无关, 所以

$$A\begin{pmatrix} x_1 \\ x_2 \\ \vdots \\ x_n \end{pmatrix} = \begin{pmatrix} y_1 \\ y_2 \\ \vdots \\ y_n \end{pmatrix}$$ □

设 σ, τ 是 $\mathbf{R}^n$ 上的线性变换, $\boldsymbol{\alpha}_1, \boldsymbol{\alpha}_2, \cdots, \boldsymbol{\alpha}_n$ 是 n 维线性空间 $\mathbf{R}^n$ 的一组基. 若

$$\begin{cases} \sigma(\boldsymbol{\alpha}_1, \boldsymbol{\alpha}_2, \cdots, \alpha_n) = (\boldsymbol{\alpha}_1, \boldsymbol{\alpha}_2, \cdots, \boldsymbol{\alpha}_n)\boldsymbol{A} \\ \tau(\boldsymbol{\alpha}_1, \boldsymbol{\alpha}_2, \cdots, \boldsymbol{\alpha}_n) = (\boldsymbol{\alpha}_1, \boldsymbol{\alpha}_2, \cdots, \boldsymbol{\alpha}_n)\boldsymbol{B} \end{cases} \tag{2.2.1}$$

则如何求 $\sigma+\tau, k\sigma$ 以及 $\sigma\tau$ 在 $\boldsymbol{\alpha}_1, \boldsymbol{\alpha}_2, \cdots, \boldsymbol{\alpha}_n$ 下的矩阵呢? 注意

$$\begin{aligned} (\sigma+\tau)(\boldsymbol{\alpha}_1, \boldsymbol{\alpha}_2, \cdots, \boldsymbol{\alpha}_n) &= \sigma(\boldsymbol{\alpha}_1, \boldsymbol{\alpha}_2, \cdots, \boldsymbol{\alpha}_n) + \tau(\boldsymbol{\alpha}_1, \boldsymbol{\alpha}_2, \cdots, \boldsymbol{\alpha}_n) \\ &= (\boldsymbol{\alpha}_1, \boldsymbol{\alpha}_2, \cdots, \boldsymbol{\alpha}_n)\boldsymbol{A} + (\boldsymbol{\alpha}_1, \boldsymbol{\alpha}_2, \cdots, \boldsymbol{\alpha}_n)B \\ &= (\boldsymbol{\alpha}_1, \boldsymbol{\alpha}_2, \cdots, \boldsymbol{\alpha}_n)(\boldsymbol{A}+\boldsymbol{B}) \\ (k\sigma)(\boldsymbol{\alpha}_1, \boldsymbol{\alpha}_2, \cdots, \boldsymbol{\alpha}_n) &= k\sigma(\boldsymbol{\alpha}_1, \boldsymbol{\alpha}_2, \cdots, \boldsymbol{\alpha}_n) \\ &= k(\boldsymbol{\alpha}_1, \boldsymbol{\alpha}_2, \cdots, \boldsymbol{\alpha}_n)\boldsymbol{A} \\ &= (\boldsymbol{\alpha}_1, \boldsymbol{\alpha}_2, \cdots, \boldsymbol{\alpha}_n)(k\boldsymbol{A}) \end{aligned}$$

所以 $\sigma+\tau, k\sigma$ 在基 $\boldsymbol{\alpha}_1, \boldsymbol{\alpha}_2, \cdots, \boldsymbol{\alpha}_n$ 下的矩阵分别为 $\boldsymbol{A}+\boldsymbol{B}, k\boldsymbol{A}$.

对于 $\sigma\tau$ 的矩阵表示, 这需要矩阵的乘法运算. 回忆一下公式 (1.4.4), 设 $m \times n$ 阶矩阵与 n 维向量 $\boldsymbol{\beta}$ 分别为

$$\boldsymbol{A} = \begin{pmatrix} a_{11} & a_{12} & \cdots & a_{1n} \\ a_{21} & a_{22} & \cdots & a_{2n} \\ \vdots & \vdots & & \vdots \\ a_{m1} & a_{m2} & \cdots & a_{mn} \end{pmatrix} = (\alpha_1, \alpha_2, \cdots, \alpha_n), \qquad \boldsymbol{\beta} = \begin{pmatrix} b_1 \\ b_2 \\ \vdots \\ b_n \end{pmatrix}$$

则 $\boldsymbol{A}$ 与 $\boldsymbol{\beta}$ 的乘积定义为

$$\boldsymbol{A\beta} = (\boldsymbol{\alpha}_1, \boldsymbol{\alpha}_2, \cdots, \boldsymbol{\alpha}_n)\begin{pmatrix} b_1 \\ b_2 \\ \vdots \\ b_n \end{pmatrix} = b_1\boldsymbol{\alpha}_1 + b_2\boldsymbol{\alpha}_2 + \cdots + b_n\boldsymbol{\alpha}_n$$

则由定义 1.4.5, 对于 $n \times s$ 阶矩阵 $\boldsymbol{B} = (\boldsymbol{\beta}_1, \boldsymbol{\beta}_2, \cdots, \boldsymbol{\beta}_s)$, 矩阵 $\boldsymbol{A}$ 与 $\boldsymbol{B}$ 的乘积定义为

$$\boldsymbol{AB} = \boldsymbol{A}(\boldsymbol{\beta}_1, \boldsymbol{\beta}_2, \cdots, \boldsymbol{\beta}_s) = (\boldsymbol{A\beta}_1, \boldsymbol{A\beta}_2, \cdots, \boldsymbol{A\beta}_s)$$

下面的定理给出了矩阵乘积的另一种刻画, 常作为矩阵乘法的等价定义.

定理2.2.2 设 $\boldsymbol{A}=(a_{ij}), \boldsymbol{B}=(b_{ij})$ 分别是 $m\times n$ 阶, $n\times s$ 阶矩阵. 则乘积 $\boldsymbol{AB}=(c_{ij})$ 是 $m\times s$ 阶矩阵, 且第 (i,j) 元素是 $\boldsymbol{A}$ 的第 i 行与 $\boldsymbol{B}$ 的第 j 列对应元素乘积之和, 即

$$c_{ij}=(a_{i1},a_{i2},\cdots,a_{in})\begin{pmatrix} b_{1j}\\ b_{2j}\\ \vdots\\ b_{nj}\end{pmatrix}=a_{i1}b_{ij}+a_{i2}b_{2j}+\cdots+a_{in}b_{nj}$$

证 由定义 1.4.5 可知, $\boldsymbol{AB}$ 的第 (i,j) 元素是向量 $\boldsymbol{A\beta}_j$ 的第 i 个分量. 记 $\boldsymbol{A},\boldsymbol{B}$ 的列向量分别为

$$\boldsymbol{\alpha}_k=\begin{pmatrix} a_{1k}\\ a_{2k}\\ \vdots\\ a_{mk}\end{pmatrix}(k=1,2,\cdots,n),\qquad \boldsymbol{\beta}_j=\begin{pmatrix} b_{1j}\\ b_{2j}\\ \vdots\\ b_{nj}\end{pmatrix}(j=1,2,\cdots,s)$$

则

$$\boldsymbol{A\beta}_j=b_{1j}\boldsymbol{\alpha}_1+b_{2j}\boldsymbol{\alpha}_2+\cdots+b_{nj}\boldsymbol{\alpha}_n=\begin{pmatrix} \sum\limits_{k=1}^{n}a_{1k}b_{kj}\\ \vdots\\ \sum\limits_{k=1}^{n}a_{ik}b_{kj}\\ \vdots\\ \sum\limits_{k=1}^{n}a_{mk}b_{kj}\end{pmatrix}$$

所以 $\boldsymbol{AB}$ 的第 (i,j) 元素是 $\sum\limits_{k=1}^{n}a_{ik}b_{kj}$. □

命题 2.2.1 矩阵的乘法满足以下运算律:

(1) 结合律: $(\boldsymbol{AB})\boldsymbol{C}=\boldsymbol{A}(\boldsymbol{BC})$;

(2) 分配律: $\boldsymbol{A}(\boldsymbol{B}+\boldsymbol{C})=\boldsymbol{AB}+\boldsymbol{AC}$, $(\boldsymbol{B}+\boldsymbol{C})\boldsymbol{D}=\boldsymbol{BD}+\boldsymbol{CD}$;

(3) 数乘结合律: $k(\boldsymbol{AB})=(k\boldsymbol{A})\boldsymbol{B}=\boldsymbol{A}(k\boldsymbol{B})$;

(4) 幺元律: $\boldsymbol{E}_m\boldsymbol{A}=\boldsymbol{AE}_n=\boldsymbol{A}$;

(5) $(\boldsymbol{AB})^{\mathrm{T}}=\boldsymbol{B}^{\mathrm{T}}\boldsymbol{A}^{\mathrm{T}}$.

证 只证明 (1) 和 (5), 其余类似可证.

(1) 设 $\boldsymbol{A}=(a_{ij})_{m\times n}$, $\boldsymbol{B}=(b_{ij})_{n\times s}$, $\boldsymbol{C}=(c_{ij})_{s\times t}$. 则 $\boldsymbol{AB}$ 的第 i 行为

$$\left(\sum_{k=1}^{n}a_{ik}b_{k1},\sum_{k=1}^{n}a_{ik}b_{k2},\cdots,\sum_{k=1}^{n}a_{ik}b_{ks}\right)$$

所以 $(\boldsymbol{AB})\boldsymbol{C}$ 的第 (i,j) 元素为

$$\left(\sum_{k=1}^{n}a_{ik}b_{k1},\sum_{k=1}^{n}a_{ik}b_{k2},\cdots,\sum_{k=1}^{n}a_{ik}b_{ks}\right)\begin{pmatrix}c_{1j}\\c_{2j}\\\vdots\\c_{sj}\end{pmatrix}$$

$$=\sum_{l=1}^{s}\left(\sum_{k=1}^{n}a_{ik}b_{kl}\right)c_{lj}=\sum_{l=1}^{s}\sum_{k=1}^{n}a_{ik}b_{kl}c_{lj}=\sum_{k=1}^{n}\sum_{l=1}^{s}a_{ik}b_{kl}c_{lj}$$

类似地, $\boldsymbol{A}(\boldsymbol{BC})$ 的第 (i,j) 元素为

$$(a_{i1},a_{i2},\cdots,a_{in})\begin{pmatrix}\sum\limits_{l=1}^{s}b_{1l}c_{lj}\\\sum\limits_{l=1}^{s}b_{2l}c_{lj}\\\vdots\\\sum\limits_{l=1}^{s}b_{nl}c_{lj}\end{pmatrix}=\sum_{k=1}^{n}a_{ik}\left(\sum_{l=1}^{s}b_{kl}c_{lj}\right)=\sum_{k=1}^{n}\sum_{l=1}^{s}a_{ik}b_{kl}c_{lj}$$

所以 $(\boldsymbol{AB})\boldsymbol{C}=\boldsymbol{A}(\boldsymbol{BC})$.

(5) 设 $\boldsymbol{A}=(a_{ij})_{m\times n}$, $\boldsymbol{B}=(b_{ij})_{n\times s}$. 则 $(\boldsymbol{AB})^{\mathrm{T}}$ 的第 (i,j) 元素为 $\boldsymbol{AB}$ 的第 (j,i) 元素

$$\sum_{k=1}^{n}a_{jk}b_{ki}$$

而 $\boldsymbol{B}^{\mathrm{T}}\boldsymbol{A}^{\mathrm{T}}$ 的第 (i,j) 元素为

$$(b_{1i},b_{2i},\cdots,b_{ni})\begin{pmatrix}a_{j1}\\a_{j2}\\\vdots\\a_{jn}\end{pmatrix}=\sum_{k=1}^{n}b_{ki}a_{jk}=\sum_{k=1}^{n}a_{jk}b_{ki}$$

所以 $(\boldsymbol{AB})^{\mathrm{T}}=\boldsymbol{B}^{\mathrm{T}}\boldsymbol{A}^{\mathrm{T}}$. □

矩阵的乘法不满足以下运算律:

(1) 交换律: $\boldsymbol{AB}\neq\boldsymbol{BA}$;

(2) 消去律: $\boldsymbol{A}\neq\boldsymbol{O},\boldsymbol{AB}=\boldsymbol{AC}\nRightarrow\boldsymbol{B}=\boldsymbol{C}$,

$\boldsymbol{A}\neq\boldsymbol{O},\boldsymbol{BA}=\boldsymbol{CA}\nRightarrow\boldsymbol{B}=\boldsymbol{C}$;

(3) 零因子: $\boldsymbol{A}\neq\boldsymbol{O},\boldsymbol{B}\neq\boldsymbol{O}$, 但 $\boldsymbol{AB}$ 可能为零矩阵.

例 2.2.5 设 $\boldsymbol{A}=\begin{pmatrix}1 & 1\\ -1 & -1\end{pmatrix}$, $\boldsymbol{B}=\begin{pmatrix}1 & -1\\ -1 & 1\end{pmatrix}$, 则

(1) $\boldsymbol{AB}=\boldsymbol{O}$, 但 $\boldsymbol{BA}=\begin{pmatrix}2 & 2\\ -2 & -2\end{pmatrix}$, $\boldsymbol{AB}\neq\boldsymbol{BA}$, 即交换律不成立;

(2) 显然, $\boldsymbol{A}\neq\boldsymbol{O}$, $\boldsymbol{AB}=\boldsymbol{AO}$, 但 $\boldsymbol{B}\neq\boldsymbol{O}$. 即消去律不成立;

(3) $\boldsymbol{A}\neq\boldsymbol{O},\boldsymbol{B}\neq\boldsymbol{O}$, 但 $\boldsymbol{AB}=\boldsymbol{O}$, $\boldsymbol{A},\boldsymbol{B}$ 称为零因子.

思考: (1) 给定矩阵 $\boldsymbol{A}$, 哪些矩阵与 $\boldsymbol{A}$ 乘法可交换?

(2) 消去律成立的充要条件是什么?

例 2.2.6 设 $\boldsymbol{E}_{ij},\boldsymbol{E}_{kl}$ 都是 $n\times n$ 阶基本矩阵, 则

$$\boldsymbol{E}_{ij}\boldsymbol{E}_{kl}=\begin{cases}\boldsymbol{E}_{il} & (j=k)\\ O & (j\neq k)\end{cases}$$

由式 (2.2.1), 有

$$\begin{aligned}(\sigma\tau)(\boldsymbol{\alpha}_1,\boldsymbol{\alpha}_2,\cdots,\boldsymbol{\alpha}_n)&=\sigma\Big[\tau(\boldsymbol{\alpha}_1,\boldsymbol{\alpha}_2,\cdots,\boldsymbol{\alpha}_n)\Big]\\&=\sigma\Big[(\boldsymbol{\alpha}_1,\boldsymbol{\alpha}_2,\cdots,\boldsymbol{\alpha}_n)\boldsymbol{B}\Big]\\&=\sigma(\boldsymbol{\alpha}_1,\boldsymbol{\alpha}_2,\cdots,\boldsymbol{\alpha}_n)\boldsymbol{B}\\&=(\boldsymbol{\alpha}_1,\boldsymbol{\alpha}_2,\cdots,\boldsymbol{\alpha}_n)\boldsymbol{AB}\end{aligned}$$

由例 2.2.6 可得如下定理.

定理 2.2.3 设线性变换 σ,τ 在 $\mathbf{R}^n$ 的基 $\boldsymbol{\alpha}_1,\boldsymbol{\alpha}_2,\cdots,\boldsymbol{\alpha}_n$ 下的矩阵分别为 $\boldsymbol{A},\boldsymbol{B}$. 则 $\sigma+\tau,k\sigma$ 以及 $\sigma\tau$ 在基 $\boldsymbol{\alpha}_1,\boldsymbol{\alpha}_2,\cdots,\boldsymbol{\alpha}_n$ 下的矩阵分别为 $\boldsymbol{A}+\boldsymbol{B},k\boldsymbol{A},\boldsymbol{AB}$.

定义 2.2.2 实数域 $\mathbf{R}$ 上的 n 阶方阵 $\boldsymbol{A}$ 的 r 次幂定义为

$$\boldsymbol{A}^r=\underbrace{\boldsymbol{AA}\cdots\boldsymbol{A}}_{r}$$

规定 $\boldsymbol{A}^0=\boldsymbol{E}_n$.

方阵的幂运算满足指数法则: $\boldsymbol{A}^r\boldsymbol{A}^s=\boldsymbol{A}^{r+s}$, $(\boldsymbol{A}^r)^s=\boldsymbol{A}^{rs}$.

习 题 2.2

(A)

1. 设线性变换

$$\begin{aligned}\sigma:\ \mathbf{R}^3 &\to \mathbf{R}^3\\ \begin{pmatrix}x_1\\x_2\\x_3\end{pmatrix}&\mapsto\begin{pmatrix}x_1+x_2-x_3\\2x_2-3x_3\\2x_1-x_2+x_3\end{pmatrix}\end{aligned}$$

(1) 求 σ 在基 $\boldsymbol{e}_1=(1,0,0)^{\mathrm{T}},\boldsymbol{e}_2=(0,1,0)^{\mathrm{T}},\boldsymbol{e}_3=(0,0,1)^{\mathrm{T}}$ 下的矩阵;

(2) 求 σ 在基 $\boldsymbol{\alpha}_1=(1,0,0)^{\mathrm{T}},\boldsymbol{\alpha}_2=(1,1,0)^{\mathrm{T}},\boldsymbol{\alpha}_3=(1,1,1)^{\mathrm{T}}$ 下的矩阵.

2. 设 $\boldsymbol{A}=\begin{pmatrix}1&-2&3\\-1&0&1\end{pmatrix}$, $\boldsymbol{B}=\begin{pmatrix}2&0&1\\0&-3&1\end{pmatrix}$. 求 $\boldsymbol{A}-\boldsymbol{B}$, $2\boldsymbol{A}-3\boldsymbol{B}$, $\boldsymbol{A}^{\mathrm{T}}\boldsymbol{B}$.

3. 对下述矩阵 $\boldsymbol{A}$, 计算 $\boldsymbol{A}^3$.

(1) $\boldsymbol{A}=\begin{pmatrix}\cos\theta&\sin\theta\\-\sin\theta&\cos\theta\end{pmatrix}$; (2) $\boldsymbol{A}=\begin{pmatrix}\lambda&1&0\\&\lambda&1\\&&\lambda\end{pmatrix}$;

(3) $\boldsymbol{A}=\begin{pmatrix}2&1&-1\\6&3&-3\\-4&-2&2\end{pmatrix}$.

4. 计算.

(1) 设 $\boldsymbol{A}=\begin{pmatrix}\lambda&1&0\\&\lambda&1\\&&\lambda\end{pmatrix}$, 求矩阵 $\boldsymbol{X}$ 使得 $\boldsymbol{AX}=\boldsymbol{XA}$.

(2) 设 $\boldsymbol{A}=\mathrm{diag}(a_1,a_2,\cdots,a_n),a_i\neq a_j(i\neq j)$, 求矩阵 $\boldsymbol{X}$ 使得 $\boldsymbol{AX}=\boldsymbol{XA}$.

5. 设 $\boldsymbol{\alpha}$ 是三维列向量, 若 $\boldsymbol{\alpha}\boldsymbol{\alpha}^{\mathrm{T}}=\begin{pmatrix}1&-1&1\\-1&1&-1\\1&-1&1\end{pmatrix}$, 求 $\boldsymbol{\alpha}^{\mathrm{T}}\boldsymbol{\alpha}$.

6. 设 $\boldsymbol{A}=(a_{ij})_{n\times n}$ 是 n 阶方阵, $\boldsymbol{E}_{ij}$ 是 n 阶基本矩阵, $\boldsymbol{e}_i$ 是 n 维标准单位向量. 对 $1\leqslant i,j,k,l\leqslant n$, 计算

(1) $\boldsymbol{e}_i\boldsymbol{A},\boldsymbol{A}\boldsymbol{e}_i,\boldsymbol{e}_i\boldsymbol{A}\boldsymbol{e}_j$; (2) $\boldsymbol{E}_{ij}\boldsymbol{A},\boldsymbol{A}\boldsymbol{E}_{ij},\boldsymbol{E}_{ij}\boldsymbol{A}\boldsymbol{E}_{kl}$.

(B)

7. 设 $\boldsymbol{\alpha}=(a_1,a_2,\cdots,a_n)^{\mathrm{T}}$ 是 n 维列向量, $\boldsymbol{A}=\boldsymbol{\alpha}\boldsymbol{\alpha}^{\mathrm{T}}$, 求 $\boldsymbol{A}^k$, k 是任意正整数.

8. 设 $\boldsymbol{A}=\begin{pmatrix}1&0&1\\0&2&0\\1&0&1\end{pmatrix}$, $n\geqslant 2$ 是正整数, 求 $\boldsymbol{A}^n-2\boldsymbol{A}^{n-1}$.

9. n 阶矩阵 $\boldsymbol{A}$ 称为对称矩阵, 如果 $\boldsymbol{A}^{\mathrm{T}}=\boldsymbol{A}$. 设 $\boldsymbol{A}$、$\boldsymbol{B}$ 是 n 阶对称矩阵. 证明: $\boldsymbol{AB}$ 是对称矩阵当且仅当 $\boldsymbol{AB}=\boldsymbol{BA}$.

10. n 阶矩阵 $\boldsymbol{A}$ 称为反对称矩阵, 如果 $\boldsymbol{A}^{\mathrm{T}}=-\boldsymbol{A}$. 证明: 任一 n 阶矩阵都可以写成一对称矩阵与一反对称矩阵之和.

(C)

11. 证明: 矩阵 $\boldsymbol{A}$ 与任意 n 阶矩阵可交换当且仅当 $\boldsymbol{A}=a\boldsymbol{E}_n,a\in\mathbf{R}$.

2.3 分块矩阵

现代科技或经济领域中使用的矩阵的阶数往往都是很大的, 例如, 互联网的网页排序算法中所用到的转移矩阵 $\boldsymbol{H}$ 往往是几百亿阶的超大型矩阵. 而且根据相关研究, 每个网页平均约与 10 个网页相链接, 因此 $\boldsymbol{H}$ 是一个每列大约有 10 个非零元的稀疏矩阵. 在实践中,

处理这样的矩阵常用分块矩阵与矩阵分解的方法. 而分块矩阵以及分块矩阵的初等变换则是线性代数中最重要的方法之一.

本节介绍处理高阶矩阵的常用技巧, 即矩阵的分块. 粗略地说, 就是根据需要, 用横 (虚) 线和竖 (虚) 线将矩阵分成若干小块, 每个小块都是一个 (子) 矩阵. 例如

$$\left(\begin{array}{ccc|cc} a_{11} & a_{12} & a_{13} & b_{11} & b_{12} \\ a_{21} & a_{22} & a_{23} & b_{21} & b_{22} \\ a_{31} & a_{32} & a_{33} & b_{31} & b_{32} \\ \hline c_{11} & c_{12} & c_{13} & d_{11} & d_{12} \\ c_{21} & c_{22} & c_{23} & d_{21} & d_{22} \end{array}\right) = \begin{pmatrix} \boldsymbol{A} & \boldsymbol{B} \\ \boldsymbol{C} & \boldsymbol{D} \end{pmatrix}$$

更一般地, 分块矩阵

$$\boldsymbol{B} = \begin{array}{c} m_1 \\ m_2 \\ \vdots \\ m_s \end{array} \begin{pmatrix} \boldsymbol{B}_{11} & \boldsymbol{B}_{12} & \cdots & \boldsymbol{B}_{1t} \\ \boldsymbol{B}_{21} & \boldsymbol{B}_{22} & \cdots & \boldsymbol{B}_{2t} \\ \vdots & \vdots & & \vdots \\ \boldsymbol{B}_{s1} & \boldsymbol{B}_{s2} & \cdots & \boldsymbol{B}_{st} \end{pmatrix}$$
$$\begin{array}{cccc} n_1 & n_2 & \cdots & n_t \end{array}$$

常称为 $\underline{m} \times \underline{n}$ 分块矩阵, 其中 $\underline{m} = (m_1, m_2, \cdots, m_s)$, $\underline{n} = (n_1, n_2, \cdots, n_t)$, $\boldsymbol{B}_{ij}$ 是 $m_i \times n_j$ $(i = 1, 2, \cdots, s, j = 1, 2, \cdots, t)$ 矩阵.

分块矩阵可以类似普通矩阵进行运算, 这时, 只需将每个子矩阵块看作普通矩阵的元素即可. 分块矩阵的运算有许多方便之处, 常常在分块之后, 矩阵间的相互关系将会看得更清楚. 为简便, 本节仅以 2×2 的分块矩阵为例, 介绍分块矩阵的运算.

设 $\boldsymbol{A} = \begin{pmatrix} \boldsymbol{A}_{11} & \boldsymbol{A}_{12} \\ \boldsymbol{A}_{21} & \boldsymbol{A}_{22} \end{pmatrix}$, $\boldsymbol{B} = \begin{pmatrix} \boldsymbol{B}_{11} & \boldsymbol{B}_{12} \\ \boldsymbol{B}_{21} & \boldsymbol{B}_{22} \end{pmatrix}$. 则对任意的 $k \in \mathbf{R}$, 分块矩阵的加法与数乘为

$$\boldsymbol{A} + \boldsymbol{B} = \begin{pmatrix} \boldsymbol{A}_{11} + \boldsymbol{B}_{12} & \boldsymbol{A}_{12} + \boldsymbol{B}_{12} \\ \boldsymbol{A}_{21} + \boldsymbol{B}_{21} & \boldsymbol{A}_{22} + \boldsymbol{B}_{22} \end{pmatrix}, \qquad k\boldsymbol{A} = \begin{pmatrix} k\boldsymbol{A}_{11} & k\boldsymbol{A}_{12} \\ k\boldsymbol{A}_{21} & k\boldsymbol{A}_{22} \end{pmatrix}$$

分块矩阵的乘法为

$$\boldsymbol{AB} = \begin{pmatrix} \boldsymbol{A}_{11}\boldsymbol{B}_{11} + \boldsymbol{A}_{12}\boldsymbol{B}_{21} & \boldsymbol{A}_{11}\boldsymbol{B}_{12} + \boldsymbol{A}_{12}\boldsymbol{B}_{22} \\ \boldsymbol{A}_{21}\boldsymbol{B}_{11} + \boldsymbol{A}_{22}\boldsymbol{B}_{21} & \boldsymbol{A}_{21}\boldsymbol{B}_{12} + \boldsymbol{A}_{22}\boldsymbol{B}_{22} \end{pmatrix}$$

以及分块矩阵的转置

$$\boldsymbol{A}^{\mathrm{T}} = \begin{pmatrix} \boldsymbol{A}_{11}^{\mathrm{T}} & \boldsymbol{A}_{21}^{\mathrm{T}} \\ \boldsymbol{A}_{12}^{\mathrm{T}} & \boldsymbol{A}_{22}^{\mathrm{T}} \end{pmatrix}$$

经常地, 将矩阵的每一行 (列) 看作一个子矩阵, 得到分块矩阵. 例如, 我们可以对矩阵 $\boldsymbol{A}$ 进行列分块

$$\boldsymbol{A}=\left(\begin{array}{c:c:c:c} a_{11} & a_{12} & \cdots & a_{1n} \\ a_{21} & a_{22} & \cdots & a_{2n} \\ \vdots & \vdots & & \vdots \\ a_{m1} & a_{m2} & \cdots & a_{mn} \end{array}\right)=(\boldsymbol{\alpha}_1,\boldsymbol{\alpha}_2,\cdots,\boldsymbol{\alpha}_n)$$

类似地, 也可以对矩阵 $\boldsymbol{A}$ 进行行分块

$$\boldsymbol{A}=\left(\begin{array}{cccc} a_{11} & a_{12} & \cdots & a_{1n} \\ \hdashline a_{21} & a_{22} & \cdots & a_{2n} \\ \hdashline \vdots & \vdots & & \vdots \\ \hdashline a_{m1} & a_{m2} & \cdots & a_{mn} \end{array}\right)=\begin{pmatrix} \gamma_1 \\ \gamma_2 \\ \vdots \\ \gamma_m \end{pmatrix}$$

对 $n\times l$ 阶矩阵 $\boldsymbol{B}$ 进行列分块

$$\boldsymbol{B}=\left(\begin{array}{c:c:c:c} b_{11} & b_{12} & \cdots & b_{1l} \\ b_{21} & b_{22} & \cdots & b_{2l} \\ \vdots & \vdots & & \vdots \\ b_{n1} & b_{n2} & \cdots & b_{nl} \end{array}\right)=(\boldsymbol{\beta}_1,\boldsymbol{\beta}_2,\cdots,\boldsymbol{\beta}_l)$$

事实上, 矩阵的乘法是利用分块矩阵的方式定义为

$$\boldsymbol{AB}=\boldsymbol{A}(\boldsymbol{\beta}_1,\boldsymbol{\beta}_2,\cdots,\boldsymbol{\beta}_l)=(\boldsymbol{A\beta}_1,\boldsymbol{A\beta}_2,\cdots,\boldsymbol{A\beta}_l)$$

根据定理 2.2.2, 矩阵的乘法也可以理解为

$$\boldsymbol{AB}=\begin{pmatrix} \gamma_1 \\ \gamma_2 \\ \vdots \\ \gamma_m \end{pmatrix}(\boldsymbol{\beta}_1,\boldsymbol{\beta}_2,\cdots,\boldsymbol{\beta}_l)=\begin{pmatrix} \gamma_1\boldsymbol{\beta}_1 & \gamma_1\boldsymbol{\beta}_2 & \cdots & \gamma_1\boldsymbol{\beta}_l \\ \gamma_2\boldsymbol{\beta}_1, & \gamma_2\boldsymbol{\beta}_2 & \cdots & \gamma_2\boldsymbol{\beta}_l \\ \vdots & \vdots & & \vdots \\ \gamma_m\boldsymbol{\beta}_1 & \gamma_m\boldsymbol{\beta}_2 & \cdots & \gamma_m\boldsymbol{\beta}_l \end{pmatrix}$$

称形如

$$\begin{pmatrix} \boldsymbol{A}_1 & & & \\ & \boldsymbol{A}_2 & & \\ & & \ddots & \\ & & & \boldsymbol{A}_s \end{pmatrix}$$

的分块矩阵为**准对角矩阵**, 或**分块对角矩阵**. 不难验证, 若 $\boldsymbol{A}_i,\boldsymbol{B}_i$ 均为同阶方阵, $i=$

$1, 2, \cdots, s$, 则

$$\begin{pmatrix} \boldsymbol{A}_1 & & & \\ & \boldsymbol{A}_2 & & \\ & & \ddots & \\ & & & \boldsymbol{A}_s \end{pmatrix}\begin{pmatrix} \boldsymbol{B}_1 & & & \\ & \boldsymbol{B}_2 & & \\ & & \ddots & \\ & & & \boldsymbol{B}_s \end{pmatrix} = \begin{pmatrix} \boldsymbol{A}_1\boldsymbol{B}_1 & & & \\ & \boldsymbol{A}_2\boldsymbol{B}_2 & & \\ & & \ddots & \\ & & & \boldsymbol{A}_s\boldsymbol{B}_s \end{pmatrix}.$$

习　题　2.3

(A)

1. 设 $\boldsymbol{A}, \boldsymbol{B}$ 是 n 阶方阵, 计算:

(1) $\begin{pmatrix} \boldsymbol{A} & \\ & \boldsymbol{B} \end{pmatrix}^k$ $(k \in \mathbf{N})$;　(2) $\begin{pmatrix} & \boldsymbol{A} \\ \boldsymbol{B} & \end{pmatrix}^2$.

2. 计算 $\begin{pmatrix} & \boldsymbol{E}_{n-1} \\ 1 & \end{pmatrix}^k$, $2 \leqslant k \leqslant n$.

(B)

3. 设 $\boldsymbol{A} = (a_i b_j)_{n\times n}$, 求 $\boldsymbol{A}^k$ $(k \in \mathbf{N})$.

4. 设

$$\boldsymbol{A} = \begin{pmatrix} a_1\boldsymbol{E}_1 & & & \\ & a_2\boldsymbol{E}_2 & & \\ & & \ddots & \\ & & & a_r\boldsymbol{E}_r \end{pmatrix}$$

其中: 当 $i \neq j$ 时, $a_i \neq a_j$; $\boldsymbol{E}_i$ 是 n_i 阶单位矩阵; $\sum\limits_{i=1}^{r} n_i = n$. 证明与 $\boldsymbol{A}$ 乘法可交换的矩阵只能是准对角矩阵

$$\begin{pmatrix} \boldsymbol{A}_1 & & & \\ & \boldsymbol{A}_2 & & \\ & & \ddots & \\ & & & \boldsymbol{A}_r \end{pmatrix}.$$

2.4　行　列　式

设 $\boldsymbol{A} = \begin{pmatrix} 4 & 1 \\ 2 & 3 \end{pmatrix}$, 则 $\boldsymbol{A}$ 定义 $\mathbf{R}^2$ 上的一个线性变换 $\sigma_A : \mathbf{R}^2 \to \mathbf{R}^2$, $x \mapsto \boldsymbol{A}\boldsymbol{x}$. 该线性变换将向量

$$\boldsymbol{e}_1 = \begin{pmatrix} 1 \\ 0 \end{pmatrix}, \ \boldsymbol{e}_2 = \begin{pmatrix} 0 \\ 1 \end{pmatrix} \quad 映成 \quad \boldsymbol{\alpha}_1 = \begin{pmatrix} 4 \\ 2 \end{pmatrix}, \ \boldsymbol{\alpha}_2 = \begin{pmatrix} 1 \\ 3 \end{pmatrix}$$

从而将 $\boldsymbol{e}_1, \boldsymbol{e}_2$ 张成的正方形

$$\{k_1\boldsymbol{e}_1 + k_2\boldsymbol{e}_2 \mid 0 \leqslant k_1, k_2 \leqslant 1\}$$

映成由 $\boldsymbol{\alpha}_1, \boldsymbol{\alpha}_2$ 张成的平行四边形

$$\{k_1\boldsymbol{\alpha}_1 + k_2\boldsymbol{\alpha}_2 \mid 0 \leqslant k_1, k_2 \leqslant 1\}$$

面积扩大了 10 倍, 如图 2.4.1 所示.

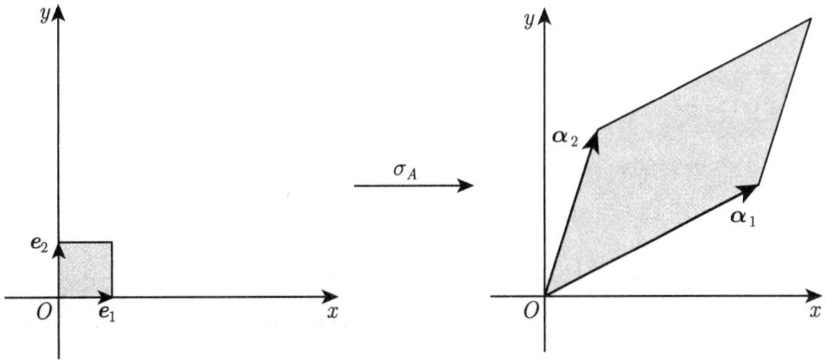

图 2.4.1

更一般地, 设 $\boldsymbol{A} = \begin{pmatrix} a_{11} & a_{12} \\ a_{21} & a_{22} \end{pmatrix}$, $\boldsymbol{\alpha}_1 = \begin{pmatrix} a_{11} \\ a_{21} \end{pmatrix}$, $\boldsymbol{\alpha}_2 = \begin{pmatrix} a_{12} \\ a_{22} \end{pmatrix}$. 由 $\boldsymbol{e}_1, \boldsymbol{e}_2$ 张成的正方形的面积为 1, 计算由 $\boldsymbol{\alpha}_1, \boldsymbol{\alpha}_2$ 张成的平行四边形的面积.

设 $\boldsymbol{\alpha}_1, \boldsymbol{\alpha}_2$ 与 x 轴的夹角分别为 θ, ϕ. 如图 2.4.2 所示.

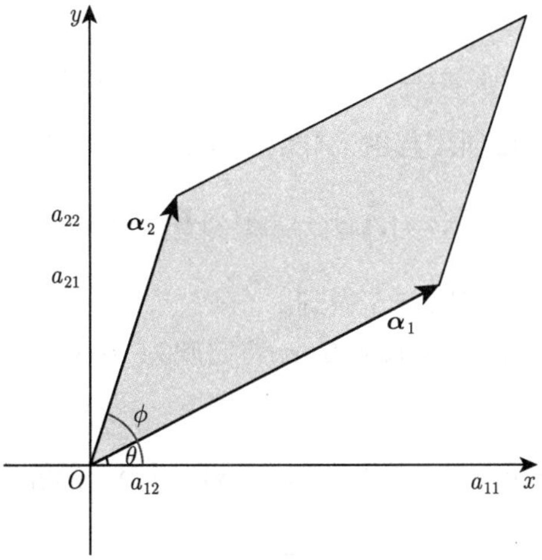

图 2.4.2

则该平行四边形的面积 $S(\boldsymbol{\alpha}_1, \boldsymbol{\alpha}_2) = \|\boldsymbol{\alpha}_1\| \, \|\boldsymbol{\alpha}_2\| \sin(\phi - \theta)$. 因为

$$\|\boldsymbol{\alpha}_1\| = \sqrt{a_{11}^2 + a_{21}^2}, \qquad \|\boldsymbol{\alpha}_2\| = \sqrt{a_{12}^2 + a_{22}^2}$$

$$\begin{aligned}\sin(\phi-\theta)&=\sin\phi\cos\theta-\cos\phi\sin\theta\\&=\frac{a_{22}}{\|\boldsymbol{\alpha}_2\|}\frac{a_{11}}{\|\boldsymbol{\alpha}_1\|}-\frac{a_{12}}{\|\boldsymbol{\alpha}_2\|}\frac{a_{21}}{\|\boldsymbol{\alpha}_1\|}\\&=\frac{a_{11}a_{22}-a_{12}a_{21}}{\|\boldsymbol{\alpha}_1\|\,\|\boldsymbol{\alpha}_2\|}\end{aligned}$$

所以

$$\begin{aligned}S(\boldsymbol{\alpha}_1,\boldsymbol{\alpha}_2)=\|\boldsymbol{\alpha}_1\|\,\|\boldsymbol{\alpha}_2\|\sin(\phi-\theta)=\|\boldsymbol{\alpha}_1\|\,\|\boldsymbol{\alpha}_2\|\cdot\frac{a_{11}a_{22}-a_{12}a_{21}}{\|\boldsymbol{\alpha}_1\|\,\|\boldsymbol{\alpha}_2\|}\\=a_{11}a_{22}-a_{12}a_{21}\end{aligned}\tag{2.4.1}$$

定义

$$|\boldsymbol{A}|=\begin{vmatrix}a_{11}&a_{12}\\a_{21}&a_{22}\end{vmatrix}=a_{11}a_{22}-a_{12}a_{21}$$

为二阶矩阵 $\boldsymbol{A}$ 的行列式. 则 $|\boldsymbol{A}|$ 既表示由 $\boldsymbol{\alpha}_1,\boldsymbol{\alpha}_2$ 张成的平行四边形的 (有向) 面积, 又表示线性变换 σ_A 将 $\boldsymbol{e}_1,\boldsymbol{e}_2$ 张成的正方形映成由 $\boldsymbol{\alpha}_1,\boldsymbol{\alpha}_2$ 张成的平行四边形的 (有向) 面积的缩放系数. 更恰切地, 我们有

命题 2.4.1 设线性变换 $\sigma:\mathbf{R}^2\to\mathbf{R}^2$ 在标准正交基 $\boldsymbol{e}_1,\boldsymbol{e}_2$ 下的矩阵是 $\boldsymbol{A}$. 若 S 是 $\mathbf{R}^2$ 中的一个平行四边形, 则

$$\sigma(S)\text{ 的面积}=|\boldsymbol{A}|\cdot S\text{ 的面积}$$

证 设 S 是由矩阵 $\boldsymbol{B}=(\boldsymbol{\beta}_1,\boldsymbol{\beta}_2)$ 的列向量 $\boldsymbol{\beta}_1,\boldsymbol{\beta}_2$ 张成的平行四边形, 即

$$S=\{k_1\boldsymbol{\beta}_1+k_2\boldsymbol{\beta}_2\mid 0\leqslant k_1\leqslant 1,0\leqslant k_2\leqslant 1\}$$

则

$$\sigma(S)=\{k_1\boldsymbol{A}\boldsymbol{\beta}_1+k_2\boldsymbol{A}\boldsymbol{\beta}_2\mid 0\leqslant k_1\leqslant 1,0\leqslant k_2\leqslant 1\}$$

即 S 的像 $\sigma(S)$ 也是平行四边形, 且由 $(\boldsymbol{A}\boldsymbol{\beta}_1,\boldsymbol{A}\boldsymbol{\beta}_2)=\boldsymbol{AB}$ 确定. 所以由式 (2.4.1) 知

$$\sigma(S)\text{ 的面积}=|\boldsymbol{AB}|=|\boldsymbol{A}|\cdot|\boldsymbol{B}|=|\boldsymbol{A}|\cdot S\text{ 的面积}$$

其中第二个等号可由后面的定理 2.5.5 得到.

对于 $\mathbf{R}^2$ 中的一般平行四边形 $\boldsymbol{\alpha}+S$, σ 将它映为 $\sigma(\boldsymbol{\alpha})+\sigma(S)$. 因为平移不改变一个图形的面积, 所以

$$\begin{aligned}\sigma(\boldsymbol{\alpha}+S)\text{ 的面积}&=\sigma(\boldsymbol{\alpha})+\sigma(S)\text{ 的面积}\\&=\sigma(S)\text{ 的面积}\\&=|\boldsymbol{A}|\cdot S\text{ 的面积}\\&=|\boldsymbol{A}|\cdot(\boldsymbol{\alpha}+S\text{ 的面积})\end{aligned}$$

因此命题对任意的平行四边形都成立. □

命题 2.4.1 表明二阶行列式既表示由它的列向量张成的平行四边形的 (有向) 面积, 又表示对应的二阶矩阵所定义的线性变换的缩放系数. 当 $n \geqslant 2$ 时, n 阶行列式是从 n 阶方阵的集合 $\mathbf{R}^{n\times n}$ 到 $\mathbf{R}$ 的函数

$$\det : \mathbf{R}^{n\times n} \to \mathbf{R}, \qquad \boldsymbol{A} \mapsto \det(\boldsymbol{A}) \text{ 或 } |\boldsymbol{A}|$$

现在我们回忆一下, 多元函数

$$f : \mathbf{R}\times\mathbf{R}\times\cdots\times\mathbf{R} \to \mathbf{R}, \qquad (x_1, x_2, \cdots, x_n) \mapsto f(x_1, x_2, \cdots, x_n)$$

的每个变量 x_i 都是实数, 如果将每个变量都换成向量 $\boldsymbol{\alpha}_i$, 那么函数 f 就称为多重向量函数. 如果将矩阵 $\boldsymbol{A} = (a_{ij})_{n\times n}$ 按列进行分块, 即

$$\boldsymbol{A} = \begin{pmatrix} a_{11} & a_{12} & \cdots & a_{1n} \\ a_{21} & a_{22} & \cdots & a_{2n} \\ \vdots & \vdots & & \vdots \\ a_{n1} & a_{n2} & \cdots & a_{nn} \end{pmatrix} = (\boldsymbol{\alpha}_1, \boldsymbol{\alpha}_2, \cdots, \boldsymbol{\alpha}_n)$$

则行列式 $\det(\boldsymbol{A}) = \det(\boldsymbol{\alpha}_1, \boldsymbol{\alpha}_2, \cdots, \boldsymbol{\alpha}_n)$ 是反对称多重线性函数, 即

定义 2.4.1 设 n 阶矩阵 $\boldsymbol{A} = (\alpha_1, \alpha_2, \cdots, \alpha_n)$, 如果多重向量函数

$$\begin{array}{rccc} \det : & \mathbf{R}^n \times \mathbf{R}^n \times \cdots \times \mathbf{R}^n & \to & \mathbf{R} \\ & (\boldsymbol{\alpha}_1, \boldsymbol{\alpha}_2, \cdots, \boldsymbol{\alpha}_n) & \mapsto & \det(\boldsymbol{\alpha}_1, \boldsymbol{\alpha}_2, \cdots, \boldsymbol{\alpha}_n) \end{array}$$

满足

(1) 反对称性: $\det(\boldsymbol{\alpha}_1, \cdots, \boldsymbol{\alpha}_i, \cdots, \boldsymbol{\alpha}_j, \cdots, \boldsymbol{\alpha}_n) = -\det(\boldsymbol{\alpha}_1, \cdots, \boldsymbol{\alpha}_j, \cdots, \boldsymbol{\alpha}_i, \cdots, \boldsymbol{\alpha}_n)$;

(2) 多重线性: $\det(\boldsymbol{\alpha}_1, \cdots, k\boldsymbol{\alpha}_i, \cdots, \boldsymbol{\alpha}_n) = k\det(\boldsymbol{\alpha}_1, \cdots, \boldsymbol{\alpha}_i, \cdots, \boldsymbol{\alpha}_n)$,

$\det(\boldsymbol{\alpha}_1, \cdots, \boldsymbol{\beta}_i + \boldsymbol{\gamma}_i, \cdots, \boldsymbol{\alpha}_n) = \det(\boldsymbol{\alpha}_1, \cdots, \boldsymbol{\beta}_i, \cdots, \boldsymbol{\alpha}_n) + \det(\boldsymbol{\alpha}_1, \cdots, \boldsymbol{\gamma}_i, \cdots, \boldsymbol{\alpha}_n)$;

(3) 规范性: $\det(\boldsymbol{e}_1, \boldsymbol{e}_2. \cdots, \boldsymbol{e}_n) = 1$.

则 $\det\,(\alpha_1, \alpha_2, \cdots, \alpha_n)$ 称为矩阵 $\boldsymbol{A}$ 的行列式, 记作 $\det\,(\boldsymbol{A})$.

行列式 $\det\,(\boldsymbol{A})$ 常记作 $|\boldsymbol{A}|$. 上述定义中也可对矩阵的行向量作类似的定义.

规范性表明单位矩阵 $\boldsymbol{E}_n$ 的行列式 $|\boldsymbol{E}_n| = 1$. 从而由定义 2.4.1的 (2) 知 $|a\boldsymbol{E}_n| = a^n$. 类似地, 将对角矩阵的第 j 列提取公因子 $a_j (1 \leqslant j \leqslant n)$, 得

$$\begin{vmatrix} a_1 & & & \\ & a_2 & & \\ & & \ddots & \\ & & & a_n \end{vmatrix} = a_1 a_2 \cdots a_n \cdot \begin{vmatrix} 1 & & & \\ & 1 & & \\ & & \ddots & \\ & & & 1 \end{vmatrix} = a_1 a_2 \cdots a_n$$

由定义 2.4.1 立即可得

推论 2.4.1 设 $\boldsymbol{A}$ 是 n 阶方阵, 则

(1) 如果矩阵 $\boldsymbol{A}$ 有一列为零, 那么行列式 $|\boldsymbol{A}|=0$;

(2) 如果矩阵 $\boldsymbol{A}$ 中有两列元素对应成比例, 那么行列式 $|\boldsymbol{A}|=0$;

(3) $|\boldsymbol{kA}|=k^n|\boldsymbol{A}|$.

由定义 2.4.1(2) 及推论 2.4.1(2) 可得

命题 2.4.2 将行列式第 i 列的 k 倍加到第 j 列, 行列式的值不变, 即

$$\det(\boldsymbol{\alpha}_1,\cdots,\boldsymbol{\alpha}_i,\cdots,\boldsymbol{\alpha}_j+k\boldsymbol{\alpha}_i,\cdots,\boldsymbol{\alpha}_n)=\det(\boldsymbol{\alpha}_1,\cdots,\boldsymbol{\alpha}_i,\cdots,\boldsymbol{\alpha}_j,\cdots,\boldsymbol{\alpha}_n)$$

利用行列式的定义以及上述性质, 可以计算某些行列式.

例 2.4.1 计算三阶行列式

$$D=\begin{vmatrix} 2 & -3 & 8 \\ 15 & -7 & 42 \\ 702 & 497 & 1008 \end{vmatrix}$$

解 由行列式的性质, 可得

$$\begin{aligned} D&=\begin{vmatrix} 2 & -3 & 8 \\ 15 & -7 & 42 \\ 700+2 & 500-3 & 1000+8 \end{vmatrix} \\ &=\begin{vmatrix} 2 & -3 & 8 \\ 15 & -7 & 42 \\ 700 & 500 & 1000 \end{vmatrix}+\begin{vmatrix} 2 & -3 & 8 \\ 15 & -7 & 42 \\ 2 & -3 & 8 \end{vmatrix} \\ &=100\cdot\begin{vmatrix} 2 & -3 & 8 \\ 15 & -7 & 42 \\ 7 & 5 & 10 \end{vmatrix} \xlongequal{r_1\cdot(-4)+r_2} 100\cdot\begin{vmatrix} 2 & -3 & 8 \\ 7 & 5 & 10 \\ 7 & 5 & 10 \end{vmatrix}=0 \end{aligned}$$

习 题 2.4

(A)

1. 设 $\boldsymbol{\alpha},\boldsymbol{\beta},\boldsymbol{\gamma}_1,\boldsymbol{\gamma}_2$ 都是三维列向量, $\boldsymbol{A}=(\boldsymbol{\alpha},\boldsymbol{\gamma}_1,\boldsymbol{\gamma}_2)$, $\boldsymbol{B}=(\boldsymbol{\beta},\boldsymbol{\gamma}_1,\boldsymbol{\gamma}_2)$. 已知 $|\boldsymbol{A}|=5,|\boldsymbol{B}|=2$, 求 $|\boldsymbol{A}+\boldsymbol{B}|$.

2. 设 $\boldsymbol{\alpha},\boldsymbol{\beta},\boldsymbol{\gamma}_1,\boldsymbol{\gamma}_2,\boldsymbol{\gamma}_3$ 都是四维列向量, $\boldsymbol{A}=(\boldsymbol{\alpha},\boldsymbol{\gamma}_1,\boldsymbol{\gamma}_2,\boldsymbol{\gamma}_3)$, $\boldsymbol{B}=(\boldsymbol{\beta},\boldsymbol{\gamma}_1,\boldsymbol{\gamma}_2,\boldsymbol{\gamma}_3)$. 已知 $|\boldsymbol{A}|=3,|\boldsymbol{B}|=-1$, 求 $|\boldsymbol{A}+2\boldsymbol{B}|$.

3. 计算行列式

(1) $\begin{vmatrix} 246 & 427 & 327 \\ 1014 & 543 & 443 \\ -342 & 721 & 621 \end{vmatrix}$; (2) $\begin{vmatrix} 3 & 1 & 1 & 1 \\ 1 & 3 & 1 & 1 \\ 1 & 1 & 3 & 1 \\ 1 & 1 & 1 & 3 \end{vmatrix}$.

(B)

4. 设

$$f(x)=\begin{vmatrix} a_{11}+x & a_{12}+x & a_{13}+x & a_{14}+x \\ a_{21}+x & a_{22}+x & a_{23}+x & a_{24}+x \\ a_{31}+x & a_{32}+x & a_{33}+x & a_{34}+x \\ a_{41}+x & a_{42}+x & a_{43}+x & a_{44}+x \end{vmatrix}$$

求多项式 $f(x)$ 可能的最高次数.

2.5 行列式的等价定义

因为定义 2.4.1 比较抽象, 没有给出行列式函数的解析表达式, 所以不方便用来计算行列式, 下面我们将给出行列式的一个更具体的刻画, 可作为行列式的等价定义. 粗略地说, 矩阵 $\boldsymbol{A}=(a_{ij})_{n\times n}$ 的行列式是 $\boldsymbol{A}$ 的所有不同行、不同列的 n 个元素乘积的代数和. 矩阵 $\boldsymbol{A}$ 的所有不同行、不同列的 n 个元素的取法共有 $n!$ 种, A 的行列式就是这 $n!$ 项乘积的代数和, 而这 $n!$ 个乘积项的符号由法国数学家贝祖首先系统地给出, 这需要讨论 n 级排列的相关知识.

定义 2.5.1 由 $1,2,\cdots,n$ 组成的一个有序数组称为一个 n 级**排列**.

所有 n 级排列的集合记作 S_n, 则 S_n 所含排列的个数 $|S_n|=n\cdot(n-1)\cdot(n-2)\cdots2\cdot1=n!$. 例如, $S_2=\{12,21\}$, $S_3=\{123,132,213,231,312,321\}$.

定义 2.5.2 在一个排列 $j_1j_2\cdots j_n$ 中, 如果一个数对 (j_kj_l) 的前后位置与大小顺序相反, 即前面的数 j_k 大于后面的数 j_l, 那么它们就被称为一个**逆序**. 一个排列 $j_1j_2\cdots j_n$ 中逆序的总数就称为这个排列的逆序数, 记作 $\tau(j_1j_2\cdots j_n)$.

逆序数为偶数的排列称为**偶排列**; 逆序数为奇数的排列称为**奇排列**.

例如, 五级排列 35412 的逆序数 $\tau(35412)=7$, 是奇排列; 而自然排列 $123\cdots n$ 的逆序数 $\tau(123\cdots n)=0$, 是偶排列.

在一个排列中将某两个数的位置互换的操作称为一个**对换**. 例如, 在五级排列 35412 中对换 3, 5 得到排列 53412.

定理 2.5.1 对换改变排列的奇偶性.

证 首先考虑对换的两个数相邻的情形, 即

$$\cdots jk\cdots\longrightarrow\cdots kj\cdots$$

设 $i\neq j,k$, 若 i 与 j,k 在前面的排列中 (不) 构成逆序, 则在后面的排列中仍 (不) 构成逆序. 若 $j>k$, 则对换后逆序数减少 1; 若 $j<k$, 则对换后逆序数增加 1. 故这种对换改变排列的奇偶性.

考虑一般的情形

$$\cdots ji_1i_2\cdots i_sk\cdots\longrightarrow\cdots ki_1i_2\cdots i_sj\cdots$$

显然, 这个对换可经过一系列相邻的对换来实现

$$\begin{array}{ccc}
\cdots j i_1 i_2 \cdots i_s k \cdots & \longrightarrow & \cdots k i_1 i_2 \cdots i_s j \cdots \\
\downarrow & & \uparrow \\
\cdots i_1 j i_2 \cdots i_s k \cdots & & \cdots i_1 k i_2 \cdots i_s j \cdots \\
\downarrow & & \uparrow \\
\cdots i_1 i_2 j \cdots i_s k \cdots & & \cdots i_1 i_2 k \cdots i_s j \cdots \\
\downarrow & & \uparrow \\
\vdots & & \vdots \\
\downarrow & & \uparrow \\
\cdots i_1 i_2 \cdots j i_s k \cdots & & \cdots i_1 i_2 \cdots k i_s j \cdots \\
\downarrow & & \uparrow \\
\cdots i_1 i_2 \cdots i_s j k \cdots & \longrightarrow & \cdots i_1 i_2 \cdots i_s k j \cdots
\end{array}$$

这个过程共经过 $2s+1$ 次相邻对换, 因而排列的奇偶性改变了 $2s+1$ 次, 所以这种 (不相邻) 对换也改变排列的奇偶性. □

推论 2.5.1 在所有的 n 级排列中, 奇偶排列的个数相等, 各有 $n!/2$ 个.

证 假设奇排列有 s 个, 偶排列有 t 个. 如图 2.5.1 所示, 将奇排列的前两个数字对换, 得到 s 个偶排列, 故 $s \leqslant t$; 同理可证 $t \leqslant s$, 即 $s = t = n!/2$.

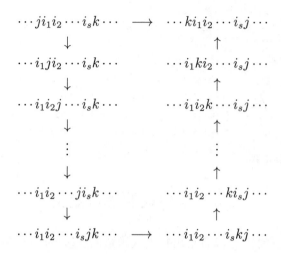

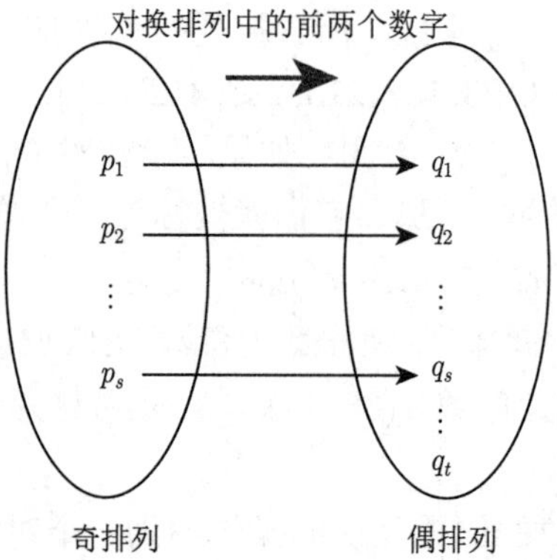

图 2.5.1

定理 2.5.2 任意一个 n 级排列 $i_1 i_2 \cdots i_n$ 与自然排列 $12\cdots n$ 都可以经过一系列对换互变, 并且所作对换的个数与这个排列有相同的奇偶性.

证 对级数 n 作数学归纳法. $n=1$ 显然, 假设对 $n-1$ 级排列结论成立, 考虑 n 级排列 $i_1 i_2 \cdots i_n$.

如果 $i_n = n$, 那么由归纳假设, $n-1$ 级排列 $i_1 i_2 \cdots i_{n-1}$ 可以经过一系列对换变为 $12\cdots(n-1)$, 于是这一系列对换也将 $i_1 i_2 \cdots i_n = i_1 i_2 \cdots i_{n-1} n$ 变为 $12\cdots(n-1)n$.

若 $i_n \neq n$, 则先将 i_n 与 n 作对换, 将排列 $i_1 i_2 \cdots i_n$ 变为 $j_1 j_2 \cdots j_{n-1} n$, 从而归结为上一情形. 因而结论普遍成立.

类似地, 排列 $12\cdots n$ 也可经一系列对换变为 $i_1 i_2 \cdots i_n$. 由于 $12\cdots n$ 是偶排列, 所以由定理 2.5.1 可知, 所作对换的个数与排列 $i_1 i_2 \cdots i_n$ 有相同的奇偶性. □

下面的定理给出了行列式的一个具体刻画, 可以看作行列式函数的解析表达式, 常作为行列式的等价定义.

定理 2.5.3 n 阶矩阵 $\boldsymbol{A}=(a_{ij})_{n\times n}$ 的行列式

$$\begin{vmatrix} a_{11} & a_{12} & \cdots & a_{1n} \\ a_{21} & a_{22} & \cdots & a_{2n} \\ \vdots & \vdots & & \vdots \\ a_{n1} & a_{n2} & \cdots & a_{nn} \end{vmatrix} = \sum_{i_1i_2\cdots i_n\in S_n} (-1)^{\tau(i_1i_2\cdots i_n)} a_{i_11}a_{i_22}\cdots a_{i_nn} \tag{2.5.1}$$

证 设 $\boldsymbol{\alpha}_j$ 表示 $\boldsymbol{A}$ 的第 j 列, $j=1,2,\cdots,n$. 则 $\boldsymbol{\alpha}_j=\sum\limits_{i=1}^{n}a_{ij}e_i$. 由定义 2.4.1(1) 知, 如果 $\boldsymbol{A}$ 有两列相等, 那么 $\det(\boldsymbol{A})=0$. 由定义 2.4.1(2) 可得

$$\begin{aligned}\det(\boldsymbol{A}) &= \det(\boldsymbol{\alpha}_1,\cdots,\boldsymbol{\alpha}_j,\cdots,\boldsymbol{\alpha}_n) \\ &= \det\left(\sum_{i=1}^{n}a_{i1}\boldsymbol{e}_i,\cdots,\sum_{i=1}^{n}a_{ij}\boldsymbol{e}_i,\cdots,\sum_{i=1}^{n}a_{in}\boldsymbol{e}_i\right) \\ &= \sum_{i_1i_2\cdots i_n\in S_n} a_{i_11}a_{i_22}\cdots a_{i_nn}\det(\boldsymbol{e}_{i_1},\boldsymbol{e}_{i_2},\cdots,\boldsymbol{e}_{i_n})\end{aligned}$$

由定理 2.5.2 及定义 2.4.1(1)、定义 2.4.1(3) 可得

$$\det(\boldsymbol{e}_{i_1},\boldsymbol{e}_{i_2},\cdots,\boldsymbol{e}_{i_n}) = (-1)^{\tau(i_1i_2\cdots i_n)}\det(\boldsymbol{e}_1,\boldsymbol{e}_2,\cdots,\boldsymbol{e}_n) = (-1)^{\tau(i_1i_2\cdots i_n)}$$

所以

$$\det(\boldsymbol{A}) = \sum_{i_1i_2\cdots i_n\in S_n} (-1)^{\tau(i_1i_2\cdots i_n)} a_{i_11}a_{i_22}\cdots a_{i_nn}$$ □

注 行列式最初由日本数学家关孝和与德国数学家莱布尼茨提出. 关孝和于 1683 年在其著作《解伏题之法》中第一次提出行列式的概念与展开算法; 莱布尼茨于 1692 年 4 月在写给洛必达的一封信中使用了行列式. 1750 年, 瑞士数学家克拉默在其著作《线性代数分析导言》中对行列式的定义及展开法则给出较完整、明确的叙述, 并给出克拉默法则的定理 (见定理 2.8.2). 随后, 贝祖对行列式定义式中每一项的符号进行系统化处理, 并利用行列式给出齐次线性方程组有非零解的充要条件.

根据定理 2.5.3, 一阶矩阵 $\boldsymbol{A}=(a)$ 的行列式 $|a|=a$; 二阶矩阵的行列式

$$\begin{vmatrix} a_{11} & a_{12} \\ a_{21} & a_{22} \end{vmatrix} = a_{11}a_{22}-a_{12}a_{21}$$

类似地, 三阶矩阵的行列式

$$\begin{vmatrix} a_{11} & a_{12} & a_{13} \\ a_{21} & a_{22} & a_{23} \\ a_{31} & a_{32} & a_{33} \end{vmatrix} \begin{aligned} &= a_{11}a_{22}a_{33}+a_{12}a_{23}a_{31}+a_{13}a_{21}a_{32} \\ &\quad -a_{13}a_{22}a_{31}-a_{11}a_{23}a_{32}-a_{12}a_{21}a_{33}\end{aligned}$$

例 2.5.1 计算行列式

$$\begin{vmatrix} 0 & 0 & 0 & 1 \\ 0 & 0 & 2 & 0 \\ 0 & 3 & 0 & 0 \\ 4 & 0 & 0 & 0 \end{vmatrix}$$

解 注意到该行列式除项 $a_{41}a_{32}a_{23}a_{14} = 4 \times 3 \times 2 \times 1$ 外, 其余 23 项均为 0, 而该项的符号为 $(-1)^{\tau(4321)} = (-1)^6 = 1$, 所以该行列式的值为 24.

例 2.5.2 计算上三角行列式

$$\begin{vmatrix} a_{11} & a_{12} & \cdots & a_{1n} \\ 0 & a_{22} & \cdots & a_{2n} \\ \vdots & \vdots & & \vdots \\ 0 & 0 & \cdots & a_{nn} \end{vmatrix}$$

解 该行列式中共有 $n!$ 项和项, 每项形如

$$(-1)^{\tau(j_1j_2\cdots j_n)}a_{j_11}a_{j_22}\cdots a_{j_nn}$$

该项非零当且仅当 $a_{j_11}a_{j_22}\cdots a_{j_nn}$ 中的每个元素都不等于 0. 由于它们属于不同行、不同列, 所以第一列只能取 a_{11}, 第二列划去第一行的元素 a_{12}, 只能取非零元 a_{22}, $\cdots\cdots$. 类似地, 第 n 列划去前 $n-1$ 行的元素, 只能取 a_{nn}. 而这个仅有的非零项 $a_{11}a_{22}\cdots a_{nn}$ 的符号为 $(-1)^{\tau(12\cdots n)} = 1$, 因此行列式等于 $a_{11}a_{22}\cdots a_{nn}$.

矩阵 $\boldsymbol{A}$ 的行列式是 $\boldsymbol{A}$ 的所有不同行、不同列的 n 个元素乘积的代数和, 上述定义中的和项 $a_{i_11}a_{i_22}\cdots a_{i_nn}$ 的取法是列指标按自然顺序, 而行指标取遍 $1, 2, \cdots, n$ 的排列 $i_1i_2\cdots i_n$. 事实上, 不同行、不同列的 n 个元素也可以行指标按自然顺序, 而列指标取遍 $1, 2, \cdots, n$ 的所有排列 $j_1j_2\cdots j_n$. 进一步地, 行指标可以取定 $i_1i_2\cdots i_n$, 列指标取遍 $1, 2, \cdots, n$ 的所有排列 $j_1j_2\cdots j_n$; 或者列指标取定 $j_1j_2\cdots j_n$, 行指标取遍 $1, 2, \cdots, n$ 的所有排列 $i_1i_2\cdots i_n$. 即行指标和列指标的地位是等价的, 从而有行列式的等价定义, 证明留给读者解答.

定理 2.5.4 设 $\boldsymbol{A} = \begin{pmatrix} a_{11} & a_{12} & \cdots & a_{1n} \\ a_{21} & a_{22} & \cdots & a_{2n} \\ \vdots & \vdots & & \vdots \\ a_{n1} & a_{n2} & \cdots & a_{nn} \end{pmatrix}$, 则

$$\begin{aligned} |\boldsymbol{A}| &\xlongequal{\text{行}12\cdots n} \sum_{j_1j_2\cdots j_n \in S_n} (-1)^{\tau(j_1j_2\cdots j_n)} a_{1j_1}a_{2j_2}\cdots a_{nj_n} \\ &\xlongequal{\text{固定}j_1j_2\cdots j_n} \sum_{i_1i_2\cdots i_n \in S_n} (-1)^{\tau(i_1i_2\cdots i_n)+\tau(j_1j_2\cdots j_n)} a_{i_1j_1}a_{i_2j_2}\cdots a_{i_nj_n} \\ &\xlongequal{\text{固定}i_1i_2\cdots i_n} \sum_{j_1j_2\cdots j_n \in S_n} (-1)^{\tau(i_1i_2\cdots i_n)+\tau(j_1j_2\cdots j_n)} a_{i_1j_1}a_{i_2j_2}\cdots a_{i_nj_n} \end{aligned}$$

推论 2.5.2 行列互换, 行列式的值不变, 即 $|\boldsymbol{A}^{\mathrm{T}}| = |\boldsymbol{A}|$.

推论 2.5.2 也表明在行列式中行指标与列指标的地位是对称的, 凡是有关列的性质, 对行也成立.

根据推论 2.5.2 与例 2.5.2, 可得下三角矩阵的行列式

$$\begin{vmatrix} a_{11} & 0 & \cdots & 0 \\ a_{21} & a_{22} & \cdots & 0 \\ \vdots & \vdots & & \vdots \\ a_{n1} & a_{n2} & \cdots & a_{nn} \end{vmatrix} = a_{11}a_{22}\cdots a_{nn}$$

由于初等变换可以将 n 阶方阵化为上或下三角矩阵 (即行或列阶梯形矩阵), 根据定义 2.4.1、命题 2.4.2, 换法变换改变行列式的符号, 倍法变换使行列式变为原来的 k 倍, 而消法变换不改变行列式的值. 这提供了行列式的常用计算方法——化三角形法.

例 2.5.3 计算

$$D = \begin{vmatrix} -2 & 5 & -1 & 3 \\ 1 & -9 & 13 & 7 \\ 3 & -1 & 5 & -5 \\ 2 & 8 & -7 & -10 \end{vmatrix}$$

解 原行列式 $D = -\begin{vmatrix} 1 & -9 & 13 & 7 \\ -2 & 5 & -1 & 3 \\ 3 & -1 & 5 & -5 \\ 2 & 8 & -7 & -10 \end{vmatrix} = -\begin{vmatrix} 1 & -9 & 13 & 7 \\ 0 & -13 & 25 & 17 \\ 0 & 26 & -34 & -26 \\ 0 & 26 & -33 & -24 \end{vmatrix}$

$$= -\begin{vmatrix} 1 & -9 & 13 & 7 \\ 0 & -13 & 25 & 17 \\ 0 & 0 & 16 & 8 \\ 0 & 0 & 17 & 10 \end{vmatrix} = \begin{vmatrix} 1 & -9 & 13 & 7 \\ 0 & -13 & 25 & 17 \\ 0 & 0 & 1 & 2 \\ 0 & 0 & 16 & 8 \end{vmatrix}$$

$$= \begin{vmatrix} 1 & -9 & 13 & 7 \\ 0 & -13 & 25 & 17 \\ 0 & 0 & 1 & 2 \\ 0 & 0 & 0 & -24 \end{vmatrix} = 1\cdot(-13)\cdot 1\cdot(-24) = 312$$

例 2.5.4 一个 n 阶矩阵 $\boldsymbol{A} = (a_{ij})$ 的元素满足

$$a_{ij} = -a_{ji} \quad (i, j = 1, 2, \cdots, n)$$

则称 $\boldsymbol{A}$ 为反对称矩阵 (即 $\boldsymbol{A}^{\mathrm{T}} = -\boldsymbol{A}$). 证明：奇数阶反对称矩阵的行列式为零.

证 因为

$$|\boldsymbol{A}| = |-\boldsymbol{A}^{\mathrm{T}}| = (-1)^n|\boldsymbol{A}^{\mathrm{T}}| = -|\boldsymbol{A}|$$

所以 $|\boldsymbol{A}| = 0$. □

例 2.5.5 计算 n 阶行列式

$$D=\begin{vmatrix} a & b & b & \cdots & b \\ b & a & b & \cdots & b \\ b & b & a & \cdots & b \\ \vdots & \vdots & \vdots & & \vdots \\ b & b & b & \cdots & a \end{vmatrix}$$

解 该行列式的特点是行 (列) 和相等. 将行列式的第 $2,3,\cdots,n$ 列分别加到第 1 列, 然后提取公因式 $a+(n-1)b$. 再将第 1 行的 -1 倍分别加到第 $2,3,\cdots,n$ 行, 得

$$D=\begin{vmatrix} a+(n-1)b & b & b & \cdots & b \\ a+(n-1)b & a & b & \cdots & b \\ a+(n-1)b & b & a & \cdots & b \\ \vdots & \vdots & \vdots & & \vdots \\ a+(n-1)b & b & b & \cdots & a \end{vmatrix}$$

$$=[a+(n-1)b]\begin{vmatrix} 1 & b & b & \cdots & b \\ 1 & a & b & \cdots & b \\ 1 & b & a & \cdots & b \\ \vdots & \vdots & \vdots & & \vdots \\ 1 & b & b & \cdots & a \end{vmatrix}$$

$$=[a+(n-1)b]\begin{vmatrix} 1 & b & b & \cdots & b \\ 0 & a-b & 0 & \cdots & 0 \\ 0 & 0 & a-b & \cdots & 0 \\ \vdots & \vdots & \vdots & & \vdots \\ 0 & 0 & 0 & \cdots & a-b \end{vmatrix}$$

$$=[a+(n-1)b](a-b)^{n-1}$$

形如下面的行列式常被称作 “爪形行列式”.

例 2.5.6 计算 $n+1$ 阶行列式 $D_{n+1}=\begin{vmatrix} a_0 & 1 & \cdots & 1 \\ 1 & a_1 & & \\ \vdots & & \ddots & \\ 1 & & & a_n \end{vmatrix}$, 其中 $a_0a_1\cdots a_n\neq 0$.

解 由题设知 $a_j\neq 0$. 将第 $j+1$ 列乘以 $-\dfrac{1}{a_j}$ 加到第 1 列, $j=1,2,\cdots,n$, 得

$$D_{n+1}=\begin{vmatrix} a_0 & 1 & 1 & \cdots & 1 \\ 1 & a_1 & & & \\ 1 & & a_2 & & \\ \vdots & & & \ddots & \\ 1 & & & & a_n \end{vmatrix}=\begin{vmatrix} a_0-\sum_{i=1}^{n}\frac{1}{a_i} & 1 & 1 & \cdots & 1 \\ 0 & a_1 & & & \\ 0 & & a_2 & & \\ \vdots & & & \ddots & \\ 0 & & & & a_n \end{vmatrix}$$

$$=\left(a_0-\sum_{i=1}^{n}\frac{1}{a_i}\right)a_1a_2\cdots a_n$$

结合行列式的性质, 利用初等变换将矩阵化成上 (或下) 三角形矩阵, 将会大大简化行列式的计算.

引理 2.5.1 $$\begin{vmatrix} \boldsymbol{A} & \boldsymbol{O} \\ \boldsymbol{C} & \boldsymbol{B} \end{vmatrix}=\begin{vmatrix} a_{11} & \cdots & a_{1k} & 0 & \cdots & 0 \\ \vdots & & \vdots & \vdots & & \vdots \\ a_{k1} & \cdots & a_{kk} & 0 & \cdots & 0 \\ c_{11} & \cdots & c_{1k} & b_{11} & \cdots & b_{1l} \\ \vdots & & \vdots & \vdots & & \vdots \\ c_{l1} & \cdots & c_{lk} & b_{l1} & \cdots & b_{ll} \end{vmatrix}=|\boldsymbol{A}|\cdot|\boldsymbol{B}|.$$

证 对 $\boldsymbol{A}$ 由下至上作行消法变换, 将 $\boldsymbol{A}$ 化为下三角矩阵, 从而

$$|\boldsymbol{A}|=\begin{vmatrix} p_{11} & & \\ \vdots & \ddots & \\ p_{k1} & \cdots & p_{kk} \end{vmatrix}=p_{11}p_{22}\cdots p_{kk}$$

对 $\boldsymbol{B}$ 作列消法变换, 将 $\boldsymbol{B}$ 化为下三角矩阵, 从而

$$|\boldsymbol{B}|=\begin{vmatrix} q_{11} & & \\ \vdots & \ddots & \\ q_{l1} & \cdots & q_{ll} \end{vmatrix}=q_{11}q_{22}\cdots q_{ll}$$

因此, 对矩阵 $\begin{pmatrix} \boldsymbol{A} & \boldsymbol{O} \\ \boldsymbol{C} & \boldsymbol{B} \end{pmatrix}$, 前 k 行施行对 $\boldsymbol{A}$ 所作的行消法变换, 后 l 列施行对 $\boldsymbol{B}$ 所作的列消法变换, 则

$$\begin{vmatrix} \boldsymbol{A} & \boldsymbol{O} \\ \boldsymbol{C} & \boldsymbol{B} \end{vmatrix}=\begin{vmatrix} p_{11} & & & & & \\ \vdots & \ddots & & & & \\ p_{k1} & \cdots & p_{kk} & & & \\ c_{11} & \cdots & c_{1k} & q_{11} & & \\ \vdots & & \vdots & \vdots & \ddots & \\ c_{l1} & \cdots & c_{lk} & q_{l1} & \cdots & q_{ll} \end{vmatrix}=p_{11}\cdots p_{kk}q_{11}\cdots q_{ll}=|\boldsymbol{A}|\cdot|\boldsymbol{B}|$$

□

利用此引理, 我们很容易得到著名的行列式乘法定理. 例如, 拉格朗日已经对三阶行列式给出了这个定理, 柯西在 1815 年发表的文章中把行列式的元素排成方阵并采用双重足标的记法 (行列式的双竖线记法是凯莱在 1841 年引进的), 并给出了行列式的第一个系统的、几乎是近代的处理, 其主要结果之一就是下面的乘法定理. 《古今数学思想》第三册中记录该定理在 1812 年曾由贝内特 (Binet, 1786—1856) 叙述过但没有令人满意的证明.

定理 2.5.5 (**乘法定理**) 设 $\boldsymbol{A},\boldsymbol{B}$ 是 n 阶方阵, 则 $|\boldsymbol{AB}|=|\boldsymbol{A}|\cdot|\boldsymbol{B}|$.

证 设

$$\boldsymbol{D}=\begin{pmatrix} a_{11} & \cdots & a_{1n} & & & \\ \vdots & & \vdots & & & \\ a_{n1} & \cdots & a_{nn} & & & \\ -1 & & & b_{11} & \cdots & b_{1n} \\ & \ddots & & \vdots & & \vdots \\ & & -1 & b_{n1} & \cdots & b_{nn} \end{pmatrix}=\begin{pmatrix} \boldsymbol{A} & \boldsymbol{O} \\ -\boldsymbol{E} & \boldsymbol{B} \end{pmatrix}$$

则由引理 2.5.1 知 $|\boldsymbol{D}|=|\boldsymbol{A}||\boldsymbol{B}|$. 在 $\boldsymbol{D}$ 中以 b_{1j} 乘第 1 列, b_{2j} 乘第 2 列, $\cdots$, b_{nj} 乘第 n 列, 分别加到第 $n+j$ 列 $(j=1,2,\cdots,n)$, 得到

$$|\boldsymbol{D}|=\begin{vmatrix} \boldsymbol{A} & \boldsymbol{AB} \\ -\boldsymbol{E} & \boldsymbol{O} \end{vmatrix}=(-1)^n\begin{vmatrix} -\boldsymbol{E} & \boldsymbol{O} \\ \boldsymbol{A} & \boldsymbol{AB} \end{vmatrix}=(-1)^n(-1)^n|\boldsymbol{AB}|=|\boldsymbol{AB}|.$$

即 $|\boldsymbol{AB}|=|\boldsymbol{A}||\boldsymbol{B}|$. □

习 题 2.5

(A)

1. 求 $\tau(n(n-1)\cdots 21)$, 并讨论该排列的奇偶性.
2. 已知 $\tau(i_1i_2\cdots i_n)=k$, 求 $\tau(i_ni_{n-1}\cdots i_2i_1)$.
3. 计算行列式 $\begin{vmatrix} 0 & 1 & 0 & \cdots & 0 \\ 0 & 0 & 2 & \cdots & 0 \\ \vdots & \vdots & \vdots & & \vdots \\ 0 & 0 & 0 & \cdots & n-1 \\ n & 0 & 0 & \cdots & 0 \end{vmatrix}$.
4. 解关于 x 的方程 $\begin{vmatrix} x+1 & 2 & -1 \\ 2 & x+1 & 1 \\ -1 & 1 & x+1 \end{vmatrix}=0$.
5. 设

$$f(x)=\begin{vmatrix} x & 1 & 2 & x \\ -1 & 0 & x & 4 \\ 5 & x & 2 & 1 \\ x & 0 & 0 & 2 \end{vmatrix}$$

求多项式 $f(x)$ 中 x^3 的系数.

(B)

6. 由 $\begin{vmatrix} 1 & 1 & \cdots & 1 \\ 1 & 1 & \cdots & 1 \\ \vdots & \vdots & & \vdots \\ 1 & 1 & \cdots & 1 \end{vmatrix} = 0$, 证明：奇偶排列各半.

(C)

7. 计算行列式

$$D = \sum_{j_1 j_2 \cdots j_n \in S_n} \begin{vmatrix} a_{1j_1} & a_{1j_2} & \cdots & a_{1j_n} \\ a_{2j_1} & a_{2j_2} & \cdots & a_{2j_n} \\ \vdots & \vdots & & \vdots \\ a_{nj_1} & a_{nj_2} & \cdots & a_{nj_n} \end{vmatrix}$$

2.6　行列式按一行 (列) 展开

本节将介绍行列式计算中常用的一个技巧——降阶法. 下面的余子式的概念最早是由西尔维斯特于 1850 年引入的.

定义 2.6.1　在行列式

$$\begin{vmatrix} a_{11} & \cdots & a_{1j} & \cdots & a_{1n} \\ \vdots & & \vdots & & \vdots \\ a_{i1} & \cdots & a_{ij} & \cdots & a_{in} \\ \vdots & & \vdots & & \vdots \\ a_{n1} & \cdots & a_{nj} & \cdots & a_{nn} \end{vmatrix} \tag{2.6.1}$$

中划去元素 a_{ij} 所在的第 i 行第 j 列, 剩下的 $(n-1)^2$ 个元素按原来的排法构成的 $n-1$ 阶行列式

$$\begin{vmatrix} a_{11} & \cdots & a_{1,j-1} & a_{1,j+1} & \cdots & a_{1n} \\ \vdots & & \vdots & \vdots & & \vdots \\ a_{i-1,1} & \cdots & a_{i-1,j-1} & a_{i-1,j+1} & \cdots & a_{i-1,n} \\ a_{i+1,1} & \cdots & a_{i+1,j-1} & a_{i+1,j+1} & \cdots & a_{i+1,n} \\ \vdots & & \vdots & \vdots & & \vdots \\ a_{n1} & \cdots & a_{n,j-1} & a_{n,j+1} & \cdots & a_{nn} \end{vmatrix}$$

称为元素 a_{ij} 的**余子式**, 记为 M_{ij}. 称 $A_{ij} = (-1)^{i+j} M_{ij}$ 为元素 a_{ij} 的**代数余子式**.

定理 2.6.1　设

$$|\boldsymbol{A}| = \begin{vmatrix} a_{11} & \cdots & a_{1j} & \cdots & a_{1n} \\ \vdots & & \vdots & & \vdots \\ a_{i1} & \cdots & a_{ij} & \cdots & a_{in} \\ \vdots & & \vdots & & \vdots \\ a_{n1} & \cdots & a_{nj} & \cdots & a_{nn} \end{vmatrix}$$

那么有

$$a_{k1}\boldsymbol{A}_{i1}+a_{k2}\boldsymbol{A}_{i2}+\cdots+a_{kn}\boldsymbol{A}_{in}=\begin{cases}|\boldsymbol{A}|, & k=i\\ 0, & k\neq i\end{cases}$$

$$a_{1k}\boldsymbol{A}_{1j}+a_{2k}\boldsymbol{A}_{2j}+\cdots+a_{nk}\boldsymbol{A}_{nj}=\begin{cases}|\boldsymbol{A}|, & k=j\\ 0, & k\neq j\end{cases}$$

证 只证明第一个式子, 第二个类似可证. 首先考虑 $k=i$ 的情形.

(1) 若对所有的 $l\neq 1$, $a_{1l}=0$, 则由引理 2.5.1 可知 $|\boldsymbol{A}|=a_{11}M_{11}=a_{11}A_{11}$.

(2) 若对所有的 $l\neq j$, $a_{il}=0$, 则第 i 行依次与第 $i-1$ 行、第 $i-2$ 行、$\cdots$、第 1 行互换, 然后第 j 列依次与第 $j-1$ 列、第 $j-2$ 列、$\cdots$、第 1 列互换, 得到行列式 $|\boldsymbol{B}|=(-1)^{i-1+j-1}|\boldsymbol{A}|=(-1)^{i+j}|\boldsymbol{A}|$, 而且 $|\boldsymbol{B}|$ 中 $(1,1)$ 元素 a_{ij} 的余子式恰为 $|\boldsymbol{A}|$ 中元素 a_{ij} 的余子式 M_{ij}, 所以由 (1) 得

$$|\boldsymbol{A}|=(-1)^{i+j}|\boldsymbol{B}|=(-1)^{i+j}a_{ij}M_{ij}=a_{ij}\boldsymbol{A}_{ij}$$

(3) 考虑一般情况. 由行列式定义 2.4.1(2) 及上面的证 (2) 可知

$$|\boldsymbol{A}|=\begin{vmatrix} a_{11} & \cdots & a_{1j} & \cdots & a_{1n}\\ \vdots & & \vdots & & \vdots\\ a_{i1}+0+\cdots+0 & \cdots & 0+\cdots+a_{ij}+\cdots+0 & \cdots & 0+\cdots+0+a_{in}\\ \vdots & & \vdots & & \vdots\\ a_{n1} & \cdots & a_{nj} & \cdots & a_{nn}\end{vmatrix}$$

$$=\begin{vmatrix} a_{11} & \cdots & a_{1j} & \cdots & a_{1n}\\ \vdots & & \vdots & & \vdots\\ a_{i1} & \cdots & 0 & \cdots & 0\\ \vdots & & \vdots & & \vdots\\ a_{n1} & \cdots & a_{nj} & \cdots & a_{nn}\end{vmatrix}+\cdots+\begin{vmatrix} a_{11} & \cdots & a_{1j} & \cdots & a_{1n}\\ \vdots & & \vdots & & \vdots\\ 0 & \cdots & 0 & \cdots & a_{in}\\ \vdots & & \vdots & & \vdots\\ a_{n1} & \cdots & a_{nj} & \cdots & a_{nn}\end{vmatrix}$$

$$=a_{i1}\boldsymbol{A}_{i1}+a_{i2}\boldsymbol{A}_{i2}+\cdots+a_{in}\boldsymbol{A}_{in}$$

(4) 再考虑 $k\neq i$ 的情形. 构造第 i 行与第 k 行相等的行列式, 并按第 i 行展开, 由推论 2.4.1(2) 可得

$$0=\begin{vmatrix} a_{11} & \cdots & a_{1j} & \cdots & a_{1n}\\ \vdots & & \vdots & & \vdots\\ a_{k1} & \cdots & a_{kj} & \cdots & a_{kn}\\ \vdots & & \vdots & & \vdots\\ a_{k1} & \cdots & a_{kj} & \cdots & a_{kn}\\ \vdots & & \vdots & & \vdots\\ a_{n1} & \cdots & a_{nj} & \cdots & a_{nn}\end{vmatrix}=a_{k1}\boldsymbol{A}_{i1}+a_{k2}\boldsymbol{A}_{i2}+\cdots+a_{kn}\boldsymbol{A}_{in}$$

□

上述定理称为行列式依行 (列) 展开定理. 法国数学家范德蒙德 (Vandermonde, 1735—1796) 是第一个将行列式与解线性方程组相分离的数学家, 也是行列式理论的奠基者. 他对行列式理论给出了连贯、逻辑的叙述, 并给出了用二阶子式和它们的余子式展开行列式的法则. 参照克拉默与贝祖的工作, 拉普拉斯在 1772 年的论文《对积分和世界体系的讨论》中, 证明了范德蒙德的一些法则, 并推广了展开行列式的方法, 现被称为拉普拉斯展开定理. 法国数学家柯西与德国数学家雅可比极大丰富了行列式的现代理论. 例如, 柯西第一个将行列式的元素排成方阵, 引入双脚标记法, 给出了行列式的乘法定理等; 雅可比的《论行列式的形成和性质》是行列式系统理论发展完善的重要标志.

对一般的行列式, 利用定理 2.6.1 来计算行列式是相当复杂的. 使用当今最快的计算机, 通过行列式依行 (或列) 展开的方法计算一个 25 阶的行列式, 恐怕也要用上万年的时间. 然而, 对于某些行 (或列) 含较多零元的行列式, 该定理提供了计算它的一个常用方法——降阶法: 首先选取 0 较多的行或列, 利用该定理按行 (列) 展开, 从而归结为 $n-1$ 阶行列式; 联合运用行列式的性质, 使得所得行列式的某行 (列) 含有较多的 0, 重复使用该定理, 使行列式的阶数逐步降低, 直至很容易地得到行列式的值.

例 2.6.1 计算行列式

$$D=\begin{vmatrix} 5 & 3 & -1 & 2 & 0\\ 1 & 7 & 2 & 5 & 2\\ 0 & -2 & 3 & 1 & 0\\ 0 & -4 & -1 & 4 & 0\\ 0 & 2 & 3 & 5 & 0 \end{vmatrix}$$

解 $D=2\times(-1)^{2+5}\cdot\begin{vmatrix} 5 & 3 & -1 & 2\\ 0 & -2 & 3 & 1\\ 0 & -4 & -1 & 4\\ 0 & 2 & 3 & 5 \end{vmatrix}$

$$=(-2)\times 5\times(-1)^{1+1}\cdot\begin{vmatrix} -2 & 3 & 1\\ -4 & -1 & 4\\ 2 & 3 & 5 \end{vmatrix}=(-10)\times\begin{vmatrix} -2 & 3 & 1\\ 0 & -7 & 2\\ 0 & 6 & 6 \end{vmatrix}$$

$$=(-10)\times(-2)\times(-1)^{1+1}\cdot\begin{vmatrix} -7 & 2\\ 6 & 6 \end{vmatrix}$$

$$=-1080$$

例 2.6.2 证明范德蒙德行列式

$$D_n=\begin{vmatrix} 1 & 1 & 1 & \cdots & 1\\ a_1 & a_2 & a_3 & \cdots & a_n\\ a_1^2 & a_2^2 & a_3^2 & \cdots & a_n^2\\ \vdots & \vdots & \vdots & & \vdots\\ a_1^{n-1} & a_2^{n-1} & a_3^{n-1} & \cdots & a_n^{n-1} \end{vmatrix}=\prod_{n\geqslant i>j\geqslant 1}(a_i-a_j)$$

证 对 n 作数学归纳法. $n=2$ 时, 结论显然成立. 假设结论对 $n-1$ 成立. 考虑 n 阶

行列式的情形, 从最后一行开始, 每一行减去前一行的 a_1 倍, 得

$$D_n=\begin{vmatrix}1&1&1&\cdots&1\\0&a_2-a_1&a_3-a_1&\cdots&a_n-a_1\\0&a_2(a_2-a_1)&a_3(a_3-a_1)&\cdots&a_n(a_n-a_1)\\\vdots&\vdots&\vdots&&\vdots\\0&a_2^{n-2}(a_2-a_1)&a_3^{n-2}(a_3-a_1)&\cdots&a_n^{n-2}(a_n-a_1)\end{vmatrix}$$

按第一列展开, 并提取公因子 $a_j-a_1\ (j=2,3,\cdots,n)$, 得

$$D_n=(a_2-a_1)(a_3-a_1)\cdots(a_n-a_1)\begin{vmatrix}1&1&\cdots&1\\a_2&a_3&\cdots&a_n\\a_2^2&a_3^2&\cdots&a_n^2\\\vdots&\vdots&&\vdots\\a_2^{n-2}&a_3^{n-2}&\cdots&a_n^{n-2}\end{vmatrix}$$

由归纳假设, 得

$$D_n=(a_2-a_1)(a_3-a_1)\cdots(a_n-a_1)\prod_{n\geqslant i>j\geqslant 2}(a_i-a_j)=\prod_{n\geqslant i>j\geqslant 1}(a_i-a_j)$$ □

例 2.6.3 设

$$D_n=\begin{vmatrix}1&3&5&\cdots&2n-1\\1&2&&&\\1&&3&&\\\vdots&&&\ddots&\\1&&&&n\end{vmatrix}$$

求 $A_{11}+A_{12}+\cdots+A_{1n}$.

解 注意到 $A_{1j}\ (j=1,2,\cdots,n)$ 与行列式第一行的元素无关, 故

$$A_{11}+A_{12}+\cdots+A_{1n}=\begin{vmatrix}1&1&1&\cdots&1\\1&2&&&\\1&&3&&\\\vdots&&&\ddots&\\1&&&&n\end{vmatrix}=\begin{vmatrix}1-\sum\limits_{i=2}^{n}\frac{1}{i}&1&1&\cdots&1\\0&2&&&\\0&&3&&\\\vdots&&&\ddots&\\0&&&&n\end{vmatrix}$$

$$=\left(1-\sum_{i=2}^{n}\frac{1}{i}\right)n!$$

习 题 2.6

(A)

1. 计算下面行列式.

(1) $\begin{vmatrix} 0 & a & b & a \\ a & 0 & a & b \\ b & a & 0 & a \\ a & b & a & 0 \end{vmatrix}$; (2) $\begin{vmatrix} x & y & 0 & \cdots & 0 & 0 \\ 0 & x & y & \cdots & 0 & 0 \\ \vdots & \vdots & \vdots & & \vdots & \vdots \\ 0 & 0 & 0 & \cdots & x & y \\ y & 0 & 0 & \cdots & 0 & x \end{vmatrix}$; (3) $\begin{vmatrix} x_1 & a & \cdots & a \\ a & x_2 & \cdots & a \\ \vdots & \vdots & & \vdots \\ a & a & \cdots & x_n \end{vmatrix}$;

(4) $\begin{vmatrix} x & b & \cdots & b \\ a & x & \cdots & b \\ \vdots & \vdots & & \vdots \\ a & a & \cdots & x \end{vmatrix}$; (5) $\begin{vmatrix} 1+a_1 & 1 & \cdots & 1 \\ 1 & 1+a_2 & \cdots & 1 \\ \vdots & \vdots & & \vdots \\ 1 & 1 & \cdots & 1+a_n \end{vmatrix}$.

(B)

2. 设

$$\begin{vmatrix} 3 & -5 & 2 & 1 \\ 1 & 1 & 0 & -5 \\ -1 & 3 & 1 & 3 \\ 2 & -4 & -1 & -3 \end{vmatrix}$$

求 $A_{11}+2A_{12}+3A_{13}+4A_{14}$ 及 $M_{11}+2M_{12}+3M_{13}+4M_{14}$.

(C)

3. 计算下面行列式.

(1) $\begin{vmatrix} 1+x^2 & x & & & & \\ x & 1+x^2 & x & & & \\ & x & 1+x^2 & x & & \\ & & \ddots & \ddots & \ddots & \\ & & & x & 1+x^2 & x \\ & & & & x & 1+x^2 \end{vmatrix}$; (2) $\begin{vmatrix} \boldsymbol{a+b} & \boldsymbol{b} & & & \\ \boldsymbol{a} & \boldsymbol{a+b} & \boldsymbol{b} & & \\ & \ddots & \ddots & \ddots & \\ & & \boldsymbol{a} & \boldsymbol{a+b} & \boldsymbol{b} \\ & & & \boldsymbol{a} & \boldsymbol{a+b} \end{vmatrix}$;

(3) $\begin{vmatrix} x & -1 & & & & \\ & x & -1 & & & \\ & & x & -1 & & \\ & & & \ddots & \ddots & \\ & & & & x & -1 \\ a_n & a_{n-1} & a_{n-2} & \cdots & a_2 & a_1+x \end{vmatrix}$; (4) $\begin{vmatrix} 1 & 2 & 3 & \cdots & & n \\ 1 & -1 & & & & \\ & 2 & -2 & & & \\ & & \ddots & \ddots & & \\ & & & & n-1 & 1-n \end{vmatrix}$.

2.7 可逆变换与可逆矩阵

若对平面 $\mathbf{R}^2$ 中的一个图像先作绕原点逆时针旋转 θ 角的线性变换 σ, 再继续作绕原点顺时针旋转 θ 角的线性变换 τ, 则可将图像变回原图, 即 $\tau\sigma=\mathrm{id}$. 反之亦然, 即 $\sigma\tau=\mathrm{id}$, 如图 2.7.1 所示.

图 2.7.1

定义 2.7.1 设 $\sigma: \mathbf{R}^n \to \mathbf{R}^n$ 是一个线性变换, 如果存在线性变换 $\tau: \mathbf{R}^n \to \mathbf{R}^n$ 使得

$$\sigma\tau = \tau\sigma = \mathrm{id}_{\mathbf{R}^n}$$

则称 σ 是可逆线性变换, 且线性变换 τ 称为 σ 的逆变换, 记作 σ^{-1}.

容易验证, 若线性变换 σ 是双射, 则 σ 是可逆线性变换.

设 σ 在基 $\boldsymbol{\alpha}_1, \boldsymbol{\alpha}_2, \cdots, \boldsymbol{\alpha}_n$ 下的矩阵是 $\boldsymbol{A}$, 那么如何求 σ^{-1} 在这组基下的矩阵呢? 这需要逆矩阵的概念.

定义 2.7.2 n 阶方阵 $\boldsymbol{A}$ 称为**可逆的**, 如果存在矩阵 $\boldsymbol{B}$ 使得

$$\boldsymbol{AB} = \boldsymbol{BA} = \boldsymbol{E}_n$$

注 由 $\boldsymbol{AB} = \boldsymbol{BA}$ 知 $\boldsymbol{B}$ 也为 n 阶方阵. 而且, 满足 $\boldsymbol{AB} = \boldsymbol{BA} = \boldsymbol{E}_n$ 的矩阵 $\boldsymbol{B}$ 是唯一的, 因为若存在 $\boldsymbol{B}_1, \boldsymbol{B}_2$ 使得 $\boldsymbol{AB}_1 = \boldsymbol{B}_1\boldsymbol{A} = \boldsymbol{E}_n$, $\boldsymbol{AB}_2 = \boldsymbol{B}_2\boldsymbol{A} = \boldsymbol{E}_n$, 那么

$$\boldsymbol{B}_1 = \boldsymbol{E}_n\boldsymbol{B}_1 = (\boldsymbol{B}_2\boldsymbol{A})\boldsymbol{B}_1 = \boldsymbol{B}_2(\boldsymbol{AB}_1) = \boldsymbol{B}_2\boldsymbol{E}_n = \boldsymbol{B}_2$$

定义 2.7.3 满足 $\boldsymbol{AB}=\boldsymbol{BA}=\boldsymbol{E}_n$ 的唯一的矩阵 $\boldsymbol{B}$ 称为矩阵 $\boldsymbol{A}$ 的逆矩阵, 记作 $\boldsymbol{A}^{-1}$.

设 σ, σ^{-1} 在基 $\boldsymbol{\alpha}_1, \boldsymbol{\alpha}_2, \cdots, \boldsymbol{\alpha}_n$ 下的矩阵分别是 $\boldsymbol{A}, \boldsymbol{B}$. 因为 $\sigma\sigma^{-1} = \sigma^{-1}\sigma = \mathrm{id}$, 所以由定理 2.2.3 知

$$\boldsymbol{AB} = \boldsymbol{BA} = \boldsymbol{E}$$

即 $\boldsymbol{B} = \boldsymbol{A}^{-1}$.

可逆矩阵可以应用于图像信息伪装. 例如, 如图 2.7.2 所示, 如果需要将一张飞机的图像 (矩阵 $\boldsymbol{A}$ 表示) 伪装成一张风景照 (矩阵 $\boldsymbol{B}$ 表示), 可以找到矩阵 $\boldsymbol{D}$ 使得 $\boldsymbol{AD} = \boldsymbol{B}$, 这可以通过求解矩阵方程 $\boldsymbol{AX} = \boldsymbol{B}$ 得到, 而且矩阵 $\boldsymbol{D}$ 是可逆的, 即存在矩阵 $\boldsymbol{K}$ (称为密钥矩阵), 使得

$$\boldsymbol{DK} = \boldsymbol{KD} = \boldsymbol{E}$$

当接收者收到伪装后的图像 $\boldsymbol{B}$ 时, 只需将 $\boldsymbol{B}$ 乘以密钥 $\boldsymbol{K}$ 即可恢复原图 $\boldsymbol{A}$, 即

$$\boldsymbol{BK} = (\boldsymbol{AD})\boldsymbol{K} = \boldsymbol{A}(\boldsymbol{DK}) = \boldsymbol{AE} = \boldsymbol{A}$$

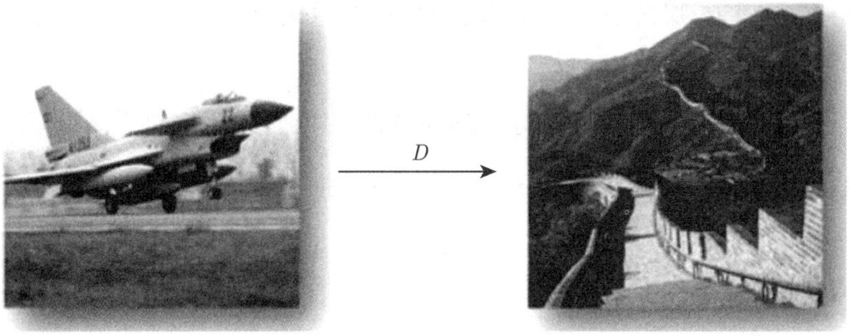

图 2.7.2

为了求矩阵的逆矩阵, 我们需要伴随矩阵的概念, 这是 1902 年由美国数学家迪克森最先引入的.

定义 2.7.4　设

$$\boldsymbol{A}=\begin{pmatrix} a_{11} & a_{12} & \cdots & a_{1n} \\ a_{21} & a_{22} & \cdots & a_{2n} \\ \vdots & \vdots & & \vdots \\ a_{n1} & a_{n2} & \cdots & a_{nn} \end{pmatrix}$$

是 n 阶方阵, $\boldsymbol{A}_{ij}$ 是元素 a_{ij} 的代数余子式, $i,j=1,2,\cdots,n$. 则方阵 $\boldsymbol{A}$ 的伴随矩阵 $\boldsymbol{A}^*$ 定义为

$$\boldsymbol{A}^*=\begin{pmatrix} \boldsymbol{A}_{11} & \boldsymbol{A}_{21} & \cdots & \boldsymbol{A}_{n1} \\ \boldsymbol{A}_{12} & \boldsymbol{A}_{22} & \cdots & \boldsymbol{A}_{n2} \\ \vdots & \vdots & & \vdots \\ \boldsymbol{A}_{1n} & \boldsymbol{A}_{2n} & \cdots & \boldsymbol{A}_{nn} \end{pmatrix}$$

由定理 2.6.1 可得

$$\boldsymbol{A}\boldsymbol{A}^*=\boldsymbol{A}^*\boldsymbol{A}=|\boldsymbol{A}|\boldsymbol{E}_n \tag{2.7.1}$$

定理 2.7.1　n 阶方阵 $\boldsymbol{A}$ 可逆的充分必要条件是 $|\boldsymbol{A}|\neq 0$. 如果 $\boldsymbol{A}$ 可逆, 则

$$\boldsymbol{A}^{-1}=\frac{\boldsymbol{A}^*}{|\boldsymbol{A}|}$$

证　必要性: 若矩阵 $\boldsymbol{A}$ 可逆, 则存在 $\boldsymbol{A}^{-1}$ 使得 $\boldsymbol{A}\boldsymbol{A}^{-1}=\boldsymbol{E}_n$. 两边取行列式, 得 $|\boldsymbol{A}|\cdot|\boldsymbol{A}^{-1}|=|\boldsymbol{E}_n|=1$, 因而 $|\boldsymbol{A}|\neq 0$.

充分性：若 $|\boldsymbol{A}|\neq 0$, 则由式 (2.7.1) 可得

$$A\left(\frac{\boldsymbol{A}^*}{|\boldsymbol{A}|}\right)=\left(\frac{\boldsymbol{A}^*}{|\boldsymbol{A}|}\right)\boldsymbol{A}=\boldsymbol{E}_n$$

即 $\boldsymbol{A}$ 可逆, 且 $\boldsymbol{A}^{-1}=\dfrac{\boldsymbol{A}^*}{|\boldsymbol{A}|}$.　□

注 如果 $|\boldsymbol{A}| \neq 0$, 那么 $\boldsymbol{A}$ 称为**非奇异的** (或**非退化的**); 否则, $\boldsymbol{A}$ 称为**奇异的** (或**退化的**).

利用求逆公式 $\boldsymbol{A}^{-1} = \dfrac{\boldsymbol{A}^*}{|\boldsymbol{A}|}$ 可以求低阶矩阵的逆矩阵. 然而, 对于高阶矩阵, 由于计算量太大而变得不是很实用, 所以该公式主要用于理论推导.

例 2.7.1 设 $\boldsymbol{A} = \begin{pmatrix} a & b \\ c & d \end{pmatrix}$, 且 $ad - bc = 1$. 求 $\boldsymbol{A}^{-1}$.

解 $\boldsymbol{A}^{-1} = \dfrac{\boldsymbol{A}^*}{|\boldsymbol{A}|} = \boldsymbol{A}^* = \begin{pmatrix} d & -b \\ -c & a \end{pmatrix}$.

推论 2.7.1 对 n 阶方阵 $\boldsymbol{A}$, 如果存在矩阵 $\boldsymbol{B}$ 使得 $\boldsymbol{AB} = \boldsymbol{E}_n$ (或 $\boldsymbol{BA} = \boldsymbol{E}_n$), 那么 $\boldsymbol{A}$ 可逆且 $\boldsymbol{B} = \boldsymbol{A}^{-1}$.

证 若存在矩阵 $\boldsymbol{B}$ 使得 $\boldsymbol{AB} = \boldsymbol{E}_n$, 则 $|\boldsymbol{A}||\boldsymbol{B}| = 1$, 从而 $|\boldsymbol{A}| \neq 0$, $\boldsymbol{A}$ 可逆. 且

$$\boldsymbol{B} = \boldsymbol{EB} = (\boldsymbol{A}^{-1}\boldsymbol{A})\boldsymbol{B} = \boldsymbol{A}^{-1}(\boldsymbol{AB}) = \boldsymbol{A}^{-1}\boldsymbol{E} = \boldsymbol{A}^{-1}$$ □

命题 2.7.1 设 $\boldsymbol{A}, \boldsymbol{B}$ 是 n 阶方阵, 则

(1) 若 $\boldsymbol{A}$ 可逆, 则 $(\boldsymbol{A}^{-1})^{-1} = \boldsymbol{A}$, $|\boldsymbol{A}^{-1}| = |\boldsymbol{A}|^{-1}$;

(2) 若 $\boldsymbol{A}$ 可逆且 $0 \neq k \in \mathbf{R}$, 则 $k\boldsymbol{A}$ 可逆, 且 $(k\boldsymbol{A})^{-1} = k^{-1}\boldsymbol{A}^{-1}$;

(3) 若 $\boldsymbol{A}, \boldsymbol{B}$ 可逆, 则 $\boldsymbol{AB}$ 可逆, 且 $(\boldsymbol{AB})^{-1} = \boldsymbol{B}^{-1}\boldsymbol{A}^{-1}$;

证 直接验证. □

例 2.7.2 设 $\boldsymbol{A}^k = \boldsymbol{O}$, 但 $\boldsymbol{A}^{k-1} \neq \boldsymbol{O}$. 求证 $\boldsymbol{E} - \boldsymbol{A}$ 可逆, 并求 $(\boldsymbol{E} - \boldsymbol{A})^{-1}$.

证 因为 $\boldsymbol{E} = \boldsymbol{E} - \boldsymbol{A}^k = (\boldsymbol{E} - \boldsymbol{A})(\boldsymbol{E} + \boldsymbol{A} + \boldsymbol{A}^2 + \cdots + \boldsymbol{A}^{k-1})$, 所以 $\boldsymbol{E} - \boldsymbol{A}$ 可逆, 并且 $(\boldsymbol{E} - \boldsymbol{A})^{-1} = \boldsymbol{E} + \boldsymbol{A} + \boldsymbol{A}^2 + \cdots + \boldsymbol{A}^{k-1}$. □

例 2.7.3 设 n 阶方阵 $\boldsymbol{A} = \begin{pmatrix} 1 & 1 & \cdots & 1 \\ & 1 & \cdots & 1 \\ & & \ddots & \vdots \\ & & & 1 \end{pmatrix}$. 求 $\boldsymbol{A}^{-1}$.

解 设 $\boldsymbol{N} = \begin{pmatrix} 0 & 1 & 0 & \cdots & 0 \\ & 0 & 1 & \cdots & 0 \\ & & \ddots & \ddots & \vdots \\ & & & \ddots & 1 \\ & & & & 0 \end{pmatrix} = \begin{pmatrix} 0 & \boldsymbol{E}_{n-1} \\ 0 & 0 \end{pmatrix}$. 容易验证, 对 $1 \leqslant k < n$, $\boldsymbol{N}^k = \begin{pmatrix} 0 & \boldsymbol{E}_{n-k} \\ 0 & 0 \end{pmatrix}$, 且 $\boldsymbol{N}^n = \boldsymbol{O}$.

因 $\boldsymbol{A}=\boldsymbol{E}+\boldsymbol{N}+\boldsymbol{N}^2+\cdots+\boldsymbol{N}^{n-1}$, 故 $\boldsymbol{A}^{-1}=\boldsymbol{E}-\boldsymbol{N}=\begin{pmatrix} 1 & -1 & 0 & \cdots & 0 \\ & 1 & -1 & \cdots & 0 \\ & & \ddots & \ddots & \vdots \\ & & & \ddots & -1 \\ & & & & 1 \end{pmatrix}$.

例2.7.4 若 n 阶方阵 $\boldsymbol{A}$ 满足 $\boldsymbol{A}^3=3\boldsymbol{A}(\boldsymbol{A}-\boldsymbol{E})$. 证明: $\boldsymbol{E}-\boldsymbol{A}$ 可逆, 并求 $(\boldsymbol{E}-\boldsymbol{A})^{-1}$.

证 (和化积) 因为 $-3\boldsymbol{A}+3\boldsymbol{A}^2-\boldsymbol{A}^3=\boldsymbol{O}$, 所以

$$\boldsymbol{E}-3\boldsymbol{A}+3\boldsymbol{A}^2-\boldsymbol{A}^3=\boldsymbol{E}$$

即 $(\boldsymbol{E}-\boldsymbol{A})^3=(\boldsymbol{E}-\boldsymbol{A})(\boldsymbol{E}-\boldsymbol{A})^2=\boldsymbol{E}$. 所以 $\boldsymbol{E}-\boldsymbol{A}$ 可逆, 且 $(\boldsymbol{E}-\boldsymbol{A})^{-1}=(\boldsymbol{E}-\boldsymbol{A})^2$. □

拓展阅读：Leontief 投入–产出模型[①]

在瓦西里 · 里昂惕夫 (Wassily Leontief) 获得 1973 年度诺贝尔经济学奖的投入–产出模型的工作中, 线性代数起着重要的作用.

分析一个经济体的一种方法是将其划分为几个部门, 并研究这些部门之间如何相互作用. 例如, 一个简单的经济体可以分为三个部门: 制造业、农业和服务业. 通常, 一个部门会产生一定的产出, 但需要其他部门和自身的投入 (中间需求). 例如, 农业部门可以生产小麦作为产出, 但需要来自制造业的农场机械厂的投入, 来自服务业部门的电力, 以及来自农业部门的食物来养活工人. 因此, 我们可以把一个经济体想象成一个投入和产出部门的网络; 对这种流动的研究称为投入–产出分析. 投入和产出通常以货币单位 (例如元或百万元) 计量.

一个经济体的大多数部门都会产出商品或服务, 但也可能存在一些部门不生产任何商品或服务, 而仅仅消费商品或服务 (例如, 消费市场). 不产生产出的部门称为开放部门.

设某国的经济体系分为 n 个生产部门, 向量 $x\in\mathbf{R}^n$ 为产出向量, $d\in\mathbf{R}^n$ 为开放部门对各生产部门产出的外部需求向量. 设 c_{ij} 为第 j 个生产部门生产 1 单位产出对第 i 个生产部门所要求的投入 (中间需求), 称为投入系数. 矩阵 $\boldsymbol{C}=(c_{ij})_{n\times n}$ 称为消耗矩阵, 它的每一列表示每生产 1 单位产出所需各部门的投入. 由于生产部门盈利的需要, $\boldsymbol{C}$ 的列和应小于 1. 里昂惕夫思考是否存在某一总产出 x (供给) 满足

$$\text{总产出}=\text{中间需求}+\text{外部最终需求}$$

或用数学的语言表达为

$$x=\boldsymbol{C}x+d \quad \text{或} \quad (\boldsymbol{E}-\boldsymbol{C})x=d \tag{2.7.2}$$

① LAY D C 线性代数及其应用. 刘深泉, 等, 译. 北京：机械工业出版社, 2017

称为里昂惕夫方程, 其系数矩阵 $\boldsymbol{E}-\boldsymbol{C}$ 称为里昂惕夫逆矩阵.

例如, 考虑一个简单的经济系统, 一个开放部门和三个生产部门: 制造业、农业和服务业. 消耗矩阵如下:

	制造业	农业	服务业
制造业	0.50	0.40	0.20
农　业	0.20	0.30	0.10
服务业	0.10	0.10	0.30

假设外部最终需求为 $d=(50,30,20)^{\mathrm{T}}$, 则总产出

$$x=(\boldsymbol{E}-\boldsymbol{C})^{-1}d\approx\begin{pmatrix}226\\119\\78\end{pmatrix}$$

假设由 d 表示的需求在年初提供给各生产部门, 它们制定产出水平为 $x=d$ 的计划, 它将恰好满足外部最终需求. 对于这些产出需求 d, 它们将提出对原料等的投入需求 $\boldsymbol{C}d$; 为满足附加需求 $\boldsymbol{C}d$, 生产部门又需要进一步地投入 $\boldsymbol{C}(\boldsymbol{C}\boldsymbol{d})=\boldsymbol{C}^2d$; 为满足第二轮的附加需求 $\boldsymbol{C}^2d$, 又创造了第三轮的附加需求 $\boldsymbol{C}^3d$, $\cdots\cdots$ 这样, 为了满足所有这些需求的总产出 x 是

$$x=d+\boldsymbol{C}d+\boldsymbol{C}^2d+\boldsymbol{C}^3d+\cdots=(\boldsymbol{E}+\boldsymbol{C}+\boldsymbol{C}^2+\cdots)d$$

由于 $\boldsymbol{C}$ 的列和小于 1, 可以证明 $\boldsymbol{C}^k\to\boldsymbol{O}(k\to\infty)$. 于是我们可以近似地认为 $\boldsymbol{C}^{n+1}=\boldsymbol{O}$. 由例 2.7.2 知

$$(\boldsymbol{E}-\boldsymbol{C})^{-1}=\boldsymbol{E}+\boldsymbol{C}+\boldsymbol{C}^2+\cdots+\boldsymbol{C}^n$$

所以

$$x=(\boldsymbol{E}-\boldsymbol{C})^{-1}d=(\boldsymbol{E}+\boldsymbol{C}+\boldsymbol{C}^2+\cdots+\boldsymbol{C}^n)d$$

在实际的投入–产出模型中, 消耗矩阵 $\boldsymbol{C}$ 的幂迅速趋于零, 所以上式实际上给出了求解里昂惕夫方程 (2.7.2) 的方法.

习　题　2.7

(A)

1. 设 $\boldsymbol{A}=\mathrm{diag}(1,-2,1)$, $\boldsymbol{A}^*\boldsymbol{B}\boldsymbol{A}=2\boldsymbol{B}\boldsymbol{A}-8\boldsymbol{E}$. 求 $\boldsymbol{B}$.

2. 设 $\boldsymbol{A}$ 的伴随矩阵 $\boldsymbol{A}^*=\mathrm{diag}(1,1,1,8)$, $\boldsymbol{ABA}^{-1}=\boldsymbol{BA}^{-1}+3\boldsymbol{E}$. 求 $\boldsymbol{B}$.

3. 设 $\boldsymbol{A},\boldsymbol{B}$ 为 n 阶方阵, 若 $|\boldsymbol{A}|=1,|\boldsymbol{B}|=2,|\boldsymbol{A}^{-1}+\boldsymbol{B}|=3$, 求 $|\boldsymbol{A}+\boldsymbol{B}^{-1}|$.

4. 设 $\boldsymbol{\alpha}_1,\boldsymbol{\alpha}_2,\boldsymbol{\alpha}_3$ 是三维线性无关的列向量, $\boldsymbol{A}=(\boldsymbol{\alpha}_1,\boldsymbol{\alpha}_2,\boldsymbol{\alpha}_3)$, $\boldsymbol{B}=(\boldsymbol{\alpha}_1+\boldsymbol{\alpha}_2+\boldsymbol{\alpha}_3,\boldsymbol{\alpha}_1+2\boldsymbol{\alpha}_2+3\boldsymbol{\alpha}_3,\boldsymbol{\alpha}_1+4\boldsymbol{\alpha}_2+9\boldsymbol{\alpha}_3)$. 若 $|\boldsymbol{A}|=2$, 求 $|\boldsymbol{B}|$.

(B)

5. 设 $\boldsymbol{A}^*=\begin{pmatrix}1&0&0\\1&1&0\\1&1&1\end{pmatrix}$, $|\boldsymbol{A}|>0$, 且 $\boldsymbol{A}^{-1}\boldsymbol{XA}+\boldsymbol{XA}+2\boldsymbol{E}=\boldsymbol{O}$. 求矩阵 $\boldsymbol{X}$.

6. 设方阵 $\boldsymbol{A}$ 满足 $\boldsymbol{A}^2-\boldsymbol{A}-2\boldsymbol{E}=\boldsymbol{O}$. 证明：$\boldsymbol{A}$, $\boldsymbol{A}+2\boldsymbol{E}$ 都可逆, 并求 $\boldsymbol{A}^{-1}$ 与 $(\boldsymbol{A}+2\boldsymbol{E})^{-1}$.

7. 设 $\boldsymbol{A}$ 是 $n(\geqslant 2)$ 阶方阵, 证明

(1) 若 $\boldsymbol{A}$ 可逆, $|\boldsymbol{A}^*|=|\boldsymbol{A}|^{n-1}$;

(2) 若 $\boldsymbol{A}$ 可逆, $(\boldsymbol{A}^{\mathrm{T}})^*=(\boldsymbol{A}^*)^{\mathrm{T}}$;

(3) 若 $\boldsymbol{A}$ 可逆, 则 $(\boldsymbol{A}^*)^*=|\boldsymbol{A}|^{n-2}\boldsymbol{A}$;

(4) 若 $\boldsymbol{A},\boldsymbol{B}$ 可逆, 则 $(\boldsymbol{AB})^*=\boldsymbol{B}^*\boldsymbol{A}^*$.

(C)

8. 证明：$\boldsymbol{A}$ 与任意 n 阶可逆方阵可交换当且仅当 $\boldsymbol{A}$ 是数量矩阵 (即 $a\boldsymbol{E}_n, a\in\mathbf{R}$).

2.8　初等矩阵与矩阵的逆

求矩阵的逆最简便而又实用的方法是初等变换法. 对矩阵施行行 (或列) 初等变换是线性代数中最常用的方法, 是求解线性代数相关问题的基本工具, 如求逆矩阵、矩阵的秩、解线性方程组、求极大线性无关组、求矩阵的特征值与特征向量、实对称矩阵的相似对角化及二次型的标准形等, 几乎贯穿了线性代数的所有内容. 为了记录所施行的这些初等变换, 在此引入初等矩阵的概念.

定义 2.8.1　由单位矩阵经过一次初等变换得到的矩阵称为**初等矩阵**.

初等矩阵共有下面三种.

$$
(1)\ 换法矩阵\ \boldsymbol{P}(i,j)=
\begin{array}{c}
\\ \\ 第\ i\ 行 \\ \\ 第\ j\ 行 \\ \\ \\
\end{array}
\begin{pmatrix}
1 & & & & & & \\
& \ddots & & & & & \\
& & 0 & \cdots & 1 & & \\
& & \vdots & \ddots & \vdots & & \\
& & 1 & \cdots & 0 & & \\
& & & & & \ddots & \\
& & & & & & 1
\end{pmatrix};
\quad (\text{第 } i \text{ 列},\ \text{第 } j \text{ 列})
$$

$$\text{(2) 倍法矩阵 } \boldsymbol{P}_i(b)= \begin{array}{c} \\ \\ \\ \text{第 } i \text{ 行} \\ \\ \\ \\ \end{array} \overset{\text{第 } i \text{ 列}}{\begin{pmatrix} 1 & & & & & & \\ & \ddots & & & & & \\ & & 1 & & & & \\ & & & b & & & \\ & & & & 1 & & \\ & & & & & \ddots & \\ & & & & & & 1 \end{pmatrix}}, \quad 0 \neq b \in \mathbf{R};$$

$$\text{(3) 消法矩阵 } \boldsymbol{P}_{ij}(c)= \begin{array}{c} \\ \\ \text{第 } i \text{ 行} \\ \\ \text{第 } j \text{ 行} \\ \\ \\ \end{array} \overset{\text{第 } i \text{ 列} \qquad \text{第 } j \text{ 列}}{\begin{pmatrix} 1 & & & & & & \\ & \ddots & & & & & \\ & & 1 & \cdots & c & & \\ & & & \ddots & \vdots & & \\ & & & & 1 & & \\ & & & & & \ddots & \\ & & & & & & 1 \end{pmatrix}}, \quad c \in \mathbf{R}.$$

注 (1) 初等矩阵都是可逆矩阵, 其逆矩阵仍是初等矩阵:

$$\boldsymbol{P}(i,j)^{-1}=\boldsymbol{P}(i,j), \quad \boldsymbol{P}_i(b)^{-1}=\boldsymbol{P}_i(b^{-1}), \quad \boldsymbol{P}_{ij}(c)^{-1}=\boldsymbol{P}_{ij}(-c)$$

(2) 注意

$$\boldsymbol{P}(i,j)=\boldsymbol{P}_j(-1)\boldsymbol{P}_{ij}(1)\boldsymbol{P}_{ji}(-1)\boldsymbol{P}_{ij}(1)$$

即换法矩阵可以写成有限个倍法矩阵与消法矩阵的乘积, 所以施行一次换法变换, 相当于施行有限次倍法变换与消法变换. 这个事实使我们在讨论有关初等变换的问题时只需讨论倍法变换与消法变换就可以了, 从而使讨论得到简化.

初等矩阵的重要性在于它能记录下来对矩阵 $\boldsymbol{A}$ 所施行的初等变换, 即将箭头表达式改写成等号表达式, 为很多问题的处理带来方便. 例如, 初等变换

$$\boldsymbol{A}=\begin{pmatrix} 1 & 2 & 3 & 4 \\ 5 & 6 & 7 & 8 \\ 9 & 10 & 11 & 12 \end{pmatrix} \xrightarrow{r_1 \leftrightarrow r_3} \begin{pmatrix} 9 & 10 & 11 & 12 \\ 5 & 6 & 7 & 8 \\ 1 & 2 & 3 & 4 \end{pmatrix}$$

可以写成

$$\boldsymbol{P}(1,3)\boldsymbol{A}=\begin{pmatrix} 0 & 0 & 1 \\ 0 & 1 & 0 \\ 1 & 0 & 0 \end{pmatrix}\begin{pmatrix} 1 & 2 & 3 & 4 \\ 5 & 6 & 7 & 8 \\ 9 & 10 & 11 & 12 \end{pmatrix}=\begin{pmatrix} 9 & 10 & 11 & 12 \\ 5 & 6 & 7 & 8 \\ 1 & 2 & 3 & 4 \end{pmatrix}$$

即对 $\boldsymbol{A}$ 左乘换法矩阵 $\boldsymbol{P}(1,3)$, 相当于交换 $\boldsymbol{A}$ 的第 1 行与第 3 行. 类似地,

$$\boldsymbol{A}\boldsymbol{P}_{42}(k)=\begin{pmatrix}1&2&3&4\\5&6&7&8\\9&10&11&12\end{pmatrix}\begin{pmatrix}1&0&0&0\\0&1&0&0\\0&0&1&0\\0&k&0&1\end{pmatrix}=\begin{pmatrix}1&2+4k&3&4\\5&6+8k&7&8\\9&10+12k&11&12\end{pmatrix}$$

即对 $\boldsymbol{A}$ 右乘消法矩阵 $\boldsymbol{P}_{42}(k)$, 相当于将 $\boldsymbol{A}$ 第 4 列的 k 倍加到第 2 列.

引理 2.8.1 **(左乘行变, 右乘列变)** 设 $\boldsymbol{A}$ 是 $m\times n$ 阶矩阵, $\boldsymbol{P},\boldsymbol{Q}$ 分别是 m,n 阶初等矩阵. 则 $\boldsymbol{PA}$ 相当于对 $\boldsymbol{A}$ 施行一次 $\boldsymbol{P}$ 所对应的行初等变换, $\boldsymbol{AQ}$ 相当于对 $\boldsymbol{A}$ 施行一次 $\boldsymbol{Q}$ 所对应的列初等变换.

证 直接验证即得. □

回忆第 1 章中定义 1.2.3, 若矩阵 $\boldsymbol{A}$ 经过一系列初等变换得到矩阵 $\boldsymbol{B}$, 则称矩阵 $\boldsymbol{A}$ **等价 (或相抵) 于** $\boldsymbol{B}$. 由引理 2.8.1 立即可得:

定理2.8.1 矩阵 $\boldsymbol{A}$ 等价于 $\boldsymbol{B}$ 当且仅当存在初等矩阵 $\boldsymbol{P}_1,\boldsymbol{P}_2,\cdots,\boldsymbol{P}_s,\boldsymbol{Q}_1,\boldsymbol{Q}_2,\cdots,\boldsymbol{Q}_t$ 使 $\boldsymbol{P}_s\boldsymbol{P}_{s-1}\cdots\boldsymbol{P}_1\boldsymbol{A}\boldsymbol{Q}_1\boldsymbol{Q}_2\cdots\boldsymbol{Q}_t=\boldsymbol{B}$.

注 矩阵的等价 (或相抵) 是一种等价关系, 即满足反身性、对称性与传递性.

证 反身性: $\boldsymbol{P}(1,2)\boldsymbol{A}\boldsymbol{P}(1,2)=\boldsymbol{A}$, 所以 $\boldsymbol{A}\leftrightarrow\boldsymbol{A}$;

对称性: 若 $\boldsymbol{A}\leftrightarrow\boldsymbol{B}$, 则存在初等矩阵 $\boldsymbol{P}_1,\boldsymbol{P}_2,\cdots,\boldsymbol{P}_s,\boldsymbol{Q}_1,\boldsymbol{Q}_2,\cdots,\boldsymbol{Q}_t$ 使 $\boldsymbol{P}_s\boldsymbol{P}_{s-1}\cdots\boldsymbol{P}_1\boldsymbol{A}\boldsymbol{Q}_1\boldsymbol{Q}_2\cdots\boldsymbol{Q}_t=\boldsymbol{B}$. 从而 $\boldsymbol{P}_1^{-1}\boldsymbol{P}_2^{-1}\cdots\boldsymbol{P}_s^{-1}\boldsymbol{B}\boldsymbol{Q}_t^{-1}\cdots\ \boldsymbol{Q}_2^{-1}\boldsymbol{Q}_1^{-1}=\boldsymbol{A}$, 由于 $\boldsymbol{P}_i^{-1},\boldsymbol{Q}_j^{-1}$ 也是初等矩阵, 所以 $\boldsymbol{B}\leftrightarrow\boldsymbol{A}$.

传递性: 若 $\boldsymbol{A}\leftrightarrow\boldsymbol{B}$, $\boldsymbol{B}\leftrightarrow\boldsymbol{C}$, 则存在初等矩阵 $\boldsymbol{P}_1,\cdots,\boldsymbol{P}_s$, $\boldsymbol{Q}_1,\cdots,\boldsymbol{Q}_t,\boldsymbol{R}_1,\cdots,\boldsymbol{R}_k,\boldsymbol{S}_1,\cdots,\boldsymbol{S}_l$ 使 $\boldsymbol{P}_s\cdots\boldsymbol{P}_1\boldsymbol{A}\boldsymbol{Q}_1\cdots,\boldsymbol{Q}_t=\boldsymbol{B}$, $\boldsymbol{R}_k\cdots\boldsymbol{R}_1\boldsymbol{B}\boldsymbol{S}_1\cdots\boldsymbol{S}_l=\boldsymbol{C}$, 于是 $\boldsymbol{R}_k\cdots\boldsymbol{R}_1\boldsymbol{P}_s\cdots\boldsymbol{P}_1\boldsymbol{A}\boldsymbol{Q}_1\cdots\boldsymbol{Q}_t\boldsymbol{S}_1\cdots\boldsymbol{S}_l=\boldsymbol{C}$, 即 $\boldsymbol{A}\leftrightarrow\boldsymbol{C}$. □

利用初等矩阵, 推论 1.2.1 可重新表述为下面推论.

推论 2.8.1 对任意 $m\times n$ 阶矩阵 $\boldsymbol{A}$, 存在初等矩阵 $\boldsymbol{P}_1,\boldsymbol{P}_2,\cdots,\boldsymbol{P}_s,\boldsymbol{Q}_1,\boldsymbol{Q}_2,\cdots,\boldsymbol{Q}_t$, 使 $\boldsymbol{P}_s\cdots\boldsymbol{P}_2\boldsymbol{P}_1\boldsymbol{A}\boldsymbol{Q}_1\boldsymbol{Q}_2\cdots\boldsymbol{Q}_t=\begin{pmatrix}\boldsymbol{E}_r&\boldsymbol{O}_{n-r}\\\boldsymbol{O}_{m-r}&\boldsymbol{O}_{m-r,n-r}\end{pmatrix}$, 其中 $r=r(\boldsymbol{A})$.

注意到初等矩阵的乘积是可逆矩阵, 从而有下面的推论.

推论 2.8.2 对任意 $m\times n$ 阶矩阵 $\boldsymbol{A}$, 存在可逆矩阵 $\boldsymbol{P},\boldsymbol{Q}$, 使

$$\boldsymbol{PAQ}=\begin{pmatrix}\boldsymbol{E}_r&\boldsymbol{O}_{n-r}\\\boldsymbol{O}_{m-r}&\boldsymbol{O}_{m-r,n-r}\end{pmatrix},\quad 其中\ r=r(\boldsymbol{A})$$

初等矩阵的乘积是可逆矩阵, 反过来也成立.

命题 2.8.1 矩阵 $\boldsymbol{A}$ 可逆当且仅当 $\boldsymbol{A}$ 能写成有限个初等矩阵的乘积.

证 充分性显然.

必要性：由推论 2.8.1, 存在初等矩阵 $\boldsymbol{P}_1, \boldsymbol{P}_2, \cdots, \boldsymbol{P}_s, \boldsymbol{Q}_1, \boldsymbol{Q}_2, \cdots, \boldsymbol{Q}_t$, 使

$$\boldsymbol{P}_s\boldsymbol{P}_{s-1}\cdots\boldsymbol{P}_1\boldsymbol{A}\boldsymbol{Q}_1\boldsymbol{Q}_2\cdots\boldsymbol{Q}_t = \begin{pmatrix} \boldsymbol{E}_r & \boldsymbol{O}_{n-r} \\ \boldsymbol{O}_{n-r} & \boldsymbol{O}_{n-r,n-r} \end{pmatrix}$$

若 $\boldsymbol{A}$ 可逆, 则 $\boldsymbol{P}_s\boldsymbol{P}_{s-1}\cdots\boldsymbol{P}_1\boldsymbol{A}\boldsymbol{Q}_1\boldsymbol{Q}_2\cdots\boldsymbol{Q}_t$ 可逆, 从而 $\begin{pmatrix} \boldsymbol{E}_r & \boldsymbol{O}_{n-r} \\ \boldsymbol{O}_{n-r} & \boldsymbol{O}_{n-r,n-r} \end{pmatrix}$ 可逆, 故 $r = n$. 即 $\boldsymbol{P}_s\boldsymbol{P}_{s-1}\cdots\boldsymbol{P}_1\boldsymbol{A}\boldsymbol{Q}_1\boldsymbol{Q}_2\cdots\boldsymbol{Q}_t = \boldsymbol{E}_n$. 则

$$\boldsymbol{A} = \boldsymbol{P}_1^{-1}\boldsymbol{P}_2^{-1}\cdots\boldsymbol{P}_s^{-1}\boldsymbol{Q}_t^{-1}\boldsymbol{Q}_{t-1}^{-1}\cdots\boldsymbol{Q}_1^{-1}$$

□

推论 2.8.3 可逆矩阵经一系列行初等变换可化为单位矩阵.

注： $\boldsymbol{A}^{-1}(\boldsymbol{A},\ \boldsymbol{E}) = (\boldsymbol{A}^{-1}\boldsymbol{A},\ \boldsymbol{A}^{-1}\boldsymbol{E}) = (\boldsymbol{E},\ \boldsymbol{A}^{-1})$, 由推论 2.8.2 知, 存在初等矩阵 $\boldsymbol{P}_1, \boldsymbol{P}_2, \cdots, \boldsymbol{P}_s$, 使 $\boldsymbol{A}^{-1} = \boldsymbol{P}_s\boldsymbol{P}_{s-1}\cdots\boldsymbol{P}_1$. 从而

$$\boldsymbol{P}_s\boldsymbol{P}_{s-1}\cdots\boldsymbol{P}_1(\boldsymbol{A}, \boldsymbol{E}) = (\boldsymbol{E}, \boldsymbol{A}^{-1})$$

即对矩阵 $\boldsymbol{A}$ 施行一系列行初等变换化成单位矩阵 $\boldsymbol{E}$, 这些初等行变换也同时将单位矩阵 $\boldsymbol{E}$ 化为 $\boldsymbol{A}^{-1}$. 表示如下：

$$(\boldsymbol{A},\ \boldsymbol{E}) \xrightarrow{\text{行初等变换}} (\boldsymbol{E},\ \boldsymbol{A}^{-1})$$

类似地,

$$\begin{pmatrix} \boldsymbol{A} \\ \boldsymbol{E} \end{pmatrix} \xrightarrow{\text{列初等变换}} \begin{pmatrix} \boldsymbol{E} \\ \boldsymbol{A}^{-1} \end{pmatrix}$$

例 2.8.1 设 $\boldsymbol{A} = \begin{pmatrix} 0 & a_1 & 0 & \cdots & 0 & 0 \\ 0 & 0 & a_2 & \cdots & 0 & 0 \\ \vdots & \vdots & \vdots & & \vdots & \vdots \\ 0 & 0 & 0 & \cdots & 0 & a_{n-1} \\ a_n & 0 & 0 & \cdots & 0 & 0 \end{pmatrix}$, $\prod\limits_{i=1}^{n} a_i \neq 0$. 求 $\boldsymbol{A}^{-1}$.

解

$$(\boldsymbol{A} \mid \boldsymbol{E}) = \left(\begin{array}{cccccc:ccccc} 0 & a_1 & 0 & \cdots & 0 & 0 & 1 & 0 & \cdots & 0 & 0 \\ 0 & 0 & a_2 & \cdots & 0 & 0 & 0 & 1 & \cdots & 0 & 0 \\ \vdots & \vdots & \vdots & & \vdots & \vdots & \vdots & \vdots & & \vdots & \vdots \\ 0 & 0 & 0 & \cdots & 0 & a_{n-1} & 0 & 0 & \cdots & 1 & 0 \\ a_n & 0 & 0 & \cdots & 0 & 0 & 0 & 0 & \cdots & 0 & 1 \end{array}\right)$$

$$\to \left(\begin{array}{cccccc:ccccc} a_n & 0 & 0 & \cdots & 0 & 0 & 0 & 0 & \cdots & 0 & 1 \\ 0 & a_1 & 0 & \cdots & 0 & 0 & 1 & 0 & \cdots & 0 & 0 \\ 0 & 0 & a_2 & \cdots & 0 & 0 & 0 & 1 & \cdots & 0 & 0 \\ \vdots & \vdots & \vdots & & \vdots & \vdots & \vdots & \vdots & & \vdots & \vdots \\ 0 & 0 & 0 & \cdots & 0 & a_{n-1} & 0 & 0 & \cdots & 1 & 0 \end{array}\right)$$

$$\rightarrow\left(\begin{array}{cccccc:ccccc}1&0&0&\cdots&0&0&0&0&\cdots&0&a_n^{-1}\\0&1&0&\cdots&0&0&a_1^{-1}&0&\cdots&0&0\\0&0&1&\cdots&0&0&0&a_2^{-1}&\cdots&0&0\\\vdots&\vdots&\vdots&&\vdots&\vdots&\vdots&\vdots&&\vdots&\vdots\\0&0&0&\cdots&0&1&0&0&\cdots&a_{n-1}^{-1}&0\end{array}\right)$$

所以 $\boldsymbol{A}^{-1}=\begin{pmatrix}0&0&\cdots&0&a_n^{-1}\\a_1^{-1}&0&\cdots&0&0\\0&a_2^{-1}&\cdots&0&0\\\vdots&\vdots&&\vdots&\vdots\\0&0&\cdots&a_{n-1}^{-1}&0\end{pmatrix}$.

上述初等变换也可以推广到分块矩阵的初等变换, 称为分块 (广义) 初等变换. 某些特殊的矩阵, 根据矩阵自身的特点先进行分块, 再求逆有时会更方便. 以下分块矩阵的逆矩阵会经常用到.

$$\begin{pmatrix}\boldsymbol{A}&\boldsymbol{O}\\\boldsymbol{O}&\boldsymbol{B}\end{pmatrix}^{-1}=\begin{pmatrix}\boldsymbol{A}^{-1}&\boldsymbol{O}\\\boldsymbol{O}&\boldsymbol{B}^{-1}\end{pmatrix},\qquad\begin{pmatrix}\boldsymbol{O}&\boldsymbol{A}\\\boldsymbol{B}&\boldsymbol{O}\end{pmatrix}^{-1}=\begin{pmatrix}\boldsymbol{O}&\boldsymbol{B}^{-1}\\\boldsymbol{A}^{-1}&\boldsymbol{O}\end{pmatrix},$$
$$\begin{pmatrix}\boldsymbol{A}&\boldsymbol{O}\\\boldsymbol{C}&\boldsymbol{B}\end{pmatrix}^{-1}=\begin{pmatrix}\boldsymbol{A}^{-1}&\boldsymbol{O}\\-\boldsymbol{B}^{-1}\boldsymbol{C}\boldsymbol{A}^{-1}&\boldsymbol{B}^{-1}\end{pmatrix},\quad\begin{pmatrix}\boldsymbol{A}&\boldsymbol{C}\\\boldsymbol{O}&\boldsymbol{B}\end{pmatrix}^{-1}=\begin{pmatrix}\boldsymbol{A}^{-1}&-\boldsymbol{A}^{-1}\boldsymbol{C}\boldsymbol{B}^{-1}\\\boldsymbol{O}&\boldsymbol{B}^{-1}\end{pmatrix}.$$

例如, 因

$$\left(\begin{array}{cc:cc}\boldsymbol{A}&\boldsymbol{O}&\boldsymbol{E}&\boldsymbol{O}\\\boldsymbol{C}&\boldsymbol{B}&\boldsymbol{O}&\boldsymbol{E}\end{array}\right)\rightarrow\left(\begin{array}{cc:cc}\boldsymbol{A}&\boldsymbol{O}&\boldsymbol{E}&\boldsymbol{O}\\\boldsymbol{O}&\boldsymbol{B}&-\boldsymbol{C}\boldsymbol{A}^{-1}&\boldsymbol{E}\end{array}\right)$$
$$\rightarrow\left(\begin{array}{cc:cc}\boldsymbol{E}&\boldsymbol{O}&\boldsymbol{A}^{-1}&\boldsymbol{O}\\\boldsymbol{O}&\boldsymbol{E}&-\boldsymbol{B}^{-1}\boldsymbol{C}\boldsymbol{A}^{-1}&\boldsymbol{B}^{-1}\end{array}\right)$$

故 $\begin{pmatrix}\boldsymbol{A}&\boldsymbol{O}\\\boldsymbol{C}&\boldsymbol{B}\end{pmatrix}^{-1}=\begin{pmatrix}\boldsymbol{A}^{-1}&\boldsymbol{O}\\-\boldsymbol{B}^{-1}\boldsymbol{C}\boldsymbol{A}^{-1}&\boldsymbol{B}^{-1}\end{pmatrix}$

例 2.8.2 设 $\boldsymbol{A}=\left(\begin{array}{c:ccccc}0&a_1&0&\cdots&0&0\\0&0&a_2&\cdots&0&0\\\vdots&\vdots&\vdots&&\vdots&\vdots\\0&0&0&\cdots&0&a_{n-1}\\a_n&0&0&\cdots&0&0\end{array}\right)$, $\prod\limits_{i=1}^{n}a_i\neq0$. 求 $\boldsymbol{A}^{-1}$.

解 设 $\boldsymbol{D}=\begin{pmatrix} a_1 & 0 & \cdots & 0 \\ 0 & a_2 & \cdots & 0 \\ \vdots & \vdots & & \vdots \\ 0 & 0 & \cdots & a_{n-1} \end{pmatrix}$, 则 $\boldsymbol{A}=\begin{pmatrix} 0 & D \\ a_n & 0 \end{pmatrix}$. 从而

$$\boldsymbol{A}^{-1}=\begin{pmatrix} 0 & D \\ a_n & 0 \end{pmatrix}^{-1}=\begin{pmatrix} 0 & a_n^{-1} \\ D^{-1} & 0 \end{pmatrix}=\left(\begin{array}{cccc:c} 0 & 0 & \cdots & 0 & a_n^{-1} \\ \hdashline a_1^{-1} & 0 & \cdots & 0 & 0 \\ 0 & a_2^{-1} & \cdots & 0 & 0 \\ \vdots & \vdots & & \vdots & \vdots \\ 0 & 0 & \cdots & a_{n-1}^{-1} & 0 \end{array}\right)$$

例 2.8.3 设 $\boldsymbol{A}=\left(\begin{array}{cc:cc} 1 & 1 & 1 & 1 \\ 1 & -1 & 1 & -1 \\ \hdashline 1 & 1 & -1 & -1 \\ 1 & -1 & -1 & 1 \end{array}\right)$. 求 $\boldsymbol{A}^{-1}$.

解 设 $\boldsymbol{B}=\begin{pmatrix} 1 & 1 \\ 1 & -1 \end{pmatrix}$, 则 $\boldsymbol{B}^{-1}=\left(-\frac{1}{2}\right)\begin{pmatrix} -1 & -1 \\ -1 & 1 \end{pmatrix}=\frac{1}{2}\boldsymbol{B}$.

$$\left(\begin{array}{cc|cc} \boldsymbol{B} & \boldsymbol{B} & \boldsymbol{E} & \boldsymbol{O} \\ \boldsymbol{B} & -\boldsymbol{B} & \boldsymbol{O} & \boldsymbol{E} \end{array}\right)\to\cdots\to\left(\begin{array}{cc|cc} \boldsymbol{E} & \boldsymbol{O} & \frac{1}{2}\boldsymbol{B}^{-1} & \frac{1}{2}\boldsymbol{B}^{-1} \\ \boldsymbol{O} & \boldsymbol{E} & \frac{1}{2}\boldsymbol{B}^{-1} & -\frac{1}{2}\boldsymbol{B}^{-1} \end{array}\right)$$

所以 $\boldsymbol{A}^{-1}=\frac{1}{4}\begin{pmatrix} \boldsymbol{B} & \boldsymbol{B} \\ \boldsymbol{B} & -\boldsymbol{B} \end{pmatrix}=\frac{1}{4}\boldsymbol{A}$.

作为可逆矩阵及行列式在线性方程组中的应用, 我们接下来介绍克拉默法则, 这是由瑞士数学家克拉默最先给出的.

定理 2.8.2 如果含有 n 个未知量 n 个方程的线性方程组

$$\begin{cases} a_{11}x_1+a_{12}x_2+\cdots+a_{1n}x_n=b_1 \\ a_{21}x_1+a_{22}x_2+\cdots+a_{2n}x_n=b_2 \\ \qquad\cdots\cdots \\ a_{n1}x_1+a_{n2}x_2+\cdots+a_{nn}x_n=b_n \end{cases} \tag{2.8.1}$$

的系数矩阵

$$\boldsymbol{A}=\begin{pmatrix} a_{11} & a_{12} & \cdots & a_{1n} \\ a_{21} & a_{22} & \cdots & a_{2n} \\ \vdots & \vdots & & \vdots \\ a_{n1} & a_{n2} & \cdots & a_{nn} \end{pmatrix}$$

的行列式

$$d = |\boldsymbol{A}| \neq 0$$

那么线性方程组 (2.8.1) 有解, 并且解是唯一的, 且可以通过系数表示为

$$x_1 = \frac{d_1}{d}, x_2 = \frac{d_2}{d}, \cdots, x_n = \frac{d_n}{d} \tag{2.8.2}$$

式中：d_j 是把矩阵 $\boldsymbol{A}$ 中第 j 列换成方程组的常数项 $b_1, b_2, \cdots, b_n$ 所成的矩阵的行列式, $j = 1, 2, \cdots, n$.

证 将线性方程组记作 $\boldsymbol{A}x = b$. 由于 $|\boldsymbol{A}| \neq \mathbf{0}$, 所以 $\boldsymbol{A}$ 可逆, 从而 $x = \boldsymbol{A}^{-1}b$. 若 $x = c$ 也是 $\boldsymbol{A}\boldsymbol{x} = b$ 的解, 则 $\boldsymbol{A}c = b$, 从而 $\boldsymbol{A}^{-1}(\boldsymbol{A}c) = \boldsymbol{A}^{-1}b$, 即 $c = \boldsymbol{A}^{-1}b$. 故 $\boldsymbol{A}x = b$ 有唯一解

$$x = \boldsymbol{A}^{-1}b = \frac{\boldsymbol{A}^*b}{|\boldsymbol{A}|}$$

注意将行列式 d_j 按第 j 列展开, 得

$$d_j = \begin{vmatrix} a_{11} & \cdots & a_{1,j-1} & b_1 & a_{1,j+1} & \cdots & a_{1n} \\ a_{21} & \cdots & a_{2,j-1} & b_2 & a_{2,j+1} & \cdots & a_{2n} \\ \vdots & & \vdots & \vdots & \vdots & & \vdots \\ a_{n1} & \cdots & a_{n,j-1} & b_n & a_{n,j+1} & \cdots & a_{nn} \end{vmatrix} = \sum_{k=1}^{n} b_k \boldsymbol{A}_{kj}$$

所以 $x = \dfrac{\boldsymbol{A}^*b}{|\boldsymbol{A}|}$ 的第 j 个分量为

$$x_j = \frac{1}{|\boldsymbol{A}|}\sum_{k=1}^{n} \boldsymbol{A}_{kj} b_k = \frac{d_j}{d} \quad (j = 1, 2, \cdots, n)$$

□

推论2.8.4 设 $\boldsymbol{A}$ 是 n 阶方阵, 则齐次线性方程组 $\boldsymbol{A}\boldsymbol{x} = \mathbf{0}$ 有非零解, 当且仅当 $|\boldsymbol{A}| = 0$.

下面给出推论 2.8.4 的一些应用.

推论 2.8.5 n 维向量 $\boldsymbol{\alpha}_1, \boldsymbol{\alpha}_2, \cdots, \boldsymbol{\alpha}_n$ 线性无关, 当且仅当 $|\boldsymbol{A}| \neq 0$, 其中 $\boldsymbol{A} = (\boldsymbol{\alpha}_1, \boldsymbol{\alpha}_2, \cdots, \boldsymbol{\alpha}_n)$.

由推论 2.8.4, 第 1 章中的定理 1.5.2 可重新表述为

推论2.8.6 设向量组 $\boldsymbol{\alpha}_1, \boldsymbol{\alpha}_2, \cdots, \boldsymbol{\alpha}_s$ 线性无关, 向量组 $\boldsymbol{\beta}_1, \boldsymbol{\beta}_2, \cdots, \boldsymbol{\beta}_s$ 可由 $\boldsymbol{\alpha}_1, \boldsymbol{\alpha}_2, \cdots, \boldsymbol{\alpha}_s$ 线性表示, 即

$$\boldsymbol{\beta}_j = a_{1j}\boldsymbol{\alpha}_1 + a_{2j}\boldsymbol{\alpha}_2 + \cdots + a_{sj}\boldsymbol{\alpha}_s \quad (j = 1, 2, \cdots, s)$$

记 $\boldsymbol{A} = (a_{ij})_{s\times s}$, 则 $\boldsymbol{\beta}_1, \boldsymbol{\beta}_2, \cdots, \boldsymbol{\beta}_s$ 线性相关当且仅当 $|\boldsymbol{A}| = 0$.

利用推论 2.8.4, 可以很容易推导出用行列式表示的直线、平面方程. 例如, 平面上两个不同的点 $(a_1, a_2), (b_1, b_2)$ 唯一确定一条直线

$$c_1x + c_2y + c_3 = 0 \quad (c_1, c_2, c_3 \text{ 不全为零}) \tag{2.8.3}$$

即

$$c_1a_1 + c_2a_2 + c_3 = 0$$
$$c_1b_1 + c_2b_2 + c_3 = 0$$

将上述三个方程组合在一起, 得

$$\begin{cases} xc_1 \quad + yc_2 + c_3 = 0 \\ a_1c_1 + a_2c_2 + c_3 = 0 \\ b_1c_1 + b_2c_2 + c_3 = 0 \end{cases}$$

将 c_1, c_2, c_3 看作未知量, 由式 (2.8.3) 知 c_1, c_2, c_3 不全为零, 所以由推论 2.8.4 知系数行列式

$$\begin{vmatrix} x & y & 1 \\ a_1 & a_2 & 1 \\ b_1 & b_2 & 1 \end{vmatrix} = 0$$

此即过两点的直线方程. 类似地, 平面上不共线的三点 $(a_1, a_2), (b_1, b_2), (c_1, c_2)$ 唯一地确定一个圆

$$u_1(x^2 + y^2) + u_2x + u_3y + u_4 = 0 \quad (u_1, u_2, u_3, u_4 \text{ 不全为零})$$

代入三个点的坐标, 得

$$\begin{cases} u_1(x^2 + y^2) + u_2x + u_3y + u_4 = 0 \\ u_1(a_1^2 + a_2^2) + u_2a_1 + u_3a_2 + u_4 = 0 \\ u_1(b_1^2 + b_2^2) + u_2b_1 + u_3b_2 + u_4 = 0 \\ u_1(c_1^2 + c_2^2) + u_2c_1 + u_3c_2 + u_4 = 0 \end{cases}$$

由于 u_1, u_2, u_3, u_4 不全为零, 所以系数行列式

$$\begin{vmatrix} x^2 + y^2 & x & y & 1 \\ a_1^2 + a_2^2 & a_1 & a_2 & 1 \\ b_1^2 + b_2^2 & b_1 & b_2 & 1 \\ c_1^2 + c_2^2 & c_1 & c_2 & 1 \end{vmatrix} = 0$$

此即过平面上三点的圆的方程.

习　题　2.8

(A)

1. 用初等变换法求下列矩阵的逆矩阵.

(1) $\boldsymbol{A} = \begin{pmatrix} 3 & 2 & 1 \\ 2 & 1 & 0 \\ 1 & 0 & 0 \end{pmatrix}$;　　(2) $\boldsymbol{A} = \begin{pmatrix} 0 & 1 & 1 \\ 1 & 0 & 1 \\ 1 & 1 & 0 \end{pmatrix}$.

2. 设 $\boldsymbol{A}=\begin{pmatrix}3&0&0\\1&4&0\\0&0&3\end{pmatrix}$, 求矩阵 $(\boldsymbol{A}-2\boldsymbol{E})^{-1}$.

3. 设 $\boldsymbol{A}$ 是 n 阶可逆方阵, 将 $\boldsymbol{A}$ 的第 i 行与第 j 行对换后得到的矩阵记为 $\boldsymbol{B}$. 证明 $\boldsymbol{B}$ 可逆并求 $\boldsymbol{A}\boldsymbol{B}^{-1}$.

4. 设矩阵 $\boldsymbol{A}=\begin{pmatrix}1&0&1\\-1&-1&1\\0&2&a\end{pmatrix}$, $\boldsymbol{B}=\begin{pmatrix}1&0&1\\0&1&2\\0&0&0\end{pmatrix}$.

(1) 当 a 取何值时, $\boldsymbol{A}$ 与 $\boldsymbol{B}$ 等价?

(2) 当 $\boldsymbol{A}$ 等价于 $\boldsymbol{B}$ 时, 用初等变换将 $\boldsymbol{A}$ 化成 $\boldsymbol{B}$, 并写出所用的初等矩阵.

5. (2018, 数学一) 已知 a 是常数, 矩阵 $\boldsymbol{A}=\begin{pmatrix}1&2&a\\1&3&0\\2&7&-a\end{pmatrix}$ 可经初等变换化为矩阵 $\boldsymbol{B}=\begin{pmatrix}1&a&2\\0&1&1\\-1&1&1\end{pmatrix}$. 求：(1) a; (2) 满足 $\boldsymbol{AP}=\boldsymbol{B}$ 的可逆矩阵 $\boldsymbol{P}$.

6. 设

$$\begin{cases}\boldsymbol{\beta}_1=\boldsymbol{\alpha}_2+\boldsymbol{\alpha}_3+\cdots+\boldsymbol{\alpha}_n\\ \boldsymbol{\beta}_2=\boldsymbol{\alpha}_1+\boldsymbol{\alpha}_3+\cdots+\boldsymbol{\alpha}_n\\ \qquad\cdots\cdots\\ \boldsymbol{\beta}_n=\boldsymbol{\alpha}_1+\boldsymbol{\alpha}_2+\cdots+\boldsymbol{\alpha}_{n-1}\end{cases}$$

证明向量组 $\boldsymbol{\alpha}_1,\boldsymbol{\alpha}_2,\cdots,\boldsymbol{\alpha}_n$ 与 $\boldsymbol{\beta}_1,\boldsymbol{\beta}_2,\cdots,\boldsymbol{\beta}_n$ 等价.

(B)

7. (1997, 数学三) 设 $\boldsymbol{A}$ 是 n 阶可逆矩阵, $\boldsymbol{\alpha}$ 是 n 维列向量, b 是常数. 记

$$\boldsymbol{P}=\begin{pmatrix}\boldsymbol{E}&\boldsymbol{O}\\-\boldsymbol{\alpha}^{\mathrm{T}}\boldsymbol{A}^*&|\boldsymbol{A}|\end{pmatrix},\quad \boldsymbol{Q}=\begin{pmatrix}\boldsymbol{A}&\boldsymbol{\alpha}\\\boldsymbol{\alpha}^{\mathrm{T}}&b\end{pmatrix}$$

(1) 计算 $\boldsymbol{PQ}$ 并化简;

(2) 证明 $\boldsymbol{Q}$ 可逆的充要条件是 $\boldsymbol{\alpha}^{\mathrm{T}}\boldsymbol{A}^{-1}\boldsymbol{\alpha}\neq b$.

8. 设 $\boldsymbol{A},\boldsymbol{B}$ 均为 n 阶方阵, 证明：若 $\boldsymbol{B},\boldsymbol{E}+\boldsymbol{AB}$ 可逆, 则 $\boldsymbol{E}+\boldsymbol{BA}$ 也可逆.

2.9 矩阵的秩

矩阵的行 (列) 向量组的秩称为矩阵的行 (列) 秩, 它们统称为矩阵的秩, 记作 $r(\boldsymbol{A})$. 本节将从子式的角度来刻画矩阵的秩.

定义 2.9.1 设 $\boldsymbol{A}$ 是 $m\times n$ 阶矩阵. 对任意的正整数 $k\leqslant\min\{m,n\}$, 任意选定矩阵 $\boldsymbol{A}$ 的第 $i_1,i_2,\cdots,i_k$ 行、第 $j_1,j_2,\cdots,j_k$ 列, 位于这 k 行、k 列交叉位置的 k^2 个元素按原来的顺序组成的 k 阶行列式称为矩阵 $\boldsymbol{A}$ 的一个k **阶子式**, 记作 $\boldsymbol{A}\begin{pmatrix}i_1i_2\cdots i_k\\j_1j_2\cdots j_k\end{pmatrix}$.

引理 2.9.1 设矩阵 $\boldsymbol{A}$ 经过初等变换化为 $\boldsymbol{B}$. 若 $\boldsymbol{A}$ 的所有 r 阶子式为 0, 则 $\boldsymbol{B}$ 的所有 r 阶子式也为 0.

证 我们只对行初等变换证明该引理, 列初等变换可类似证明. 不失一般性, 假设 $\boldsymbol{A}$ 经过一步行初等变换化为 $\boldsymbol{B}$. 设 N_r 是 $\boldsymbol{B}$ 的任一 r 阶子式.

换法变换：设交换 $\boldsymbol{A}$ 的第 i,j 行得到 $\boldsymbol{B}$. 则 N_r 是由 $\boldsymbol{A}$ 的某个 r 阶子式 M_r 得到, 或者通过换法变换得到的, 从而 $N_r=\pm M_r=0$.

倍法变换：设 $\boldsymbol{A}$ 的第 i 行乘以非零常数 b 得到 $\boldsymbol{B}$. 若子式 N_r 不包含第 i 行, 则 N_r 也是 $\boldsymbol{A}$ 的 r 阶子式, 从而 $N_r=0$; 若 N_r 包含第 i 行, 则 $N_r=bM_r$, 其中 M_r 是 $\boldsymbol{A}$ 中相应的 r 阶子式, 从而 $M_r=0$. 故 $N_r=bM_r=0$.

消法变换：设 $\boldsymbol{A}$ 的第 j 行乘以 c 加到第 i 行得到 B. 可考虑以下 3 种情形：

(1) N_r 不包含第 i 行;

(2) N_r 包含第 i 行但不包含第 j 行;

(3) N_r 包含第 i,j 行.

对于情形 (1), N_r 也是 $\boldsymbol{A}$ 的 r 阶子式, 故 $N_r=0$;

对于情形 (2), $N_r=M_r+cL_r$, 其中 M_r,L_r 是将 N_r 的第 i 行元素分别换成 $\boldsymbol{A}$ 的第 i,j 行相应元素得到的行列式. 由于 M_r 是 $\boldsymbol{A}$ 的 r 阶子式, L_r 与 $\boldsymbol{A}$ 的某个 r 阶子式至多相差一个负号, 所以 $M_r=L_r=0$. 故 $N_r=M_r+cL_r=0$.

对于情形 (3), N_r 是由 $\boldsymbol{A}$ 的 r 阶子式 M_r 经过相同的消法变换得到的, 故 $N_r=M_r=0$. □

引理 2.9.2 设 $\boldsymbol{\alpha}_1,\boldsymbol{\alpha}_2,\cdots,\boldsymbol{\alpha}_r\in\mathbf{R}^n$. 则 $\boldsymbol{\alpha}_1,\boldsymbol{\alpha}_2,\cdots,\boldsymbol{\alpha}_r$ 线性无关当且仅当矩阵 $\boldsymbol{A}=(\boldsymbol{\alpha}_1,\boldsymbol{\alpha}_2,\cdots,\boldsymbol{\alpha}_r)$ 有一个 r 阶子式不等于零.

证 充分性：假设 $\boldsymbol{A}$ 有一个 r 阶子式 $\boldsymbol{A}\begin{pmatrix} i_1i_2\cdots i_r \\ 12\cdots r\end{pmatrix}$ 不等于零, 则由推论 2.8.5 知该子矩阵的列线性无关, 从而由定理 1.5.3 知 $\boldsymbol{A}$ 的列也线性无关.

必要性：假设 $\boldsymbol{A}$ 的 r 阶子式全为零. 由于 $\boldsymbol{A}$ 的列线性无关, 所以 $r(\boldsymbol{A})=r$, 故 $\boldsymbol{A}$ 经过初等变换化成 $\boldsymbol{B}=\begin{pmatrix} E_r \\ O\end{pmatrix}$, 从而 $\boldsymbol{B}$ 有一个 r 阶子式非零. 这与引理 2.9.1 矛盾, 故 $\boldsymbol{A}$ 也有一个 r 阶子式非零. □

显然, 矩阵 $\boldsymbol{A}$ 共有 $\begin{pmatrix} m \\ k\end{pmatrix}\begin{pmatrix} n \\ k\end{pmatrix}$ 个 k 阶子式. 在 $\boldsymbol{A}$ 的所有子式中, 非零子式的最高阶数是 $\boldsymbol{A}$ 的一个很重要的量, 因此, 我们有如下定理.

定理 2.9.1 设 $\boldsymbol{A}$ 是一个 $m\times n$ 矩阵. 则 $r(\boldsymbol{A})=r$ 当且仅当 $\boldsymbol{A}$ 有一个 r 阶子式不等于零, 而所有 $r+1$ 阶子式 (如果存在的话) 全等于零.

证 设矩阵为

$$\boldsymbol{A}=\begin{pmatrix} a_{11} & a_{12} & \cdots & a_{1n} \\ a_{21} & a_{22} & \cdots & a_{2n} \\ \vdots & \vdots & & \vdots \\ a_{m1} & a_{m2} & \cdots & a_{mn}\end{pmatrix}$$

(1) 必要性：设矩阵 $\boldsymbol{A}$ 的行秩为 r, 所以矩阵 $\boldsymbol{A}$ 的任意 $r+1$ 个行向量必线性相关, 从而矩阵 $\boldsymbol{A}$ 的所有 $r+1$ 阶子式的行向量 (缩短向量) 也线性相关, 因而所有的 $r+1$ 阶子式为零.

由于矩阵 $\boldsymbol{A}$ 中有 r 个行向量线性无关, 不妨设前 r 行线性无关, 则对 $\boldsymbol{A}$ 施行行初等变换化为阶梯形矩阵 $\boldsymbol{B}$. 由第 1 章引理 1.6.1 知 $\boldsymbol{B}$ 的前 r 行非零. 设 $\boldsymbol{B}$ 的主列为 $j_1, j_2, \cdots, j_r$. 则 $\boldsymbol{B}$ 的前 r 行及 $j_1, j_2, \cdots, j_r$ 列所组成的 r 阶子式是一上三角行列式且对角元素是主元, 因而非零. 故存在 $\boldsymbol{A}$ 的一个 r 阶子式非零.

(2) 充分性：由引理 2.9.2 知 $\boldsymbol{A}$ 有 r 列线性无关, 故 $r(\boldsymbol{A}) \geqslant r$. 设 $\boldsymbol{A}$ 经过初等变换化为

$$\boldsymbol{B} = \begin{pmatrix} \boldsymbol{E}_s & \boldsymbol{O} \\ \boldsymbol{O} & \boldsymbol{O} \end{pmatrix} \quad (s = r(\boldsymbol{A}) \geqslant r)$$

因为 $\boldsymbol{A}$ 的所有 $r+1$ 阶子式全为零, 则由引理 2.9.1 知 $\boldsymbol{B}$ 的所有 $r+1$ 阶子式全为零, 所以 $s < r+1$. 故 $s = r(\boldsymbol{A}) = r$. □

注 在很多同类书中利用定理 2.9.1 中的刻画作为矩阵的秩的定义.

显然, $r(\boldsymbol{A}) \leqslant \min\{m, n\}$. 而且, 由定理 2.9.1 立即可得

(1) 存在 $\boldsymbol{A}$ 的一个 r 阶子式不等于零 $\Longleftrightarrow r(\boldsymbol{A}) \geqslant r$;

(2) $\boldsymbol{A}$ 的所有 $r+1$ 阶子式全等于零 $\Longleftrightarrow r(\boldsymbol{A}) \leqslant r$;

(3) n 阶方阵 $\boldsymbol{A}$ 可逆 $\Longleftrightarrow r(\boldsymbol{A}) = n$. 此时矩阵 $\boldsymbol{A}$ 称为满秩矩阵;

(4) 子矩阵的秩不大于整体矩阵的秩, 即 $\forall 1 \leqslant i \leqslant 4$, $r(\boldsymbol{A}_i) \leqslant r\begin{pmatrix} \boldsymbol{A}_1 & \boldsymbol{A}_2 \\ \boldsymbol{A}_3 & \boldsymbol{A}_4 \end{pmatrix}$.

由行列式的性质, 有

命题 2.9.1 (1) $r(\boldsymbol{A}^{\mathrm{T}}) = r(\boldsymbol{A})$;

(2) 若 $0 \neq k \in \mathbf{R}$, 则 $r(k\boldsymbol{A}) = r(\boldsymbol{A})$.

由于行阶梯形矩阵的秩等于该矩阵非零行的数目, 且初等变换不改变矩阵的秩, 这提供了求矩阵秩的基本方法：利用初等变换将矩阵 $\boldsymbol{A}$ 化为行 (列) 阶梯形矩阵, 则 $r(\boldsymbol{A})$ 等于该行 (列) 阶梯形矩阵非零行 (列) 的数目.

例 2.9.1 求矩阵 $\boldsymbol{A} = \begin{pmatrix} 1 & 1 & 3 & 1 \\ 1 & 3 & 2 & 5 \\ 2 & 2 & 6 & 7 \\ 2 & 4 & 5 & 6 \end{pmatrix}$ 的秩.

解 因为

$$\boldsymbol{A} \to \begin{pmatrix} 1 & 1 & 3 & 1 \\ 0 & 2 & -1 & 4 \\ 0 & 0 & 0 & 5 \\ 0 & 2 & -1 & 4 \end{pmatrix} \to \begin{pmatrix} 1 & 1 & 3 & 1 \\ 0 & 2 & -1 & 4 \\ 0 & 0 & 0 & 5 \\ 0 & 0 & 0 & 0 \end{pmatrix}$$

所以 $r(\boldsymbol{A}) = 3$.

命题 2.9.2 **(基本性质)** 设 $\boldsymbol{A}_{m\times n}$, $\boldsymbol{B}_{n\times l}$, 则

(1) 设 $\boldsymbol{P}, \boldsymbol{Q}$ 是可逆矩阵, 则 $r(\boldsymbol{PA}) = r(\boldsymbol{AQ}) = r(\boldsymbol{PAQ}) = r(\boldsymbol{A})$;

(2) $r(\boldsymbol{AB}) \leqslant \min\{r(\boldsymbol{A}), r(\boldsymbol{B})\}$;

(3) $r(\boldsymbol{A})+r(\boldsymbol{B})=r\begin{pmatrix}\boldsymbol{A} & \boldsymbol{O}\\ \boldsymbol{O} & \boldsymbol{B}\end{pmatrix}\leqslant r\begin{pmatrix}\boldsymbol{A} & \boldsymbol{O}\\ \boldsymbol{C} & \boldsymbol{B}\end{pmatrix}$;

(4) 若 $\boldsymbol{A},\boldsymbol{B}$ 是同阶矩阵, 则 $|r(\boldsymbol{A})-r(\boldsymbol{B})|\leqslant r(\boldsymbol{A}\pm\boldsymbol{B})\leqslant r(\boldsymbol{A})+r(\boldsymbol{B})$;

(5) 设 $\boldsymbol{A},\boldsymbol{B}$ 为 n 阶方阵, 则 $r(\boldsymbol{A})+r(\boldsymbol{B})\leqslant r(\boldsymbol{AB})+n$;

(6) 若 $\boldsymbol{AB}=\boldsymbol{O}$, 则 $r(\boldsymbol{A})+r(\boldsymbol{B})\leqslant n$.

注 (5) 中的不等式 $r(\boldsymbol{A})+r(\boldsymbol{B})\leqslant r(\boldsymbol{AB})+n$ 称为西尔维斯特不等式.

拓展阅读：分块矩阵法

分块矩阵法是线性代数中处理矩阵相关问题的最重要方法之一, 其核心思想是根据具体问题构造适当的分块矩阵, 然后运用广义初等变换, 将某些子块消为零块, 得到特殊的分块矩阵从而解决问题. 该方法几乎贯穿了线性代数的始终, 在矩阵求逆、矩阵秩不等式、行列式、线性方程组、线性变换、二次型等方面有着广泛的应用.

例如, 证明行列式的乘法公式 $|\boldsymbol{AB}|=|\boldsymbol{A}|\cdot|\boldsymbol{B}|$ 时, 构造了分块矩阵

$$\begin{pmatrix}\boldsymbol{A} & \boldsymbol{O}\\ -\boldsymbol{E} & \boldsymbol{B}\end{pmatrix}$$

作广义初等变换

$$\begin{pmatrix}\boldsymbol{A} & \boldsymbol{O}\\ -\boldsymbol{E} & \boldsymbol{B}\end{pmatrix}\xrightarrow[c_1\cdot\boldsymbol{B}+c_2]{}\begin{pmatrix}\boldsymbol{A} & \boldsymbol{AB}\\ -\boldsymbol{E} & \boldsymbol{O}\end{pmatrix}\xrightarrow{r_1\leftrightarrow r_2}\begin{pmatrix}-\boldsymbol{E} & \boldsymbol{O}\\ \boldsymbol{A} & \boldsymbol{AB}\end{pmatrix}$$

取行列式, 得

$$|\boldsymbol{A}|\cdot|\boldsymbol{B}|=\begin{vmatrix}\boldsymbol{A} & \boldsymbol{O}\\ -\boldsymbol{E} & \boldsymbol{B}\end{vmatrix}=(-1)^n\begin{vmatrix}-\boldsymbol{E} & \boldsymbol{O}\\ \boldsymbol{A} & \boldsymbol{AB}\end{vmatrix}=(-1)^n|-\boldsymbol{E}_n|\cdot|\boldsymbol{AB}|$$

即 $|\boldsymbol{AB}|=|\boldsymbol{A}|\cdot|\boldsymbol{B}|$.

再例如, 若子矩阵块 $\boldsymbol{A}$ 可逆, 利用初等变换将分块矩阵 $\begin{pmatrix}\boldsymbol{A} & \boldsymbol{B}\\ \boldsymbol{C} & \boldsymbol{D}\end{pmatrix}$ 的子块 $\boldsymbol{C}$ 消成 $\boldsymbol{O}$, 即

$$\begin{pmatrix}\boldsymbol{A} & \boldsymbol{B}\\ \boldsymbol{C} & \boldsymbol{D}\end{pmatrix}\xrightarrow{\boldsymbol{C}-(\boldsymbol{A}^{-1})r_1+r_2}\begin{pmatrix}\boldsymbol{A} & \boldsymbol{B}\\ \boldsymbol{O} & \boldsymbol{D}-\boldsymbol{CA}^{-1}\boldsymbol{B}\end{pmatrix}$$

得到行列式

$$\begin{vmatrix}\boldsymbol{A} & \boldsymbol{B}\\ \boldsymbol{C} & \boldsymbol{D}\end{vmatrix}=\begin{vmatrix}\boldsymbol{A} & \boldsymbol{B}\\ \boldsymbol{O} & \boldsymbol{D}-\boldsymbol{CA}^{-1}\boldsymbol{B}\end{vmatrix}=|\boldsymbol{A}|\cdot|\boldsymbol{D}-\boldsymbol{CA}^{-1}\boldsymbol{B}|$$

该式有时也称为行列式的降阶公式.

特别地, 关于矩阵秩的等式或不等式的证明, 分块矩阵法更是较为简单.

命题 2.9.2 的证明 (1) 因可逆矩阵可以写成有限个初等矩阵的乘积, 而初等变换不改变矩阵的秩, 故 (1) 得证.

(2) 由于

$$(\boldsymbol{A},\ \boldsymbol{AB})\begin{pmatrix}\boldsymbol{E} & -\boldsymbol{B}\\ \boldsymbol{O} & \boldsymbol{E}\end{pmatrix}=(\boldsymbol{A},\ \boldsymbol{O}),\qquad \begin{pmatrix}\boldsymbol{E} & \boldsymbol{O}\\ -\boldsymbol{A} & \boldsymbol{E}\end{pmatrix}\begin{pmatrix}\boldsymbol{B}\\ \boldsymbol{AB}\end{pmatrix}=\begin{pmatrix}\boldsymbol{B}\\ \boldsymbol{O}\end{pmatrix}$$

所以

$$r(\boldsymbol{AB})\leqslant r(\boldsymbol{A},\ \boldsymbol{AB})=r(\boldsymbol{A},\ \boldsymbol{O})=r(\boldsymbol{A})$$
$$r(\boldsymbol{AB})\leqslant r\begin{pmatrix}\boldsymbol{B}\\ \boldsymbol{AB}\end{pmatrix}=r\begin{pmatrix}\boldsymbol{B}\\ \boldsymbol{O}\end{pmatrix}=r(\boldsymbol{B})$$

即 $r(\boldsymbol{AB})\leqslant\min\{r(\boldsymbol{A}),r(\boldsymbol{B})\}$.

(3) 设 $r(\boldsymbol{A})=r_1$, $r(\boldsymbol{B})=r_2$, 则存在可逆矩阵 $\boldsymbol{P}_1,\boldsymbol{Q}_1$ 与 $\boldsymbol{P}_2,\boldsymbol{Q}_2$, 使

$$\boldsymbol{P}_1\boldsymbol{A}\boldsymbol{Q}_1=\begin{pmatrix}\boldsymbol{E}_{r_1} & \\ & \boldsymbol{O}\end{pmatrix},\qquad \boldsymbol{P}_2\boldsymbol{B}\boldsymbol{Q}_2=\begin{pmatrix}\boldsymbol{E}_{r_2} & \\ & \boldsymbol{O}\end{pmatrix}$$

从而

$$\begin{pmatrix}\boldsymbol{P}_1 & \\ & \boldsymbol{P}_2\end{pmatrix}\begin{pmatrix}\boldsymbol{A} & \\ & \boldsymbol{B}\end{pmatrix}\begin{pmatrix}\boldsymbol{Q}_1 & \\ & \boldsymbol{Q}_2\end{pmatrix}=\left(\begin{array}{cc:cc}\boldsymbol{E}_{r_1} & & & \\ & \boldsymbol{O} & & \\ \hdashline & & \boldsymbol{E}_{r_2} & \\ & & & \boldsymbol{O}\end{array}\right)$$

所以由 (1) 得

$$r\begin{pmatrix}\boldsymbol{A} & \\ & \boldsymbol{B}\end{pmatrix}=r_1+r_2=r(\boldsymbol{A})+r(\boldsymbol{B})$$

另一方面, 由于通过初等变换,

$$\begin{pmatrix}\boldsymbol{A} & \boldsymbol{O}\\ \boldsymbol{C} & \boldsymbol{B}\end{pmatrix}\to\left(\begin{array}{cc:cc}\boldsymbol{E}_{r_1} & & & \\ & \boldsymbol{O} & & \\ \hdashline \boldsymbol{D}_{11} & \boldsymbol{D}_{12} & \boldsymbol{E}_{r_2} & \\ \boldsymbol{D}_{21} & \boldsymbol{D}_{22} & & \boldsymbol{O}\end{array}\right)$$

$$\to\left(\begin{array}{cc:cc}\boldsymbol{E}_{r_1} & & & \\ & \boldsymbol{O} & & \\ \hdashline \boldsymbol{O} & \boldsymbol{O} & \boldsymbol{E}_{r_2} & \\ \boldsymbol{O} & \boldsymbol{D} & & \boldsymbol{O}\end{array}\right)\to\begin{pmatrix}\boldsymbol{E}_{r_1} & & & \\ & \boldsymbol{E}_{r_2} & & \\ & & \boldsymbol{D} & \\ & & & \boldsymbol{O}\end{pmatrix}$$

所以

$$r\begin{pmatrix}\boldsymbol{A} & \boldsymbol{O}\\ \boldsymbol{C} & \boldsymbol{B}\end{pmatrix}=r_1+r_2+r(\boldsymbol{D})\geqslant r_1+r_2=r(\boldsymbol{A})+r(\boldsymbol{B})$$

(4) 由于

$$\begin{pmatrix} A & \\ & B \end{pmatrix} \to \begin{pmatrix} A & O \\ A & B \end{pmatrix} \to \begin{pmatrix} A & A \\ A & A+B \end{pmatrix}$$

所以

$$r(A+B) \leqslant r\begin{pmatrix} A & A \\ A & A+B \end{pmatrix} = r\begin{pmatrix} A & \\ & B \end{pmatrix} = r(A)+r(B)$$

另一方面, 不妨设 $r(A) \geqslant r(B)$, 则由

$$\begin{pmatrix} A+B & \\ & B \end{pmatrix} \to \begin{pmatrix} A+B & B \\ O & B \end{pmatrix} \to \begin{pmatrix} A & B \\ -B & B \end{pmatrix}$$

可得

$$r(A) \leqslant r\begin{pmatrix} A & B \\ -B & B \end{pmatrix} = r\begin{pmatrix} A+B & \\ & B \end{pmatrix} = r(A+B)+r(B)$$

即

$$r(A)-r(B) \leqslant r(A+B)$$

而且,

$$r(A)=r(A-B+B) \leqslant r(A-B)+r(B)$$

所以 $r(A)-r(B) \leqslant r(A-B)$. 类似地,

$$r(B)-r(A) \leqslant r(B-A)=r(A-B)$$

则 $|r(A)-r(B)| \leqslant r(A-B)$, 故

$$|r(A)-r(B)| \leqslant r(A \pm B)$$

(5) 对分块矩阵作广义初等变换,

$$\begin{pmatrix} A & O \\ E & B \end{pmatrix} \to \begin{pmatrix} O & -AB \\ E & B \end{pmatrix} \to \begin{pmatrix} O & -AB \\ E & O \end{pmatrix} \to \begin{pmatrix} E & O \\ O & AB \end{pmatrix}$$

由 (3) 得

$$r(A)+r(B) \leqslant r\begin{pmatrix} A & O \\ E & B \end{pmatrix} = r\begin{pmatrix} E & O \\ O & AB \end{pmatrix} = r(AB)+n$$

即

$$r(A)+r(B)-n \leqslant r(AB)$$

(6) 由 (5) 即得. □

对于弗罗贝尼乌斯不等式, 即

$$r(\boldsymbol{ABC})+r(\boldsymbol{B})\geqslant r(\boldsymbol{AB})+r(\boldsymbol{BC})$$

考虑

$$\begin{pmatrix}\boldsymbol{ABC} & \boldsymbol{O}\\ \boldsymbol{O} & \boldsymbol{B}\end{pmatrix}\to\begin{pmatrix}\boldsymbol{ABC} & \boldsymbol{AB}\\ \boldsymbol{O} & \boldsymbol{B}\end{pmatrix}\to\begin{pmatrix}\boldsymbol{O} & \boldsymbol{AB}\\ -\boldsymbol{BC} & \boldsymbol{B}\end{pmatrix}\to\begin{pmatrix}\boldsymbol{AB} & \boldsymbol{O}\\ \boldsymbol{B} & \boldsymbol{BC}\end{pmatrix},$$

于是

$$\begin{aligned}r(\boldsymbol{ABC})+r(\boldsymbol{B})&=r\begin{pmatrix}\boldsymbol{ABC} & \boldsymbol{O}\\ \boldsymbol{O} & \boldsymbol{B}\end{pmatrix}=r\begin{pmatrix}\boldsymbol{AB} & \boldsymbol{O}\\ \boldsymbol{B} & \boldsymbol{BC}\end{pmatrix}\\ &\geqslant r\begin{pmatrix}\boldsymbol{AB} & \boldsymbol{O}\\ \boldsymbol{O} & \boldsymbol{BC}\end{pmatrix}=r(\boldsymbol{AB})+r(\boldsymbol{BC})\end{aligned}$$

再如, 由

$$\begin{pmatrix}\boldsymbol{A} & \boldsymbol{O}\\ \boldsymbol{O} & \boldsymbol{E}-\boldsymbol{A}\end{pmatrix}\to\begin{pmatrix}\boldsymbol{A} & \boldsymbol{A}\\ \boldsymbol{O} & \boldsymbol{E}-\boldsymbol{A}\end{pmatrix}\to\begin{pmatrix}\boldsymbol{A} & \boldsymbol{A}\\ \boldsymbol{A} & \boldsymbol{E}\end{pmatrix}\to\begin{pmatrix}\boldsymbol{A}-\boldsymbol{A}^2 & \boldsymbol{O}\\ \boldsymbol{O} & \boldsymbol{E}\end{pmatrix}$$

可得 $\boldsymbol{A}^2=\boldsymbol{A}$ 的充要条件是 $r(\boldsymbol{A})+r(\boldsymbol{E}-\boldsymbol{A})=n$. 类似地, 可以证明 $\boldsymbol{A}^2=\boldsymbol{E}$ 当且仅当 $r(\boldsymbol{E}+\boldsymbol{A})+r(\boldsymbol{E}-\boldsymbol{A})=n$.

习 题 2.9

(A)

1. 求下列矩阵的秩.

(1) $\boldsymbol{A}=\begin{pmatrix}3 & -1 & -4 & 2\\ 1 & 0 & -1 & 1\\ 1 & 2 & 1 & 3\end{pmatrix}$; (2) $\boldsymbol{A}=\begin{pmatrix}a & 1 & 1\\ 1 & a & 1\\ 1 & 1 & a\end{pmatrix}$.

2. 设 $\boldsymbol{A}=\begin{pmatrix}1 & 1 & 1 & 1 & 1\\ 3 & 2 & 1 & -3 & x\\ 0 & 1 & 2 & 6 & 3\\ 5 & 4 & 3 & -1 & y\end{pmatrix}$, 且 $r(\boldsymbol{A})=2$. 求 x 与 y 的值.

3. 已知 $\boldsymbol{A}=\begin{pmatrix}1 & 2 & 5\\ 2 & a & 7\\ 1 & 3 & 2\end{pmatrix}$, $\boldsymbol{B}=\begin{pmatrix}1 & 0 & 4\\ 0 & 2 & -1\\ -3 & 0 & 5\end{pmatrix}$, 若 $r(\boldsymbol{AB})=2$, 求 a.

4. 设 $\boldsymbol{A}$ 是 n 阶方阵, $r(\boldsymbol{A})\leqslant 1$ 当且仅当 $\boldsymbol{A}=\boldsymbol{\alpha}\boldsymbol{\beta}^{\mathrm{T}}$, 其中 $\boldsymbol{\alpha}=(a_1,a_2,\cdots,a_n)^{\mathrm{T}}$, $\boldsymbol{\beta}=(b_1,b_2,\cdots,b_n)^{\mathrm{T}}$.

(B)

5. 设 $\boldsymbol{A}$ 是 n 阶方阵. 证明：$r(\boldsymbol{A}^*) = \begin{cases} n, & r(\boldsymbol{A}) = n, \\ 1, & r(\boldsymbol{A}) = n-1, \\ 0, & r(\boldsymbol{A}) < n-1. \end{cases}$

6. 设 $\boldsymbol{A} = (\boldsymbol{\alpha}_1, \boldsymbol{\alpha}_2, \boldsymbol{\alpha}_3, \boldsymbol{\alpha}_4)$ 是四阶矩阵, $\boldsymbol{A}^*$ 为 $\boldsymbol{A}$ 的伴随矩阵, 若 $(1,0,1,0)^{\mathrm{T}}$ 是方程组 $\boldsymbol{Ax} = \mathbf{0}$ 的一个基础解系, 求 $\boldsymbol{A}^*\boldsymbol{x} = \mathbf{0}$ 的一个基础解系.

(C)

7. 方阵 $\boldsymbol{A}$ 称为幂等矩阵, 若 $\boldsymbol{A}^2 = \boldsymbol{A}$. 证明：$\boldsymbol{A}$ 是幂等矩阵当且仅当 $r(\boldsymbol{A}) + r(\boldsymbol{E} - \boldsymbol{A}) = n$.

8. 方阵 $\boldsymbol{A}$ 称为对合矩阵, 若 $\boldsymbol{A}^2 = \boldsymbol{E}$. 证明：$\boldsymbol{A}$ 是对合矩阵当且仅当 $r(\boldsymbol{E} + \boldsymbol{A}) + r(\boldsymbol{E} - \boldsymbol{A}) = n$.

复习题二

一、选择题

1. 若矩阵 $\boldsymbol{A}$ 经行初等变换化为 $\boldsymbol{B}$, 则 (　　).

A. 存在矩阵 $\boldsymbol{P}$, 使得 $\boldsymbol{PA} = \boldsymbol{B}$　　B. 存在矩阵 $\boldsymbol{P}$, 使得 $\boldsymbol{BP} = \boldsymbol{A}$

C. 存在矩阵 $\boldsymbol{P}$, 使得 $\boldsymbol{AP} = \boldsymbol{B}$　　D. 存在可逆矩阵 $\boldsymbol{P}$, 使得 $\boldsymbol{P}^{-1}\boldsymbol{AP} = \boldsymbol{B}$

2. 设 $\boldsymbol{A} = \begin{pmatrix} a_1b_1 & a_1b_2 & \cdots & a_1b_n \\ a_2b_1 & a_2b_2 & \cdots & a_2b_n \\ \vdots & \vdots & & \vdots \\ a_nb_1 & a_nb_2 & \cdots & a_nb_n \end{pmatrix}$, 其中 $a_i, b_i \neq 0\,(i = 1, 2, \cdots, n)$, 则 $r(\boldsymbol{A}) =$ (　　).

A. 1　　B. 2　　C. $n-1$　　D. n

3. 设 $\boldsymbol{A}, \boldsymbol{B}, \boldsymbol{C}$ 是 n 阶方阵且满足 $\boldsymbol{ABC} = \boldsymbol{E}$, 则 (　　).

A. $\boldsymbol{ACB} = \boldsymbol{E}$　　B. $\boldsymbol{BAC} = \boldsymbol{E}$　　C. $\boldsymbol{CBA} = \boldsymbol{E}$　　D. $\boldsymbol{CAB} = \boldsymbol{E}$

4. 设 $\boldsymbol{A}$ 为三阶矩阵, 将 $\boldsymbol{A}$ 的第 2 列加到第 1 列得到矩阵 $\boldsymbol{B}$, 再交换 $\boldsymbol{B}$ 的第 2 行与第 3 行得到单位矩阵, 记 $\boldsymbol{P} = \begin{pmatrix} 1 & 0 & 0 \\ 1 & 1 & 0 \\ 0 & 0 & 1 \end{pmatrix}$, $\boldsymbol{Q} = \begin{pmatrix} 1 & 0 & 0 \\ 0 & 0 & 1 \\ 0 & 1 & 0 \end{pmatrix}$. 则矩阵 $\boldsymbol{A} =$ (　　).

A. $\boldsymbol{PQ}$　　B. $\boldsymbol{P}^{-1}\boldsymbol{Q}$　　C. $\boldsymbol{QP}$　　D. $\boldsymbol{QP}^{-1}$

5. 设 $\boldsymbol{A}$ 为三阶矩阵, $\boldsymbol{P}$ 为三阶可逆矩阵, 且 $\boldsymbol{P}^{-1}\boldsymbol{AP} = \begin{pmatrix} 1 & 0 & 0 \\ 0 & 1 & 0 \\ 0 & 0 & 2 \end{pmatrix}$, 设 $\boldsymbol{P} = (\boldsymbol{\alpha}_1, \boldsymbol{\alpha}_2, \boldsymbol{\alpha}_3)$, $\boldsymbol{Q} = (\boldsymbol{\alpha}_1 + \boldsymbol{\alpha}_2, \boldsymbol{\alpha}_2, \boldsymbol{\alpha}_3)$, 则 $\boldsymbol{Q}^{-1}\boldsymbol{AQ} =$ (　　).

A. $\begin{pmatrix} 1 & 0 & 0 \\ 0 & 2 & 0 \\ 0 & 0 & 1 \end{pmatrix}$　　B. $\begin{pmatrix} 1 & 0 & 0 \\ 0 & 1 & 0 \\ 0 & 0 & 2 \end{pmatrix}$　　C. $\begin{pmatrix} 2 & 0 & 0 \\ 0 & 1 & 0 \\ 0 & 0 & 1 \end{pmatrix}$　　D. $\begin{pmatrix} 2 & 0 & 0 \\ 0 & 2 & 0 \\ 0 & 0 & 1 \end{pmatrix}$

6. 设矩阵 $\boldsymbol{A} = \begin{pmatrix} a_{11} & a_{12} & a_{13} & a_{14} \\ a_{21} & a_{22} & a_{23} & a_{24} \\ a_{31} & a_{32} & a_{33} & a_{34} \\ a_{41} & a_{42} & a_{43} & a_{44} \end{pmatrix}$, $\boldsymbol{B} = \begin{pmatrix} a_{14} & a_{13} & a_{12} & a_{11} \\ a_{24} & a_{23} & a_{22} & a_{21} \\ a_{34} & a_{33} & a_{32} & a_{31} \\ a_{44} & a_{43} & a_{42} & a_{41} \end{pmatrix}$, $\boldsymbol{P}_1 = \begin{pmatrix} 0 & 0 & 0 & 1 \\ 0 & 1 & 0 & 0 \\ 0 & 0 & 1 & 0 \\ 1 & 0 & 0 & 0 \end{pmatrix}$,

$\boldsymbol{P}_2=\begin{pmatrix}1&0&0&0\\0&0&1&0\\0&1&0&0\\0&0&0&1\end{pmatrix}$, 若 $\boldsymbol{A}$ 可逆, 则 $\boldsymbol{B}^{-1}=($ $)$.

A. $\boldsymbol{A}^{-1}\boldsymbol{P}_1\boldsymbol{P}_2$ B. $\boldsymbol{P}_1\boldsymbol{A}^{-1}\boldsymbol{P}_2$ C. $\boldsymbol{P}_1\boldsymbol{P}_2\boldsymbol{A}^{-1}$ D. $\boldsymbol{P}_2\boldsymbol{A}^{-1}\boldsymbol{P}_1$

7. 设矩阵 $\boldsymbol{A}=\begin{pmatrix}a_{11}&a_{12}&a_{13}\\a_{21}&a_{22}&a_{23}\\a_{31}&a_{32}&a_{33}\end{pmatrix}$, $\boldsymbol{B}=\begin{pmatrix}a_{21}&a_{22}&a_{23}\\a_{11}&a_{12}&a_{13}\\a_{31}+a_{11}&a_{32}+a_{12}&a_{33}+a_{13}\end{pmatrix}$, $\boldsymbol{P}_1=\begin{pmatrix}0&1&0\\1&0&0\\0&0&1\end{pmatrix}$,

$\boldsymbol{P}_2=\begin{pmatrix}1&0&0\\0&1&0\\1&0&1\end{pmatrix}$, 则必有 ( ).

A. $\boldsymbol{A}\boldsymbol{P}_1\boldsymbol{P}_2=\boldsymbol{B}$ B. $\boldsymbol{A}\boldsymbol{P}_2\boldsymbol{P}_1=\boldsymbol{B}$ C. $\boldsymbol{P}_1\boldsymbol{P}_2\boldsymbol{A}=\boldsymbol{B}$ D. $\boldsymbol{P}_2\boldsymbol{P}_1\boldsymbol{A}=\boldsymbol{B}$

8. 设矩阵 $\boldsymbol{A}=\begin{pmatrix}a_{11}&a_{12}&a_{13}\\a_{21}&a_{22}&a_{23}\\a_{31}&a_{32}&a_{33}\end{pmatrix}$, $\boldsymbol{B}=\begin{pmatrix}a_{21}&a_{22}+ka_{23}&a_{23}\\a_{31}&a_{32}+ka_{33}&a_{33}\\a_{11}&a_{12}+ka_{13}&a_{13}\end{pmatrix}$, $\boldsymbol{P}_1=\begin{pmatrix}0&1&0\\0&0&1\\1&0&0\end{pmatrix}$, $\boldsymbol{P}_2=$

$\begin{pmatrix}1&0&0\\0&1&0\\0&k&1\end{pmatrix}$, 则 $\boldsymbol{A}=($ $)$.

A. $\boldsymbol{P}_1^{-1}\boldsymbol{B}\boldsymbol{P}_2^{-1}$ B. $\boldsymbol{P}_2^{-1}\boldsymbol{B}\boldsymbol{P}_1^{-1}$ C. $\boldsymbol{P}_1^{-1}\boldsymbol{P}_2^{-1}\boldsymbol{B}$ D. $\boldsymbol{B}\boldsymbol{P}_2^{-1}\boldsymbol{P}_1^{-1}$

9. 若 n 阶方阵 $\boldsymbol{A}$ 满足 $\boldsymbol{A}^3=3\boldsymbol{A}(\boldsymbol{A}-\boldsymbol{E})$. 则 $(\boldsymbol{E}-\boldsymbol{A})^{-1}=($ $)$.

A. $3\boldsymbol{A}^{-2}$ B. $-3\boldsymbol{A}^2$ C. $\boldsymbol{E}+\boldsymbol{A}^2$ D. $(\boldsymbol{E}-\boldsymbol{A})^2$

10. 若 $\boldsymbol{A}$ 可逆, 则 $(\boldsymbol{A}^*)^*=($ $)$.

A. $\boldsymbol{A}$ B. $|\boldsymbol{A}|^n\boldsymbol{A}$ C. $|\boldsymbol{A}|^{n-1}\boldsymbol{A}$ D. $|\boldsymbol{A}|^{n-2}\boldsymbol{A}$

11. 设矩阵 $\boldsymbol{A},\boldsymbol{B}$ 及 $\boldsymbol{A}+\boldsymbol{B}$ 都可逆, 则 $(\boldsymbol{A}^{-1}+\boldsymbol{B}^{-1})^{-1}=($ $)$.

A. $\boldsymbol{A}+\boldsymbol{B}$ B. $\boldsymbol{B}(\boldsymbol{A}+\boldsymbol{B})^{-1}\boldsymbol{A}$

C. $\boldsymbol{B}^{-1}(\boldsymbol{A}+\boldsymbol{B})\boldsymbol{A}^{-1}$ D. 无法确定

12. 设 $\boldsymbol{A},\boldsymbol{B},\boldsymbol{P}$ 均为 n 阶方阵, 其中 $\boldsymbol{P}$ 可逆. 若 $\boldsymbol{P}^{-1}\boldsymbol{A}\boldsymbol{P}=\boldsymbol{B}$, 则对任意的正整数 m, $\boldsymbol{P}^{-1}\boldsymbol{A}^m\boldsymbol{P}=$ ( ).

A. $\boldsymbol{B}^m$ B. $\boldsymbol{B}^{-m}$ C. $\boldsymbol{B}$ D. $\boldsymbol{B}^{-1}$

13. 设 $\boldsymbol{A}$ 是 $m\times n$ 矩阵, $\boldsymbol{B}$ 是 $n\times m$ 矩阵, 则 ( ).

A. 当 $m>n$ 时, 必有行列式 $|\boldsymbol{AB}|\neq 0$

B. 当 $m>n$ 时, 必有行列式 $|\boldsymbol{AB}|=0$

C. 当 $m<n$ 时, 必有行列式 $|\boldsymbol{AB}|\neq 0$

D. 当 $m<n$ 时, 必有行列式 $|\boldsymbol{AB}|=0$

14. 设 A 是三阶方阵, 将 $\boldsymbol{A}$ 的第 1 列与第 2 列交换得 $\boldsymbol{B}$, 再把 $\boldsymbol{B}$ 的第 2 列加到第 3 列得 $\boldsymbol{C}$, 则满足 $\boldsymbol{AQ}=\boldsymbol{C}$ 的可逆矩阵 $\boldsymbol{Q}$ 为 ( ).

A. $\begin{pmatrix}0&1&0\\1&0&0\\1&0&1\end{pmatrix}$ B. $\begin{pmatrix}0&1&0\\1&0&1\\0&0&1\end{pmatrix}$

C. $\begin{pmatrix}0&1&0\\1&0&0\\0&1&1\end{pmatrix}$ D. $\begin{pmatrix}0&1&1\\1&0&0\\0&0&1\end{pmatrix}$

15. 设 $\boldsymbol{A}$ 为 $n(n \geqslant 2)$ 阶可逆矩阵, 交换 $\boldsymbol{A}$ 的第 1 行与第 2 行得矩阵 $\boldsymbol{B}$. $\boldsymbol{A}^*, \boldsymbol{B}^*$ 分别为 $\boldsymbol{A}, \boldsymbol{B}$ 的伴随矩阵, 则 ( ).

A. 交换 $\boldsymbol{A}^*$ 的第 1 列与第 2 列得 $\boldsymbol{B}^*$　　B. 交换 $\boldsymbol{A}^*$ 的第 1 行与第 2 行得 $\boldsymbol{B}^*$

C. 交换 $\boldsymbol{A}^*$ 的第 1 列与第 2 列得 $-\boldsymbol{B}^*$　　D. 交换 $\boldsymbol{A}^*$ 的第 1 行与第 2 行得 $-\boldsymbol{B}^*$

16. 设 $\boldsymbol{A}$ 为三阶矩阵, 将 $\boldsymbol{A}$ 的第 2 行加到第 1 行得 $\boldsymbol{B}$, 再将 $\boldsymbol{B}$ 的第 1 列的 -1 倍加到第 2 列得 $\boldsymbol{C}$, 记 $\boldsymbol{P}=\begin{pmatrix}1&1&0\\0&1&0\\0&0&1\end{pmatrix}$, 则 ( ).

A. $\boldsymbol{C}=\boldsymbol{P}^{-1}\boldsymbol{A}\boldsymbol{P}$　　B. $\boldsymbol{C}=\boldsymbol{P}\boldsymbol{A}\boldsymbol{P}^{-1}$

C. $\boldsymbol{C}=\boldsymbol{P}^{\mathrm{T}}\boldsymbol{A}\boldsymbol{P}$　　D. $\boldsymbol{C}=\boldsymbol{P}\boldsymbol{A}\boldsymbol{P}^{\mathrm{T}}$

17. 设 $\boldsymbol{A}$ 为 n 阶非零矩阵. 若 $\boldsymbol{A}^3=\boldsymbol{O}$, 则 ( ).

A. $\boldsymbol{E}-\boldsymbol{A}$ 不可逆, $\boldsymbol{E}+\boldsymbol{A}$ 不可逆　　B. $\boldsymbol{E}-\boldsymbol{A}$ 不可逆, $\boldsymbol{E}+\boldsymbol{A}$ 可逆

C. $\boldsymbol{E}-\boldsymbol{A}$ 可逆, $\boldsymbol{E}+\boldsymbol{A}$ 可逆　　D. $\boldsymbol{E}-\boldsymbol{A}$ 可逆, $\boldsymbol{E}+\boldsymbol{A}$ 不可逆

18. 设 $\boldsymbol{A}, \boldsymbol{B}$ 均为二阶矩阵, $\boldsymbol{A}^*, \boldsymbol{B}^*$ 分别为 $\boldsymbol{A}, \boldsymbol{B}$ 的伴随矩阵, 若 $|\boldsymbol{A}|=2, |\boldsymbol{B}|=3$, 则分块矩阵 $\begin{pmatrix}\boldsymbol{O}&\boldsymbol{A}\\\boldsymbol{B}&\boldsymbol{O}\end{pmatrix}$ 的伴随矩阵为 ( ).

A. $\begin{pmatrix}\boldsymbol{O}&3\boldsymbol{B}^*\\2\boldsymbol{A}^*&\boldsymbol{O}\end{pmatrix}$　　B. $\begin{pmatrix}\boldsymbol{O}&2\boldsymbol{B}^*\\3\boldsymbol{A}^*&\boldsymbol{O}\end{pmatrix}$

C. $\begin{pmatrix}\boldsymbol{O}&3\boldsymbol{A}^*\\2\boldsymbol{B}^*&\boldsymbol{O}\end{pmatrix}$　　D. $\begin{pmatrix}\boldsymbol{O}&2\boldsymbol{A}^*\\3\boldsymbol{B}^*&\boldsymbol{O}\end{pmatrix}$

19. 设 $\boldsymbol{A}$ 为 $m\times n$ 矩阵, $\boldsymbol{B}$ 为 $n\times m$ 矩阵, 若 $\boldsymbol{A}\boldsymbol{B}=\boldsymbol{E}$, 则 ( ).

A. $r(\boldsymbol{A})=m, r(\boldsymbol{B})=m$　　B. $r(\boldsymbol{A})=m, r(\boldsymbol{B})=n$

C. $r(\boldsymbol{A})=n, r(\boldsymbol{B})=m$　　D. $r(\boldsymbol{A})=n, r(\boldsymbol{B})=n$

20. 设 $\boldsymbol{A}=(a_{ij})$ 是三阶非零矩阵, $\boldsymbol{A}_{ij}$ 是 a_{ij} 的代数余子式, 若 $a_{ij}+\boldsymbol{A}_{ij}=0\,(i,j=1,2,3)$, 则 $|\boldsymbol{A}|=$ ( ).

A. 0　　B. 1　　C. -1　　D. 0 或 -1

21. 设 $\boldsymbol{\alpha}$ 是 n 维单位列向量, 则 ( ).

A. $\boldsymbol{E}-\boldsymbol{\alpha}\boldsymbol{\alpha}^{\mathrm{T}}$ 不可逆　　B. $\boldsymbol{E}+\boldsymbol{\alpha}\boldsymbol{\alpha}^{\mathrm{T}}$ 不可逆

C. $\boldsymbol{E}+2\boldsymbol{\alpha}\boldsymbol{\alpha}^{\mathrm{T}}$ 不可逆　　D. $\boldsymbol{E}-2\boldsymbol{\alpha}\boldsymbol{\alpha}^{\mathrm{T}}$ 不可逆

22. 设 $\boldsymbol{A}, \boldsymbol{B}$ 为 n 阶矩阵, 则 ( ).

A. $r(\boldsymbol{A}, \boldsymbol{A}\boldsymbol{B})=r(\boldsymbol{A})$　　B. $r(\boldsymbol{A}, \boldsymbol{B}\boldsymbol{A})=r(\boldsymbol{A})$

C. $r(\boldsymbol{A}, \boldsymbol{B})=\max\{r(\boldsymbol{A}), r(\boldsymbol{B})\}$　　D. $r(\boldsymbol{A}, \boldsymbol{B})=r(\boldsymbol{A}^{\mathrm{T}}, \boldsymbol{B}^{\mathrm{T}})$

23. 设 $\boldsymbol{A}, \boldsymbol{B}$ 为 n 阶实矩阵, 下列结论不成立的是 ( ).

A. $r\begin{pmatrix}\boldsymbol{A}&\boldsymbol{O}\\\boldsymbol{O}&\boldsymbol{A}^{\mathrm{T}}\boldsymbol{A}\end{pmatrix}=2r(\boldsymbol{A})$　　B. $r\begin{pmatrix}\boldsymbol{A}&\boldsymbol{A}\boldsymbol{B}\\\boldsymbol{O}&\boldsymbol{A}^{\mathrm{T}}\end{pmatrix}=2r(\boldsymbol{A})$

C. $r\begin{pmatrix}\boldsymbol{A}&\boldsymbol{B}\boldsymbol{A}\\\boldsymbol{O}&\boldsymbol{A}\boldsymbol{A}^{\mathrm{T}}\end{pmatrix}=2r(\boldsymbol{A})$　　D. $r\begin{pmatrix}\boldsymbol{A}&\boldsymbol{O}\\\boldsymbol{B}\boldsymbol{A}&\boldsymbol{A}^{\mathrm{T}}\end{pmatrix}=2r(\boldsymbol{A})$

二、解答题

1. 设 $\boldsymbol{\xi}$ 是 n 维非零列向量, $\boldsymbol{A}=\boldsymbol{E}-\boldsymbol{\xi}\boldsymbol{\xi}^{\mathrm{T}}$. 证明:

(1) $\boldsymbol{A}^2=\boldsymbol{A}$ 的充分条件是 $\boldsymbol{\xi}^{\mathrm{T}}\boldsymbol{\xi}=1$;

(2) 当 $\boldsymbol{\xi}^{\mathrm{T}}\boldsymbol{\xi}=1$ 时, $\boldsymbol{A}$ 是不可逆矩阵.

2. 设 $\boldsymbol{A}$ 为 n 阶非零方阵, 若 $\boldsymbol{A}^*=\boldsymbol{A}^{\mathrm{T}}$, 则 $|\boldsymbol{A}|\neq 0$.

3. (2013, 数学一) 设 $\boldsymbol{A}=\begin{pmatrix}1 & a\\ 1 & 0\end{pmatrix}$, $\boldsymbol{B}=\begin{pmatrix}0 & 1\\ 1 & b\end{pmatrix}$, 当 a,b 为何值时, 存在矩阵 $\boldsymbol{C}$ 使得 $\boldsymbol{AC}-\boldsymbol{CA}=\boldsymbol{B}$, 并求所有矩阵 $\boldsymbol{C}$.

4. 设 $\boldsymbol{A},\boldsymbol{B}$ 是 n 阶方阵, 且 $\boldsymbol{A}+\boldsymbol{B}=\boldsymbol{AB}$. 证明 $\boldsymbol{A}-\boldsymbol{E}$ 可逆, 且 $\boldsymbol{AB}=\boldsymbol{BA}$.

第 3 章

相似矩阵

线性变换在一组基下的矩阵称为线性变换的一个表示, “线性变换”与“线性变换的一个表示”的关系可以比喻为一个“物体”与该物体 (关于某一角度或参照系) 的一个“照片”. 取定向量空间的一组基 (相当于选取了一个角度), 则线性变换 (物体) 关于这组基 (角度) 的矩阵表示 (照片) 是这个线性变换的一个描述. 换一组基, 又得到这个线性变换的另一个矩阵表示 (照片), 所有这些“照片”都是同一线性变换关于不同角度的“描述”, 因此它们是彼此“相似”的, 但又不是线性变换本身. 这正是表示理论的核心思想.

如何寻找一组“好基”(好的角度) 使得线性变换在这组基下的矩阵 (照片) 最简单 (最漂亮) 呢? 最好的情形就是能寻找到一组完全由特征向量组成的基, 在这组基下线性变换的矩阵恰好是对角矩阵. 遗憾的是, 并不是所有的线性变换都能找到一组完全由特征向量组成的基. 然而, 对某些线性变换而言, 标准正交基也是一组“好基”, 例如: 正交变换在标准正交基下的矩阵是正交矩阵; 对称变换在标准正交基下的矩阵是对称矩阵. 而正交矩阵与对称矩阵都是非常重要的矩阵类型, 无论在理论还是在应用方面都有极为广泛的应用.

3.1 基变换与相似矩阵

由 1.7 节可知, 取定 n 维向量空间 $\mathbf{R}^n$ 的一组基, 相当于在 $\mathbf{R}^n$ 中建立了一个坐标系. 若取定 $\mathbf{R}^n$ 的两组不同的基, 则对应的坐标变换公式是怎样的呢? 例如, $\boldsymbol{e}_1=\begin{pmatrix}1\\0\end{pmatrix},\boldsymbol{e}_2=\begin{pmatrix}0\\1\end{pmatrix}$ 与 $\boldsymbol{\varepsilon}_1=\begin{pmatrix}1\\1\end{pmatrix},\boldsymbol{\varepsilon}_2=\begin{pmatrix}-1\\1\end{pmatrix}$ 是 $\mathbf{R}^2$ 的两组基, 它们分别定义了坐标系 xOy 与 $x'Oy'$, 如图 3.1.1 所示.

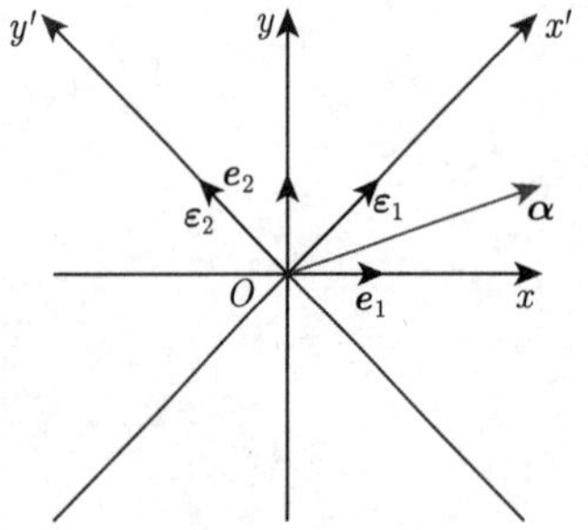

图 3.1.1

因为

$$3\boldsymbol{e}_1+\boldsymbol{e}_2=\boldsymbol{\alpha}=2\boldsymbol{\varepsilon}_1-\boldsymbol{\varepsilon}_2$$

所以向量 $\boldsymbol{\alpha}$ 在基 $\boldsymbol{e}_1,\boldsymbol{e}_2$ 下的坐标是 $\begin{pmatrix}3\\1\end{pmatrix}$, 在基 $\boldsymbol{\varepsilon}_1,\boldsymbol{\varepsilon}_2$ 下的坐标是 $\begin{pmatrix}2\\-1\end{pmatrix}$. 下面讨论向量空间的基变换与坐标变换.

定义 3.1.1 设 $\boldsymbol{\alpha}_1,\boldsymbol{\alpha}_2,\cdots,\boldsymbol{\alpha}_n$ 与 $\boldsymbol{\beta}_1,\boldsymbol{\beta}_2,\cdots,\boldsymbol{\beta}_n$ 是 n 维向量空间 $\mathbf{R}^n$ 的两组基. 设

$$\begin{aligned}\boldsymbol{\beta}_1 &= p_{11}\boldsymbol{\alpha}_1 + p_{21}\boldsymbol{\alpha}_2 + \cdots + p_{n1}\boldsymbol{\alpha}_n\\ \boldsymbol{\beta}_2 &= p_{12}\boldsymbol{\alpha}_1 + p_{22}\boldsymbol{\alpha}_2 + \cdots + p_{n2}\boldsymbol{\alpha}_n\\ &\cdots\cdots\\ \boldsymbol{\beta}_n &= p_{1n}\boldsymbol{\alpha}_1 + p_{2n}\boldsymbol{\alpha}_2 + \cdots + p_{nn}\boldsymbol{\alpha}_n\end{aligned}$$

即

$$(\boldsymbol{\beta}_1,\boldsymbol{\beta}_2,\cdots,\boldsymbol{\beta}_n) = (\boldsymbol{\alpha}_1,\boldsymbol{\alpha}_2,\cdots,\boldsymbol{\alpha}_n)P, \quad P = (p_{ij})$$

则矩阵 $\boldsymbol{P}$ 称为从基 $\boldsymbol{\alpha}_1,\boldsymbol{\alpha}_2,\cdots,\boldsymbol{\alpha}_n$ 到基 $\boldsymbol{\beta}_1,\boldsymbol{\beta}_2,\cdots,\boldsymbol{\beta}_n$ 的**过渡矩阵**.

定理 3.1.1 设 $\boldsymbol{\alpha}_1,\boldsymbol{\alpha}_2,\cdots,\boldsymbol{\alpha}_n$、$\boldsymbol{\beta}_1,\boldsymbol{\beta}_2,\cdots,\boldsymbol{\beta}_n$ 与 $\gamma_1,\gamma_2,\cdots,\gamma_n$ 是线性空间 $\mathbf{R}^n$ 的三组基, 且

$$\begin{aligned}(\boldsymbol{\beta}_1,\boldsymbol{\beta}_2,\cdots,\boldsymbol{\beta}_n) &= (\boldsymbol{\alpha}_1,\boldsymbol{\alpha}_2,\cdots,\boldsymbol{\alpha}_n)\boldsymbol{P}\\ (\gamma_1,\gamma_2,\cdots,\gamma_n) &= (\boldsymbol{\beta}_1,\boldsymbol{\beta}_2,\cdots,\boldsymbol{\beta}_n)\boldsymbol{Q}\end{aligned}$$

则从 $\boldsymbol{\alpha}_1,\boldsymbol{\alpha}_2,\cdots,\boldsymbol{\alpha}_n$ 到 $\gamma_1,\gamma_2,\cdots,\gamma_n$ 的过渡矩阵为 $\boldsymbol{PQ}$, 即

$$(\gamma_1,\gamma_2,\cdots,\gamma_n) = (\boldsymbol{\alpha}_1,\boldsymbol{\alpha}_2,\cdots,\boldsymbol{\alpha}_n)\boldsymbol{PQ}$$

证 由题设直接可得

$$\begin{aligned}(\gamma_1,\gamma_2,\cdots,\gamma_n) &= (\boldsymbol{\beta}_1,\boldsymbol{\beta}_2,\cdots,\boldsymbol{\beta}_n)\boldsymbol{Q}\\ &= (\boldsymbol{\alpha}_1,\boldsymbol{\alpha}_2,\cdots,\boldsymbol{\alpha}_n)\boldsymbol{PQ}\end{aligned}$$ □

推论 3.1.1 过渡矩阵是可逆矩阵.

证 设 $\boldsymbol{\alpha}_1,\boldsymbol{\alpha}_2,\cdots,\boldsymbol{\alpha}_n$ 与 $\boldsymbol{\beta}_1,\boldsymbol{\beta}_2,\cdots,\boldsymbol{\beta}_n$ 是线性空间 V 的两组基, 且

$$\begin{aligned}(\boldsymbol{\beta}_1,\boldsymbol{\beta}_2,\cdots,\boldsymbol{\beta}_n) &= (\boldsymbol{\alpha}_1,\boldsymbol{\alpha}_2,\cdots,\boldsymbol{\alpha}_n)\boldsymbol{P}\\ (\boldsymbol{\alpha}_1,\boldsymbol{\alpha}_2,\cdots,\boldsymbol{\alpha}_n) &= (\boldsymbol{\beta}_1,\boldsymbol{\beta}_2,\cdots,\boldsymbol{\beta}_n)\boldsymbol{Q}\end{aligned}$$

则由定理 3.1.1 得

$$(\boldsymbol{\alpha}_1,\boldsymbol{\alpha}_2,\cdots,\boldsymbol{\alpha}_n) = (\boldsymbol{\alpha}_1,\boldsymbol{\alpha}_2,\cdots,\boldsymbol{\alpha}_n)\boldsymbol{PQ}$$

即 $\boldsymbol{PQ} = \boldsymbol{E}$, 所以 $\boldsymbol{P}$ 可逆. □

设 $\boldsymbol{\xi} \in \mathbf{R}^n$, $\boldsymbol{\xi}$ 在两组基 $\boldsymbol{\alpha}_1,\boldsymbol{\alpha}_2,\cdots,\boldsymbol{\alpha}_n$ 与 $\boldsymbol{\beta}_1,\boldsymbol{\beta}_2,\cdots,\boldsymbol{\beta}_n$ 下的坐标分别是

$$\begin{pmatrix} a_1\\ a_2\\ \vdots\\ a_n\end{pmatrix} \qquad \begin{pmatrix} b_1\\ b_2\\ \vdots\\ b_n\end{pmatrix}$$

即

$$\boldsymbol{\xi}=(\boldsymbol{\alpha}_1,\boldsymbol{\alpha}_2,\cdots,\boldsymbol{\alpha}_n)\begin{pmatrix}a_1\\a_2\\\vdots\\a_n\end{pmatrix}=(\boldsymbol{\beta}_1,\boldsymbol{\beta}_2,\cdots,\boldsymbol{\beta}_n)\begin{pmatrix}b_1\\b_2\\\vdots\\b_n\end{pmatrix}$$

设 $(\boldsymbol{\beta}_1,\boldsymbol{\beta}_2,\cdots,\boldsymbol{\beta}_n)=(\boldsymbol{\alpha}_1,\boldsymbol{\alpha}_2,\cdots,\boldsymbol{\alpha}_n)\boldsymbol{P}$. 于是,

$$(\boldsymbol{\alpha}_1,\boldsymbol{\alpha}_2,\cdots,\boldsymbol{\alpha}_n)\begin{pmatrix}a_1\\a_2\\\vdots\\a_n\end{pmatrix}=\boldsymbol{\xi}=(\boldsymbol{\beta}_1,\boldsymbol{\beta}_2,\cdots,\boldsymbol{\beta}_n)\begin{pmatrix}b_1\\b_2\\\vdots\\b_n\end{pmatrix}$$

$$=(\boldsymbol{\alpha}_1,\boldsymbol{\alpha}_2,\cdots,\boldsymbol{\alpha}_n)\boldsymbol{P}\begin{pmatrix}b_1\\b_2\\\vdots\\b_n\end{pmatrix}$$

故由 $\boldsymbol{\alpha}_1,\boldsymbol{\alpha}_2,\cdots,\boldsymbol{\alpha}_n$ 线性无关得坐标变换公式

$$\begin{pmatrix}a_1\\a_2\\\vdots\\a_n\end{pmatrix}=\boldsymbol{P}\begin{pmatrix}b_1\\b_2\\\vdots\\b_n\end{pmatrix}\quad\text{或}\quad\begin{pmatrix}b_1\\b_2\\\vdots\\b_n\end{pmatrix}=\boldsymbol{P}^{-1}\begin{pmatrix}a_1\\a_2\\\vdots\\a_n\end{pmatrix}$$

例 3.1.1 设 $\boldsymbol{e}_1=\begin{pmatrix}1\\0\end{pmatrix},\boldsymbol{e}_2=\begin{pmatrix}0\\1\end{pmatrix}$ 与 $\boldsymbol{\varepsilon}_1=\begin{pmatrix}1\\1\end{pmatrix},\boldsymbol{\varepsilon}_2=\begin{pmatrix}-1\\1\end{pmatrix}$ 是 $\mathbf{R}^2$ 的两组基, 向量 $\boldsymbol{\alpha}=\begin{pmatrix}3\\1\end{pmatrix}$ 关于基 $\boldsymbol{e}_1,\boldsymbol{e}_2$ 的坐标就是 $\begin{pmatrix}3\\1\end{pmatrix}$; 关于 $\mathcal{B}=\{\boldsymbol{\varepsilon}_1,\boldsymbol{\varepsilon}_2\}$ 的坐标

$$\boldsymbol{\alpha}=2\boldsymbol{\varepsilon}_1-\boldsymbol{\varepsilon}_2=(\boldsymbol{\varepsilon}_1,\boldsymbol{\varepsilon}_2)\begin{pmatrix}2\\-1\end{pmatrix}\quad\text{或}\quad[\boldsymbol{\alpha}]_{\mathcal{B}}=\begin{pmatrix}2\\-1\end{pmatrix}$$

因为

$$(\boldsymbol{\varepsilon}_1,\boldsymbol{\varepsilon}_2)=(\boldsymbol{e}_1,\boldsymbol{e}_2)\begin{pmatrix}1&-1\\1&1\end{pmatrix}$$

所以利用坐标变换公式, 可得

$$[\boldsymbol{\alpha}]_{\mathcal{B}}=\begin{pmatrix}1&-1\\1&1\end{pmatrix}^{-1}\begin{pmatrix}3\\1\end{pmatrix}=\frac{1}{2}\begin{pmatrix}1&1\\-1&1\end{pmatrix}\begin{pmatrix}3\\1\end{pmatrix}=\begin{pmatrix}2\\-1\end{pmatrix}$$

如图 3.1.2 所示.

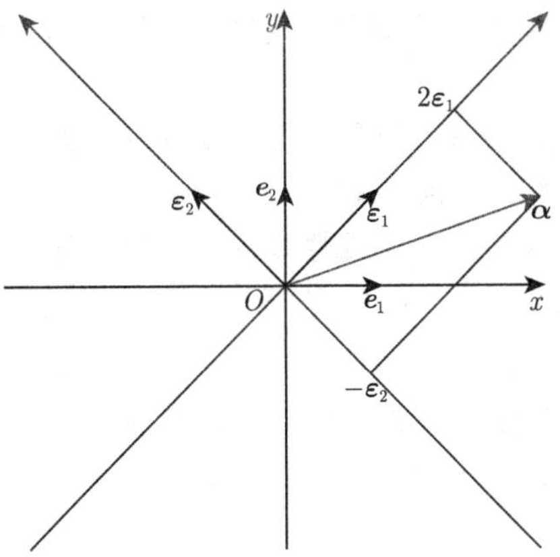

图 3.1.2

取定 n 维向量空间 $\mathbf{R}^n$ 的一组基后, 线性变换 σ 可以用具体的矩阵 $\boldsymbol{A}$ 来表示, 这个矩阵可以看作线性变换从取定的基的“角度”拍的一张“照片”. 如果取两组不同的基, 那么同一个线性变换 σ 在这两组基下得到的两张不同的“照片”应该是相似的. 从数学上看, 这同一个线性变换在不同基下的两个矩阵应该有什么样的关系呢?

定理 3.1.2 设从 n 维向量空间 $\mathbf{R}^n$ 的基 $\boldsymbol{\alpha}_1,\boldsymbol{\alpha}_2,\cdots,\boldsymbol{\alpha}_n$ 到基 $\boldsymbol{\beta}_1,\boldsymbol{\beta}_2,\cdots,\boldsymbol{\beta}_n$ 的过渡矩阵为 $\boldsymbol{P}$, 线性变换 σ 在这两组基下的矩阵分别为 $\boldsymbol{A},\boldsymbol{B}$. 则 $\boldsymbol{B}=\boldsymbol{P}^{-1}\boldsymbol{A}\boldsymbol{P}$.

证 因为

$$\sigma(\boldsymbol{\alpha}_1,\boldsymbol{\alpha}_2,\cdots,\boldsymbol{\alpha}_n)=(\boldsymbol{\alpha}_1,\boldsymbol{\alpha}_2,\cdots,\boldsymbol{\alpha}_n)\boldsymbol{A}$$

$$\sigma(\boldsymbol{\beta}_1,\boldsymbol{\beta}_2,\cdots,\boldsymbol{\beta}_n)=(\boldsymbol{\beta}_1,\boldsymbol{\beta}_2,\cdots,\boldsymbol{\beta}_n)\boldsymbol{B}$$

$$(\boldsymbol{\beta}_1,\boldsymbol{\beta}_2,\cdots,\boldsymbol{\beta}_n)=(\boldsymbol{\alpha}_1,\boldsymbol{\alpha}_2,\cdots,\boldsymbol{\alpha}_n)\boldsymbol{P}$$

所以

$$\begin{aligned}(\boldsymbol{\beta}_1,\boldsymbol{\beta}_2,\cdots,\boldsymbol{\beta}_n)\boldsymbol{B}&=\sigma(\boldsymbol{\beta}_1,\boldsymbol{\beta}_2,\cdots,\boldsymbol{\beta}_n)\\&=\sigma[(\boldsymbol{\alpha}_1,\boldsymbol{\alpha}_2,\cdots,\boldsymbol{\alpha}_n)\boldsymbol{P}]\\&=[\sigma(\boldsymbol{\alpha}_1,\boldsymbol{\alpha}_2,\cdots,\boldsymbol{\alpha}_n)]\boldsymbol{P}\\&=(\boldsymbol{\alpha}_1,\boldsymbol{\alpha}_2,\cdots,\boldsymbol{\alpha}_n)\boldsymbol{A}\boldsymbol{P}\\&=(\boldsymbol{\beta}_1,\boldsymbol{\beta}_2,\cdots,\boldsymbol{\beta}_n)\boldsymbol{P}^{-1}\boldsymbol{A}\boldsymbol{P}\end{aligned}$$

由 $\boldsymbol{\beta}_1,\boldsymbol{\beta}_2,\cdots,\boldsymbol{\beta}_n$ 线性无关知 $\boldsymbol{B}=\boldsymbol{P}^{-1}\boldsymbol{A}\boldsymbol{P}$. □

定义 3.1.2 设 $\boldsymbol{A},\boldsymbol{B}$ 是两个 n 阶实方阵, 若存在可逆矩阵 $\boldsymbol{P}$ 使得 $\boldsymbol{B}=\boldsymbol{P}^{-1}\boldsymbol{A}\boldsymbol{P}$, 则称$\boldsymbol{A}$ **相似于** $\boldsymbol{B}$, 记作 $\boldsymbol{A}\sim\boldsymbol{B}$.

注 相似是一种等价关系, 即满足自反性、对称性与传递性. 事实上,

(1) 自反性: $\boldsymbol{E}^{-1}\boldsymbol{A}\boldsymbol{E}=\boldsymbol{A}$, 故 $\boldsymbol{A}\sim\boldsymbol{A}$;

(2) 对称性: 若 $\boldsymbol{A} \sim \boldsymbol{B}$, 则存在可逆矩阵 $\boldsymbol{P}$ 使得 $\boldsymbol{P}^{-1}\boldsymbol{A}\boldsymbol{P} = \boldsymbol{B}$, 从而 $(\boldsymbol{P}^{-1})^{-1}\boldsymbol{B}\boldsymbol{P}^{-1} = \boldsymbol{A}$, 即 $\boldsymbol{B} \sim \boldsymbol{A}$;

(3) 传递性: 若 $\boldsymbol{A} \sim \boldsymbol{B}, \boldsymbol{B} \sim \boldsymbol{C}$, 则存在可逆矩阵 $\boldsymbol{P}, \boldsymbol{Q}$ 使得 $\boldsymbol{P}^{-1}\boldsymbol{A}\boldsymbol{P} = \boldsymbol{B}, \boldsymbol{Q}^{-1}\boldsymbol{B}\boldsymbol{Q} = \boldsymbol{C}$, 从而 $(\boldsymbol{P}\boldsymbol{Q})^{-1}\boldsymbol{A}(\boldsymbol{P}\boldsymbol{Q}) = \boldsymbol{C}$, 即 $\boldsymbol{A} \sim \boldsymbol{C}$.

下面的定理表明相似矩阵是同一个线性变换在不同基下的矩阵表示.

定理 3.1.3 $\boldsymbol{A} \sim \boldsymbol{B}$ 当且仅当 $\boldsymbol{A}, \boldsymbol{B}$ 是同一个线性变换在不同基下的矩阵.

证 充分性：定理 3.1.2 已证;

必要性：若 $\boldsymbol{A} \sim \boldsymbol{B}$, 则存在可逆矩阵 $\boldsymbol{P}$ 使得 $\boldsymbol{B} = \boldsymbol{P}^{-1}\boldsymbol{A}\boldsymbol{P}$. 设线性变换 σ 在基 $\boldsymbol{\alpha}_1, \boldsymbol{\alpha}_2, \cdots, \boldsymbol{\alpha}_n$ 下的矩阵为 $\boldsymbol{A}$, $(\boldsymbol{\beta}_1, \boldsymbol{\beta}_2, \cdots, \boldsymbol{\beta}_n) = (\boldsymbol{\alpha}_1, \boldsymbol{\alpha}_2, \cdots, \boldsymbol{\alpha}_n)P$. 则

$$\begin{aligned}
\sigma(\boldsymbol{\beta}_1, \boldsymbol{\beta}_2, \cdots, \boldsymbol{\beta}_n) &= \sigma[(\boldsymbol{\alpha}_1, \boldsymbol{\alpha}_2, \cdots, \boldsymbol{\alpha}_n)\boldsymbol{P}] \\
&= [\sigma(\boldsymbol{\alpha}_1, \boldsymbol{\alpha}_2, \cdots, \boldsymbol{\alpha}_n)]\boldsymbol{P} \\
&= (\boldsymbol{\alpha}_1, \boldsymbol{\alpha}_2, \cdots, \boldsymbol{\alpha}_n)\boldsymbol{A}\boldsymbol{P} \\
&= (\boldsymbol{\beta}_1, \boldsymbol{\beta}_2, \cdots, \boldsymbol{\beta}_n)\boldsymbol{P}^{-1}\boldsymbol{A}\boldsymbol{P} \\
&= (\boldsymbol{\beta}_1, \boldsymbol{\beta}_2, \cdots, \boldsymbol{\beta}_n)\boldsymbol{B}
\end{aligned}$$

即 σ 在基 $\boldsymbol{\beta}_1, \boldsymbol{\beta}_2, \cdots, \boldsymbol{\beta}_n$ 下的矩阵是 $\boldsymbol{B}$. □

例 3.1.2 设

$$\boldsymbol{A} = \begin{pmatrix} \frac{1}{2} & \frac{3}{2} \\ \frac{3}{2} & \frac{1}{2} \end{pmatrix}, \quad \boldsymbol{B} = \begin{pmatrix} -1 & 0 \\ 0 & 2 \end{pmatrix}, \quad \boldsymbol{P} = \begin{pmatrix} 1 & 1 \\ -1 & 1 \end{pmatrix}$$

则 $\boldsymbol{A} = \boldsymbol{P}\boldsymbol{B}\boldsymbol{P}^{-1}$, 且 $\mathcal{B} = \left\{\boldsymbol{\varepsilon}_1 = \begin{pmatrix} 1 \\ -1 \end{pmatrix}, \boldsymbol{\varepsilon}_2 = \begin{pmatrix} 1 \\ 1 \end{pmatrix}\right\}$ 也是 $\mathbf{R}^2$ 的一组基.

设

$$\boldsymbol{\alpha} = \begin{pmatrix} 0 \\ -2 \end{pmatrix}, \qquad \boldsymbol{\beta} = \begin{pmatrix} -2 \\ -2 \end{pmatrix}$$

则

$$\boldsymbol{A}\boldsymbol{\alpha} = \begin{pmatrix} -3 \\ -1 \end{pmatrix}, \qquad \boldsymbol{A}\boldsymbol{\beta} = \begin{pmatrix} -4 \\ -4 \end{pmatrix}$$

$$[\boldsymbol{\alpha}]_{\mathcal{B}} = \begin{pmatrix} 1 \\ -1 \end{pmatrix}, \quad [\boldsymbol{\beta}]_{\mathcal{B}} = \begin{pmatrix} 0 \\ -2 \end{pmatrix}, \quad [\boldsymbol{A}\boldsymbol{\alpha}]_{\mathcal{B}} = \begin{pmatrix} -1 \\ -2 \end{pmatrix}, \quad [\boldsymbol{A}\boldsymbol{\beta}]_{\mathcal{B}} = \begin{pmatrix} 0 \\ -4 \end{pmatrix}$$

在标准坐标系 xOy 中, 矩阵 $\boldsymbol{A}$ 定义的线性变换 σ_A 将深色三角形映为浅色三角形, 而同样这个变换在坐标系 $x'Oy'$ 中, 则是由矩阵 $\boldsymbol{B}$ 表达的; 而从坐标系 xOy 到坐标系 $x'Oy'$ 的过渡矩阵是 $\boldsymbol{P}$, 如图 3.1.3 所示. 更恰切地, $\boldsymbol{A}$ 所定义的线性变换 σ_A 分解为坐标变换与 $\boldsymbol{B}$ 所定义的线性变换 σ_B 的复合如图 3.1.4 所示.

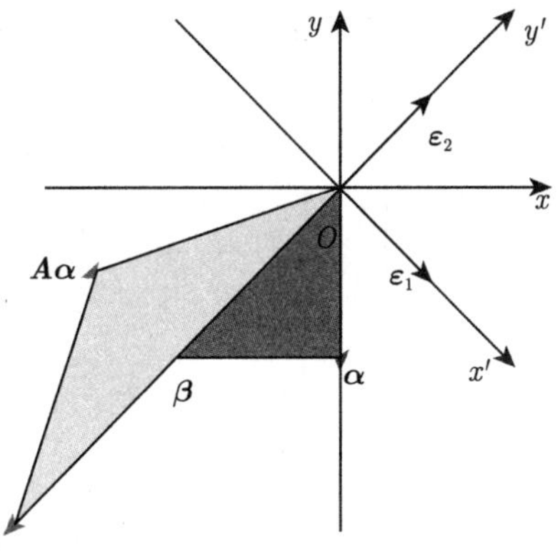

图 3.1.3

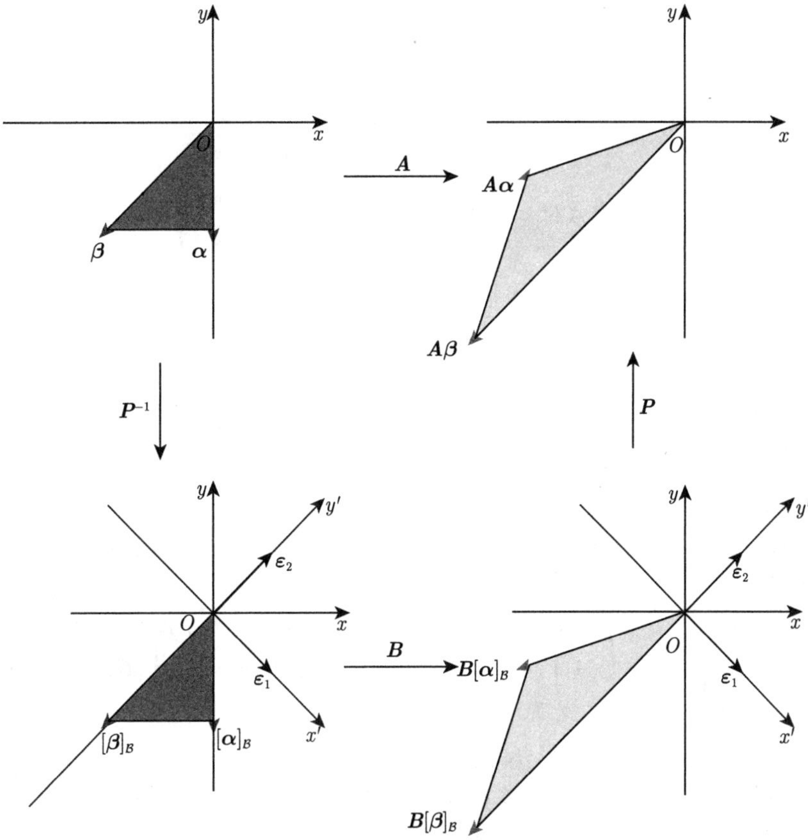

图 3.1.4

注 变换是对运动的描述, 固定空间的一组基 (坐标系) 不变, 由矩阵 $\boldsymbol{A}$ (或 $\boldsymbol{B}$) 定义的线性变换将深色三角形变为浅色三角形; 由于运动是相对的, 可逆矩阵 $\boldsymbol{P}^{-1}$ 定义的线性变换保持深色三角形不变, 而是将基 $\boldsymbol{e}_1, \boldsymbol{e}_2$ (坐标系 xOy) 映成基 $\boldsymbol{\varepsilon}_1, \boldsymbol{\varepsilon}_2$ (坐标系 $x'Oy'$, 坐标系的单位长度由 1 变成了 $\sqrt{2}$); 同时, $\boldsymbol{P}$ 定义的线性变换保持浅色三角形不变, 而将坐标系 $x'Oy'$ 映成坐标系 xOy.

例 3.1.3 设线性变换 σ 在 $\mathbf{R}^4$ 的基 $\varepsilon_1,\varepsilon_2,\varepsilon_3,\varepsilon_4$ 下的矩阵是

$$\boldsymbol{A}=\begin{pmatrix}1&0&2&1\\-1&2&1&3\\1&2&5&5\\2&-2&1&-2\end{pmatrix}$$

求 σ 在基 $\boldsymbol{\eta}_1=\varepsilon_1-2\varepsilon_2+\varepsilon_4$, $\boldsymbol{\eta}_2=3\varepsilon_2-\varepsilon_3-\varepsilon_4$, $\boldsymbol{\eta}_3=\varepsilon_3+\varepsilon_4$, $\boldsymbol{\eta}_4=2\varepsilon_4$ 下的矩阵.

解 因为

$$(\boldsymbol{\eta}_1,\boldsymbol{\eta}_2,\boldsymbol{\eta}_3,\boldsymbol{\eta}_4)=(\varepsilon_1,\varepsilon_2,\varepsilon_3,\varepsilon_4)\begin{pmatrix}1&0&0&0\\-2&3&0&0\\0&-1&1&0\\1&-1&1&2\end{pmatrix}=(\varepsilon_1,\varepsilon_2,\varepsilon_3,\varepsilon_4)\boldsymbol{P}$$

所以 σ 在基 $\boldsymbol{\eta}_1,\boldsymbol{\eta}_2,\boldsymbol{\eta}_3,\boldsymbol{\eta}_4$ 下的矩阵为

$$\boldsymbol{P}^{-1}\boldsymbol{A}\boldsymbol{P}=\frac{1}{3}\begin{pmatrix}6&-9&9&6\\2&-4&10&10\\8&-16&40&40\\0&3&-21&-24\end{pmatrix}$$

习 题 3.1

(A)

1. 设向量组 $\boldsymbol{\alpha}_1=(1,2,1)^{\mathrm{T}},\boldsymbol{\alpha}_2=(1,3,2)^{\mathrm{T}},\boldsymbol{\alpha}_3=(1,a,3)^{\mathrm{T}}$ 为 $\mathbf{R}^3$ 的一个基, $\boldsymbol{\beta}=(1,1,1)^{\mathrm{T}}$ 在基下的坐标 $(b,c,1)^{\mathrm{T}}$.

(1) 求 a,b,c;

(2) 证明 $\boldsymbol{\alpha}_1,\boldsymbol{\alpha}_2,\boldsymbol{\beta}$ 为 $\mathbf{R}^3$ 的一个基, 并求从 $\boldsymbol{\alpha}_1,\boldsymbol{\alpha}_2,\boldsymbol{\alpha}_3$ 到 $\boldsymbol{\alpha}_1,\boldsymbol{\alpha}_2,\boldsymbol{\beta}$ 的过渡矩阵.

2. 设向量组

$$\boldsymbol{\alpha}_1=\begin{pmatrix}1\\0\\1\end{pmatrix},\boldsymbol{\alpha}_2=\begin{pmatrix}1\\1\\-1\end{pmatrix},\boldsymbol{\alpha}_3=\begin{pmatrix}1\\-1\\1\end{pmatrix},\boldsymbol{\beta}_1=\begin{pmatrix}3\\0\\1\end{pmatrix},\boldsymbol{\beta}_2=\begin{pmatrix}2\\0\\0\end{pmatrix},\boldsymbol{\beta}_3=\begin{pmatrix}0\\2\\-2\end{pmatrix}$$

(1) 求从基 $\boldsymbol{\alpha}_1,\boldsymbol{\alpha}_2,\boldsymbol{\alpha}_3$ 到基 $\boldsymbol{\beta}_1,\boldsymbol{\beta}_2,\boldsymbol{\beta}_3$ 的过渡矩阵;

(2) 已知 $\boldsymbol{\xi}$ 在基 $\boldsymbol{\beta}_1,\boldsymbol{\beta}_2,\boldsymbol{\beta}_3$ 下的坐标为 $(1,2,0)^{\mathrm{T}}$, 求 $\boldsymbol{\xi}$ 在基 $\boldsymbol{\alpha}_1,\boldsymbol{\alpha}_2,\boldsymbol{\alpha}_3$ 下的坐标;

(3) 求向量 $\boldsymbol{\eta}$, 使其在两组基下有相同的坐标.

(B)

3. (2015, 数学一) 设 $\boldsymbol{\alpha}_1,\boldsymbol{\alpha}_2,\boldsymbol{\alpha}_3$ 是 $\mathbf{R}^3$ 的一组基, $\boldsymbol{\beta}_1=2\boldsymbol{\alpha}_1+2k\boldsymbol{\alpha}_3,\boldsymbol{\beta}_2=2\boldsymbol{\alpha}_2,\boldsymbol{\beta}_3=\boldsymbol{\alpha}_1+(k-1)\boldsymbol{\alpha}_3$.

(1) 证明 $\boldsymbol{\beta}_1,\boldsymbol{\beta}_2,\boldsymbol{\beta}_3$ 是 $\mathbf{R}^3$ 的一组基;

(2) 当 k 取何值时, 存在非零向量 $\boldsymbol{\xi}$ 在基 $\boldsymbol{\alpha}_1,\boldsymbol{\alpha}_2,\boldsymbol{\alpha}_3$ 与基 $\boldsymbol{\beta}_1,\boldsymbol{\beta}_2,\boldsymbol{\beta}_3$ 下的坐标相同, 并求所有的 $\boldsymbol{\xi}$.

4. 证明: 若 $\boldsymbol{A}\sim\boldsymbol{B}$, $\boldsymbol{C}\sim\boldsymbol{D}$, 则 $\begin{pmatrix}\boldsymbol{A}&\boldsymbol{O}\\\boldsymbol{O}&\boldsymbol{C}\end{pmatrix}\sim\begin{pmatrix}\boldsymbol{B}&\boldsymbol{O}\\\boldsymbol{O}&\boldsymbol{D}\end{pmatrix}$.

5. 若 $\boldsymbol{A}$ 可逆, 则 $\boldsymbol{AB}$ 与 $\boldsymbol{BA}$ 相似.

3.2 特征值与特征向量

相似矩阵是同一线性变换在不同基下的矩阵, 如何选择一组“好”基, 使得线性变换在这组基下的矩阵有非常“简单”的形式, 即所谓的“相似标准形”呢? 如果存在 $\mathbf{R}^n$ 的一组基 $\boldsymbol{\alpha}_1,\boldsymbol{\alpha}_2,\cdots,\boldsymbol{\alpha}_n$, 使得线性变换 $\sigma:\mathbf{R}^n\to\mathbf{R}^n$ 在这组基下的矩阵是对角矩阵, 即

$$\sigma(\boldsymbol{\alpha}_1,\boldsymbol{\alpha}_2,\cdots,\boldsymbol{\alpha}_n)=(\boldsymbol{\alpha}_1,\boldsymbol{\alpha}_2,\cdots,\boldsymbol{\alpha}_n)\begin{pmatrix}\lambda_1 & & & \\ & \lambda_2 & & \\ & & \ddots & \\ & & & \lambda_n\end{pmatrix} \tag{3.2.1}$$

则

$$\sigma(\boldsymbol{\alpha}_i)=\lambda_i\boldsymbol{\alpha}_i\quad(i=1,2,\cdots,n)$$

满足上式的实数 λ_i 称为 σ 的特征值, 非零向量 $\boldsymbol{\alpha}_i$ 称为属于特征值 λ_i 的特征向量. 式 (3.2.1) 表明若 $\mathbf{R}^n$ 有一组由特征向量组成的基, 则 σ 在这组基下的矩阵是对角矩阵.

另一方面, 相似矩阵有哪些相同的性质? 这本质上是寻找相似不变量, 例如行列式、秩等. 事实上, 矩阵的特征值也是矩阵的相似不变量.

不仅如此, 矩阵的特征值与特征向量在现代科技的诸多分支都有广泛的应用. 例如, 页面排序算法中稳定向量 $\boldsymbol{p}=\lim\limits_{n\to\infty}\boldsymbol{G}^n\boldsymbol{p}_0$ 就是矩阵 $\boldsymbol{G}$ 属于绝对值最大的特征值 1 的特征向量. 特征值与特征向量也被应用于计算机人脸识别领域. 最新的研究表明种族群体中的每个人脸都是几十种主要形状的组合. 例如, 美国洛克菲勒大学的研究人员通过对许多人脸的三维扫描分析, 得出一组白种人的平均头型和一组标准化的头型变化, 称为特征头, 人脸形状在数学上表示为特征头的线性组合. 之所以这样命名, 是因为它们是存储数字化面部信息的某个矩阵的特征向量. 本节首先引入特征值与特征向量的概念, 并介绍它们的求法.

定义 3.2.1 设 σ 是 n 维向量空间 $\mathbf{R}^n$ 的一个线性变换. 对于 $\lambda\in\mathbf{R}$, 若存在一个非零向量 $\boldsymbol{\alpha}\in\mathbf{R}^n$, 使

$$\sigma(\boldsymbol{\alpha})=\lambda\boldsymbol{\alpha}$$

则 λ 称为 σ 的一个**特征值**, 而 $\boldsymbol{\alpha}$ 称为 σ 的属于特征值 λ 的**特征向量.**

设 $\boldsymbol{\varepsilon}_1,\boldsymbol{\varepsilon}_2,\cdots,\boldsymbol{\varepsilon}_n$ 是 $\mathbf{R}^n$ 的一组基, σ 在这组基下的矩阵是 $\boldsymbol{A}$, $\boldsymbol{\alpha}$ 关于这组基的坐标为 $(x_1,x_2,\cdots,x_n)^{\mathrm{T}}$. 则由定理 2.2.1 知 $\sigma(\boldsymbol{\alpha})$ 关于这组基的坐标是 $\boldsymbol{A}(x_1,x_2,\cdots,x_n)^{\mathrm{T}}$, 即

$$\boldsymbol{A}\begin{pmatrix}x_1\\x_2\\\vdots\\x_n\end{pmatrix}=\lambda\begin{pmatrix}x_1\\x_2\\\vdots\\x_n\end{pmatrix}$$

定义 3.2.2 设 $\boldsymbol{A}$ 是 n 阶实方阵. 对于 $\lambda\in\mathbf{R}$, 若存在一个非零向量 $\boldsymbol{x}\in\mathbf{R}^n$, 使

$$\boldsymbol{A}\boldsymbol{x}=\lambda\boldsymbol{x}$$

则 λ 称为矩阵 $\boldsymbol{A}$ 的一个**特征值**, 而 x 称为 $\boldsymbol{A}$ 的属于特征值 λ 的**特征向量.**

从几何上看, 线性变换沿特征向量 $\boldsymbol{\alpha}$ 方向的作用仅仅表现为向量的伸缩变换, 而没有产生旋转效果, 伸缩的比例就是特征值 λ. 例如, 例 3.1.2 中的矩阵 $\boldsymbol{A}=\dfrac{1}{2}\begin{pmatrix}1 & 3\\ 3 & 1\end{pmatrix}$ 的特征向量是 $\boldsymbol{\varepsilon}_1=\begin{pmatrix}1\\ -1\end{pmatrix}, \boldsymbol{\varepsilon}_2=\begin{pmatrix}1\\ 1\end{pmatrix}$, 分别对应于特征值 $-1, 2$. 从图 3.1.3 中可以看出, $\boldsymbol{A\beta}=2\boldsymbol{\beta}$, 所以 $\boldsymbol{\beta}=-2\boldsymbol{\varepsilon}_2$ 也是属于特征值 2 的特征向量. 从几何上看, σ 对特征向量 $\boldsymbol{\beta}$ 的作用是沿 $\boldsymbol{\beta}$ 方向的伸缩.

例 3.2.1 设 $\boldsymbol{A}=\begin{pmatrix}0.7 & 0.3\\ 0.3 & 0.7\end{pmatrix}$, 则线性变换 $\mathscr{A}: \mathbf{R}^2\to\mathbf{R}^2, \boldsymbol{x}\mapsto \boldsymbol{Ax}$ 描述平面 $\mathbf{R}^2$ 中的变换. 如图 3.2.1 所示, 变换 $\mathscr{A}$ 将圆映为椭圆, 将圆上的向量 $\boldsymbol{\alpha}=(\sqrt{2},\sqrt{2})^{\mathrm{T}}$ 映射为 $\boldsymbol{\alpha}$ 本身, 即 $\mathscr{A}\boldsymbol{\alpha}=\boldsymbol{\alpha}$, 则 $\lambda=1$ 为 $\mathscr{A}$ 的特征值, $\boldsymbol{\alpha}$ 为 $\mathscr{A}$ 的属于特征值 1 的特征向量. 同理, 向量 $\boldsymbol{\beta}=(-\sqrt{2},\sqrt{2})^{\mathrm{T}}$ 满足 $\mathscr{A}\boldsymbol{\beta}=0.4\boldsymbol{\beta}$, 因而 $\lambda=0.4$ 为 $\mathscr{A}$ 的特征值, $\boldsymbol{\beta}$ 为 $\mathscr{A}$ 的属于特征值 0.4 的特征向量.

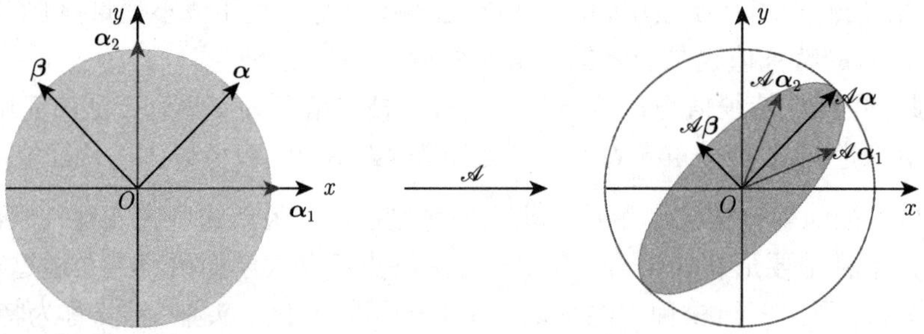

图 3.2.1

思考: (1) 线性变换 σ 在 $\mathbf{R}$ 中是否一定有特征值和特征向量?

(2) 线性变换 σ 的属于特征值 λ 的特征向量是否唯一? 一个向量能否属于两个不同的特征值?

(3) 特征向量的和 (或线性组合) 还是特征向量吗?

(4) 零变换、恒等变换与数乘变换的特征值与特征向量是什么?

设 $\lambda_0\in\mathbf{R}$ 是矩阵 $\boldsymbol{A}$ 的一个特征值, $\boldsymbol{0}\neq\boldsymbol{\alpha}\in\mathbf{R}^n$ 是 $\boldsymbol{A}$ 的属于特征值 λ_0 的特征向量, 则 $\boldsymbol{A\alpha}=\lambda_0\boldsymbol{\alpha}$. 所以

$$(\lambda_0\boldsymbol{E}-\boldsymbol{A})\boldsymbol{\alpha}=\boldsymbol{0}$$

即 $\boldsymbol{\alpha}$ 是齐次线性方程组 $(\lambda_0\boldsymbol{E}-\boldsymbol{A})\boldsymbol{x}=\boldsymbol{0}$ 的非零解. 因此 $|\lambda_0\boldsymbol{E}-\boldsymbol{A}|=0$. 反过来, 若 λ_0 是 $|\lambda\boldsymbol{E}-\boldsymbol{A}|=0$ 的解, 则齐次线性方程组 $(\lambda_0\boldsymbol{E}-\boldsymbol{A})\boldsymbol{x}=\boldsymbol{0}$ 一定存在非零解, 不妨设 $\boldsymbol{\alpha}$ 是一个非零解, 则 $(\lambda_0\boldsymbol{E}-\boldsymbol{A})\boldsymbol{\alpha}=\boldsymbol{0}$, 即 $\boldsymbol{A\alpha}=\lambda_0\boldsymbol{\alpha}$. 故 $\lambda_0\in\mathbf{R}$ 是矩阵 $\boldsymbol{A}$ 的特征值, 当且仅当 $|\lambda_0\boldsymbol{E}-\boldsymbol{A}|=0$. 这给了我们求矩阵 $\boldsymbol{A}$ 的特征值与特征向量的方法.

定义 3.2.3 设 $\boldsymbol{A}$ 是 n 阶实方阵. 关于 λ 的 n 次多项式

$$f_A(\lambda)=|\lambda\boldsymbol{E}-\boldsymbol{A}|=\begin{vmatrix}\lambda-a_{11} & -a_{12} & \cdots & -a_{1n}\\ -a_{21} & \lambda-a_{22} & \cdots & -a_{2n}\\ \vdots & \vdots & & \vdots\\ -a_{n1} & -a_{n2} & \cdots & \lambda-a_{nn}\end{vmatrix}$$

称为 $\boldsymbol{A}$ 的**特征多项式**. 齐次线性方程组

$$(\lambda\boldsymbol{E}-\boldsymbol{A})\boldsymbol{x}=\mathbf{0}$$

称为 $\boldsymbol{A}$ 的**特征方程**.

注 特征方程的概念最初隐含在欧拉的著作中, 拉格朗日在关于线性微分方程组中明确地提出了这一概念. 柯西从欧拉、拉格朗日和拉普拉斯的著作中认识到了共同的特征值问题, 并开始着手研究特征值.

综合上述分析, 我们可得到如下定理.

定理 3.2.1 矩阵 $\boldsymbol{A}$ 的特征多项式 $|\lambda\boldsymbol{E}-\boldsymbol{A}|$ 在 $\mathbf{R}$ 中的根是 $\boldsymbol{A}$ 的全部特征值; 而对于特征值 λ_0, 特征方程 $(\lambda_0\boldsymbol{E}-\boldsymbol{A})\boldsymbol{x}=\mathbf{0}$ 的非零解向量是属于特征值 λ_0 的特征向量.

注 如果将矩阵 $\boldsymbol{A}$ 看作复矩阵, 则可以类似地考虑复数域上的特征值与特征向量. 此时, n 阶方阵 $\boldsymbol{A}$ 将有 n 个特征值 (重根按重数计算).

求 σ 的特征值与特征向量的**步骤方法**:

(1) 取 $\mathbf{R}^n$ 的一组基 $\boldsymbol{\alpha}_1,\boldsymbol{\alpha}_2,\cdots,\boldsymbol{\alpha}_n$, 写出 σ 在这组基下的矩阵 $\boldsymbol{A}$;

(2) 求特征多项式 $|\lambda\boldsymbol{E}-\boldsymbol{A}|$ 在 $\mathbf{R}$ 中的全部根, 这就是 σ 在实数域 $\mathbf{R}$ 中的全部特征值;

(3) 对每一个特征值 λ_0, 求 $(\lambda_0\boldsymbol{E}-\boldsymbol{A})\boldsymbol{x}=\mathbf{0}$ 的一个基础解系, 它的非零线性组合即为属于特征值 λ_0 的全部特征向量.

例 3.2.2 设 $V=\mathbf{R}^2$, $\mathscr{R}_\theta$ 是平面上绕原点逆时针旋转 θ 角的线性变换. 该变换在基 $\boldsymbol{e}_1=\begin{pmatrix}1\\0\end{pmatrix},\boldsymbol{e}_2=\begin{pmatrix}0\\1\end{pmatrix}$ 下的矩阵为

$$\boldsymbol{A}=\begin{pmatrix}\cos\theta & -\sin\theta\\ \sin\theta & \cos\theta\end{pmatrix}$$

当 $\theta\neq k\pi$ 时, 特征多项式

$$|\lambda\boldsymbol{E}-\boldsymbol{A}|=\begin{vmatrix}\lambda-\cos\theta & \sin\theta\\ -\sin\theta & \lambda-\cos\theta\end{vmatrix}=\lambda^2-2\lambda\cos\theta+1$$

没有实根. 因而当 $\theta\neq k\pi$ 时 $\mathscr{R}_\theta$ 没有特征向量. 这在几何上看是很清楚的, $\mathscr{R}_\theta$ 将每个向量 $\boldsymbol{\alpha}$ 都旋转 θ 角, 因而 $\mathscr{R}_\theta(\boldsymbol{\alpha})$ 不可能与 $\boldsymbol{\alpha}$ 共线, 如图 3.2.2 所示.

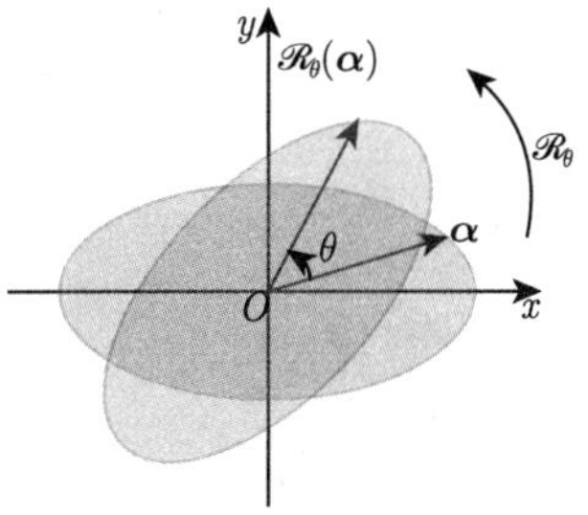

图 3.2.2

然而, $\mathscr{R}_\theta$ 在复数域 $\mathbf{C}$ 内是有特征值的. 例如, 当 $\theta=60^\circ$ 时, 特征多项式 $f(\lambda)=\lambda^2-\lambda+1$ 有根 $\dfrac{1\pm\sqrt{3}\mathrm{i}}{2}$.

例 3.2.3 求矩阵 $\boldsymbol{A}=\begin{pmatrix}1&2&2\\2&1&2\\2&2&1\end{pmatrix}$ 的特征值与特征向量.

解 因 $\boldsymbol{A}$ 的特征多项式

$$|\lambda\boldsymbol{E}-\boldsymbol{A}|=\begin{vmatrix}\lambda-1&-2&-2\\-2&\lambda-1&-2\\-2&-2&\lambda-1\end{vmatrix}\xlongequal{r_1\cdot(-1)+r_3}\begin{vmatrix}\lambda-1&-2&-2\\-2&\lambda-1&-2\\-(\lambda+1)&0&\lambda+1\end{vmatrix}$$

$$\xlongequal{c_3\cdot 1+c_1}\begin{vmatrix}\lambda-3&-2&-2\\-4&\lambda-1&-2\\0&0&\lambda+1\end{vmatrix}=(\lambda+1)[(\lambda-3)(\lambda-1)-8]$$

$$=(\lambda+1)^2(\lambda-5)$$

故 $\boldsymbol{A}$ 的特征值为 $\lambda_1=\lambda_2=-1$, $\lambda_3=5$.

对于 $\lambda_1=-1$, 解齐次线性方程组

$$\begin{pmatrix}-2&-2&-2\\-2&-2&-2\\-2&-2&-2\end{pmatrix}\begin{pmatrix}x_1\\x_2\\x_3\end{pmatrix}=\begin{pmatrix}0\\0\\0\end{pmatrix}$$

得基础解系

$$\boldsymbol{\xi}_1=\begin{pmatrix}-1\\1\\0\end{pmatrix},\qquad \boldsymbol{\xi}_2=\begin{pmatrix}-1\\0\\1\end{pmatrix}$$

故属于特征值 -1 的特征向量为 $k_1\boldsymbol{\xi}_1+k_2\boldsymbol{\xi}_2$, k_1,k_2 不同时为 0.

对于 $\lambda_3=5$, 解齐次线性方程组

$$\begin{pmatrix}4&-2&-2\\-2&4&-2\\-2&-2&4\end{pmatrix}\begin{pmatrix}x_1\\x_2\\x_3\end{pmatrix}=\begin{pmatrix}0\\0\\0\end{pmatrix}$$

得基础解系

$$\boldsymbol{\eta}=\begin{pmatrix}1\\1\\1\end{pmatrix}$$

故属于特征值 5 的特征向量为 $k\boldsymbol{\eta}$, $k\neq 0$.

小技巧

在求三阶或四阶矩阵的特征值时，为避免三次或四次多项式直接因式分解的困难，一般利用行或列初等变换将特征矩阵的某一行化为只剩一个非零元 (含 λ)，然后按该行展开，则析出特征多项式的一个因式．以此类推，即可得到特征多项式的因式分解，从而求出全部特征值．

下面讨论特征值与特征向量的重要性质．

定理 3.2.2 相似矩阵具有相同的特征多项式，从而有相同的特征值．

证 设 $\boldsymbol{A}\sim\boldsymbol{B}$，即存在可逆矩阵 $\boldsymbol{P}$ 使得 $\boldsymbol{B}=\boldsymbol{P}^{-1}\boldsymbol{A}\boldsymbol{P}$．从而

$$|\lambda\boldsymbol{E}-\boldsymbol{B}|=|\lambda\boldsymbol{P}^{-1}\boldsymbol{E}\boldsymbol{P}-\boldsymbol{P}^{-1}\boldsymbol{A}\boldsymbol{P}|=|\boldsymbol{P}|^{-1}|\lambda\boldsymbol{E}-\boldsymbol{A}||\boldsymbol{P}|=|\lambda\boldsymbol{E}-\boldsymbol{A}|$$ □

下面的定理说明复数域 $\mathbf{C}$ 上的 n 阶上三角矩阵可以粗略地看作复方阵的相似标准形，在此略去该定理的证明．

定理 3.2.3 **(舒尔引理)** 任意复数域 $\mathbf{C}$ 上的 n 阶方阵 $\boldsymbol{A}$ 都相似于上三角矩阵，即存在可逆矩阵 $\boldsymbol{T}$ 使得

$$\boldsymbol{T}^{-1}\boldsymbol{A}\boldsymbol{T}=\begin{pmatrix}\lambda_1 & * & * & * \\ & \lambda_2 & * & * \\ & & \ddots & \vdots \\ & & & \lambda_n\end{pmatrix}$$

是上三角矩阵，其中 $\lambda_1,\lambda_2,\cdots,\lambda_n$ 是 $\boldsymbol{A}$ 的全部特征值．

定义 3.2.4 设 $\boldsymbol{A}=(a_{ij})$ 是 n 阶实方阵，则对角线上的元素之和 $a_{11}+a_{22}+\cdots+a_{nn}$ 称为矩阵 $\boldsymbol{A}$ 的迹，记作 $\mathrm{tr}(\boldsymbol{A})$．

注 容易验证，$\mathrm{tr}(\boldsymbol{A})$ 具有如下性质：

(1) $\mathrm{tr}(\boldsymbol{A}+\boldsymbol{B})=\mathrm{tr}(\boldsymbol{A})+\mathrm{tr}(\boldsymbol{B})$;

(2) $\mathrm{tr}(k\boldsymbol{A})=k\mathrm{tr}(\boldsymbol{A}), k\in\mathbf{R}$;

(3) $\mathrm{tr}(\boldsymbol{A}\boldsymbol{B})=\mathrm{tr}(\boldsymbol{B}\boldsymbol{A})$.

定理 3.2.4 **(基本性质)** 设 $\boldsymbol{A}$ 是 n 阶复方阵，$\lambda_1,\lambda_2,\cdots,\lambda_n$ 是 $\boldsymbol{A}$ 的全部特征值．则

(1) $\lambda_1+\lambda_2+\cdots+\lambda_n=\mathrm{tr}(\boldsymbol{A})$, $\lambda_1\lambda_2\cdots\lambda_n=|\boldsymbol{A}|$;

(2) 若 $\boldsymbol{A}$ 可逆，则 $\lambda_i\neq 0\ (i=1,2,\cdots,n)$; 且 $\lambda_1^{-1},\lambda_2^{-1},\cdots,\lambda_n^{-1}$ 是 $\boldsymbol{A}^{-1}$ 的全部特征值;

(3) 若 $\boldsymbol{A}$ 可逆，则 $|\boldsymbol{A}|\lambda_1^{-1},|\boldsymbol{A}|\lambda_2^{-1},\cdots,|\boldsymbol{A}|\lambda_n^{-1}$ 是 $\boldsymbol{A}^*$ 的全部特征值;

(4) 设 $g(x)$ 是实系数多项式，则 $g(\lambda_1),g(\lambda_2),\cdots,g(\lambda_n)$ 是 $g(\boldsymbol{A})$ 的全部特征值．

证 (1) 由 $f_A(\lambda)=(\lambda-\lambda_1)(\lambda-\lambda_2)\cdots(\lambda-\lambda_n)$ 及韦达定理即得．

(2) 设 $\boldsymbol{\alpha}_i$ 是 $\boldsymbol{A}$ 的属于特征值 λ_i 的特征向量．若 $\boldsymbol{A}$ 可逆，则由 (1) 得 $\lambda_1\lambda_2\cdots\lambda_n=|\boldsymbol{A}|\neq 0$，所以 $\lambda_i\neq 0\,(i=1,2,\cdots,n)$．由 $\boldsymbol{A}\boldsymbol{\alpha}_i=\lambda_i\boldsymbol{\alpha}_i$ 可得 $\boldsymbol{A}^{-1}\boldsymbol{\alpha}_i=\lambda_i^{-1}\boldsymbol{\alpha}_i$，即 λ_i^{-1} 是 $\boldsymbol{A}^{-1}$ 的特征值，$i=1,2,\cdots,n$．

(3)、(4) 可由定理 3.2.2、定理 3.2.3 即得． □

注 性质 (4) 常称为谱映射定理. 上述基本性质可归纳为表 3.2.1 所示.

表 3.2.1

矩阵	$\boldsymbol{A}$	$k\boldsymbol{A}$	$\boldsymbol{A}^k$	$g(\boldsymbol{A})=\sum_{i=0}^{m}a_i\boldsymbol{A}^i$	$\boldsymbol{A}^{-1}$	$\boldsymbol{A}^*$	$\boldsymbol{A}^{\mathrm{T}}$
特征值	λ	$k\lambda$	λ^k	$g(\lambda)=\sum_{i=0}^{m}a_i\lambda^i$	λ^{-1}	$\|\boldsymbol{A}\|\lambda^{-1}$	λ
特征向量	$\boldsymbol{\alpha}$	$\boldsymbol{\alpha}$	$\boldsymbol{\alpha}$	$\boldsymbol{\alpha}$	$\boldsymbol{\alpha}$	$\boldsymbol{\alpha}$	

由上表可知, 若 $\boldsymbol{\alpha}$ 是 $\boldsymbol{A}$ 的属于特征值 λ 的特征向量, 则 $\boldsymbol{\alpha}$ 也是 $k\boldsymbol{A},\boldsymbol{A}^k,g(\boldsymbol{A}),\boldsymbol{A}^{-1},\boldsymbol{A}^*$ 的特征向量. 但反之是否成立呢?

推论 3.2.1 相似矩阵具有相同的 (1) 特征多项式; (2) 特征值; (3) 行列式; (4) 迹; (5) 秩.

思考: 推论 3.2.1的逆是否成立?

例 3.2.4 设三阶矩阵 $\boldsymbol{A}$ 的特征值为 $1,2,3$, 求 $\left|3\boldsymbol{A}^{-1}+\frac{1}{2}\boldsymbol{A}^2\right|$.

解 设 λ 是 $\boldsymbol{A}$ 的任一特征值, $\boldsymbol{\alpha}$ 是对应的特征向量, 则由定理 3.2.4 知

$$\left(3\boldsymbol{A}^{-1}+\frac{1}{2}\boldsymbol{A}^2\right)\boldsymbol{\alpha}=3\boldsymbol{A}^{-1}\boldsymbol{\alpha}+\frac{1}{2}\boldsymbol{A}^2\boldsymbol{\alpha}=3\lambda^{-1}\boldsymbol{\alpha}+\frac{1}{2}\lambda^2\boldsymbol{\alpha}=\left(3\lambda^{-1}+\frac{1}{2}\lambda^2\right)\boldsymbol{\alpha}$$

即 $3\lambda^{-1}+\frac{1}{2}\lambda^2$ 是 $3\boldsymbol{A}^{-1}+\frac{1}{2}\boldsymbol{A}^2$ 的特征值. 从而 $3\boldsymbol{A}^{-1}+\frac{1}{2}\boldsymbol{A}^2$ 的特征值分别为

$$3\times 1+\frac{1}{2}\times 1^2=\frac{7}{2}$$

$$3\times\frac{1}{2}+\frac{1}{2}\times 2^2=\frac{7}{2}$$

$$3\times\frac{1}{3}+\frac{1}{2}\times 3^2=\frac{11}{2}$$

所以由定理 3.2.4 知

$$\left|3\boldsymbol{A}^{-1}+\frac{1}{2}\boldsymbol{A}^2\right|=\frac{7}{2}\times\frac{7}{2}\times\frac{11}{2}=\frac{539}{8}$$

定理 3.2.5 属于不同特征值的特征向量线性无关.

证 设 $\lambda_1,\lambda_2,\cdots,\lambda_s$ 是矩阵 $\boldsymbol{A}$ 的不同的特征值, $\boldsymbol{\alpha}_1,\boldsymbol{\alpha}_2,\cdots,\boldsymbol{\alpha}_s$ 是 $\boldsymbol{A}$ 的分别属于 $\lambda_1,\lambda_2,\cdots,\lambda_s$ 的特征向量.

当 $s=2$ 时, 设

$$k_1\boldsymbol{\alpha}_1+k_2\boldsymbol{\alpha}_2=\mathbf{0} \tag{3.2.2}$$

两边左乘 $\boldsymbol{A}$ 得

$$k_1\lambda_1\boldsymbol{\alpha}_1+k_2\lambda_2\boldsymbol{\alpha}_2=\mathbf{0}$$

式 (3.2.2) 两边乘 λ_2 得

$$k_1\lambda_2\boldsymbol{\alpha}_1+k_2\lambda_2\boldsymbol{\alpha}_2=\mathbf{0}$$

两式相减得 $k_1(\lambda_1-\lambda_2)\boldsymbol{\alpha}_1=\mathbf{0}$. 由于 $\lambda_1\neq\lambda_2$, $\boldsymbol{\alpha}_1\neq\mathbf{0}$, 所以 $k_1=0$. 由式 (3.2.2) 知 $k_2=0$. 从而 $\boldsymbol{\alpha}_1,\boldsymbol{\alpha}_2$ 线性无关.

假设命题对 $s-1$ 成立. 设

$$k_1\boldsymbol{\alpha}_1+k_2\boldsymbol{\alpha}_2+\cdots+k_s\boldsymbol{\alpha}_s=\mathbf{0} \tag{3.2.3}$$

两边左乘 $\boldsymbol{A}$ 得

$$k_1\lambda_1\boldsymbol{\alpha}_1+k_2\lambda_2\boldsymbol{\alpha}_2+\cdots+k_s\lambda_s\boldsymbol{\alpha}_s=\mathbf{0}$$

式 (3.2.3) 两边乘 λ_s, 得

$$k_1\lambda_s\boldsymbol{\alpha}_1+k_2\lambda_s\boldsymbol{\alpha}_2+\cdots+k_s\lambda_s\boldsymbol{\alpha}_s=\mathbf{0}$$

两式相减得

$$k_1(\lambda_1-\lambda_s)\boldsymbol{\alpha}_1+\cdots+k_{s-1}(\lambda_{s-1}-\lambda_s)\boldsymbol{\alpha}_{s-1}=\mathbf{0}$$

由归纳假设知 $k_i(\lambda_i-\lambda_s)=0$ 从而 $k_i=0\ (i=1,2,\cdots,s-1)$. 代入式 (3.2.3) 知 $k_s=0$. 由归纳法命题得证. □

推论 3.2.2 设 $\lambda_1,\lambda_2,\cdots,\lambda_t$ 是 n 阶方阵 $\boldsymbol{A}$ 的所有不同的特征值, $\boldsymbol{\alpha}_{i1},\boldsymbol{\alpha}_{i2},\cdots,\boldsymbol{\alpha}_{is_i}$ 是齐次线性方程组 $(\lambda_i\boldsymbol{E}-\boldsymbol{A})\boldsymbol{x}=\mathbf{0}$ 的基础解系, 其中, $i=1,2,\cdots,t$. 则向量组

$$\boldsymbol{\alpha}_{11},\boldsymbol{\alpha}_{12},\cdots,\boldsymbol{\alpha}_{1s_1},\boldsymbol{\alpha}_{21},\boldsymbol{\alpha}_{22},\cdots,\boldsymbol{\alpha}_{2s_2},\cdots,\boldsymbol{\alpha}_{t1},\boldsymbol{\alpha}_{t2},\cdots,\boldsymbol{\alpha}_{ts_t} \tag{3.2.4}$$

线性无关.

证 设

$$a_{11}\boldsymbol{\alpha}_{11}+a_{12}\boldsymbol{\alpha}_{12}+\cdots+a_{1s_1}\boldsymbol{\alpha}_{1s_1}+\cdots+a_{t1}\boldsymbol{\alpha}_{t1}+a_{t2}\boldsymbol{\alpha}_{t2}+\cdots+a_{ts_t}\boldsymbol{\alpha}_{ts_t}=0$$

令 $\boldsymbol{\xi}_i=a_{i1}\boldsymbol{\alpha}_{i1}+a_{i2}\boldsymbol{\alpha}_{i2}+\cdots+a_{is_i}\boldsymbol{\alpha}_{is_i}\ (i=1,2,\cdots,t)$. 则 $\boldsymbol{\xi}_i=\mathbf{0}$ 或者 $\boldsymbol{\xi}_i$ 是属于特征值 λ_i 的特征向量, 所以由定理 3.2.5 及

$$\boldsymbol{\xi}_1+\boldsymbol{\xi}_2+\cdots+\boldsymbol{\xi}_t=\mathbf{0}$$

可知 $\boldsymbol{\xi}_i=\mathbf{0}\ (i=1,2,\cdots,t)$. 再由题设知 $a_{i1}=a_{i2}=\cdots=a_{is_i}=0\ (i=1,2,\cdots,t)$. 故向量组 (3.2.4) 线性无关. □

习 题 3.2

(A)

1. 求下列矩阵的特征值与特征向量.

(1) $\begin{pmatrix} 3 & 4 \\ 5 & 2 \end{pmatrix}$; (2) $\begin{pmatrix} 0 & 0 & 1 \\ 0 & 1 & 0 \\ 1 & 0 & 0 \end{pmatrix}$; (3) $\begin{pmatrix} 1 & 1 & 1 & 1 \\ 1 & 1 & -1 & -1 \\ 1 & -1 & 1 & -1 \\ 1 & -1 & -1 & 1 \end{pmatrix}$.

2. 求矩阵 $\boldsymbol{A}=\begin{pmatrix}1&b&b&b\\b&1&b&b\\b&b&1&b\\b&b&b&1\end{pmatrix}(b\neq 0)$ 的特征值与特征向量.

3. 设 λ 与 μ 是矩阵 $\boldsymbol{A}$ 的两个不同的特征值, $\boldsymbol{\alpha}$ 与 $\boldsymbol{\beta}$ 是 $\boldsymbol{A}$ 的分别属于 λ 与 μ 的特征向量. 证明: $\boldsymbol{\alpha}+\boldsymbol{\beta}$ 不是 $\boldsymbol{A}$ 的特征向量.

4. 证明: 幂等矩阵 (即 $\boldsymbol{A}^2=\boldsymbol{A}$) 的特征值是 0 或 1.

5. 证明: $\boldsymbol{A}$ 与 $\boldsymbol{A}^{\mathrm{T}}$ 具有相同的特征值.

(B)

6. (2003, 数学一) 已知 $\boldsymbol{A}=\begin{pmatrix}3&2&2\\2&3&2\\2&2&3\end{pmatrix}$, $\boldsymbol{P}=\begin{pmatrix}0&1&0\\1&0&1\\0&0&1\end{pmatrix}$, $\boldsymbol{B}=\boldsymbol{P}^{-1}\boldsymbol{A}^*\boldsymbol{P}$, 求 $\boldsymbol{B}+2\boldsymbol{E}$ 的特征值与特征向量.

7. 设 $\boldsymbol{\alpha}=(a_1,a_2,\cdots,a_n)^{\mathrm{T}}$ 是 n 维实向量, $a_1\neq 0$ 且 $\boldsymbol{\alpha}^{\mathrm{T}}\boldsymbol{\alpha}=1$. 求矩阵 $\boldsymbol{A}=\boldsymbol{E}_n-2\boldsymbol{\alpha}\boldsymbol{\alpha}^{\mathrm{T}}$ 的特征值与特征向量.

(C)

8. 设 $\boldsymbol{A}$ 是 $m\times n$ 矩阵, $\boldsymbol{B}$ 是 $n\times m$ 矩阵. 证明 $\boldsymbol{AB}$ 与 $\boldsymbol{BA}$ 有相同的非零特征值.

9. 设 $\boldsymbol{A},\boldsymbol{B}$ 是 n 阶方阵, 若 $r(\boldsymbol{A})+r(\boldsymbol{B})<n$, 则 $\boldsymbol{A},\boldsymbol{B}$ 有公共特征向量.

10. 设矩阵 $\boldsymbol{A}=\begin{pmatrix}a&-1&c\\5&b&3\\1-c&0&-a\end{pmatrix}$, 其行列式 $|\boldsymbol{A}|=-1$, 且 $\boldsymbol{A}$ 的伴随矩阵 $\boldsymbol{A}^*$ 有一个特征值 λ_0, 属于 λ_0 的一个特征向量为 $\boldsymbol{\alpha}=(-1,-1,1)^{\mathrm{T}}$, 求 a,b,c 和 λ_0 的值.

11. 求矩阵 $\boldsymbol{C}=\begin{pmatrix}a_1&a_2&a_3&\cdots&a_n\\a_n&a_1&a_2&\cdots&a_{n-1}\\\vdots&\vdots&\vdots&&\vdots\\a_2&a_3&a_4&\cdots&a_1\end{pmatrix}$ 的特征值与特征向量.

12. 设 $\boldsymbol{A}$ 是数域 $\mathbf{R}$ 上的 n 阶方阵, 如果 $\mathbf{R}^n$ 中的每个非零向量都是 $\boldsymbol{A}$ 的特征向量, 则 $\boldsymbol{A}$ 是数量矩阵.

3.3 相似对角化

在 3.2节指出, 是否能找到 $\mathbf{R}^n$ 的一组"好基"使得线性变换 σ 在该基下的矩阵具有最简单的形式? 如果 $\mathbf{R}^n$ 中有一组全由 σ 的特征向量组成的基, 不妨设 $\boldsymbol{\alpha}_1,\boldsymbol{\alpha}_2,\cdots,\boldsymbol{\alpha}_n$, 对应于特征值 $\lambda_1,\lambda_2,\cdots,\lambda_n$, 则

$$\sigma(\boldsymbol{\alpha}_1,\boldsymbol{\alpha}_2,\cdots,\boldsymbol{\alpha}_n)=(\boldsymbol{\alpha}_1,\boldsymbol{\alpha}_2,\cdots,\boldsymbol{\alpha}_n)\begin{pmatrix}\lambda_1&&&\\&\lambda_2&&\\&&\ddots&\\&&&\lambda_n\end{pmatrix}\tag{3.3.1}$$

即 σ 在该基下的矩阵是对角矩阵. 一般地, 我们有如下定义.

定义 3.3.1 设 σ 是 n 维向量空间 $\mathbf{R}^n$ 的线性变换. 若存在 $\mathbf{R}^n$ 的一组基使得 σ 在该基下的矩阵是对角矩阵, 则称 σ 是可对角化的线性变换.

利用矩阵的语言, 上述定义可等价地叙述为

定义 3.3.2 若 n 阶实矩阵 $\boldsymbol{A}$ 相似于一个对角矩阵, 则称 $\boldsymbol{A}$ 是可 (相似) 对角化的矩阵.

由前面的分析, 可立即得到

定理 3.3.1 线性变换 σ 可对角化当且仅当 $\mathbf{R}^n$ 中有一组全由 σ 的特征向量组成的基.

证 充分性在本节开头已证, 只证必要性. 假设线性变换 σ 可对角化, 即存在 $\mathbf{R}^n$ 的一组基 $\boldsymbol{\alpha}_1,\boldsymbol{\alpha}_2,\cdots,\boldsymbol{\alpha}_n$ 使得式 (3.3.1) 成立. 从而

$$\sigma(\boldsymbol{\alpha}_i)=\lambda_i\boldsymbol{\alpha}_i\quad(i=1,2,\cdots,n)$$

因为 $\boldsymbol{\alpha}_i\neq 0$, 所以是 σ 的特征向量, 即 $\mathbf{R}^n$ 中有一组全由 σ 的特征向量组成的基. □

接下来寻求线性变换 σ (或等价地, 矩阵 $\boldsymbol{A}$) 可相似对角化的更为简便的判定方法. 为此首先引入特征子空间的概念.

定义 3.3.3 设 λ_0 是矩阵 $\boldsymbol{A}$ 的特征值. 子空间 $V_{\lambda_0}=\{\boldsymbol{\alpha}\in\mathbf{R}^n\mid \boldsymbol{A}\boldsymbol{\alpha}=\lambda_0\boldsymbol{\alpha}\}$ 称为 $\boldsymbol{A}$ 的属于特征值 λ_0 的特征子空间.

特征子空间 V_{λ_0} 的维数称为特征值 λ_0 的几何重数, 特征值 λ_0 作为特征多项式 $f_A(\lambda)$ 的根的重数称为特征值 λ_0 的代数重数.

定理 3.3.2 对 $\boldsymbol{A}$ 的每个特征值 λ_0, λ_0 的几何重数 $\leqslant\lambda_0$ 的代数重数.

证 设 λ_0 的几何重数为 s_0, λ_0 的代数重数为 n_0. 取 $\boldsymbol{\alpha}_1,\boldsymbol{\alpha}_2,\cdots,\boldsymbol{\alpha}_{s_0}$ 为 V_{λ_0} 的一组基, 将它扩充为 $\mathbf{R}^n$ 的一组基 $\boldsymbol{\alpha}_1,\boldsymbol{\alpha}_2,\cdots,\boldsymbol{\alpha}_{s_0},\boldsymbol{\alpha}_{s_0+1},\cdots,\boldsymbol{\alpha}_n$. 记 $\boldsymbol{P}=(\boldsymbol{\alpha}_1,\boldsymbol{\alpha}_2,\cdots,\boldsymbol{\alpha}_{s_0},\boldsymbol{\alpha}_{s_0+1},\cdots,\boldsymbol{\alpha}_n)$, 则

$$\boldsymbol{P}^{-1}\boldsymbol{A}\boldsymbol{P}=\begin{pmatrix}\lambda_0\boldsymbol{E}_{s_0} & *\\ \boldsymbol{0} & \boldsymbol{B}\end{pmatrix}$$

从而

$$f_A(\lambda)=|\lambda\boldsymbol{E}-\boldsymbol{A}|=\left|\lambda\boldsymbol{E}-\begin{pmatrix}\lambda_0\boldsymbol{E}_{s_0} & *\\ \boldsymbol{0} & \boldsymbol{B}\end{pmatrix}\right|=(\lambda-\lambda_0)^{s_0}|\lambda\boldsymbol{E}-\boldsymbol{B}|$$

故 $s_0\leqslant n_0$. □

定理 3.3.3 设 $\boldsymbol{A}$ 是 n 阶实矩阵. 则以下叙述等价:

(1) $\boldsymbol{A}$ 可对角化;

(2) $\boldsymbol{A}$ 有 n 个线性无关的特征向量;

(3) 特征值 λ_i 都是实数, 且每个 λ_i 的代数重数等于几何重数.

证 (1) $\Rightarrow$ (2): 若存在可逆矩阵 $\boldsymbol{P}$ 使得

$$P^{-1}AP = \Lambda = \begin{pmatrix} \lambda_1 & & & \\ & \lambda_2 & & \\ & & \ddots & \\ & & & \lambda_n \end{pmatrix}$$

记 $\boldsymbol{P} = (\boldsymbol{\alpha}_1, \boldsymbol{\alpha}_2, \cdots, \boldsymbol{\alpha}_n)$, 则 $\boldsymbol{AP} = \boldsymbol{P\Lambda}$, 即

$$\boldsymbol{A\alpha}_i = \lambda_i \boldsymbol{\alpha}_i \quad (i = 1, 2, \cdots, n)$$

由于 $\boldsymbol{P}$ 可逆, 所以 $\boldsymbol{\alpha}_1, \boldsymbol{\alpha}_2, \cdots, \boldsymbol{\alpha}_n$ 是 $\boldsymbol{A}$ 的 n 个线性无关的特征向量.

(2) ⇒ (3): 设 $\lambda_1, \lambda_2, \cdots, \lambda_t$ 是 n 阶方阵 $\boldsymbol{A}$ 的所有不同的特征值, 对每个 λ_i, 设 λ_i 的几何重数为 s_i, λ_i 的代数重数为 n_i. 所以

$$n = \sum_{i=1}^{t} s_i \leqslant \sum_{i=1}^{t} n_i \leqslant n$$

故由 $s_i \leqslant n_i$ 知 $s_i = n_i$ $(i = 1, 2, \cdots, t)$. 所以 $\sum\limits_{i=1}^{t} n_i = n$, 从而 $f_A(\lambda) = \prod\limits_{i=1}^{t} (\lambda - \lambda_i)^{n_i}$. 即 $\boldsymbol{A}$ 的特征值都在 $\mathbf{R}$ 中.

(3) ⇒ (1): 取 V_{λ_i} 的一组基 $\boldsymbol{\alpha}_{i1}, \boldsymbol{\alpha}_{i2}, \cdots, \boldsymbol{\alpha}_{is_i}$ $(i = 1, 2, \cdots, t)$, 则由 (3) 知

$$\boldsymbol{\alpha}_{11}, \boldsymbol{\alpha}_{12}, \cdots, \boldsymbol{\alpha}_{1s_1}, \boldsymbol{\alpha}_{21}, \boldsymbol{\alpha}_{22}, \cdots, \boldsymbol{\alpha}_{2s_2}, \cdots, \boldsymbol{\alpha}_{t1}, \boldsymbol{\alpha}_{t2}, \cdots, \boldsymbol{\alpha}_{ts_t}$$

组成 $\mathbf{R}^n$ 的一组基, 所以由定理 3.3.1 知 $\boldsymbol{A}$ 可对角化. □

推论 3.3.1 若 n 阶矩阵 $\boldsymbol{A}$ 有 n 个不同的特征值, 则 $\boldsymbol{A}$ 可对角化.

注 (1) 定理 3.3.2, 定理 3.3.3 的结论对线性变换 σ 仍然成立.

(2) 线性变换或矩阵的对角化与数域有关. 例如, 矩阵 $\boldsymbol{A} = \begin{pmatrix} 0 & 1 \\ -1 & 0 \end{pmatrix}$ 在实数域上不可对角化, 因为 $\boldsymbol{A}$ 的特征多项式

$$f_A(\lambda) = |\lambda \boldsymbol{E} - \boldsymbol{A}| = \begin{vmatrix} \lambda & -1 \\ 1 & \lambda \end{vmatrix} = \lambda^2 + 1$$

没有实根, 所以 $\boldsymbol{A}$ 在实数域 $\mathbf{R}$ 上没有特征值, 但在复数域 $\mathbf{C}$ 上有 2 个不同的特征值 $\pm \mathrm{i}$, 所以由推论 3.3.1 知 $\boldsymbol{A}$ 在复数域 $\mathbf{C}$ 上可以对角化.

(3) 由于矩阵 $\boldsymbol{A}$ 的属于特征值 λ_i 的特征子空间是齐次线性方程组 $(\lambda_i \boldsymbol{E} - \boldsymbol{A})\boldsymbol{x} = \mathbf{0}$ 的解空间, 所以 λ_i 的几何重数等于 $n - r(\lambda_i \boldsymbol{E} - \boldsymbol{A})$, 因此 λ_i 的几何重数等于代数重数 n_i 等价于

$$n - r(\lambda_i \boldsymbol{E} - \boldsymbol{A}) = n_i$$

故判断 $\boldsymbol{A}$ 在实数域 $\mathbf{R}$ 上是否可对角化的步骤有以下几点.

① 计算 $\boldsymbol{A}$ 的特征多项式 $f_A(\lambda)=|\lambda\boldsymbol{E}-\boldsymbol{A}|$;

② 求出 $f_A(\lambda)$ 的所有根. 若不是所有根都在 $\mathbf{R}$ 中, 则 $\boldsymbol{A}$ 在 $\mathbf{R}$ 中不可对角化;

③ 若 $f_A(\lambda)$ 的所有根都在 $\mathbf{R}$ 中, 但存在 λ_i, 使得 $n-r(\lambda_i\boldsymbol{E}-\boldsymbol{A})$ 不等于 λ_i 的代数重数 n_i, 则 $\boldsymbol{A}$ 在 $\mathbf{R}$ 中不可对角化;

④ 若 $f_A(\lambda)$ 的所有根都在 $\mathbf{R}$ 中, 且对每个特征值 λ_i, $n-r(\lambda_i\boldsymbol{E}-\boldsymbol{A})=n_i$ $(i=1,2,\cdots,t)$, 则 $\boldsymbol{A}$ 在 $\mathbf{R}$ 中可对角化. 对每个不同特征值 λ_i, 解得齐次线性方程组 $(\lambda_i\boldsymbol{E}-\boldsymbol{A})\boldsymbol{x}=\mathbf{0}$ 的基础解系 $\boldsymbol{\alpha}_{i1},\boldsymbol{\alpha}_{i2},\cdots,\boldsymbol{\alpha}_{in_i}$ $(i=1,2,\cdots,t)$, 令

$$\boldsymbol{P}=(\boldsymbol{\alpha}_{11},\boldsymbol{\alpha}_{12},\cdots,\boldsymbol{\alpha}_{1n_1},\boldsymbol{\alpha}_{21},\boldsymbol{\alpha}_{22},\cdots,\boldsymbol{\alpha}_{2n_2},\cdots,\boldsymbol{\alpha}_{t1},\boldsymbol{\alpha}_{t2},\cdots,\boldsymbol{\alpha}_{tn_t})$$

则 $\boldsymbol{P}$ 可逆, 且

$$\boldsymbol{P}^{-1}\boldsymbol{A}\boldsymbol{P}=\begin{pmatrix}\lambda_1\boldsymbol{E}_{n_1} & & & \\ & \lambda_2\boldsymbol{E}_{n_2} & & \\ & & \ddots & \\ & & & \lambda_t\boldsymbol{E}_{n_t}\end{pmatrix}$$

小技巧

由定理 3.3.2 知, 对于 $f_A(\lambda)$ 的单根 λ_i, 几何重数 $n-r(\lambda_i\boldsymbol{E}-\boldsymbol{A})$ 一定等于代数重数 1. 所以只需对 $f_A(\lambda)$ 的重根 λ_i 判断 $n-r(\lambda_i\boldsymbol{E}-\boldsymbol{A})$ 是否等于 n_i 即可. 这时可利用行初等变换将 $\lambda_i\boldsymbol{E}-\boldsymbol{A}$ 化为行阶梯形, 由于 $n-r(\lambda_i\boldsymbol{E}-\boldsymbol{A})$ 等于行阶梯形中零行的数目, 所以只需判断 $\lambda_i\boldsymbol{E}-\boldsymbol{A}$ 的行阶梯形中零行的数目是否等于 n_i 即可.

例 3.3.1 判断下述矩阵是否可对角化.

(1) $\boldsymbol{A}=\begin{pmatrix}0&0&1\\0&1&0\\1&0&0\end{pmatrix}$; (2) $\boldsymbol{A}=\begin{pmatrix}3&1&0\\-4&-1&0\\4&-8&-2\end{pmatrix}$.

解 (1) $|\lambda\boldsymbol{E}-\boldsymbol{A}|=\begin{vmatrix}\lambda&0&-1\\0&\lambda-1&0\\-1&0&\lambda\end{vmatrix}=(\lambda-1)^2(\lambda+1)$, 所以特征值为 $\lambda_1=\lambda_2=1$, $\lambda_3=-1$.

对于 $\lambda_1=\lambda_2=1$,

$$\boldsymbol{E}-\boldsymbol{A}=\begin{pmatrix}1&0&-1\\0&0&0\\-1&0&1\end{pmatrix}\to\begin{pmatrix}1&0&-1\\0&0&0\\0&0&0\end{pmatrix}$$

则 $3-r(\boldsymbol{E}-\boldsymbol{A})=2$, 故 $\boldsymbol{A}$ 可对角化.

(2) $|\lambda \boldsymbol{E}-\boldsymbol{A}|=\begin{vmatrix}\lambda-3 & -1 & 0\\ 4 & \lambda+1 & 0\\ -4 & 8 & \lambda+2\end{vmatrix}=(\lambda-1)^2(\lambda+2)$, 所以特征值为 $\lambda_1=\lambda_2=1$, $\lambda_3=-2$.

对于 $\lambda_1=\lambda_2=1$, 由于

$$\boldsymbol{E}-\boldsymbol{A}=\begin{pmatrix}-2 & -1 & 0\\ 4 & 2 & 0\\ -4 & 8 & 3\end{pmatrix}\to\begin{pmatrix}2 & 1 & 0\\ 0 & 10 & 3\\ 0 & 0 & 0\end{pmatrix}$$

所以 $3-r(\boldsymbol{E}-\boldsymbol{A})=1\neq 2$, $\boldsymbol{A}$ 不可对角化. □

将矩阵 $\boldsymbol{A}$ 相似对角化, 可以方便地求矩阵 $\boldsymbol{A}$ 的高次方幂.

例 3.3.2 设 $\boldsymbol{A}=\begin{pmatrix}0 & 0 & -2\\ 1 & 2 & 1\\ 1 & 0 & 3\end{pmatrix}$. 求:

(1) 可逆矩阵 $\boldsymbol{P}$, 使得 $\boldsymbol{P}^{-1}\boldsymbol{A}\boldsymbol{P}=\boldsymbol{B}$ 是对角矩阵;

(2) $\boldsymbol{A}^{13}$.

解 (1) 因为

$$|\lambda \boldsymbol{E}-\boldsymbol{A}|=\begin{vmatrix}\lambda & 0 & 2\\ -1 & \lambda-2 & -1\\ -1 & 0 & \lambda-3\end{vmatrix}=(\lambda-2)^2(\lambda-1)$$

所以 $\boldsymbol{A}$ 的特征值为 $2,2,1$.

对 $\lambda=2$, 解 $(2\boldsymbol{E}-\boldsymbol{A})\boldsymbol{x}=\boldsymbol{0}$ 得基础解系

$$\boldsymbol{\alpha}_1=\begin{pmatrix}-1\\ 0\\ 1\end{pmatrix},\qquad \boldsymbol{\alpha}_2=\begin{pmatrix}0\\ 1\\ 0\end{pmatrix}$$

对 $\lambda=1$, 解 $(\boldsymbol{E}-\boldsymbol{A})\boldsymbol{x}=\boldsymbol{0}$ 得基础解系

$$\boldsymbol{\alpha}_3=\begin{pmatrix}-2\\ 1\\ 1\end{pmatrix}$$

所以令

$$\boldsymbol{P}=\begin{pmatrix}-1 & 0 & -2\\ 0 & 1 & 1\\ 1 & 0 & 1\end{pmatrix}$$

则

$$P^{-1}AP = \begin{pmatrix} 2 & & \\ & 2 & \\ & & 1 \end{pmatrix} = B$$

(2) 由 (1) 知 $A = PBP^{-1}$, 所以

$$A^{13} = (PBP^{-1})^{13} = PB^{13}P^{-1} = \begin{pmatrix} -8190 & 0 & -16382 \\ 8191 & 8192 & 8191 \\ 8191 & 0 & 16383 \end{pmatrix}$$

习 题 3.3

(A)

1. (1992, 数学一) 已知矩阵 $A = \begin{pmatrix} -2 & 0 & 0 \\ 2 & x & 2 \\ 3 & 1 & 1 \end{pmatrix}$ 与 $B = \begin{pmatrix} -1 & & \\ & 2 & \\ & & y \end{pmatrix}$ 相似. 求:

(1) x, y 的值;
(2) 可逆矩阵 P, 使得 $P^{-1}AP = B$.

2. (2019, 数学一) 已知矩阵 $A = \begin{pmatrix} -2 & -2 & 1 \\ 2 & x & -2 \\ 0 & 0 & -2 \end{pmatrix}$ 与 $B = \begin{pmatrix} 2 & 1 & 0 \\ 0 & -1 & 0 \\ 0 & 0 & y \end{pmatrix}$ 相似. 求:

(1) x, y 的值;
(2) 可逆矩阵 P, 使得 $P^{-1}AP = B$.

3. (2014, 数学一) 证明 n 阶矩阵 $A = \begin{pmatrix} 1 & 1 & \cdots & 1 \\ 1 & 1 & \cdots & 1 \\ \vdots & \vdots & & \vdots \\ 1 & 1 & \cdots & 1 \end{pmatrix}$ 与 $B = \begin{pmatrix} 0 & 0 & \cdots & 1 \\ 0 & 0 & \cdots & 2 \\ \vdots & \vdots & & \vdots \\ 0 & 0 & \cdots & n \end{pmatrix}$ 相似.

(B)

4. 设 $\alpha = (a_1, a_2, \cdots, a_n)$, $a_i \neq 0, i = 1, 2, \cdots, n$. 设 $B = \alpha^{\mathrm{T}}\alpha$. 则
(1) 对任意的正整数 m, 总存在实数 k, 使得 $B^m = kB$;
(2) 求可逆矩阵 T 使得 $T^{-1}BT$ 为对角矩阵.

5. 设 n 阶矩阵 A 的特征值全为 3.
(1) 证明 A 可对角化当且仅当 $A = 3E$;
(2) 构造一个矩阵 B 使得 $r(B - 3E) = n - 1$, 并计算 B^3.

(C)

6. (2004, 数学一) 设矩阵 $A = \begin{pmatrix} 1 & 2 & -3 \\ -1 & 4 & -3 \\ 1 & a & 5 \end{pmatrix}$ 的特征方程有一个二重根, 求 a 的值并讨论 A 是否可对角化.

7. (2001, 数学一) 已知三阶矩阵 $\boldsymbol{A}$ 和三维向量 $\boldsymbol{x}$ 使得 $\boldsymbol{x}, \boldsymbol{A}\boldsymbol{x}, \boldsymbol{A}^2\boldsymbol{x}$ 线性无关, 且满足 $\boldsymbol{A}^3\boldsymbol{x} = 3\boldsymbol{A}\boldsymbol{x} - 2\boldsymbol{A}^2\boldsymbol{x}$.

(1) 记 $\boldsymbol{P} = (\boldsymbol{x}, \boldsymbol{A}\boldsymbol{x}, \boldsymbol{A}^2\boldsymbol{x})$, 求矩阵 $\boldsymbol{B}$ 使得 $\boldsymbol{A} = \boldsymbol{P}\boldsymbol{B}\boldsymbol{P}^{-1}$;

(2) 计算行列式 $|\boldsymbol{A} + \boldsymbol{E}|$.

8. 设 $\boldsymbol{A}$ 为 n 阶方阵, 满足 $\boldsymbol{A}^2 - 3\boldsymbol{A} + 2\boldsymbol{E} = \boldsymbol{0}$, 求可逆矩阵 $\boldsymbol{T}$, 使得 $\boldsymbol{T}^{-1}\boldsymbol{A}\boldsymbol{T} = \boldsymbol{\Lambda}$ 为对角矩阵.

3.4 正交矩阵与正交变换

早在 1854 年埃尔米特使用了“正交矩阵”这一术语, 但它的正式定义直到 1878 年才由弗罗贝尼乌斯发表的概念.

设 $\boldsymbol{\varepsilon}_1, \boldsymbol{\varepsilon}_2, \cdots, \boldsymbol{\varepsilon}_n$ 与 $\boldsymbol{\eta}_1, \boldsymbol{\eta}_2, \cdots, \boldsymbol{\eta}_n$ 是 n 维向量空间 $\mathbf{R}^n$ 的两组标准正交基, 且

$$(\boldsymbol{\eta}_1, \boldsymbol{\eta}_2, \cdots, \boldsymbol{\eta}_n) = (\boldsymbol{\varepsilon}_1, \boldsymbol{\varepsilon}_2, \cdots, \boldsymbol{\varepsilon}_n)\boldsymbol{Q}$$

设 $\boldsymbol{Q} = (q_{ij})$, 则

$$\begin{aligned}
\boldsymbol{\delta}_{ij} &= (\boldsymbol{\eta}_i, \boldsymbol{\eta}_j) \\
&= \left(\sum_{k=1}^{n} q_{ki}\boldsymbol{\varepsilon}_k, \sum_{l=1}^{n} q_{lj}\boldsymbol{\varepsilon}_l\right) \\
&= \sum_{k=1}^{n}\sum_{l=1}^{n} q_{ki}q_{lj}(\boldsymbol{\varepsilon}_k, \boldsymbol{\varepsilon}_l) \\
&= \sum_{k=1}^{n} q_{ki}q_{kj}
\end{aligned}$$

这里, $\boldsymbol{\delta}_{ij} = \begin{cases} 1, & 若\ i = j; \\ 0, & 若\ i \neq j. \end{cases}$ 所以 $\boldsymbol{Q}^{\mathrm{T}}\boldsymbol{Q} = \boldsymbol{E}$.

定义 3.4.1 设 $\boldsymbol{Q}$ 是 n 阶实方阵, 如果 $\boldsymbol{Q}^{\mathrm{T}}\boldsymbol{Q} = \boldsymbol{E}$, 则称 $\boldsymbol{Q}$ 是正交矩阵.

上面的分析表明, 向量空间中从标准正交基到标准正交基的过渡矩阵是正交矩阵. 进一步地, 我们有

定理 3.4.1 $\boldsymbol{Q}$ 是正交矩阵, 当且仅当 $\boldsymbol{Q}$ 是从标准正交基到标准正交基的过渡矩阵.

证 充分性由上述的分析即得.

必要性: 设 $\boldsymbol{\varepsilon}_1, \boldsymbol{\varepsilon}_2, \cdots, \boldsymbol{\varepsilon}_n$ 是 n 维向量空间 $\mathbf{R}^n$ 的一组标准正交基,

$$(\boldsymbol{\eta}_1, \boldsymbol{\eta}_2, \cdots, \boldsymbol{\eta}_n) = (\boldsymbol{\varepsilon}_1, \boldsymbol{\varepsilon}_2, \cdots, \boldsymbol{\varepsilon}_n)\boldsymbol{Q}$$

且 $\boldsymbol{Q} = (q_{ij})$ 是正交矩阵. 则

$$\begin{aligned}
(\boldsymbol{\eta}_i, \boldsymbol{\eta}_j) &= \left(\sum_{k=1}^{n} q_{ki}\boldsymbol{\varepsilon}_k, \sum_{l=1}^{n} q_{lj}\boldsymbol{\varepsilon}_l\right) \\
&= \sum_{k=1}^{n}\sum_{l=1}^{n} q_{ki}q_{lj}(\boldsymbol{\varepsilon}_k, \boldsymbol{\varepsilon}_l)
\end{aligned}$$

$$=\sum_{k=1}^{n} q_{ki}q_{kj}=\boldsymbol{\delta}_{ij}$$

所以 $\boldsymbol{\eta}_1,\boldsymbol{\eta}_2,\cdots,\boldsymbol{\eta}_n$ 是 $\mathbf{R}^n$ 的标准正交基. □

由定义可得出正交矩阵的如下刻画.

定理 3.4.2 $\boldsymbol{Q}$ 是正交矩阵，当且仅当 $\boldsymbol{Q}$ 的行 (列) 向量组是标准正交向量组.

证 只考虑列向量组的情形.

设 $\boldsymbol{Q}=(\boldsymbol{\alpha}_1,\boldsymbol{\alpha}_2,\cdots,\boldsymbol{\alpha}_n)$, 则

$$\boldsymbol{Q}^{\mathrm{T}}\boldsymbol{Q}=\boldsymbol{E}\Leftrightarrow \boldsymbol{\alpha}_i^{\mathrm{T}}\boldsymbol{\alpha}_j=\boldsymbol{\delta}_{ij}\Leftrightarrow(\boldsymbol{\alpha}_i,\boldsymbol{\alpha}_j)=\boldsymbol{\delta}_{ij}$$

注意到由 $\boldsymbol{Q}^{\mathrm{T}}\boldsymbol{Q}=\boldsymbol{E}$ 得 $\boldsymbol{Q}\boldsymbol{Q}^{\mathrm{T}}=\boldsymbol{E}$, 则行向量组类似可证. □

命题 3.4.1 设 $\boldsymbol{A},\boldsymbol{B}$ 是正交矩阵. 则

(1) $\boldsymbol{AB}$ 是正交矩阵;

(2) $|\boldsymbol{A}|=\pm1$;

(3) $\boldsymbol{A}$ 可逆且 $\boldsymbol{A}^{-1}$ 也是正交矩阵;

(4) $\boldsymbol{A}^{\mathrm{T}}=\boldsymbol{A}^{-1}$.

证 (1) 因为 $(\boldsymbol{AB})^{\mathrm{T}}(\boldsymbol{AB})=\boldsymbol{B}^{\mathrm{T}}\boldsymbol{A}^{\mathrm{T}}\boldsymbol{AB}=\boldsymbol{B}^{\mathrm{T}}\boldsymbol{B}=\boldsymbol{E}$, 所以 $\boldsymbol{AB}$ 也是正交矩阵.

(2) 因为 $\boldsymbol{A}^{\mathrm{T}}\boldsymbol{A}=\boldsymbol{E}$, 所以 $|\boldsymbol{A}^{\mathrm{T}}|\cdot|\boldsymbol{A}|=1$, 即 $|\boldsymbol{A}|^2=1$, 所以 $|\boldsymbol{A}|=\pm1$.

(3) 由 (2) 知 $\boldsymbol{A}$ 可逆. 由于

$$(\boldsymbol{A}^{-1})^{\mathrm{T}}\boldsymbol{A}^{-1}=(\boldsymbol{A}^{\mathrm{T}})^{-1}\boldsymbol{A}^{-1}=(\boldsymbol{A}\boldsymbol{A}^{\mathrm{T}})^{-1}=\boldsymbol{E}^{-1}=\boldsymbol{E}$$

所以 $\boldsymbol{A}^{-1}$ 也是正交矩阵.

(4) 由定义 $\boldsymbol{A}^{\mathrm{T}}\boldsymbol{A}=\boldsymbol{E}$ 即得 $\boldsymbol{A}^{-1}=\boldsymbol{A}^{\mathrm{T}}$. □

正交矩阵的重要性在于由正交矩阵 $\boldsymbol{A}$ 所定义的线性变换 σ_A 是正交变换, 从几何上看这是保持图形的形状与大小不变的变换, 如平面图形的旋转、反射等变换.

定义 3.4.2 设 σ 是 n 维向量空间 $\mathbf{R}^n$ 的线性变换, 如果 σ 保持内积, 即对任意的 $\boldsymbol{\alpha},\boldsymbol{\beta}\in\mathbf{R}^n$,

$$(\sigma(\boldsymbol{\alpha}),\sigma(\boldsymbol{\beta}))=(\boldsymbol{\alpha},\boldsymbol{\beta})$$

则称 σ 是正交变换.

定理 3.4.3 设 σ 是 n 维向量空间 $\mathbf{R}^n$ 的线性变换, 则以下条件等价:

(1) σ 是正交变换;

(2) σ 保持长度不变, 即 $\forall\boldsymbol{\alpha}\in\mathbf{R}^n$, $\|\sigma(\boldsymbol{\alpha})\|=\|\boldsymbol{\alpha}\|$;

(3) σ 将 $\mathbf{R}^n$ 的标准正交基变为标准正交基;

(4) σ 在 $\mathbf{R}^n$ 的标准正交基下的矩阵是正交矩阵.

证 (2) $\Rightarrow$ (1): 由 (2) 知 $(\sigma(\boldsymbol{\alpha}),\sigma(\boldsymbol{\alpha}))=(\boldsymbol{\alpha},\boldsymbol{\alpha})$, $(\sigma(\boldsymbol{\beta}),\sigma(\boldsymbol{\beta}))=(\boldsymbol{\beta},\boldsymbol{\beta})$. 一方面,

$$(\sigma(\boldsymbol{\alpha}+\boldsymbol{\beta}),\sigma(\boldsymbol{\alpha}+\boldsymbol{\beta}))=(\sigma(\boldsymbol{\alpha}),\sigma(\boldsymbol{\alpha}))+2(\sigma(\boldsymbol{\alpha}),\sigma(\boldsymbol{\beta}))+(\sigma(\boldsymbol{\beta}),\sigma(\boldsymbol{\beta}))$$

$$= (\boldsymbol{\alpha},\boldsymbol{\alpha}) + 2(\sigma(\boldsymbol{\alpha}),\sigma(\boldsymbol{\beta})) + (\boldsymbol{\beta},\boldsymbol{\beta})$$

另一方面,

$$(\sigma(\boldsymbol{\alpha}+\boldsymbol{\beta}),\sigma(\boldsymbol{\alpha}+\boldsymbol{\beta})) = (\boldsymbol{\alpha}+\boldsymbol{\beta},\boldsymbol{\alpha}+\boldsymbol{\beta}) = (\boldsymbol{\alpha},\boldsymbol{\alpha}) + 2(\boldsymbol{\alpha},\boldsymbol{\beta}) + (\boldsymbol{\beta},\boldsymbol{\beta})$$

所以 $(\sigma\boldsymbol{\alpha},\sigma\boldsymbol{\beta}) = (\boldsymbol{\alpha},\boldsymbol{\beta})$.

(1) $\Rightarrow$ (3): 设 $\boldsymbol{\varepsilon}_1,\boldsymbol{\varepsilon}_2,\cdots,\boldsymbol{\varepsilon}_n$ 是 $\mathbf{R}^n$ 的标准正交基, 则

$$(\sigma(\boldsymbol{\varepsilon}_i),\sigma(\boldsymbol{\varepsilon}_j)) = (\boldsymbol{\varepsilon}_i,\boldsymbol{\varepsilon}_j) = \boldsymbol{\delta}_{ij}$$

所以 $\sigma\boldsymbol{\varepsilon}_1,\sigma\boldsymbol{\varepsilon}_2,\cdots,\sigma\boldsymbol{\varepsilon}_n$ 也是 $\mathbf{R}^n$ 的标准正交基.

(3) $\Rightarrow$ (4): 设 $\boldsymbol{\varepsilon}_1,\boldsymbol{\varepsilon}_2,\cdots,\boldsymbol{\varepsilon}_n$ 是 $\mathbf{R}^n$ 的标准正交基, 则由 (3) 知 $\sigma\boldsymbol{\varepsilon}_1,\sigma\boldsymbol{\varepsilon}_2,\cdots,\sigma\boldsymbol{\varepsilon}_n$ 也是 $\mathbf{R}^n$ 的标准正交基. 设

$$(\sigma(\boldsymbol{\varepsilon}_1),\sigma(\boldsymbol{\varepsilon}_2),\cdots,\sigma(\boldsymbol{\varepsilon}_n)) = (\boldsymbol{\varepsilon}_1,\boldsymbol{\varepsilon}_2,\cdots,\boldsymbol{\varepsilon}_n)\boldsymbol{A}$$

则由定理 3.4.1 知过渡矩阵 $\boldsymbol{A}$ 是正交矩阵.

(4) $\Rightarrow$ (2): 设 $\boldsymbol{\varepsilon}_1,\boldsymbol{\varepsilon}_2,\cdots,\boldsymbol{\varepsilon}_n$ 是 $\mathbf{R}^n$ 的标准正交基, 则由 (4) 及定理 3.4.1 知 $\sigma\boldsymbol{\varepsilon}_1,\sigma\boldsymbol{\varepsilon}_2,\cdots,\sigma\boldsymbol{\varepsilon}_n$ 也是 $\mathbf{R}^n$ 的标准正交基.

对任意的 $\boldsymbol{\alpha}\in\mathbf{R}^n$, 设 $\boldsymbol{\alpha} = \sum\limits_{i=1}^{n} a_i\boldsymbol{\varepsilon}_i$, 则 $\sigma\boldsymbol{\alpha} = \sum\limits_{i=1}^{n} a_i\sigma\boldsymbol{\varepsilon}_i$. 所以

$$\begin{aligned}
(\sigma(\boldsymbol{\alpha}),\sigma(\boldsymbol{\alpha})) &= \left(\sum_{i=1}^{n} a_i\sigma(\boldsymbol{\varepsilon}_i),\sum_{j=1}^{n} a_j\sigma(\boldsymbol{\varepsilon}_j)\right)\\
&= \sum_{i=1}^{n}\sum_{j=1}^{n} a_ia_j(\sigma(\boldsymbol{\varepsilon}_i),\sigma(\boldsymbol{\varepsilon}_j))\\
&= \sum_{i=1}^{n} a_i^2\\
(\boldsymbol{\alpha},\boldsymbol{\alpha}) &= \left(\sum_{i=1}^{n} a_i\boldsymbol{\varepsilon}_i,\sum_{j=1}^{n} a_j\boldsymbol{\varepsilon}_j\right)\\
&= \sum_{i=1}^{n}\sum_{j=1}^{n} a_ia_j(\boldsymbol{\varepsilon}_i,\boldsymbol{\varepsilon}_j)\\
&= \sum_{i=1}^{n} a_i^2
\end{aligned}$$

故 $(\sigma(\boldsymbol{\alpha}),\sigma(\boldsymbol{\alpha})) = (\boldsymbol{\alpha},\boldsymbol{\alpha})$, 即 $\|\sigma(\boldsymbol{\alpha})\| = \|\boldsymbol{\alpha}\|$, σ 保持长度不变. □

例 3.4.1 设线性变换

$$\mathscr{A}(\boldsymbol{\varepsilon}_1,\boldsymbol{\varepsilon}_2)=(\boldsymbol{\varepsilon}_1,\boldsymbol{\varepsilon}_2)\boldsymbol{A}$$

若 $\boldsymbol{A}=\begin{pmatrix}\cos\theta & -\sin\theta\\ \sin\theta & \cos\theta\end{pmatrix}$, 则 $\mathscr{A}$ 是平面上绕原点逆时针旋转 θ 角的正交变换, $\boldsymbol{A}$ 是正交矩阵, 如图 3.4.1 所示.

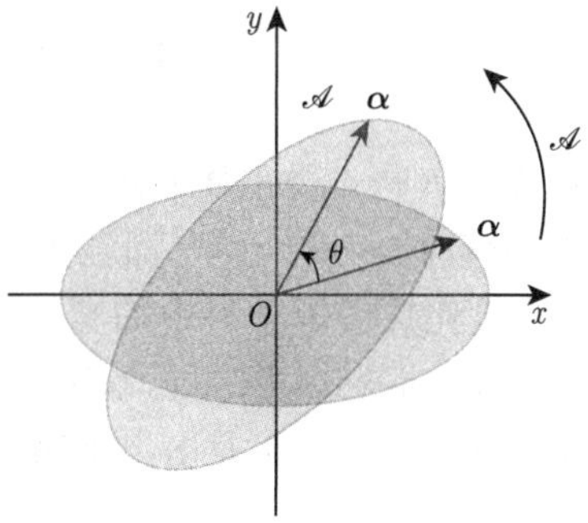

图 3.4.1

例3.4.2 设 $\boldsymbol{\eta}$ 是 $\mathbf{R}^n$ 中任意单位向量, 定义

$$\mathscr{A}:\mathbf{R}^n\to\mathbf{R}^n$$

$$\boldsymbol{\alpha}\mapsto\boldsymbol{\alpha}-2(\boldsymbol{\eta},\boldsymbol{\alpha})\boldsymbol{\eta}$$

则 $\mathscr{A}$ 是正交变换, 称为镜面反射. 事实上, $\forall\boldsymbol{\alpha},\boldsymbol{\beta}\in\mathbf{R}^n$, $\forall a,b\in\mathbf{R}$, 由定义,

$$\begin{aligned}\mathscr{A}(a\boldsymbol{\alpha}+b\boldsymbol{\beta})&=a\boldsymbol{\alpha}+b\boldsymbol{\beta}-2(\boldsymbol{\eta},a\boldsymbol{\alpha}+b\boldsymbol{\beta})\boldsymbol{\eta}\\&=a\boldsymbol{\alpha}-2(\boldsymbol{\eta},a\boldsymbol{\alpha})\eta+b\boldsymbol{\beta}-2(\boldsymbol{\eta},b\boldsymbol{\beta})\boldsymbol{\eta}\\&=a\big(\boldsymbol{\alpha}-2(\boldsymbol{\eta},\boldsymbol{\alpha})\boldsymbol{\eta}\big)+b\big(\boldsymbol{\beta}-2(\boldsymbol{\eta},\boldsymbol{\beta})\boldsymbol{\eta}\big)\\&=a\mathscr{A}\boldsymbol{\alpha}+b\mathscr{A}\boldsymbol{\beta}\end{aligned}$$

所以 $\mathscr{A}$ 是 $\mathbf{R}^n$ 的线性变换. 又因为

$$\begin{aligned}(\mathscr{A}(\boldsymbol{\alpha}),\mathscr{A}(\boldsymbol{\beta}))&=(\boldsymbol{\alpha}-2(\boldsymbol{\eta},\boldsymbol{\alpha})\boldsymbol{\eta},\boldsymbol{\beta}-2(\boldsymbol{\eta},\boldsymbol{\beta})\boldsymbol{\eta})\\&=(\boldsymbol{\alpha},\boldsymbol{\beta})-2(\boldsymbol{\eta},\boldsymbol{\beta})(\boldsymbol{\alpha},\boldsymbol{\eta})-2(\boldsymbol{\eta},\boldsymbol{\alpha})(\boldsymbol{\eta},\boldsymbol{\beta})\\&\quad+4(\boldsymbol{\eta},\boldsymbol{\alpha})(\boldsymbol{\eta},\boldsymbol{\beta})(\boldsymbol{\eta},\boldsymbol{\eta})\\&=(\boldsymbol{\alpha},\boldsymbol{\beta})\end{aligned}$$

所以 $\mathscr{A}$ 是正交变换.

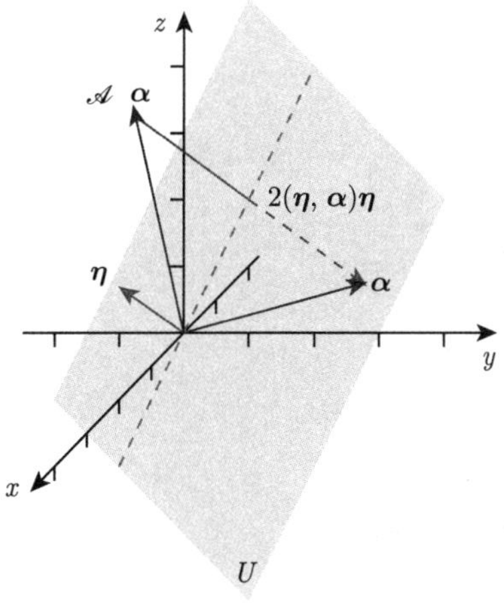

图 3.4.2

$\mathbf{R}^3$ 中的镜面反射, 如图 3.4.2 所示. 其中平面 U 是以 $\boldsymbol{\eta}$ 为法向量的镜面, 线性变换 $\mathscr{A}$ 的作用是将向量 $\boldsymbol{\alpha}$ 关于镜面 U 作镜面反射.

习 题 3.4

(A)

1. 设 $\boldsymbol{A}$ 是 n 阶正交矩阵. 证明

(1) 若 $|\boldsymbol{A}|=1$, n 是奇数, 则 $|\boldsymbol{E}-\boldsymbol{A}|=0$;

(2) 若 $|\boldsymbol{A}|=-1$, 则 $|\boldsymbol{E}+\boldsymbol{A}|=0$.

2. 设 $\boldsymbol{\alpha}$ 是 n 维非零列向量, 证明 $\boldsymbol{E}-\dfrac{2}{\boldsymbol{\alpha}^{\mathrm{T}}\boldsymbol{\alpha}}\boldsymbol{\alpha}\boldsymbol{\alpha}^{\mathrm{T}}$ 是正交矩阵.

3. 设 $\boldsymbol{A}$ 是三阶正交矩阵, 求证 $|\boldsymbol{E}-\boldsymbol{A}^2|=0$.

3.5 实对称矩阵与对称变换

对称矩阵是一类重要的矩阵, 在现代科技中扮演着重要的角色. 例如, 概率统计中的协方差矩阵就是对称矩阵, 而在人口统计学、分子动力学、数学建模、数理分析、图像处理, 以及量化投资等学科中均有广泛应用的多变量分析方法——主成分分析法 (principal component analysis, PCA), 本质上就是将协方差矩阵正交相似对角化.

定义 3.5.1 设 σ 是 n 维向量空间 $\mathbf{R}^n$ 的线性变换, 若对任意的 $\boldsymbol{\alpha},\boldsymbol{\beta}\in\mathbf{R}^n$,

$$(\sigma(\boldsymbol{\alpha}),\boldsymbol{\beta})=(\boldsymbol{\alpha},\sigma(\boldsymbol{\beta}))$$

则称 σ 是 $\mathbf{R}^n$ 的对称变换.

定理 3.5.1 设 σ 是 n 维向量空间 $\mathbf{R}^n$ 的线性变换, 则下面条件等价

(1) σ 是对称变换;

(2) 存在 $\mathbf{R}^n$ 的标准正交基 $\boldsymbol{\varepsilon}_1,\boldsymbol{\varepsilon}_2,\cdots,\boldsymbol{\varepsilon}_n$, 使得 $(\sigma(\boldsymbol{\varepsilon}_i),\boldsymbol{\varepsilon}_j)=(\boldsymbol{\varepsilon}_i,\sigma(\boldsymbol{\varepsilon}_j))$ $(i,j=1,2,\cdots,n)$;

(3) σ 在 $\mathbf{R}^n$ 的标准正交基下的矩阵是对称矩阵.

证 (1) $\Rightarrow$ (2): 显然.

(2) $\Rightarrow$ (3): 设 $\boldsymbol{\varepsilon}_1,\boldsymbol{\varepsilon}_2,\cdots,\boldsymbol{\varepsilon}_n$ 是 $\mathbf{R}^n$ 的标准正交基, 且

$$\sigma(\boldsymbol{\varepsilon}_1,\boldsymbol{\varepsilon}_2,\cdots,\boldsymbol{\varepsilon}_n)=(\boldsymbol{\varepsilon}_1,\boldsymbol{\varepsilon}_2,\cdots,\boldsymbol{\varepsilon}_n)\boldsymbol{A}$$

设 $\boldsymbol{A}=(a_{ij})$, 则

$$(\sigma(\boldsymbol{\varepsilon}_i),\boldsymbol{\varepsilon}_j)=\left(\sum_{k=1}^{n}a_{ki}\boldsymbol{\varepsilon}_k,\boldsymbol{\varepsilon}_j\right)=\sum_{k=1}^{n}a_{ki}(\boldsymbol{\varepsilon}_k,\boldsymbol{\varepsilon}_j)=a_{ji}$$

$$(\boldsymbol{\varepsilon}_i,\sigma(\boldsymbol{\varepsilon}_j))=\left(\boldsymbol{\varepsilon}_i,\sum_{k=1}^{n}a_{kj}\boldsymbol{\varepsilon}_k\right)=\sum_{k=1}^{n}a_{kj}(\boldsymbol{\varepsilon}_i,\boldsymbol{\varepsilon}_k)=a_{ij}$$

因为 $(\sigma(\boldsymbol{\varepsilon}_i),\boldsymbol{\varepsilon}_j)=(\boldsymbol{\varepsilon}_i,\sigma(\boldsymbol{\varepsilon}_j))$, 所以 $a_{ji}=a_{ij}$, 即 $\boldsymbol{A}^{\mathrm{T}}=\boldsymbol{A}$ 是对称矩阵.

(3) $\Rightarrow$ (2): 上述过程逆过去即得.

(2) $\Rightarrow$ (1): $\forall\boldsymbol{\alpha},\boldsymbol{\beta}\in\mathbf{R}^n$, 设 $\boldsymbol{\alpha}=\sum\limits_{i=1}^{n}a_i\boldsymbol{\varepsilon}_i$, $\boldsymbol{\beta}=\sum\limits_{j=1}^{n}b_j\boldsymbol{\varepsilon}_j$, 则

$$\begin{aligned}(\sigma(\boldsymbol{\alpha}),\boldsymbol{\beta})&=\left(\sum_{i=1}^{n}a_i\sigma(\boldsymbol{\varepsilon}_i),\sum_{j=1}^{n}b_j\boldsymbol{\varepsilon}_j\right)\\&=\sum_{i,j=1}^{n}a_ib_j(\sigma(\boldsymbol{\varepsilon}_i),\boldsymbol{\varepsilon}_j)\\&=\sum_{i,j=1}^{n}a_ib_j(\boldsymbol{\varepsilon}_i,\sigma(\boldsymbol{\varepsilon}_j))\end{aligned}$$

$$= \left(\sum_{i=1}^{n} a_i\varepsilon_i, \sum_{j=1}^{n} b_j\sigma(\varepsilon_j)\right)$$

$$= (\boldsymbol{\alpha}, \sigma(\boldsymbol{\beta})) \qquad \square$$

定理 3.5.2 设 $\boldsymbol{A}$ 是实对称矩阵, 则

(1) $\boldsymbol{A}$ 的特征值全为实数;

(2) $\boldsymbol{A}$ 的属于不同特征值的特征向量相互正交.

证 (1) 设 λ 是 $\boldsymbol{A}$ 的任一特征值, $\boldsymbol{\alpha}$ 为对应的特征向量. 由 $\boldsymbol{A\alpha} = \lambda\boldsymbol{\alpha}$ 知 $\overline{\boldsymbol{A\alpha}} = \overline{\lambda\boldsymbol{\alpha}}$, 即 $\boldsymbol{A}\bar{\boldsymbol{\alpha}} = \bar{\lambda}\bar{\boldsymbol{\alpha}}$, 故

$$\lambda\boldsymbol{\alpha}^{\mathrm{T}}\bar{\boldsymbol{\alpha}} = (\lambda\boldsymbol{\alpha}^{\mathrm{T}})\bar{\boldsymbol{\alpha}} = (A\boldsymbol{\alpha})^{\mathrm{T}}\bar{\boldsymbol{\alpha}} = (\boldsymbol{\alpha}^{\mathrm{T}}\boldsymbol{A})\bar{\boldsymbol{\alpha}} = \boldsymbol{\alpha}^{\mathrm{T}}(A\bar{\boldsymbol{\alpha}}) = \boldsymbol{\alpha}^{\mathrm{T}}(\bar{\lambda}\bar{\boldsymbol{\alpha}}) = \bar{\lambda}\boldsymbol{\alpha}^{\mathrm{T}}\bar{\boldsymbol{\alpha}}$$

所以 $(\lambda - \bar{\lambda})\boldsymbol{\alpha}^{\mathrm{T}}\bar{\boldsymbol{\alpha}} = 0$. 因为 $\boldsymbol{\alpha}^{\mathrm{T}}\bar{\boldsymbol{\alpha}} > 0$, 所以 $\lambda - \bar{\lambda} = 0$, 即 $\lambda = \bar{\lambda}$.

(2) 设 $\lambda_1, \lambda_2, \cdots, \lambda_s$ 是 $\boldsymbol{A}$ 的全部互异的特征值, $\boldsymbol{\alpha}_1, \boldsymbol{\alpha}_2, \cdots, \boldsymbol{\alpha}_s$ 是对应的特征向量. 对任意 $i \neq j$,

$$\begin{aligned}\lambda_i(\boldsymbol{\alpha}_i, \boldsymbol{\alpha}_j) &= (\lambda_i\boldsymbol{\alpha}_i, \boldsymbol{\alpha}_j) = (\boldsymbol{A\alpha}_i, \boldsymbol{\alpha}_j) = (\boldsymbol{A\alpha}_i)^{\mathrm{T}}\boldsymbol{\alpha}_j = \boldsymbol{\alpha}_i^{\mathrm{T}}\boldsymbol{A}^{\mathrm{T}}\boldsymbol{\alpha}_j \\ &= \boldsymbol{\alpha}_i^{\mathrm{T}}(\boldsymbol{A\alpha}_j) = (\boldsymbol{\alpha}_i, \boldsymbol{A\alpha}_j) = (\boldsymbol{\alpha}_i, \lambda_j\boldsymbol{\alpha}_j) = \lambda_j(\boldsymbol{\alpha}_i, \boldsymbol{\alpha}_j)\end{aligned}$$

即 $(\lambda_i - \lambda_j)(\boldsymbol{\alpha}_i, \boldsymbol{\alpha}_j) = 0$. 因为 $\lambda_i \neq \lambda_j$, 所以 $(\boldsymbol{\alpha}_i, \boldsymbol{\alpha}_j) = 0$, 即 $\boldsymbol{\alpha}_1, \boldsymbol{\alpha}_2, \cdots, \boldsymbol{\alpha}_s$ 两两正交. $\square$

例 3.5.1 设三阶实对称矩阵的特征值为 $1, 1, 10$, 属于特征值 1 的线性无关的特征向量为

$$\boldsymbol{\xi}_1 = \begin{pmatrix} 0 \\ 1 \\ 1 \end{pmatrix}, \qquad \boldsymbol{\xi}_2 = \begin{pmatrix} 2 \\ -1 \\ 0 \end{pmatrix}$$

求矩阵 $\boldsymbol{A}$ 的属于特征值 10 的特征向量.

解 设 $\boldsymbol{\xi}_3 = (x_1, x_2, x_3)^{\mathrm{T}}$ 是属于特征值 10 的特征向量, 则 $\boldsymbol{\xi}_3$ 与 $\boldsymbol{\xi}_1, \boldsymbol{\xi}_2$ 正交, 所以

$$\begin{cases} \quad\;\; x_2 + x_3 = 0 \\ 2x_1 - x_2 \quad\;\; = 0 \end{cases}$$

解之, 得基础解系 $(1, 2, -2)^{\mathrm{T}}$. 故属于特征值 10 的特征向量为 $k(1, 2, -2)^{\mathrm{T}}$ $(k \neq 0)$.

下面的定理给出实对称矩阵的正交相似标准形.

定理 3.5.3 **(主轴定理)** 设 $\boldsymbol{A}$ 是 n 阶实对称矩阵, 则存在正交矩阵 $\boldsymbol{Q}$ 使得

$$\boldsymbol{Q}^{-1}\boldsymbol{AQ} = \boldsymbol{Q}^{\mathrm{T}}\boldsymbol{AQ} = \begin{pmatrix} \lambda_1 & & & \\ & \lambda_2 & & \\ & & \ddots & \\ & & & \lambda_n \end{pmatrix}$$

其中 $\lambda_1, \lambda_2, \cdots, \lambda_n$ 是 $\boldsymbol{A}$ 的全部特征值.

证 对 n 作数学归纳法. $n=1$ 显然成立. 假设命题对 $n-1$ 阶对称矩阵成立, 考虑 n 阶对称矩阵 $\boldsymbol{A}$. 由定理 3.5.2(1) 知 $\boldsymbol{A}$ 有实特征值 λ_1, 对应的特征向量为 $\boldsymbol{\alpha}_1$, 单位化 $\varepsilon_1=\dfrac{\boldsymbol{\alpha}_1}{|\boldsymbol{\alpha}_1|}$. 将 ε_1 扩充为标准正交基 $\varepsilon_1,\varepsilon_2,\cdots,\varepsilon_n$, 则

$$\boldsymbol{A}(\varepsilon_1,\varepsilon_2,\cdots,\varepsilon_n)=(\varepsilon_1,\varepsilon_2,\cdots,\varepsilon_n)\begin{pmatrix}\lambda_1 & \boldsymbol{\xi}^{\mathrm{T}}\\ & \boldsymbol{A}_1\end{pmatrix}$$

其中 $\boldsymbol{\xi}\in\mathbf{R}^{n-1}$ 是列向量. 记 $\boldsymbol{R}=(\varepsilon_1,\varepsilon_2,\cdots,\varepsilon_n)$, 则 $\boldsymbol{R}$ 为正交矩阵, 且

$$\boldsymbol{R}^{-1}\boldsymbol{A}\boldsymbol{R}=\boldsymbol{R}^{\mathrm{T}}\boldsymbol{A}\boldsymbol{R}=\begin{pmatrix}\lambda_1 & \boldsymbol{\xi}^{\mathrm{T}}\\ & \boldsymbol{A}_1\end{pmatrix}$$

因为 $\boldsymbol{A}^{\mathrm{T}}=\boldsymbol{A}$, 所以 $(\boldsymbol{R}^{\mathrm{T}}\boldsymbol{A}\boldsymbol{R})^{\mathrm{T}}=\boldsymbol{R}^{\mathrm{T}}\boldsymbol{A}\boldsymbol{R}$, 因此

$$\begin{pmatrix}\lambda_1 & 0\\ \boldsymbol{\xi} & \boldsymbol{A}_1^{\mathrm{T}}\end{pmatrix}=\begin{pmatrix}\lambda_1 & \boldsymbol{\xi}^{\mathrm{T}}\\ & \boldsymbol{A}_1\end{pmatrix}^{\mathrm{T}}=\begin{pmatrix}\lambda_1 & \boldsymbol{\xi}^{\mathrm{T}}\\ & \boldsymbol{A}_1\end{pmatrix}$$

所以 $\boldsymbol{\xi}=\mathbf{0}$ 且 $\boldsymbol{A}_1^{\mathrm{T}}=\boldsymbol{A}_1$ 是对称矩阵. 由归纳假设, 存在正交矩阵 $\boldsymbol{P}_1$ 使得

$$\boldsymbol{P}_1^{-1}\boldsymbol{A}_1\boldsymbol{P}_1=\boldsymbol{P}_1^{\mathrm{T}}\boldsymbol{A}_1\boldsymbol{P}_1=\mathrm{diag}(\lambda_2,\lambda_3,\cdots,\lambda_n)$$

令 $\boldsymbol{P}=\begin{pmatrix}1 & \\ & \boldsymbol{P}_1\end{pmatrix}$, $\boldsymbol{Q}=\boldsymbol{R}\boldsymbol{P}$. 则 $\boldsymbol{Q}$ 为正交矩阵, 且

$$\boldsymbol{Q}^{-1}\boldsymbol{A}\boldsymbol{Q}=\boldsymbol{Q}^{\mathrm{T}}\boldsymbol{A}\boldsymbol{Q}=\mathrm{diag}(\lambda_1,\lambda_2,\cdots,\lambda_n)$$ □

注 (1) 定理 3.5.3 被称为主轴定理, 是因为通过正交变换 $x=\boldsymbol{Q}y$, 将对称矩阵 $\boldsymbol{A}$ 所表示的二次型 (二次曲面或曲面) 变为标准形, 使其主轴与新的坐标轴重合, 方便研究或计算, 如图 3.5.1 所示, 详见第 4 章 4.2 节.

(2) 在定理 3.5.3 中, 令 $\boldsymbol{Q}=(\boldsymbol{\alpha}_1,\boldsymbol{\alpha}_2,\cdots,\boldsymbol{\alpha}_n)$, 则 $\boldsymbol{\alpha}_1,\boldsymbol{\alpha}_2,\cdots,\boldsymbol{\alpha}_n$ 是 $\mathbf{R}^n$ 的一组标准正交基. 对称矩阵 $\boldsymbol{A}$ 可以写成

$$\boldsymbol{A}=\lambda_1\boldsymbol{\alpha}_1\boldsymbol{\alpha}_1^{\mathrm{T}}+\lambda_2\boldsymbol{\alpha}_2\boldsymbol{\alpha}_2^{\mathrm{T}}+\cdots+\lambda_n\boldsymbol{\alpha}_n\boldsymbol{\alpha}_n^{\mathrm{T}}$$

称为 $\boldsymbol{A}$ 的**谱分解**, 因为 $\boldsymbol{A}$ 的特征值集合 $\{\lambda_1,\lambda_2,\cdots,\lambda_n\}$ 常称为 $\boldsymbol{A}$ 的谱. 由于 $\boldsymbol{\alpha}_i$ 是单位向量, $\boldsymbol{\alpha}_i\boldsymbol{\alpha}_i^{\mathrm{T}}$ 表示 $\mathbf{R}^n$ 向一维子空间 $\mathrm{span}(\boldsymbol{\alpha}_i)$ 的正交投影矩阵. 所以, 对任意 $\boldsymbol{x}\in\mathbf{R}^n$, $\boldsymbol{A}\boldsymbol{x}$ 表示 $\boldsymbol{x}$ 向各坐标轴 $\boldsymbol{\alpha}_i$ 投影的 λ_i 倍之和.

例如, 在下面的例 3.5.2 中, $\boldsymbol{A}=\begin{pmatrix}1 & 2\\ 2 & 1\end{pmatrix}$, 取 $\boldsymbol{Q}=\begin{pmatrix}\frac{\sqrt{2}}{2} & \frac{\sqrt{2}}{2}\\ -\frac{\sqrt{2}}{2} & \frac{\sqrt{2}}{2}\end{pmatrix}=(\boldsymbol{\alpha}_1,\boldsymbol{\alpha}_2)$. 则

$$\boldsymbol{A}=-\boldsymbol{\alpha}_1\boldsymbol{\alpha}_1^{\mathrm{T}}+3\boldsymbol{\alpha}_2\boldsymbol{\alpha}_2^{\mathrm{T}}$$

如图 3.5.2 所示.

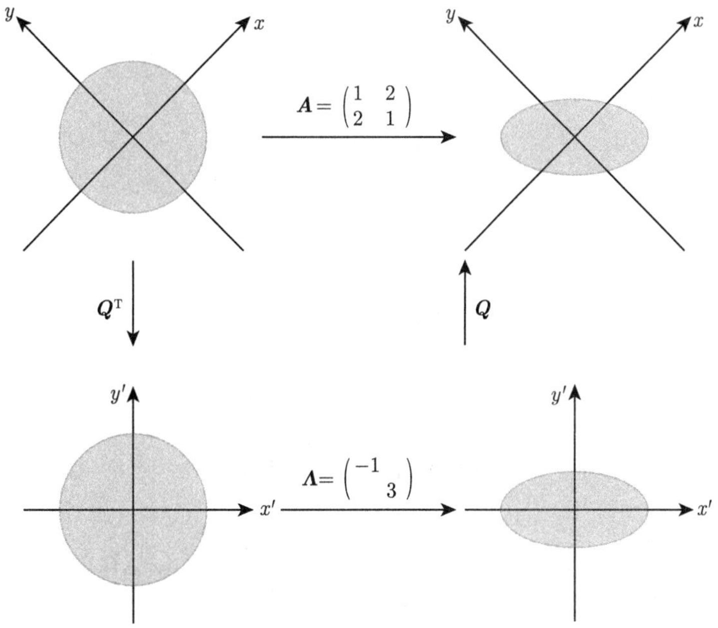

图 3.5.1

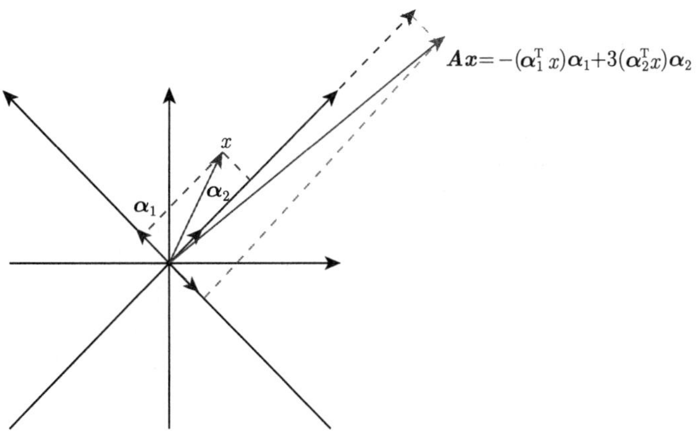

图 3.5.2

例 3.5.2 设 $\boldsymbol{A}=\begin{pmatrix}1 & 2\\2 & 1\end{pmatrix}$. 因为

$$|\lambda\boldsymbol{E}-\boldsymbol{A}|=\begin{vmatrix}\lambda-1 & -2\\-2 & \lambda-1\end{vmatrix}=(\lambda-3)(\lambda+1)$$

所以 $\boldsymbol{A}$ 的特征值为 $-1,3$, 对应的特征向量为

$$\boldsymbol{\eta}_1=\begin{pmatrix}\dfrac{\sqrt{2}}{2}\\-\dfrac{\sqrt{2}}{2}\end{pmatrix},\qquad \boldsymbol{\eta}_2=\begin{pmatrix}\dfrac{\sqrt{2}}{2}\\\dfrac{\sqrt{2}}{2}\end{pmatrix}$$

令

$$Q = \begin{pmatrix} \frac{\sqrt{2}}{2} & \frac{\sqrt{2}}{2} \\ -\frac{\sqrt{2}}{2} & \frac{\sqrt{2}}{2} \end{pmatrix}$$

则

$$Q^{-1}AQ = \begin{pmatrix} -1 & 0 \\ 0 & 3 \end{pmatrix} = \Lambda$$

从而

$$A = Q\begin{pmatrix} -1 & 0 \\ 0 & 3 \end{pmatrix}Q^{\mathrm{T}}$$

由于 Q 表示平面 $\mathbf{R}^2$ 中顺时针旋转 45° 的线性变换, 而 Q^{T} 表示逆时针旋转 45° 的线性变换, 则 $A = Q\Lambda Q^{\mathrm{T}}$ 表示的变换可用图 3.5.3 表示.

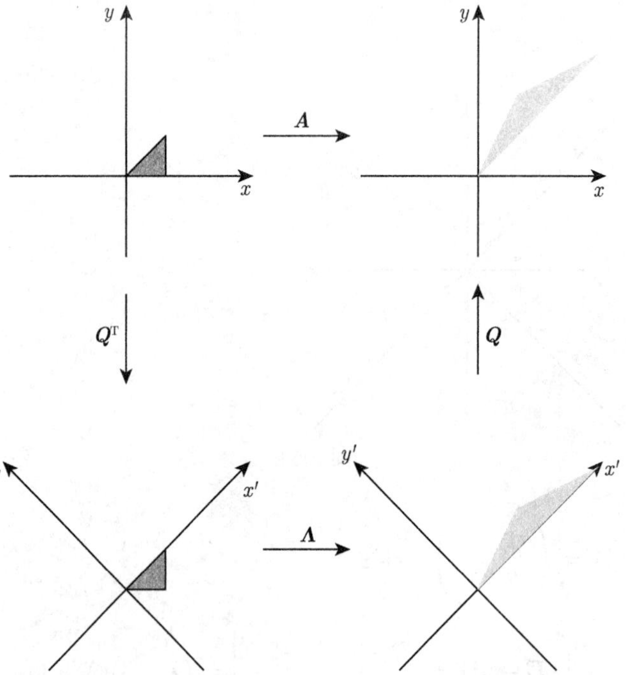

图 3.5.3

由图 3.5.3 可知, 矩阵 A 与 Λ 对灰色三角形做了相同的变换, 只不过是在不同的坐标系.

根据上面的讨论, 实对称矩阵正交相似于对角矩阵可按如下步骤进行:

(1) 求出 A 的全部互不相同特征值 $\lambda_1, \lambda_2, \cdots, \lambda_s$;

(2) 对于每个 λ_i, 解齐次线性方程组

$$(\lambda_i \boldsymbol{E}-\boldsymbol{A})\begin{pmatrix} x_1\\ x_2\\ \vdots\\ x_n \end{pmatrix}=\boldsymbol{0}$$

得到基础解系 $\boldsymbol{\xi}_{i1},\boldsymbol{\xi}_{i2},\cdots,\boldsymbol{\xi}_{ik_i}$; 施密特正交化、单位化得 $\boldsymbol{\eta}_{i1},\boldsymbol{\eta}_{i2},\cdots,\boldsymbol{\eta}_{ik_i}$;

(3) 由于 $\lambda_1,\lambda_2,\cdots,\lambda_s$ 互异, 所以 $\boldsymbol{\eta}_{11},\boldsymbol{\eta}_{12},\cdots,\boldsymbol{\eta}_{1k_1},\cdots,\boldsymbol{\eta}_{s1},\boldsymbol{\eta}_{s2},\cdots,\boldsymbol{\eta}_{sk_s}$ 相互正交, 因而作成 $\mathbf{R}^n$ 的标准正交基. 令

$$\boldsymbol{Q}=(\boldsymbol{\eta}_{11},\boldsymbol{\eta}_{12},\cdots,\boldsymbol{\eta}_{1k_1},\cdots,\boldsymbol{\eta}_{s1},\boldsymbol{\eta}_{s2},\cdots,\boldsymbol{\eta}_{sk_s})$$

则

$$\boldsymbol{Q}^{-1}\boldsymbol{A}\boldsymbol{Q}=\boldsymbol{Q}^{\mathrm{T}}\boldsymbol{A}\boldsymbol{Q}=\mathrm{diag}(\underbrace{\lambda_1,\cdots,\lambda_1}_{k_1},\cdots,\underbrace{\lambda_s,\cdots,\lambda_s}_{k_s})$$

例 3.5.3 设 $\boldsymbol{A}=\begin{pmatrix} 2 & 2 & -2\\ 2 & 5 & -4\\ -2 & -4 & 5 \end{pmatrix}$, 求正交矩阵 $\boldsymbol{Q}$ 使得 $\boldsymbol{Q}^{-1}\boldsymbol{A}\boldsymbol{Q}$ 为对角矩阵.

解 (1) 首先, 解 $|\lambda\boldsymbol{E}-\boldsymbol{A}|=(\lambda-1)^2(\lambda-10)=0$ 得 $\lambda_1=\lambda_2=1$, $\lambda_3=10$;

(2) 对 $\lambda_1=\lambda_2=1$, 解齐次线性方程组 $(\boldsymbol{E}-\boldsymbol{A})\boldsymbol{X}=\boldsymbol{0}$ 得基础解系

$$\boldsymbol{\xi}_1=\begin{pmatrix} 0\\ 1\\ 1 \end{pmatrix},\qquad \boldsymbol{\xi}_2=\begin{pmatrix} 2\\ -1\\ 0 \end{pmatrix}$$

正交化、标准化得

$$\boldsymbol{\varepsilon}_1=\begin{pmatrix} 0\\ \dfrac{1}{\sqrt{2}}\\ \dfrac{1}{\sqrt{2}} \end{pmatrix},\qquad \boldsymbol{\varepsilon}_2=\begin{pmatrix} \dfrac{4}{\sqrt{18}}\\ -\dfrac{1}{\sqrt{18}}\\ \dfrac{1}{\sqrt{18}} \end{pmatrix}$$

对 $\lambda_3=10$, 解齐次线性方程组 $(10\boldsymbol{E}-\boldsymbol{A})\boldsymbol{X}=\boldsymbol{0}$ 得基础解系 $\boldsymbol{\varepsilon}_3=\begin{pmatrix} -\dfrac{1}{3}\\ -\dfrac{2}{3}\\ \dfrac{2}{3} \end{pmatrix}$.

(3) 令 $\boldsymbol{Q}=(\boldsymbol{\varepsilon}_1,\boldsymbol{\varepsilon}_2,\boldsymbol{\varepsilon}_3)$, 则 $\boldsymbol{Q}$ 是正交矩阵, 且

$$\boldsymbol{Q}^{-1}\boldsymbol{A}\boldsymbol{Q}=\boldsymbol{Q}^{\mathrm{T}}\boldsymbol{A}\boldsymbol{Q}=\begin{pmatrix} 1 & & \\ & 1 & \\ & & 10 \end{pmatrix}$$

值得注意的是, 通常可以根据实对称矩阵 $\boldsymbol{A}$ 的特征值及部分特征向量的信息重构矩阵 $\boldsymbol{A}$.

例 3.5.4 设 $\boldsymbol{A}$ 是三阶实对称矩阵, 特征值为 $2,2,8$, 属于特征值 2 的特征向量为

$$\boldsymbol{\xi}_1=\begin{pmatrix}-1\\1\\0\end{pmatrix},\qquad \boldsymbol{\xi}_2=\begin{pmatrix}-1\\0\\1\end{pmatrix}$$

求矩阵 $\boldsymbol{A}$.

解 因为 $\boldsymbol{A}$ 是实对称矩阵, 所以属于不同特征值的特征向量彼此正交, 设 $\boldsymbol{\xi}_3=(x_1,x_2,x_3)^{\mathrm{T}}$ 是属于特征值 8 的特征向量, 则

$$\begin{cases}-x_1+x_2 & =0\\ -x_1 \quad +x_3 & =0\end{cases}$$

解之, 得基础解系 $\boldsymbol{\xi}_3=(1,1,1)^{\mathrm{T}}$. 单位化, 得

$$\boldsymbol{\eta}_3=\begin{pmatrix}\dfrac{1}{\sqrt{3}}\\ \dfrac{1}{\sqrt{3}}\\ \dfrac{1}{\sqrt{3}}\end{pmatrix}$$

将 $\boldsymbol{\xi}_1,\boldsymbol{\xi}_2$ 正交化、单位化得

$$\boldsymbol{\eta}_1=\begin{pmatrix}-\dfrac{1}{\sqrt{2}}\\ \dfrac{1}{\sqrt{2}}\\ 0\end{pmatrix},\qquad \boldsymbol{\eta}_2=\begin{pmatrix}-\dfrac{1}{\sqrt{6}}\\ -\dfrac{1}{\sqrt{6}}\\ \dfrac{2}{\sqrt{6}}\end{pmatrix}$$

令 $\boldsymbol{Q}=(\boldsymbol{\eta}_1,\boldsymbol{\eta}_2,\boldsymbol{\eta}_3)$, 则 $\boldsymbol{Q}$ 为正交矩阵, 且

$$\boldsymbol{Q}^{\mathrm{T}}\boldsymbol{A}\boldsymbol{Q}=\operatorname{diag}(2,2,8)$$

所以

$$\boldsymbol{A}=\boldsymbol{Q}\begin{pmatrix}2&&\\&2&\\&&8\end{pmatrix}\boldsymbol{Q}^{\mathrm{T}}=\begin{pmatrix}4&2&2\\2&4&2\\2&2&4\end{pmatrix}$$

习 题 3.5

(A)

1. 证明：实反对称矩阵 $(\boldsymbol{A}^{\mathrm{T}}=-\boldsymbol{A})$ 的特征值是 0 或纯虚数.

2. 设 $\boldsymbol{A}=\begin{pmatrix}2&-2&0\\-2&1&-2\\0&-2&0\end{pmatrix}$. 求正交矩阵 $\boldsymbol{Q}$, 使得 $\boldsymbol{Q}^{\mathrm{T}}\boldsymbol{A}\boldsymbol{Q}$ 为对角矩阵.

(B)

3. (2011, 数学一) 设 $\boldsymbol{A}$ 为三阶实对称矩阵, $\boldsymbol{A}$ 的秩为 2, 且

$$\boldsymbol{A}\begin{pmatrix} 1 & 1 \\ 0 & 0 \\ -1 & 1 \end{pmatrix}=\begin{pmatrix} -1 & 1 \\ 0 & 0 \\ 1 & 1 \end{pmatrix}$$

(1) 求 $\boldsymbol{A}$ 的所有特征值与特征向量;

(2) 求矩阵 $\boldsymbol{A}$.

4. 设 $\boldsymbol{A}$ 是四阶实对称矩阵, 其特征值为 $0,0,0,4$, 且属于特征值 0 的线性无关的特征向量为

$$\boldsymbol{\alpha}_1=\begin{pmatrix} -1 \\ 1 \\ 0 \\ 0 \end{pmatrix}, \quad \boldsymbol{\alpha}_2=\begin{pmatrix} -1 \\ 0 \\ 1 \\ 0 \end{pmatrix}, \quad \boldsymbol{\alpha}_3=\begin{pmatrix} -1 \\ 0 \\ 0 \\ 1 \end{pmatrix}$$

求矩阵 $\boldsymbol{A}$.

5. (2007, 数学一) 设三阶实对称矩阵 $\boldsymbol{A}$ 的特征值为 $1,2,-2$, $\boldsymbol{\alpha}_1=(1,-1,1)^{\mathrm{T}}$ 是 $\boldsymbol{A}$ 的属于特征值 1 的特征向量. 记 $\boldsymbol{B}=\boldsymbol{A}^5-4\boldsymbol{A}^3+\boldsymbol{E}$.

(1) 验证 $\boldsymbol{\alpha}_1$ 是矩阵 $\boldsymbol{B}$ 的特征向量, 并求 $\boldsymbol{B}$ 的全部特征值与特征向量;

(2) 求矩阵 $\boldsymbol{B}$.

复习题三

一、选择题

1. 设 $\boldsymbol{\alpha}_1,\boldsymbol{\alpha}_2,\boldsymbol{\alpha}_3$ 是三维向量空间 $\mathbf{R}^3$ 的一组基, 则由基 $\boldsymbol{\alpha}_1,\dfrac{1}{2}\boldsymbol{\alpha}_2,\dfrac{1}{3}\boldsymbol{\alpha}_3$ 到基 $\boldsymbol{\alpha}_1+\boldsymbol{\alpha}_2,\boldsymbol{\alpha}_2+\boldsymbol{\alpha}_3,\boldsymbol{\alpha}_3+\boldsymbol{\alpha}_1$ 的过渡矩阵为 (　　).

A. $\begin{pmatrix} 1 & 0 & 1 \\ 2 & 2 & 0 \\ 0 & 3 & 3 \end{pmatrix}$　　B. $\begin{pmatrix} 1 & 0 & 3 \\ 1 & 2 & 0 \\ 0 & 2 & 3 \end{pmatrix}$

C. $\begin{pmatrix} \frac{1}{2} & \frac{1}{4} & \frac{1}{6} \\ -\frac{1}{2} & \frac{1}{4} & \frac{1}{6} \\ \frac{1}{2} & -\frac{1}{4} & \frac{1}{6} \end{pmatrix}$　　D. $\begin{pmatrix} \frac{1}{2} & -\frac{1}{2} & \frac{1}{2} \\ \frac{1}{4} & \frac{1}{4} & -\frac{1}{4} \\ -\frac{1}{6} & \frac{1}{6} & \frac{1}{6} \end{pmatrix}$

2. 设 λ_1,λ_2 是矩阵 $\boldsymbol{A}$ 的两个不同的特征值, 对应的特征向量分别为 $\boldsymbol{\alpha}_1,\boldsymbol{\alpha}_2$, 则 $\boldsymbol{\alpha}_1,\boldsymbol{A}(\boldsymbol{\alpha}_1+\boldsymbol{\alpha}_2)$ 线性无关的充分必要条件是 (　　).

A. $\lambda_1\neq 0$　　B. $\lambda_2\neq 0$　　C. $\lambda_1=0$　　D. $\lambda_2=0$

3. 设 A 为四阶对称矩阵, 且 $\boldsymbol{A}^2+\boldsymbol{A}=\boldsymbol{0}$, 若 $\boldsymbol{A}$ 的秩为 3, 则 $\boldsymbol{A}$ 相似于 (　　).

A. $\mathrm{diag}(1,1,1,0)$

B. $\mathrm{diag}(1,1,-1,0)$

C. $\mathrm{diag}(1,-1,-1,0)$

D. $\mathrm{diag}(-1,-1,-1,0)$

4. 矩阵 $\begin{pmatrix}1&a&1\\a&b&a\\1&a&1\end{pmatrix}$ 与 $\begin{pmatrix}2&0&0\\0&b&0\\0&0&0\end{pmatrix}$ 相似的充要条件为 ( ).

A. $a=0,b=2$

B. $a=0,b$ 为任意常数

C. $a=2,b=0$

D. $a=2,b$ 为任意常数

5. 设 $\boldsymbol{A},\boldsymbol{B}$ 是可逆矩阵, 且 $\boldsymbol{A}$ 与 $\boldsymbol{B}$ 相似, 则以下说法错误的是 ( ).

A. $\boldsymbol{A}^{\mathrm{T}}$ 与 $\boldsymbol{B}^{\mathrm{T}}$ 相似

B. $\boldsymbol{A}^{-1}$ 与 $\boldsymbol{B}^{-1}$ 相似

C. $\boldsymbol{A}+\boldsymbol{A}^{\mathrm{T}}$ 与 $\boldsymbol{B}+\boldsymbol{B}^{\mathrm{T}}$ 相似

D. $\boldsymbol{A}+\boldsymbol{A}^{-1}$ 与 $\boldsymbol{B}+\boldsymbol{B}^{-1}$ 相似

6. 设矩阵 $\boldsymbol{A}=\begin{pmatrix}2&0&0\\0&2&1\\0&0&1\end{pmatrix},\boldsymbol{B}=\begin{pmatrix}2&1&0\\0&2&0\\0&0&1\end{pmatrix},\boldsymbol{C}=\begin{pmatrix}1&0&0\\0&2&0\\0&0&2\end{pmatrix}$, 则 ( ).

A. $\boldsymbol{A}$ 与 $\boldsymbol{C}$ 相似, $\boldsymbol{B}$ 与 $\boldsymbol{C}$ 相似

B. $\boldsymbol{A}$ 与 $\boldsymbol{C}$ 相似, $\boldsymbol{B}$ 与 $\boldsymbol{C}$ 不相似

C. $\boldsymbol{A}$ 与 $\boldsymbol{C}$ 不相似, $\boldsymbol{B}$ 与 $\boldsymbol{C}$ 相似

D. $\boldsymbol{A}$ 与 $\boldsymbol{C}$ 不相似, $\boldsymbol{B}$ 与 $\boldsymbol{C}$ 不相似

7. 下列矩阵中, 与矩阵 $\boldsymbol{A}=\begin{pmatrix}1&1&0\\0&1&1\\0&0&1\end{pmatrix}$ 相似的为 ( ).

A. $\begin{pmatrix}1&1&-1\\0&1&1\\0&0&1\end{pmatrix}$

B. $\begin{pmatrix}1&0&-1\\0&1&1\\0&0&1\end{pmatrix}$

C. $\begin{pmatrix}1&1&-1\\0&1&0\\0&0&1\end{pmatrix}$

D. $\begin{pmatrix}1&0&-1\\0&1&0\\0&0&1\end{pmatrix}$

8. 设二阶矩阵 $\boldsymbol{A}$ 有两个不同的特征值, $\boldsymbol{\alpha}_1,\boldsymbol{\alpha}_2$ 是 $\boldsymbol{A}$ 的线性无关的特征向量, 且满足 $\boldsymbol{A}^2(\boldsymbol{\alpha}_1+\boldsymbol{\alpha}_2)=\boldsymbol{\alpha}_1+\boldsymbol{\alpha}_2$, 则 $|\boldsymbol{A}|=$ ( ).

A. -1

B. 1

C. 0

D. 无法确定

9. 设 $\boldsymbol{A}$ 为二阶矩阵, $\boldsymbol{\alpha}_1,\boldsymbol{\alpha}_2$ 为线性无关的二维列向量, $\boldsymbol{A}\boldsymbol{\alpha}_1=\boldsymbol{0},\boldsymbol{A}\boldsymbol{\alpha}_2=2\boldsymbol{\alpha}_1+\boldsymbol{\alpha}_2$. 则 $\boldsymbol{A}$ 的非零特征值为 ( ).

A. -1

B. 1

C. 2

D. 无法确定

10. 三维列向量 $\boldsymbol{\alpha},\boldsymbol{\beta}$ 满足 $\boldsymbol{\alpha}^{\mathrm{T}}\boldsymbol{\beta}=2$, 则 $\boldsymbol{\beta}\boldsymbol{\alpha}^{\mathrm{T}}$ 的非零特征值为 ( ).

A. -1

B. 1

C. 2

D. 无法确定

二、解答题

1. (1997, 数学一) 已知 $\boldsymbol{\xi}=\begin{pmatrix}1\\1\\-1\end{pmatrix}$ 是矩阵 $\boldsymbol{A}=\begin{pmatrix}2&-1&2\\5&a&3\\-1&b&-2\end{pmatrix}$ 的一个特征向量.

(1) 试确定参数 a,b 及特征向量 $\boldsymbol{\xi}$ 所对应的特征值;

(2) 问 $\boldsymbol{A}$ 能否相似于对角矩阵? 说明理由.

2. 设三阶实对称矩阵 $\boldsymbol{A}$ 的特征值为 $-1,1,1$, 对应于特征值 -1 的特征向量为 $\boldsymbol{\xi}_1=(0,1,1)^{\mathrm{T}}$. 求 $\boldsymbol{A}$.

3. 设三阶矩阵 $\boldsymbol{A}$ 的特征值为 $1,2,3$, 对应的特征向量分别为

$$\boldsymbol{\xi}_1=\begin{pmatrix}1\\1\\1\end{pmatrix},\quad \boldsymbol{\xi}_2=\begin{pmatrix}1\\2\\4\end{pmatrix},\quad \boldsymbol{\xi}_3=\begin{pmatrix}1\\3\\9\end{pmatrix}$$

设向量 $\boldsymbol{\beta}=(1,2,3)^{\mathrm{T}}$.

(1) 将 $\boldsymbol{\beta}$ 用 $\boldsymbol{\xi}_1,\boldsymbol{\xi}_2,\boldsymbol{\xi}_3$ 线性表示;

(2) 求 $\boldsymbol{A}^n\boldsymbol{\beta}$ (n 为自然数).

4. (2020, 数学一) 设 $\boldsymbol{A}$ 为二阶矩阵, $\boldsymbol{P}=(\boldsymbol{\alpha},\boldsymbol{A}\boldsymbol{\alpha})$, 其中 $\boldsymbol{\alpha}$ 是非零实向量且不是 $\boldsymbol{A}$ 的特征向量.

(1) 证明 $\boldsymbol{P}$ 为可逆矩阵;

(2) 若 $\boldsymbol{A}^2\boldsymbol{\alpha}+\boldsymbol{A}\boldsymbol{\alpha}-6\boldsymbol{\alpha}=\mathbf{0}$, 求 $\boldsymbol{P}^{-1}\boldsymbol{A}\boldsymbol{P}$, 并判断 $\boldsymbol{A}$ 是否可相似于对角矩阵.

5. (2016, 数学一) 设矩阵 $\boldsymbol{A}=\begin{pmatrix}0&-1&1\\2&-3&0\\0&0&0\end{pmatrix}$.

(1) 求 $\boldsymbol{A}^{99}$;

(2) 设三阶矩阵 $\boldsymbol{B}=(\boldsymbol{\alpha}_1,\boldsymbol{\alpha}_2,\boldsymbol{\alpha}_3)$ 满足 $\boldsymbol{B}^2=\boldsymbol{B}\boldsymbol{A}$. 记 $\boldsymbol{B}^{100}=(\boldsymbol{\beta}_1,\boldsymbol{\beta}_2,\boldsymbol{\beta}_3)$. 将 $\boldsymbol{\beta}_1,\boldsymbol{\beta}_2,\boldsymbol{\beta}_3$ 表示成 $\boldsymbol{\alpha}_1,\boldsymbol{\alpha}_2,\boldsymbol{\alpha}_3$ 的线性组合.

6. 设三阶矩阵 $\boldsymbol{A}=(\boldsymbol{\alpha}_1,\boldsymbol{\alpha}_2,\boldsymbol{\alpha}_3)$ 有 3 个不同的特征值, 且 $\boldsymbol{\alpha}_3=\boldsymbol{\alpha}_1+2\boldsymbol{\alpha}_2$.

(1) 证明 $r(\boldsymbol{A})=2$;

(2) 设 $\boldsymbol{\beta}=\boldsymbol{\alpha}_1+\boldsymbol{\alpha}_2+\boldsymbol{\alpha}_3$, 求方程组 $\boldsymbol{A}\boldsymbol{x}=\boldsymbol{\beta}$ 的通解.

7. (2005, 数学四) 设 $\boldsymbol{A}$ 是三阶矩阵, $\boldsymbol{\alpha}_1,\boldsymbol{\alpha}_2,\boldsymbol{\alpha}_3$ 是线性无关的三维列向量, 满足 $\boldsymbol{A}\boldsymbol{\alpha}_1=\boldsymbol{\alpha}_1+\boldsymbol{\alpha}_2+\boldsymbol{\alpha}_3$, $\boldsymbol{A}\boldsymbol{\alpha}_2=2\boldsymbol{\alpha}_2+\boldsymbol{\alpha}_3, \boldsymbol{A}\boldsymbol{\alpha}_3=2\boldsymbol{\alpha}_2+3\boldsymbol{\alpha}_3$. 求:

(1) 矩阵 $\boldsymbol{B}$ 使得 $\boldsymbol{A}(\boldsymbol{\alpha}_1,\boldsymbol{\alpha}_2,\boldsymbol{\alpha}_3)=(\boldsymbol{\alpha}_1,\boldsymbol{\alpha}_2,\boldsymbol{\alpha}_3)\boldsymbol{B}$;

(2) 矩阵 $\boldsymbol{A}$ 的特征值;

(3) 可逆矩阵 $\boldsymbol{P}$ 使得 $\boldsymbol{P}^{-1}\boldsymbol{A}\boldsymbol{P}$ 为对角矩阵.

8. (1999, 数学四) 设矩阵 $\boldsymbol{A}=\begin{pmatrix}3&2&-2\\-k&-1&k\\4&2&-3\end{pmatrix}$. 试问当 k 取何值时, 存在可逆矩阵 $\boldsymbol{P}$ 使得

$\boldsymbol{P}^{-1}\boldsymbol{AP}$ 为对角矩阵? 并求出 $\boldsymbol{P}$ 与相应的对角矩阵.

9. (2015, 数学一) 设矩阵 $\boldsymbol{A}=\begin{pmatrix} 0 & 2 & -3 \\ -1 & 3 & -3 \\ 1 & -2 & a \end{pmatrix}$, $\boldsymbol{B}=\begin{pmatrix} 1 & -2 & 0 \\ 0 & b & 0 \\ 0 & 3 & 1 \end{pmatrix}$ 相似. 求:

(1) a,b 的值;

(2) 可逆矩阵 $\boldsymbol{P}$, 使 $\boldsymbol{P}^{-1}\boldsymbol{AP}$ 为对角矩阵.

第 4 章

二 次 型

二次型 (quadratic form) 也称“二次形式”, 从 18 世纪开始, 人们为了讨论二次曲线和二次曲面的分类, 将它们的一般方程变形, 并选主轴方向为坐标轴的方向以简化方程从而得到标准方程. 柯西最先注意到标准形中二次项的符号可用来对二次曲线和二次曲面分类, 西尔维斯特给出了实二次型的惯性定理, 回答了二次型在化标准形的过程中正、负项不变的问题, 但没有给出证明. 这个定理后被雅克比重新发现并证明. 1801 年, 高斯在《算术研究》中引进了二次型的正定、负定、半正定和半负定等术语, 这在数学分析中被用来解决极大值、极小值问题. 二次型理论在概率论与数理统计 (如置信椭圆体)、经济学 (如效用函数)、物理学 (如势能和动能)、微分几何 (如曲线的法曲率)、密码学与编码学等领域也有重要应用.

4.1　二次型及其矩阵表示

在解析几何中, 用一个平面截圆锥曲面所得的截面称为圆锥曲线, 包括椭圆 (圆)、抛物线、双曲线等, 如图 4.1.1 所示.

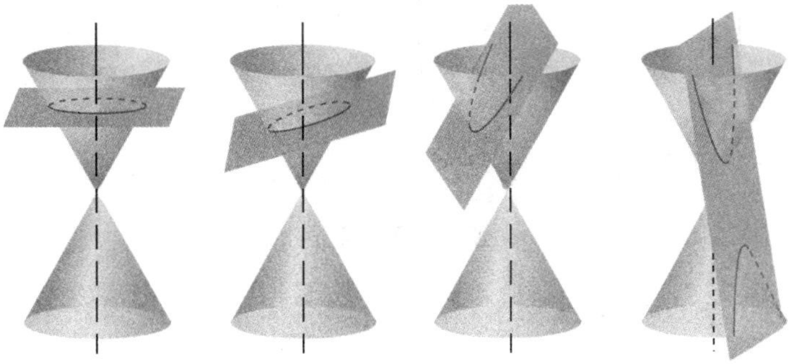

图 4.1.1

它们的一般方程为

$$ax^2 + 2bxy + cy^2 + dx + ey + f = 0$$

若曲线的中心位于坐标原点, 则它们的方程没有一次项, 即

$$ax^2 + 2bxy + cy^2 = k \quad (k = -f)$$

用矩阵可表示为

$$(x \quad y)\begin{pmatrix} a & b \\ b & c \end{pmatrix}\begin{pmatrix} x \\ y \end{pmatrix} = k$$

定义 4.1.1 系数为实数的关于 $x_1, x_2, \cdots, x_n$ 的二次齐次多项式

$$\begin{aligned} f(x_1, x_2, \cdots, x_n) = \ & a_{11}x_1^2 + 2a_{12}x_1x_2 + 2a_{13}x_1x_3 + \cdots + 2a_{1n}x_1x_n \\ & + a_{22}x_2^2 + 2a_{23}x_2x_3 + \cdots + 2a_{2n}x_2x_n \\ & + a_{33}x_3^2 + \cdots + 2a_{3n}x_3x_n \\ & \ddots \quad \vdots \\ & + a_{nn}x_n^2 \end{aligned}$$

称为n **元实二次型**, 简称二次型.

若令 $a_{ji} = a_{ij}$, 则上述二次型可改写为

$$\begin{aligned} f(x_1, x_2, \cdots, x_n) = \ & a_{11}x_1^2 + a_{12}x_1x_2 + a_{13}x_1x_3 + \cdots + a_{1n}x_1x_n \\ & a_{21}x_2x_1 + a_{22}x_2^2 + a_{23}x_2x_3 + \cdots + a_{2n}x_2x_n \\ & \vdots \\ & a_{n1}x_nx_1 + a_{n2}x_nx_2 + a_{n3}x_nx_3 + \cdots + a_{nn}x_n^2 \end{aligned}$$

取对称矩阵

$$\boldsymbol{A} = \begin{pmatrix} a_{11} & a_{12} & \cdots & a_{1n} \\ a_{21} & a_{22} & \cdots & a_{2n} \\ \vdots & \vdots & & \vdots \\ a_{n1} & a_{n2} & \cdots & a_{nn} \end{pmatrix}, \quad a_{ij} = a_{ji}, \quad \boldsymbol{X} = \begin{pmatrix} x_1 \\ x_2 \\ \vdots \\ x_n \end{pmatrix}$$

则二次型 $f(x_1, x_2, \cdots, x_n)$ 可记作

$$f(\boldsymbol{X}) = \boldsymbol{X}^{\mathrm{T}}\boldsymbol{A}\boldsymbol{X}$$

定义 4.1.2 实对称矩阵 $\boldsymbol{A}$ 称为二次型 $f(x_1, x_2, \cdots, x_n)$ 的矩阵. 矩阵 $\boldsymbol{A}$ 的秩也称为二次型 $f(x_1, x_2, \cdots, x_n)$ 的秩.

例 4.1.1 二次型 $f(x_1, x_2, x_3) = x_1x_2 + x_1x_3 + x_2x_3$ 的矩阵为

$$\boldsymbol{A} = \begin{pmatrix} 0 & \frac{1}{2} & \frac{1}{2} \\ \frac{1}{2} & 0 & \frac{1}{2} \\ \frac{1}{2} & \frac{1}{2} & 0 \end{pmatrix}$$

由于 $r(\boldsymbol{A}) = 3$, 所以二次型 $f(x_1, x_2, x_3)$ 的秩为 3.

例 4.1.2 椭圆 $5x^2-4xy+8y^2-36=0$ 的矩阵为

$$\boldsymbol{A}=\begin{pmatrix} 5 & -2 \\ -2 & 8 \end{pmatrix}$$

由定理 3.5.3 知存在正交矩阵

$$\boldsymbol{Q}=\begin{pmatrix} \dfrac{2}{\sqrt{5}} & -\dfrac{1}{\sqrt{5}} \\ \dfrac{1}{\sqrt{5}} & \dfrac{2}{\sqrt{5}} \end{pmatrix}$$

使得

$$\boldsymbol{Q}^{\mathrm{T}}\boldsymbol{A}\boldsymbol{Q}=\begin{pmatrix} 4 & \\ & 9 \end{pmatrix}$$

正交矩阵 $\boldsymbol{Q}$ 表达坐标变换

$$\begin{pmatrix} x \\ y \end{pmatrix}=\boldsymbol{Q}\begin{pmatrix} x' \\ y' \end{pmatrix} \quad \text{或} \quad \begin{cases} x'=\dfrac{2}{\sqrt{5}}x+\dfrac{1}{\sqrt{5}}y \\ y'=-\dfrac{1}{\sqrt{5}}x+\dfrac{2}{\sqrt{5}}y \end{cases}$$

即坐标系逆时针旋转 $\theta=\arccos\dfrac{2}{\sqrt{5}}\approx 26.6^\circ$, 将直角坐标系 xOy 变为直角坐标系 $x'Oy'$, 如图 4.1.2 所示, 而椭圆关于坐标系 $x'Oy'$ 的方程是标准方程

$$4x^2+9y^2=36 \quad \text{或} \quad \frac{x^2}{9}+\frac{y^2}{4}=1$$

对应的矩阵表达为

$$(x \quad y)\begin{pmatrix} 4 & 0 \\ 0 & 9 \end{pmatrix}\begin{pmatrix} x \\ y \end{pmatrix}=36$$

该例中将一般方程化为标准方程的过程可以推广到一般情形.

定义 4.1.3 关系式

$$\begin{cases} x_1=c_{11}y_1+c_{12}y_2+\cdots+c_{1n}y_n \\ x_2=c_{21}y_1+c_{22}y_2+\cdots+c_{2n}y_n \\ \cdots\cdots \\ x_n=c_{n1}y_1+c_{n2}y_2+\cdots+c_{nn}y_n \end{cases} \tag{4.1.1}$$

称为由变量 $x_1,x_2,\cdots,x_n$ 到变量 $y_1,y_2,\cdots,y_n$ 的**线性替换** (或**线性变换**).

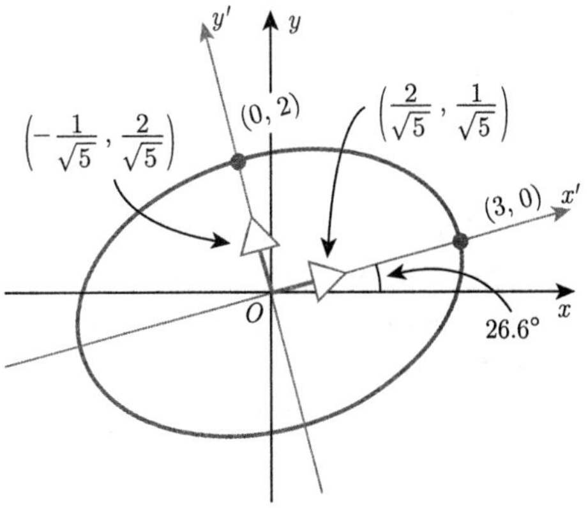

图 4.1.2

记

$$
\boldsymbol{C}=\begin{pmatrix} c_{11} & c_{12} & \cdots & c_{1n} \\ c_{21} & c_{22} & \cdots & c_{2n} \\ \vdots & \vdots & & \vdots \\ c_{n1} & c_{n2} & \cdots & c_{nn} \end{pmatrix},\quad \boldsymbol{X}=\begin{pmatrix} x_1 \\ x_2 \\ \vdots \\ x_n \end{pmatrix},\quad \boldsymbol{Y}=\begin{pmatrix} y_1 \\ y_2 \\ \vdots \\ y_n \end{pmatrix}
$$

则式 (4.1.1) 可表示为

$$\boldsymbol{X}=\boldsymbol{C}\boldsymbol{Y}$$

当 $\boldsymbol{C}$ 是可逆矩阵时, 式 (4.1.1) 称为可逆 (或非奇异、非退化) 线性替换.

二次型 $f(x_1,x_2,\cdots,x_n)$ 经可逆线性替换 $\boldsymbol{X}=\boldsymbol{C}\boldsymbol{Y}$ 变为

$$f(x_1,x_2,\cdots,x_n)=\boldsymbol{X}^{\mathrm{T}}\boldsymbol{A}\boldsymbol{X}=(\boldsymbol{C}\boldsymbol{Y})^{\mathrm{T}}\boldsymbol{A}(\boldsymbol{C}\boldsymbol{Y})=\boldsymbol{Y}^{\mathrm{T}}(\boldsymbol{C}^{\mathrm{T}}\boldsymbol{A}\boldsymbol{C})\boldsymbol{Y}=\boldsymbol{Y}^{\mathrm{T}}\boldsymbol{B}\boldsymbol{Y}$$

式中: $\boldsymbol{B}=\boldsymbol{C}^{\mathrm{T}}\boldsymbol{A}\boldsymbol{C}$ 也是对称矩阵. 由 $\boldsymbol{B}$ 定义的二次型记为

$$g(y_1,y_2,\cdots,y_n)=\boldsymbol{Y}^{\mathrm{T}}\boldsymbol{B}\boldsymbol{Y}$$

定义 4.1.4 n 阶实对称矩阵$\boldsymbol{A}$ **合同于** $\boldsymbol{B}$, 记作 $\boldsymbol{A}\simeq\boldsymbol{B}$, 如果存在可逆矩阵 $\boldsymbol{C}$, 使得

$$\boldsymbol{B}=\boldsymbol{C}^{\mathrm{T}}\boldsymbol{A}\boldsymbol{C}$$

定义 4.1.5 若二次型

$$f(x_1,x_2,\cdots,x_n)=\boldsymbol{X}^{\mathrm{T}}\boldsymbol{A}\boldsymbol{X}$$

经可逆线性替换 $\boldsymbol{X}=\boldsymbol{C}\boldsymbol{Y}$ 化为二次型

$$g(y_1,y_2,\cdots,y_n)=\boldsymbol{Y}^{\mathrm{T}}\boldsymbol{B}\boldsymbol{Y}$$

则称二次型 $f(x_1,x_2,\cdots,x_n)=\boldsymbol{X}^{\mathrm{T}}\boldsymbol{A}\boldsymbol{X}$ 与 $g(y_1,y_2,\cdots,y_n)=\boldsymbol{Y}^{\mathrm{T}}\boldsymbol{B}\boldsymbol{Y}$ **等价**.

例4.1.3 例 4.1.2 中的对称矩阵 $\boldsymbol{A}=\begin{pmatrix} 5 & -2 \\ -2 & 8 \end{pmatrix}$ 合同于对角矩阵 $\boldsymbol{B}=\begin{pmatrix} 4 & 0 \\ 0 & 9 \end{pmatrix}$, 对应地, 二次型 $f(x,y)=5x^2-4xy+8y^2$ 等价于 $g(x,y)=4x^2+9y^2$.

定理 4.1.1 二次型 $f(x_1,x_2,\cdots,x_n)=\boldsymbol{X}^{\mathrm{T}}\boldsymbol{A}\boldsymbol{X}$ 与 $g(y_1,y_2,\cdots,y_n)=\boldsymbol{Y}^{\mathrm{T}}\boldsymbol{B}\boldsymbol{Y}$ 等价当且仅当 $\boldsymbol{A}\simeq\boldsymbol{B}$.

习 题 4.1

(A)

1. 写出下列二次型的矩阵, 并求二次型的秩.

(1) $-4x_1x_2+2x_1x_3+2x_2x_3$;

(2) $x_1^2-3x_2^2-2x_1x_2+2x_1x_3-6x_2x_3$.

2. 设 $a_1,a_2,\cdots,a_n$ 不全为零. 写出二次型

$$f(x_1,x_2,\cdots,x_n)=(a_1x_1+a_2x_2+\cdots+a_nx_n)^2$$

的矩阵, 并求二次型的秩.

3. 设 $f(x_1,x_2,x_3)=x_1^2+4x_2^2+4x_3^2-4x_1x_2+2ax_1x_3+2bx_2x_3$ 的秩为 1, 求 a,b 的值.

(B)

4. 设 $\boldsymbol{A}=(a_{ij})$ 是 n 阶实矩阵, 实二次型

$$f(x_1,x_2,\cdots,x_n)=\sum_{i=1}^{n}(a_{i1}x_1+a_{i2}x_2+\cdots+a_{in}x_n)^2$$

(1) 请写出二次型的矩阵 $\boldsymbol{B}$;

(2) 证明二次型的秩等于 $r(\boldsymbol{A})$.

4.2 二次型的标准形

在 4.1 节例 4.1.2 表明可用正交变换将实对称矩阵合同于对角矩阵, 同时将二次型等价于一个只含平方项的标准二次型. 而第 3 章定理 3.5.3 表明这可以推广到一般的 n 元二次型. 由于正交变换法化二次型为标准形等价于将实对称矩阵正交相似 (合同) 于对角矩阵, 所以可以利用 3.5 节所述的步骤将二次型的矩阵正交相似 (合同) 于对角矩阵.

例 4.2.1 用正交变换法化二次型

$$f(x_1,x_2,x_3)=x_1x_2+x_1x_3+x_2x_3$$

为标准形.

解 二次型的矩阵 $\boldsymbol{A}=\begin{pmatrix}0&\frac{1}{2}&\frac{1}{2}\\\frac{1}{2}&0&\frac{1}{2}\\\frac{1}{2}&\frac{1}{2}&0\end{pmatrix}$, 由于

$$|\lambda\boldsymbol{E}-\boldsymbol{A}|=\begin{vmatrix}\lambda&-\frac{1}{2}&-\frac{1}{2}\\-\frac{1}{2}&\lambda&-\frac{1}{2}\\-\frac{1}{2}&-\frac{1}{2}&\lambda\end{vmatrix}=\frac{1}{4}(\lambda-1)(2\lambda+1)^2=0$$

所以 $\boldsymbol{A}$ 的特征值为 $\lambda_1=1,\lambda_2=\lambda_3=-\frac{1}{2}$.

对于 $\lambda_1=1$, 解

$$\begin{pmatrix}1&-\frac{1}{2}&-\frac{1}{2}\\-\frac{1}{2}&1&-\frac{1}{2}\\-\frac{1}{2}&-\frac{1}{2}&1\end{pmatrix}\begin{pmatrix}x_1\\x_2\\x_3\end{pmatrix}=\mathbf{0}$$

得基础解系 $\boldsymbol{\xi}_1=(1,1,1)^{\mathrm{T}}$, 单位化得 $\boldsymbol{\varepsilon}_1=\left(\frac{1}{\sqrt{3}},\frac{1}{\sqrt{3}},\frac{1}{\sqrt{3}}\right)^{\mathrm{T}}$.

对于 $\lambda_2=-\dfrac{1}{2}$, 解

$$\begin{pmatrix} -\dfrac{1}{2} & -\dfrac{1}{2} & -\dfrac{1}{2} \\ -\dfrac{1}{2} & -\dfrac{1}{2} & -\dfrac{1}{2} \\ -\dfrac{1}{2} & -\dfrac{1}{2} & -\dfrac{1}{2} \end{pmatrix}\begin{pmatrix} x_1 \\ x_2 \\ x_3 \end{pmatrix}=\mathbf{0}$$

得基础解系 $\boldsymbol{\xi}_2=(-1,1,0)^{\mathrm{T}}$, $\boldsymbol{\xi}_3=(-1,0,1)^{\mathrm{T}}$, 正交化、单位化得

$$\boldsymbol{\varepsilon}_2=\begin{pmatrix} -\dfrac{1}{\sqrt{2}} \\ \dfrac{1}{\sqrt{2}} \\ 0 \end{pmatrix}, \qquad \boldsymbol{\varepsilon}_3=\begin{pmatrix} -\dfrac{1}{\sqrt{6}} \\ -\dfrac{1}{\sqrt{6}} \\ \dfrac{2}{\sqrt{6}} \end{pmatrix}$$

令 $\boldsymbol{Q}=(\boldsymbol{\varepsilon}_1,\boldsymbol{\varepsilon}_2,\boldsymbol{\varepsilon}_3)$, 则 $\boldsymbol{Q}^{\mathrm{T}}\boldsymbol{A}\boldsymbol{Q}=\operatorname{diag}\left(1,-\dfrac{1}{2},-\dfrac{1}{2}\right)$. 从而标准形为

$$y_1^2-\frac{1}{2}y_2^2-\frac{1}{2}y_3^2$$

□

在工程技术、经济学等领域经常会遇到一些特定条件下求二次型的极值问题. 这些问题一般可转化为基于条件

$$\boldsymbol{X}^{\mathrm{T}}\boldsymbol{X}=1 \quad \text{或} \quad x_1^2+x_2^2+\cdots+x_n^2=1$$

求二次型

$$z=f(x_1,x_2,\cdots,x_n)=\boldsymbol{X}^{\mathrm{T}}\boldsymbol{A}\boldsymbol{X}$$

的极大、极小值问题. 注意到正交变换保持图形的大小与形状不变, 因此在二次型的条件极值问题中有广泛应用. 设存在正交矩阵 $\boldsymbol{Q}$ 使得 $\boldsymbol{Q}^{\mathrm{T}}\boldsymbol{A}\boldsymbol{Q}=\operatorname{diag}(\lambda_1,\lambda_2,\cdots,\lambda_n)$, 其中 $\lambda_1\leqslant\lambda_2\leqslant\cdots\leqslant\lambda_n$ 是 $\boldsymbol{A}$ 的特征值. 则通过正交变换 $\boldsymbol{X}=\boldsymbol{Q}\boldsymbol{Y}$, 可将二次型 $f(\boldsymbol{X})=\boldsymbol{X}^{\mathrm{T}}\boldsymbol{A}\boldsymbol{X}$ 化为

$$g(\boldsymbol{Y})=\boldsymbol{Y}^{\mathrm{T}}(\boldsymbol{Q}^{\mathrm{T}}\boldsymbol{A}\boldsymbol{Q})\boldsymbol{Y}=\lambda_1y_1^2+\lambda_2y_2^2+\cdots+\lambda_ny_n^2$$

因为

$$1=\boldsymbol{X}^{\mathrm{T}}\boldsymbol{X}=(\boldsymbol{Q}\boldsymbol{Y})^{\mathrm{T}}(\boldsymbol{Q}\boldsymbol{Y})=\boldsymbol{Y}^{\mathrm{T}}(\boldsymbol{Q}^{\mathrm{T}}\boldsymbol{Q})\boldsymbol{Y}=\boldsymbol{Y}^{\mathrm{T}}\boldsymbol{Y}$$

所以

$$\lambda_1=\lambda_1\boldsymbol{Y}^{\mathrm{T}}\boldsymbol{Y}\leqslant\boldsymbol{X}^{\mathrm{T}}\boldsymbol{A}\boldsymbol{X}=\boldsymbol{Y}^{\mathrm{T}}(\boldsymbol{Q}^{\mathrm{T}}\boldsymbol{A}\boldsymbol{Q})\boldsymbol{Y}\leqslant\lambda_n\boldsymbol{Y}^{\mathrm{T}}\boldsymbol{Y}=\lambda_n$$

且 λ_1, λ_n 对应的特征向量 $\boldsymbol{\xi}_1, \boldsymbol{\xi}_n$ 分别是 $z=f(x_1,x_2,\cdots,x_n)$ 极小、极大值点. 例如, 当 $n=2$ 时, 二次型 $z=\boldsymbol{X}^{\mathrm{T}}\boldsymbol{A}\boldsymbol{X}$ 在限制条件 $\|\boldsymbol{X}\|=1$ 下的极值如图 4.2.1 所示.

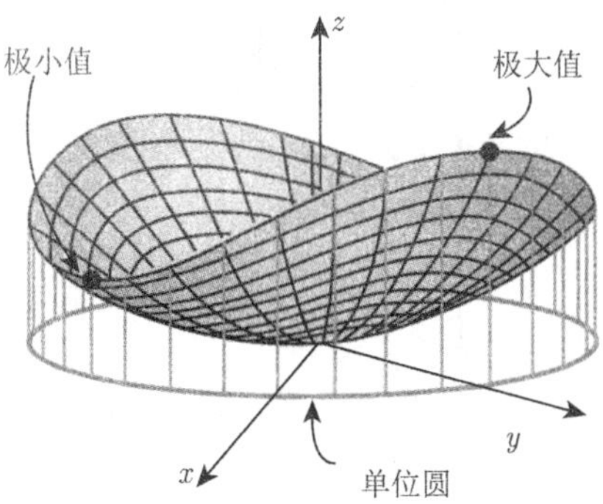

图 4.2.1

例 4.2.2 某市政府下一年度计划同时开展两个市政项目. 例如, 修建 x 100 km 的公路与 y hm^2 的公园, 这两个项目应满足限制条件 $4x^2+9y^2 \leqslant 36$. 为评估项目的效果, 常用效用函数 $f(x,y)=xy$ 来度量项目的效益. 求选择怎样的项目计划, 使效用函数 $f(x,y)$ 最大.

解 将限制条件方程 $4x^2+9y^2=36$ 改写为

$$\left(\frac{x}{3}\right)^2+\left(\frac{y}{2}\right)^2=1$$

作变量替换 $x=3x_1, y=2x_2$, 则问题转换为在限制条件 $x_1^2+x_2^2\leqslant 1$ 下求二次型

$$g(x_1,x_2)=6x_1x_2$$

的极大值. 二次型的矩阵

$$\boldsymbol{A}=\begin{pmatrix} 0 & 3 \\ 3 & 0 \end{pmatrix}$$

的特征值为 $-3,3$, 对应的特征向量分别为 $\boldsymbol{\xi}_1=\left(-\frac{1}{\sqrt{2}},\frac{1}{\sqrt{2}}\right)^{\mathrm{T}}$, $\boldsymbol{\xi}_2=\left(\frac{1}{\sqrt{2}},\frac{1}{\sqrt{2}}\right)^{\mathrm{T}}$. 所以二次型 $g(x_1,x_2)$ 的最大值是 3, 且在 $x_1=x_2=\frac{1}{\sqrt{2}}$ 时达到. 故市政项目选择修 $x=3\frac{1}{\sqrt{2}}$ 100 km 的公路与 $y=2\frac{1}{\sqrt{2}}$ hm^2 的公园可使效用函数 $f(x,y)$ 最大.

正交变换法化二次型为标准形的优点在于正交变换保持图形的大小与形状不变, 而且将标准正交基变成标准正交基. 如果放松限制, 我们考虑使用可逆线性替换, 那么还有配方法、初等变换法等常用方法化二次型为标准形. 不过这些方法只能保持二次型所对应的曲线或曲面的类型, 却不能保持它们的形状和大小不变. 化二次型 $f(x_1,x_2,\cdots,x_n)$ 为标准形的其他方法:

(1) 拉格朗日配方法：将变量 $x_1, x_2, \cdots, x_n$ 逐个配成完全平方形式, 即若二次型含有 x_i 的平方项, 则先把含有 x_i 的乘积项集中, 然后配方, 再对其余变量同样进行, 直到都配成完全平方项为止; 当二次型没有平方项时, 先通过可逆线性替换

$$\begin{cases} x_1 = y_1 + y_2 \\ x_2 = y_1 - y_2 \\ x_3 = y_3 \\ \quad\cdots \\ x_n = y_n \end{cases}$$

变换出平方项, 再配方, 如例 4.2.3.

(2) 初等变换法：设 $\boldsymbol{C}^{\mathrm{T}}\boldsymbol{A}\boldsymbol{C} = \boldsymbol{D}$ 为对角矩阵, 可逆矩阵 $\boldsymbol{C} = \boldsymbol{P}_1\boldsymbol{P}_2\cdots\boldsymbol{P}_s$, 其中 $\boldsymbol{P}_i(i = 1, 2, \cdots, s)$ 为初等矩阵, 则

$$\begin{cases} \boldsymbol{P}_s^{\mathrm{T}}\cdots\boldsymbol{P}_2^{\mathrm{T}}\boldsymbol{P}_1^{\mathrm{T}}\boldsymbol{A}\boldsymbol{P}_1\boldsymbol{P}_2\cdots\boldsymbol{P}_s = \boldsymbol{D} \\ \boldsymbol{E}\boldsymbol{P}_1\boldsymbol{P}_2\cdots\boldsymbol{P}_s = \boldsymbol{C} \end{cases}$$

上式表明对 $\boldsymbol{A}$ 作成对的行、列初等变换化为对角矩阵 $\boldsymbol{D}$ 的同时, 对 $\boldsymbol{E}$ 只作相同的列初等变换化为 $\boldsymbol{C}$.

因此, 利用初等变换法化二次型为标准形的步骤：先求出二次型 $f(x_1, x_2, \cdots, x_n)$ 的矩阵 $\boldsymbol{A}$, 再作如下的初等变换: 对 $\boldsymbol{A}$ 作成对的行、列初等变换化为对角矩阵 $\boldsymbol{D}$, 对 $\boldsymbol{E}$ 只作列初等变换得到 $\boldsymbol{C}$, 并且 $\boldsymbol{C}^{\mathrm{T}}\boldsymbol{A}\boldsymbol{C} = \boldsymbol{D}$.

$$\begin{pmatrix} \boldsymbol{A} \\ \boldsymbol{E} \end{pmatrix} \xrightarrow[\text{对 } \boldsymbol{E} \text{ 作列初等变换}]{\text{对 } \boldsymbol{A} \text{ 作行、列初等变换}} \begin{pmatrix} \boldsymbol{D} \\ \boldsymbol{C} \end{pmatrix}$$

例 4.2.3 化二次型 $f(x_1, x_2, x_3) = x_1x_2 + x_1x_3 + x_2x_3$ 为标准形.

解 (1) 配方法：作线性替换

$$\begin{cases} x_1 = y_1 + y_2 \\ x_2 = y_1 - y_2 \\ x_3 = y_3 \end{cases}$$

则 $f(x_1, x_2, x_3) = y_1^2 + 2y_1y_3 - y_2^2 = (y_1 + y_3)^2 - y_2^2 - y_3^2$. 作线性替换

$$\begin{cases} z_1 = y_1 + y_3 \\ z_2 = y_2, \\ z_3 = y_3 \end{cases} \quad \text{即} \quad \begin{cases} y_1 = z_1 - z_3 \\ y_2 = z_2 \\ y_3 = z_3 \end{cases}$$

则 $f = z_1^2 - z_2^2 - z_3^2$.

(2) 初等变换法：二次型 $f(x_1, x_2, x_3) = x_1x_2 + x_1x_3 + x_2x_3$ 的矩阵为

$$A = \begin{pmatrix} 0 & \frac{1}{2} & \frac{1}{2} \\ \frac{1}{2} & 0 & \frac{1}{2} \\ \frac{1}{2} & \frac{1}{2} & 0 \end{pmatrix}$$

则

$$\begin{pmatrix} A \\ \hline E \end{pmatrix} = \begin{pmatrix} 0 & \frac{1}{2} & \frac{1}{2} \\ \frac{1}{2} & 0 & \frac{1}{2} \\ \frac{1}{2} & \frac{1}{2} & 0 \\ \hdashline 1 & 0 & 0 \\ 0 & 1 & 0 \\ 0 & 0 & 1 \end{pmatrix} \longrightarrow \begin{pmatrix} \frac{1}{2} & \frac{1}{2} & \frac{1}{2} \\ \frac{1}{2} & 0 & \frac{1}{2} \\ 1 & \frac{1}{2} & 0 \\ \hdashline 1 & 0 & 0 \\ 1 & 1 & 0 \\ 0 & 0 & 1 \end{pmatrix} \longrightarrow \begin{pmatrix} 1 & \frac{1}{2} & 1 \\ \frac{1}{2} & 0 & \frac{1}{2} \\ 1 & \frac{1}{2} & 0 \\ \hdashline 1 & 0 & 0 \\ 1 & 1 & 0 \\ 0 & 0 & 1 \end{pmatrix}$$

$$\longrightarrow \begin{pmatrix} 1 & 0 & 0 \\ \frac{1}{2} & -\frac{1}{4} & 0 \\ 1 & 0 & -1 \\ \hdashline 1 & -\frac{1}{2} & -1 \\ 1 & \frac{1}{2} & -1 \\ 0 & 0 & 1 \end{pmatrix} \longrightarrow \begin{pmatrix} 1 & 0 & 0 \\ 0 & -\frac{1}{4} & 0 \\ 0 & 0 & -1 \\ \hdashline 1 & -\frac{1}{2} & -1 \\ 1 & \frac{1}{2} & -1 \\ 0 & 0 & 1 \end{pmatrix}$$

则二次型 $f(x_1, x_2, x_3)$ 经可逆线性替换

$$\begin{pmatrix} x_1 \\ x_2 \\ x_3 \end{pmatrix} = \begin{pmatrix} 1 & -\frac{1}{2} & -1 \\ 1 & \frac{1}{2} & -1 \\ 0 & 0 & 1 \end{pmatrix} \begin{pmatrix} y_1 \\ y_2 \\ y_3 \end{pmatrix}$$

化为标准形 $f = y_1^2 - \frac{1}{4}y_2^2 - y_3^2$.

注 上面的例子说明, 二次型的标准形并不唯一.

习 题 4.2

(A)

1. 用配方法将下列二次型化为标准形.

(1) $2x_1^2+5x_2^2+5x_3^2+4x_1x_2-4x_1x_3-8x_2x_3$;

(2) $-4x_1x_2+2x_1x_3+2x_2x_3$.

2. 用初等变换法将下列二次型化为标准形.

(1) $f(x_1,x_2,x_3)=x_1^2+2x_2^2-2x_3^2+2x_1x_2-2x_1x_3$;

(2) $f(x_1,x_2,x_3)=x_1^2-3x_2^2+x_3^2+x_1x_3$.

3. 用正交变换法将下列二次型化为标准形.

(1) $f(x_1,x_2,x_3)=x_1^2+x_2^2+2x_3^2+2x_1x_2$;

(2) $f(x_1,x_2,x_3,x_4)=2x_1x_2+2x_3x_4$.

4. (2011, 数学一) 若二次曲面的方程 $x^2+3y^2+z^2+2axy+2xz+2yz=4$ 经正交变换化为 $y_1^2+4z_1^2=4$, 求 a.

(B)

5. (2013, 数学一) 设二次型 $f(x_1,x_2,x_3)=2(a_1x_1+a_2x_2+a_3x_3)^2+(b_1x_1+b_2x_2+b_3x_3)^2$, 记

$$\boldsymbol{\alpha}=\begin{pmatrix}a_1\\a_2\\a_3\end{pmatrix},\qquad \boldsymbol{\beta}=\begin{pmatrix}b_1\\b_2\\b_3\end{pmatrix}$$

(1) 证明二次型 $f(x_1,x_2,x_3)$ 的矩阵是 $2\boldsymbol{\alpha}\boldsymbol{\alpha}^{\mathrm{T}}+\boldsymbol{\beta}\boldsymbol{\beta}^{\mathrm{T}}$;

(2) 若 $\boldsymbol{\alpha},\boldsymbol{\beta}$ 是正交的单位向量, 证明 $f(x_1,x_2,x_3)$ 在正交变换下的标准形是 $2y_1^2+y_2^2$.

6. (2017, 数学一) 已知二次型 $f(x_1,x_2,x_3)=2x_1^2-x_2^2+ax_3^2+2x_1x_2-8x_1x_3+2x_2x_3$ 经过正交变换 $x=Qy$ 的标准形为 $\lambda_1y_1^2+\lambda_2y_2^2$. 求 a 的值和一个正交矩阵 $\boldsymbol{Q}$.

(C)

7. 设 $\boldsymbol{A}$ 是 n 阶实对称矩阵,

(1) 若 $\lambda_1\leqslant\lambda_2\leqslant\cdots\leqslant\lambda_n$ 是 $\boldsymbol{A}$ 的全部特征值, 则

$$\forall \boldsymbol{X}\in\mathbf{R}^n,\quad \lambda_1\boldsymbol{X}^{\mathrm{T}}\boldsymbol{X}\leqslant\boldsymbol{X}^{\mathrm{T}}\boldsymbol{A}\boldsymbol{X}\leqslant\lambda_n\boldsymbol{X}^{\mathrm{T}}\boldsymbol{X}$$

(2) $\forall\lambda=\lambda_i$, $\exists\boldsymbol{\xi}=(c_1,c_2,\cdots,c_n)^{\mathrm{T}}\neq\mathbf{0}$ 使得 $f(\boldsymbol{\xi})=\lambda\boldsymbol{\xi}^{\mathrm{T}}\boldsymbol{\xi}$.

8. 设 $\boldsymbol{A}=(a_{ij})$ 是 n 阶实对称矩阵, $\lambda_1\leqslant\lambda_2\leqslant\cdots\leqslant\lambda_n$ 是它的全部特征值. 证明 $\lambda_1\leqslant a_{ii}\leqslant\lambda_n(i=1,2,\cdots,n)$.

4.3 规 范 形

我们已经知道二次型的标准形不唯一, 与所作的线性替换有关. 两个自然的问题是: 我们能否找到二次型更好的"标准形"使得它是唯一的, 与所使用的线性替换无关? 我们能否研究二次型的哪些量与所作的可逆线性替换无关? 或等价地, n 阶对称矩阵在合同变换下的不变量是什么? 这些问题都与二次型的规范形有关.

定理 4.3.1 若 $\boldsymbol{A}$ 是 $\mathbf{R}$ 上的 n 阶对称矩阵, $r(\boldsymbol{A})=r$, 则存在 $\mathbf{R}$ 上的 n 阶可逆矩阵 $\boldsymbol{C}$, 使得

$$\boldsymbol{C}^{\mathrm{T}}\boldsymbol{A}\boldsymbol{C}=\begin{pmatrix}\boldsymbol{E}_p&\boldsymbol{O}&\boldsymbol{O}\\\boldsymbol{O}&-\boldsymbol{E}_q&\boldsymbol{O}\\\boldsymbol{O}&\boldsymbol{O}&\boldsymbol{O}\end{pmatrix}\quad(p+q=r)$$

证 因为 $r(\boldsymbol{A})=r$, 所以存在 $\mathbf{R}$ 上的 n 阶可逆矩阵 $\boldsymbol{C}_1$, 使得

$$\boldsymbol{C}_1^{\mathrm{T}}\boldsymbol{A}\boldsymbol{C}_1=\operatorname{diag}(d_1,\cdots,d_r,0,\cdots,0)\quad(d_i\neq 0)$$

不妨设 $d_1>0,\cdots,d_p>0$, $d_{p+1}<0,\cdots,d_r<0$. 令

$$\boldsymbol{C}_2=\operatorname{diag}\left(\frac{1}{\sqrt{d_1}},\cdots,\frac{1}{\sqrt{d_p}},\frac{1}{\sqrt{-d_{p+1}}},\cdots,\frac{1}{\sqrt{-d_r}},1,\cdots,1\right)$$

$\boldsymbol{C}=\boldsymbol{C}_1\boldsymbol{C}_2$. 则

$$\boldsymbol{C}^{\mathrm{T}}\boldsymbol{A}\boldsymbol{C}=\begin{pmatrix}\boldsymbol{E}_p & \boldsymbol{O} & \boldsymbol{O}\\ \boldsymbol{O} & -\boldsymbol{E}_q & \boldsymbol{O}\\ \boldsymbol{O} & \boldsymbol{O} & \boldsymbol{O}\end{pmatrix}\quad(p+q=r)$$ □

利用二次型定理 4.3.1 等价于如下定理.

定理4.3.2 实数域 $\mathbf{R}$ 上秩为 r 的二次型 $f(x_1,x_2,\cdots,x_n)$ 经可逆线性替换 $\boldsymbol{X}=\boldsymbol{C}\boldsymbol{Y}$ 可化为

$$f=y_1^2+y_2^2+\cdots+y_p^2-y_{p+1}^2-\cdots-y_{p+q}^2\quad(p+q=r)$$

称为实二次型 $f(x_1,x_2,\cdots,x_n)$ 的规范形.

下面的惯性定理表明 p,q 是由 $\boldsymbol{A}$ 唯一决定的, 因而规范形是唯一的. 这一结果首先由西尔维斯特在 1852 年给出, 但没有给出证明; 1857 年, 雅可比重新发现并证明了这一定理.

定理 4.3.3 **(惯性定理)** 设 $f(x_1,x_2,\cdots,x_n)$ 是实数域 $\mathbf{R}$ 上秩为 r 的二次型. 若经可逆线性替换 $\boldsymbol{X}=\boldsymbol{C}\boldsymbol{Y}$ 与 $\boldsymbol{X}=\boldsymbol{D}\boldsymbol{Z}$ 化为规范形

$$\begin{aligned}f&=y_1^2+y_2^2+\cdots+y_p^2-y_{p+1}^2-\cdots-y_r^2\\&=z_1^2+z_2^2+\cdots+z_k^2-z_{k+1}^2-\cdots-z_r^2\end{aligned}$$

则 $p=k$.

证 反证法. 假设 $p>k$. 考虑

$$y_1^2+y_2^2+\cdots+y_p^2-y_{p+1}^2-\cdots-y_r^2=z_1^2+z_2^2+\cdots+z_k^2-z_{k+1}^2-\cdots-z_r^2\tag{4.3.1}$$

因 $\boldsymbol{X}=\boldsymbol{C}\boldsymbol{Y}$, $\boldsymbol{X}=\boldsymbol{D}\boldsymbol{Z}$, 故 $\boldsymbol{Z}=\boldsymbol{D}^{-1}\boldsymbol{C}\boldsymbol{Y}$. 令 $\boldsymbol{D}^{-1}\boldsymbol{C}=(b_{ij})_{n\times n}$. 考虑齐次线性方程组

$$\begin{cases}b_{11}y_1+b_{12}y_2+\cdots+b_{1n}y_n=0\\ \qquad\cdots\cdots\\ b_{k1}y_1+b_{k2}y_2+\cdots+b_{kn}y_n=0\\ y_{p+1}=0\\ \qquad\cdots\cdots\\ y_n=0\end{cases}$$

因为 $p>k$, 方程组有 n 个未知量, $n-(p-k)<n$, 故有非零解. 不妨取非零解

$$\begin{cases} y_1 = a_1 \\ \cdots\cdots \\ y_p = a_p \\ y_{p+1} = 0 \\ \cdots\cdots \\ y_n = 0 \end{cases}$$

从而

$$\begin{cases} z_1 = 0 \\ \qquad\cdots\cdots \\ z_k = 0 \\ z_{k+1} = b_{k+1,1}a_1 + \cdots + b_{k+1,p}a_p \\ \qquad\cdots\cdots \\ z_n = b_{n1}a_1 + \cdots + b_{np}a_p \end{cases}$$

代入式 (4.3.1) 得左边 $=a_1^2+a_2^2+\cdots+a_p^2>0$, 右边 $\leqslant 0$, 矛盾. 故 $p\leqslant k$. 同理可证 $k\leqslant p$. 从而 $p=k$. □

定义 4.3.1 在实二次型 $f(x_1,x_2,\cdots,x_n)$ 的规范形中, 正平方项的个数 p 称为二次型 $f(x_1,x_2,\cdots,x_n)$ 的**正惯性指数**, 负平方项的个数 $q=r-p$ 称为二次型 $f(x_1,x_2,\cdots,x_n)$ 的**负惯性指数**, 它们的差 $2p-r$ 称为二次型 $f(x_1,x_2,\cdots,x_n)$ 的**符号差**.

推论 4.3.1 设 $\boldsymbol{A},\boldsymbol{B}$ 是 n 阶实对称矩阵, 则以下叙述等价:

(1) $\boldsymbol{A}$ 合同于 $\boldsymbol{B}$;

(2) $\boldsymbol{A}$ 与 $\boldsymbol{B}$ 有相同的正、负惯性指数;

(3) $\boldsymbol{A}$ 与 $\boldsymbol{B}$ 有相同的秩和符号差;

(4) $\boldsymbol{A}$ 与 $\boldsymbol{B}$ 的正、负特征值的个数相同.

思考: (1) n 阶实对称矩阵的集合在矩阵的合同这一等价关系下可以分成多少等价类? 每个等价类的代表元可以怎样选取?

(2) 你能利用二次型的秩, 正、负惯性指数对二次曲线或二次曲面进行分类吗?

拓展阅读: 非可逆线性替换

在化二次型为标准形或规范形的过程中, 使用的线性替换均是可逆的线性替换. 如果我们使用了非可逆线性替换, 会导致什么情况呢?

定理 4.3.4 设实二次型

$$f(x_1,x_2,\cdots,x_n)=\sum_{i=1}^{r}(d_{i1}x_1+d_{i2}x_2+\cdots+d_{in}x_n)^2$$

$$-\sum_{j=r+1}^{r+s}\left(d_{j1}x_1+d_{j2}x_2+\cdots+d_{jn}x_n\right)^2$$

的正、负惯性指数分别为 p,q. 如果令

$$\begin{cases} z_1=d_{11}x_1+d_{12}x_2+\cdots+d_{1n}x_n \\ z_2=d_{21}x_1+d_{22}x_2+\cdots+d_{2n}x_n \\ \qquad\cdots\cdots \\ z_{r+s}=d_{r+s,1}x_1+d_{r+s,2}x_2+\cdots+d_{r+s,n}x_n \end{cases}$$

则二次型 $f\left(x_1,x_2,\cdots,x_n\right)$ 可以化为

$$z_1^2+\cdots+z_r^2-z_{r+1}^2-\cdots-z_{r+s}^2$$

那么 $r\geqslant p,s\geqslant q$.

证 设 $f(x_1,x_2,\cdots,x_n)$ 经可逆线性替换 $\boldsymbol{Y}=\boldsymbol{CX}$ 化为规范形

$$f=y_1^2+\cdots+y_p^2-y_{p+1}^2-\cdots-y_{p+q}^2$$

则有

$$\begin{aligned} f\left(x_1,x_2,\cdots,x_n\right) &\xlongequal{\boldsymbol{Z}=\boldsymbol{DX}} z_1^2+\cdots+z_r^2-z_{r+1}^2-\cdots-z_{r+s}^2 \\ &\xlongequal{\boldsymbol{Y}=\boldsymbol{CX}} y_1^2+\cdots+y_p^2-y_{p+1}^2-\cdots-y_{p+q}^2 \end{aligned} \tag{4.3.2}$$

假设 $p>r$, 设 $\boldsymbol{D}=(d_{ij})_{n\times n},\boldsymbol{C}=(c_{ij})_{n\times n}$. 考虑齐次线性方程组

$$\begin{cases} z_1=d_{11}x_1+d_{12}x_2+\cdots+d_{1n}x_n=0 \\ \qquad\qquad\cdots\cdots \\ z_r=d_{r1}x_1+d_{r2}x_2+\cdots+d_{rn}x_n=0 \\ y_{p+1}=c_{p+1,1}x_1+c_{p+1,2}x_2+\cdots+c_{p+1,n}x_n=0 \\ \qquad\qquad\cdots\cdots \\ y_n=c_{n1}x_1+c_{n2}x_2+\cdots+c_{nn}x_n=0 \end{cases}$$

该方程组含有 $r+n-p$ 个方程, n 个未知量, 由于 $r+n-p<n$, 所以有非零解. 设 $\boldsymbol{\alpha}=(a_1,a_2,\cdots,a_n)^{\mathrm{T}}$ 为一个非零解, 设

$$\beta=\boldsymbol{D\alpha}=(\underbrace{0,\cdots,0}_{r},b_{r+1},\cdots,b_n)^{\mathrm{T}}$$

$$\gamma=\boldsymbol{C\alpha}=(d_1,\cdots,d_p\underbrace{0,\cdots,0}_{n-p})^{\mathrm{T}}$$

代入式 (4.3.2) 得

$$f(a_1,a_2,\cdots,a_n)\xlongequal{Z=DX}-b_{r+1}^2\cdots-b_{r+s}^2\leqslant 0$$
$$\xlongequal{Y=CX}d_1^2+\cdots+d_p^2$$

由于 $a\neq 0$, C 可逆, 所以 $r=C_d=(d_1,d_2,\cdots,d_n)^{\mathrm{T}}\neq 0$, 即 $d_1,d_2,\cdots,d_n$ 不全为零. 但 $d_{p+1}=\cdots=d_n=0$, 所以 $d_1,\cdots,d_p$ 不全为零, 故

$$f(a_1,a_2,\cdots,a_n)=d_1^2+\cdots+d_p^2>0$$

矛盾! 所以 $p\leqslant r$, 同理可证 $q\leqslant s$.

请特别注意下面的例子. 例如二次型

$$\begin{aligned}f(x_1,x_2,x_3)&=x_1^2+x_2^2+x_3^2-x_1x_2-x_2x_3-x_1x_3\\&=\frac{1}{2}(x_1-x_2)^2+\frac{1}{2}(x_2-x_3)^2+\frac{1}{2}(x_1-x_3)^2\end{aligned}$$

经非可逆线性替换

$$\begin{cases}y_1=x_1-x_2\\y_2=\qquad x_2-x_3\\y_3=x_1\qquad -x_3\end{cases}$$

得 $f=\frac{1}{2}y_1^2+\frac{1}{2}y_2^2+\frac{1}{2}y_3^2$. 事实上, 该二次型

$$f(x_1,x_2,x_3)=\left(x_1-\frac{1}{2}x_2-\frac{1}{2}x_3\right)^2+\frac{3}{4}(x_2-x_3)^2$$

经可逆线性替换

$$\begin{cases}y_1=x_1-\frac{1}{2}x_2-\frac{1}{2}x_3\\y_2=\qquad x_2-\ x_3\\y_3=\qquad\qquad x_3\end{cases}\text{即}\begin{cases}x_1=y_1+\frac{1}{2}y_2+y_3\\x_2=\qquad y_2+y_3\\x_3=\qquad\qquad y_3\end{cases}$$

可得标准形 $f=y_1^2+\frac{3}{4}y_2^2$.

习 题 4.3

(A)

1. (2009, 数学一) 设二次型

$$f(x_1,x_2,x_3)=ax_1^2+ax_2^2+(a-1)x_3^2+2x_1x_3-2x_2x_3$$

(1) 求二次型 $f(x_1,x_2,x_3)$ 的矩阵的所有特征值;

(2) 若二次型的规范形为 $y_1^2+y_2^2$, 求 a 的值.

2. 设二次型 $f(x_1,x_2,x_3)=x_1^2-x_2^2+2ax_1x_3+4x_2x_3$ 的负惯性指数为 1, 求 a 的取值范围.

3. (2019, 数学一) 设 $\boldsymbol{A}$ 是三阶实对称矩阵, 若 $\boldsymbol{A}^2+\boldsymbol{A}=2\boldsymbol{E}$, 且 $|\boldsymbol{A}|=4$, 求二次型 $\boldsymbol{X}^{\mathrm{T}}\boldsymbol{A}\boldsymbol{X}$ 的规范形.

(B)

4. 设二次型 $f(x,y,z)=5x^2+y^2+5z^2+4xy-8xz-4yz$, 求:

(1) 二次型的秩与符号差;

(2) 二次型在单位圆: $x^2+y^2+z^2=1$ 上取得的最大值与最小值, 并求出取得最值时的 x,y,z 的值.

5. 若 $f(x_1,x_2,\cdots,x_n)=\boldsymbol{X}^{\mathrm{T}}\boldsymbol{A}\boldsymbol{X}$ 是一实二次型, 存在 n 维实向量 $\boldsymbol{X}_1,\boldsymbol{X}_2$, 使得 $\boldsymbol{X}_1^{\mathrm{T}}\boldsymbol{A}\boldsymbol{X}_1>0$, $\boldsymbol{X}_2^{\mathrm{T}}\boldsymbol{A}\boldsymbol{X}_2<0$, 则存在 n 维非零实向量 $\boldsymbol{X}_0$, 使得 $\boldsymbol{X}_0^{\mathrm{T}}\boldsymbol{A}\boldsymbol{X}_0=0$.

(C)

6. 设二次型 $f(x_1,x_2,x_3)=1$ 的图形如图题 4.1 所示.

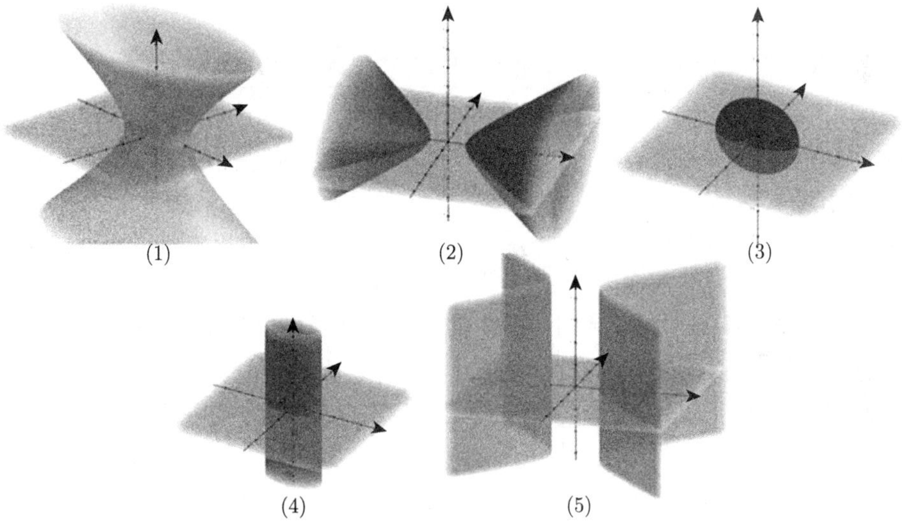

图题 4.1

求二次型 $f(x_1,x_2,x_3)=1$ 的秩与正、负惯性指数.

7. 设 a_i,b_i 不全为零, 则实二次型 $f(x_1,x_2,\cdots,x_n)=(a_1x_1+a_2x_2+\cdots+a_nx_n)(b_1x_1+b_2x_2+\cdots+b_nx_n)$ 的充要条件是二次型的秩等于 1, 或秩等于 2 且符号差等于 0.

4.4 正定二次型

众所周知, 对于二次函数 $f(x)=ax^2$, 当 $a>0$ 时, 对任意的 $x\neq 0$, $ax^2>0$. 若将一维向量 $\boldsymbol{x}$ 推广到 n 维向量 $\boldsymbol{X}\in\mathbf{R}^n$, 则二次函数 $f(\boldsymbol{x})=ax^2$ 对应于二次型 $f(\boldsymbol{X})=\boldsymbol{X}^{\mathrm{T}}\boldsymbol{A}\boldsymbol{X}$. 若 $\boldsymbol{A}$ 为正定矩阵 (相当于 $a>0$), 则对任意非零向量 $\boldsymbol{X}\in\mathbf{R}^n$, $f(\boldsymbol{X})=\boldsymbol{X}^{\mathrm{T}}\boldsymbol{A}\boldsymbol{X}>0$. 此时, 二次型 $f(\boldsymbol{X})=\boldsymbol{X}^{\mathrm{T}}\boldsymbol{A}\boldsymbol{X}$ 称为正定二次型.

二次型的正定性在多元函数的极值问题以及力学等领域有重要应用. 例如, 若二元函数 $z=f(x,y)$ 在 (x_0,y_0) 的某邻域内有一阶及二阶连续偏导数, $f_x(x_0,y_0)=0, f_y(x_0,y_0)=$

0, 则它的极值与下面的对称矩阵——黑塞矩阵

$$\boldsymbol{H}=\begin{pmatrix} f_{xx}(x_0,y_0) & f_{xy}(x_0,y_0) \\ f_{yx}(x_0,y_0) & f_{yy}(x_0,y_0) \end{pmatrix}$$

的正定性密切相关. 当 $\boldsymbol{H}$ 正定时, $f(x,y)$ 取极小值; 当 $\boldsymbol{H}$ 负定时, $f(x,y)$ 取极大值. 黑塞是著名的德国数学家、科学家, 二次型的正定、负定等术语是高斯在《算术研究》中引入的.

定义 4.4.1 实二次型 $f(x_1,x_2,\cdots,x_n)=\boldsymbol{X}^{\mathrm{T}}\boldsymbol{A}\boldsymbol{X}$ 称为**正定的**, 如果对于任意一组不全为零的实数 $c_1,c_2,\cdots,c_n$, 都有

$$f(c_1,c_2,\cdots,c_n)>0$$

此时, 对称矩阵 $\boldsymbol{A}$ 称为**正定矩阵**.

注 由定义, 若 $\boldsymbol{A}$ 为正定矩阵, 则对任意非零向量 $\boldsymbol{X}\in\mathbf{R}^n$, $\boldsymbol{X}^{\mathrm{T}}\boldsymbol{A}\boldsymbol{X}>0$. 从几何上看, 因为

$$\cos(\boldsymbol{X},\boldsymbol{A}\boldsymbol{X})=\frac{(\boldsymbol{X},\boldsymbol{A}\boldsymbol{X})}{\|\boldsymbol{X}\|\,\|\boldsymbol{A}\boldsymbol{X}\|}=\frac{\boldsymbol{X}^{\mathrm{T}}\boldsymbol{A}\boldsymbol{X}}{\|\boldsymbol{X}\|\,\|\boldsymbol{A}\boldsymbol{X}\|}>0$$

所以向量 $\boldsymbol{X}$ 与 $\boldsymbol{A}\boldsymbol{X}$ 的夹角为锐角, 即正定矩阵 $\boldsymbol{A}$ 对任意非零向量 $\boldsymbol{X}$ 旋转的角度为锐角.

下面的引理表明等价的二次型 (特别地, 合同的矩阵) 具有相同的正定性.

引理 4.4.1 (1) 设二次型 $f(x_1,x_2,\cdots,x_n)=\boldsymbol{X}^{\mathrm{T}}\boldsymbol{A}\boldsymbol{X}$ 与 $g(y_1,y_2,\cdots,y_n)=\boldsymbol{Y}^{\mathrm{T}}\boldsymbol{B}\boldsymbol{Y}$ 等价, 则 $f(x_1,x_2,\cdots,x_n)$ 是正定二次型当且仅当 $g(y_1,y_2,\cdots,y_n)$ 是正定二次型;

(2) 设实对称矩阵 $\boldsymbol{A}$ 与 $\boldsymbol{B}$ 合同, 则 $\boldsymbol{A}$ 是正定矩阵当且仅当 $\boldsymbol{B}$ 是正定矩阵.

证 (1) 设 $f(x_1,x_2,\cdots,x_n)=\boldsymbol{X}^{\mathrm{T}}\boldsymbol{A}\boldsymbol{X}$ 经正交变换 $\boldsymbol{X}=\boldsymbol{C}\boldsymbol{Y}$ 化为 $g(y_1,y_2,\cdots,y_n)=\boldsymbol{Y}^{\mathrm{T}}\boldsymbol{B}\boldsymbol{Y}$, 则 $\boldsymbol{C}^{\mathrm{T}}\boldsymbol{A}\boldsymbol{C}=\boldsymbol{B}$. 若 $f(x_1,x_2,\cdots,x_n)$ 是正定二次型, 取任意非零向量 $\boldsymbol{Y}_0=(a_1,a_2,\cdots,a_n)^{\mathrm{T}}$, 则 $\boldsymbol{X}_0=\boldsymbol{C}\boldsymbol{Y}_0$ 非零. 所以 $g(\boldsymbol{Y}_0)=\boldsymbol{Y}_0^{\mathrm{T}}\boldsymbol{B}\boldsymbol{Y}_0=(\boldsymbol{C}^{\mathrm{T}}\boldsymbol{X}_0)^{\mathrm{T}}\boldsymbol{B}(\boldsymbol{C}^{\mathrm{T}}\boldsymbol{X}_0)=\boldsymbol{X}_0^{\mathrm{T}}(\boldsymbol{C}\boldsymbol{B}\boldsymbol{C}^{\mathrm{T}})\boldsymbol{X}_0=\boldsymbol{X}_0^{\mathrm{T}}\boldsymbol{A}\boldsymbol{X}_0=f(\boldsymbol{X}_0)>0$, 从而 $g(y_1,y_2,\cdots,y_n)$ 是正定二次型. 类似可证充分性.

(2) 由 (1) 即得. □

定理 4.4.1 **(判定定理)** 以下叙述等价:

(1) $f(\boldsymbol{X})=\boldsymbol{X}^{\mathrm{T}}\boldsymbol{A}\boldsymbol{X}$ 是正定二次型;

(2) 存在可逆矩阵 $\boldsymbol{C}$, 使得 $\boldsymbol{C}^{\mathrm{T}}\boldsymbol{A}\boldsymbol{C}=\mathrm{diag}(d_1,d_2,\cdots,d_n)$, $d_i>0$ $(i=1,2,\cdots,n)$;

(3) $f(\boldsymbol{X})$ 的正惯性指数等于 n;

(4) $\boldsymbol{A}$ 合同于单位矩阵 $\boldsymbol{E}$;

(5) 存在可逆矩阵 $\boldsymbol{S}$, 使得 $\boldsymbol{A}=\boldsymbol{S}^{\mathrm{T}}\boldsymbol{S}$.

证 (1) ⇒ (2) 设 $f(\boldsymbol{X})=\boldsymbol{X}^{\mathrm{T}}\boldsymbol{A}\boldsymbol{X}$ 经非退化的线性替换 $\boldsymbol{X}=\boldsymbol{C}\boldsymbol{Y}$ 化为

$$g(y_1,y_2,\cdots,y_n)=d_1y_1^2+d_2y_2^2+\cdots+d_ny_n^2$$

若 $f(x_1,x_2,\cdots,x_n)$ 是正定二次型, 则 $g(y_1,y_2,\cdots,y_n)$ 也是正定二次型, 从而 $d_i>0(i=1,2,\cdots,n)$.

(2) ⇒ (3) 显然.

(3) ⇒ (4) 若正惯性指数等于 n, 则规范形为

$$y_1^2+y_2^2+\cdots+y_n^2$$

所以 $\boldsymbol{A}$ 合同于 $\boldsymbol{E}$.

(4) ⇒ (5) 若 $\boldsymbol{A}$ 合同于 $\boldsymbol{E}$, 即存在可逆矩阵 $\boldsymbol{S}$, 使得 $\boldsymbol{A}=\boldsymbol{S}^{\mathrm{T}}\boldsymbol{E}\boldsymbol{S}=\boldsymbol{S}^{\mathrm{T}}\boldsymbol{S}$;

(5) ⇒ (1) 任取非零向量 $\boldsymbol{X}_0$, 则 $\boldsymbol{S}\boldsymbol{X}_0=\boldsymbol{Y}_0\neq\boldsymbol{0}$. 从而 $f(\boldsymbol{X}_0)=\boldsymbol{X}_0^{\mathrm{T}}\boldsymbol{A}\boldsymbol{X}_0=(\boldsymbol{S}\boldsymbol{X}_0)^{\mathrm{T}}(\boldsymbol{S}\boldsymbol{X}_0)=\boldsymbol{Y}_0^{\mathrm{T}}\boldsymbol{Y}_0>0$. □

下面的定理给出了正定二次型一个更为方便有效的判定定理.

定理 4.4.2 $f(\boldsymbol{X})=\boldsymbol{X}^{\mathrm{T}}\boldsymbol{A}\boldsymbol{X}$ 是正定二次型, 当且仅当 $\boldsymbol{A}$ 的特征值全大于零.

证 对于实对称矩阵 $\boldsymbol{A}$, 存在正交矩阵 $\boldsymbol{Q}$, 使得

$$\boldsymbol{Q}^{\mathrm{T}}\boldsymbol{A}\boldsymbol{Q}=\boldsymbol{Q}^{-1}\boldsymbol{A}\boldsymbol{Q}=\mathrm{diag}(\lambda_1,\lambda_2,\cdots,\lambda_n)$$

其中 $\lambda_1,\lambda_2,\cdots,\lambda_n$ 是 $\boldsymbol{A}$ 的特征值. 由定理 4.4.1 (1) 与 (2) 的等价性即证. □

类似于正实数可以开平方, 下面的定理表明正定矩阵也可以开平方.

定理 4.4.3 $f(\boldsymbol{X})=\boldsymbol{X}^{\mathrm{T}}\boldsymbol{A}\boldsymbol{X}$ 是正定二次型当且仅当存在正定矩阵 $\boldsymbol{S}$, 使得 $\boldsymbol{A}=\boldsymbol{S}^2$.

证 充分性：由定理 4.4.2 知正定矩阵 $\boldsymbol{S}$ 是可逆对称矩阵, 故充分性由定理 4.4.1 (1) 与 (5) 的等价性即得.

必要性：对于实对称矩阵 $\boldsymbol{A}$, 存在正交矩阵 $\boldsymbol{Q}$, 使得

$$\boldsymbol{Q}^{\mathrm{T}}\boldsymbol{A}\boldsymbol{Q}=\boldsymbol{Q}^{-1}\boldsymbol{A}\boldsymbol{Q}=\mathrm{diag}(\lambda_1,\lambda_2,\cdots,\lambda_n)$$

其中 $\lambda_1,\lambda_2,\cdots,\lambda_n$ 是 $\boldsymbol{A}$ 的特征值. 令 $\boldsymbol{\Sigma}=\mathrm{diag}(\sqrt{\lambda_1},\sqrt{\lambda_2},\cdots,\sqrt{\lambda_n})$ 则

$$\boldsymbol{A}=\boldsymbol{Q}\boldsymbol{\Sigma}^2\boldsymbol{Q}^{\mathrm{T}}=(\boldsymbol{Q}\boldsymbol{\Sigma}\boldsymbol{Q}^{\mathrm{T}})(\boldsymbol{Q}\boldsymbol{\Sigma}\boldsymbol{Q}^{\mathrm{T}})=\boldsymbol{S}^2$$

因 $\boldsymbol{S}^{\mathrm{T}}=(\boldsymbol{Q}\boldsymbol{\Sigma}\boldsymbol{Q}^{\mathrm{T}})^{\mathrm{T}}=\boldsymbol{Q}\boldsymbol{\Sigma}^{\mathrm{T}}\boldsymbol{Q}^{\mathrm{T}}=\boldsymbol{Q}\boldsymbol{\Sigma}\boldsymbol{Q}^{\mathrm{T}}=\boldsymbol{S}$, 故由定理 4.4.2 知 $\boldsymbol{S}=\boldsymbol{Q}\boldsymbol{\Sigma}\boldsymbol{Q}^{\mathrm{T}}$ 是正定矩阵. □

定义 4.4.2 设 $\boldsymbol{A}=(a_{ij})$ 是实数域 $\mathbf{R}$ 上的 n 阶方阵. $\boldsymbol{A}$ 的第 $i_1,i_2,\cdots,i_k$ 行与 i_1, i_2, $\cdots$, i_k 列交叉位置的元素按原来的顺序排列组成的 k 阶行列式称为 $\boldsymbol{A}$ 的k **阶主子式**. 特别地, 主子式

$$\Delta_k=\begin{vmatrix} a_{11} & a_{12} & \cdots & a_{1k}\\ a_{21} & a_{22} & \cdots & a_{2k}\\ \vdots & \vdots & & \vdots\\ a_{k1} & a_{k2} & \cdots & a_{kk}\end{vmatrix}$$

称为 $\boldsymbol{A}$ 的k **阶顺序主子式**, $k=1,2,\cdots,n$.

下面的定理给出了正定二次型最简便有效的判定方法.

定理 4.4.4 $f(\boldsymbol{X})=\boldsymbol{X}^{\mathrm{T}}\boldsymbol{A}\boldsymbol{X}$ 是正定二次型, 当且仅当 $\boldsymbol{A}$ 的顺序主子式全大于零.

证 必要性: 设 Δ_k 是 $\boldsymbol{A}$ 的 k 阶顺序主子式, 令

$$f_k(x_1,x_2,\cdots,x_k)=\sum_{i=1}^{k}\sum_{j=1}^{k}a_{ij}x_ix_j$$

则对任意不全为零的实数 $c_1,c_2,\cdots,c_k$, 都有

$$f_k(c_1,c_2,\cdots,c_k)=f(c_1,c_2,\cdots,c_k,0\cdots,0)>0$$

所以 f_k 正定, 从而由定理 4.4.2 知 $\Delta_k>0$.

充分性: (数学归纳法) 当 $n=1$ 时命题显然成立; 假设 $n-1$ 时命题成立. 下证命题对 n 也成立. 设

$$\boldsymbol{A}=\begin{pmatrix}\boldsymbol{A}_1 & \boldsymbol{\alpha}\\ \boldsymbol{\alpha}^{\mathrm{T}} & a_{nn}\end{pmatrix}$$

则 $\boldsymbol{A}_1$ 是 $\boldsymbol{A}$ 的 $n-1$ 阶子矩阵, 从而 $\boldsymbol{A}_1$ 的所有顺序主子式全大于零. 由归纳假设, $\boldsymbol{A}_1$ 是正定矩阵, 即存在 $n-1$ 阶可逆矩阵 $\boldsymbol{G}$, 使得 $\boldsymbol{G}^{\mathrm{T}}\boldsymbol{A}_1\boldsymbol{G}=\boldsymbol{E}_{n-1}$. 令

$$\boldsymbol{C}_1=\begin{pmatrix}\boldsymbol{G} & \\ & 1\end{pmatrix},\quad \boldsymbol{C}_2=\begin{pmatrix}\boldsymbol{E}_{n-1} & -\boldsymbol{G}^{\mathrm{T}}\boldsymbol{\alpha}\\ \boldsymbol{0} & 1\end{pmatrix},\quad \boldsymbol{C}=\boldsymbol{C}_1\boldsymbol{C}_2$$

则

$$\boldsymbol{C}^{\mathrm{T}}\boldsymbol{A}\boldsymbol{C}=\begin{pmatrix}\boldsymbol{E}_{n-1} & \\ & a_{nn}-\boldsymbol{\alpha}^{\mathrm{T}}\boldsymbol{G}\boldsymbol{G}^{\mathrm{T}}\boldsymbol{\alpha}\end{pmatrix}$$

两边取行列式, 得 $|\boldsymbol{C}|^2|\boldsymbol{A}|=a_{nn}-\boldsymbol{\alpha}^{\mathrm{T}}\boldsymbol{G}\boldsymbol{G}^{\mathrm{T}}\boldsymbol{\alpha}$. 设 $a=a_{nn}-\boldsymbol{\alpha}^{\mathrm{T}}\boldsymbol{G}\boldsymbol{G}^{\mathrm{T}}\boldsymbol{\alpha}$, 由题设知 $|\boldsymbol{A}|>0$, 所以 $a>0$. 由定理 4.4.1 (1) 与 (2) 的等价性知 $f(\boldsymbol{X})$ 是正定二次型. □

例4.4.1 当 t 取何值时, 二次型 $f(x_1,x_2,x_3)=x_1^2+x_2^2+5x_3^2+2tx_1x_2-2x_1x_3+4x_2x_3$ 正定?

解 二次型的矩阵为 $\boldsymbol{A}=\begin{pmatrix}1 & t & -1\\ t & 1 & 2\\ -1 & 2 & 5\end{pmatrix}$. 若二次型正定, 则

$$\Delta_1=1>0,\quad \Delta_2=\begin{vmatrix}1 & t\\ t & 1\end{vmatrix}=1-t^2>0,\quad \Delta_3=|A|=-t(4+5t)>0$$

即

$$\begin{cases}1-t^2>0\\ -t(4+5t)>0\end{cases}$$

解得 $-\dfrac{4}{5}<t<0$. □

下面的定理给出了正定矩阵的基本性质.

定理 4.4.5 设 $\boldsymbol{A},\boldsymbol{B}$ 是正定矩阵, 则

(1) $\boldsymbol{A}^{-1}$ 是正定矩阵;

(2) $\boldsymbol{A}+\boldsymbol{B}$ 是正定矩阵;

(3) $\boldsymbol{AB}$ 是正定矩阵的充要条件是 $\boldsymbol{AB}=\boldsymbol{BA}$;

(4) 对任意实对称矩阵, 存在 $t\in\mathbf{R}$, 使得 $t\boldsymbol{E}+\boldsymbol{A}$ 正定.

证 (1) 设 $\boldsymbol{A}=\boldsymbol{C}^{\mathrm{T}}\boldsymbol{C}$, $\boldsymbol{C}$ 可逆, 则 $\boldsymbol{A}^{-1}=\boldsymbol{C}^{-1}(\boldsymbol{C}^{\mathrm{T}})^{-1}=\boldsymbol{D}^{\mathrm{T}}\boldsymbol{D}$, 其中 $\boldsymbol{D}=(\boldsymbol{C}^{\mathrm{T}})^{-1}$ 是可逆矩阵, 故 $\boldsymbol{A}^{-1}$ 是正定矩阵.

(2) $\forall 0\neq\boldsymbol{X}\in\mathbf{R}^n$, $\boldsymbol{X}^{\mathrm{T}}(\boldsymbol{A}+\boldsymbol{B})\boldsymbol{X}=\boldsymbol{X}^{\mathrm{T}}\boldsymbol{AX}+\boldsymbol{X}^{\mathrm{T}}\boldsymbol{BX}>0$, 所以 $\boldsymbol{A}+\boldsymbol{B}$ 是正定矩阵.

(3) 充分性：由 $\boldsymbol{AB}=\boldsymbol{BA}$ 知

$$(\boldsymbol{AB})^{\mathrm{T}}=\boldsymbol{B}^{\mathrm{T}}\boldsymbol{A}^{\mathrm{T}}=\boldsymbol{BA}=\boldsymbol{AB}$$

所以 $\boldsymbol{AB}$ 是对称矩阵. 由 $\boldsymbol{A},\boldsymbol{B}$ 是正定矩阵知 $\boldsymbol{A}=\boldsymbol{P}^{\mathrm{T}}\boldsymbol{P}$, $\boldsymbol{B}=\boldsymbol{Q}^{\mathrm{T}}\boldsymbol{Q}$, 其中 $\boldsymbol{P},\boldsymbol{Q}$ 可逆. 所以 $\boldsymbol{AB}=\boldsymbol{P}^{\mathrm{T}}\boldsymbol{P}\boldsymbol{Q}^{\mathrm{T}}\boldsymbol{Q}$, 而 $\boldsymbol{QABQ}^{-1}=\boldsymbol{QP}^{\mathrm{T}}\boldsymbol{PQ}^{\mathrm{T}}=(\boldsymbol{PQ}^{\mathrm{T}})^{\mathrm{T}}(\boldsymbol{PQ}^{\mathrm{T}})$ 是正定矩阵, 故 $\boldsymbol{AB}$ 的特征值全大于零, 从而 $\boldsymbol{AB}$ 是正定矩阵.

必要性：因为 $\boldsymbol{AB}$ 是正定矩阵, 所以是对称矩阵, 故 $\boldsymbol{AB}=(\boldsymbol{AB})^{\mathrm{T}}=\boldsymbol{B}^{\mathrm{T}}\boldsymbol{A}^{\mathrm{T}}=\boldsymbol{BA}$.

(4) 存在正交矩阵 $\boldsymbol{Q}$, 使得

$$\boldsymbol{Q}^{\mathrm{T}}\boldsymbol{AQ}=\boldsymbol{Q}^{-1}\boldsymbol{AQ}=\operatorname{diag}(\lambda_1,\lambda_2,\cdots,\lambda_n)$$

取 $t>\max\{|\lambda_1|,|\lambda_2|,\cdots,|\lambda_n|\}$, 则

$$\boldsymbol{Q}^{\mathrm{T}}(t\boldsymbol{E}+\boldsymbol{A})\boldsymbol{Q}=\operatorname{diag}(t+\lambda_1,t+\lambda_2,\cdots,t+\lambda_n)$$

式中：$t+\lambda_i>0$, $i=1,2,\cdots,n$. 故 $t\boldsymbol{E}+\boldsymbol{A}$ 是正定矩阵. □

定义 4.4.3 设 $f(x_1,x_2,\cdots,x_n)=\boldsymbol{X}^{\mathrm{T}}\boldsymbol{AX}$ 是实二次型. 如果对于任意一组不全为零的实数 $c_1,c_2,\cdots,c_n$, 都有

$$f(c_1,c_2,\cdots,c_n)<0,\quad \text{则 } f \text{ 称为}\textbf{负定}\text{的};$$
$$f(c_1,c_2,\cdots,c_n)\geqslant 0,\quad \text{则 } f \text{ 称为}\textbf{半正定}\text{的};$$
$$f(c_1,c_2,\cdots,c_n)\leqslant 0,\quad \text{则 } f \text{ 称为}\textbf{半负定}\text{的}.$$

如果它既不是半正定的, 又不是半负定的, 则 f 称为**不定的**.

类似于正定二次型的讨论, 对于半正定二次型, 我们有如下刻画.

定理 4.4.6 以下叙述等价：

(1) $f(x_1,x_2,\cdots,x_n)=\boldsymbol{X}^{\mathrm{T}}\boldsymbol{AX}$ 是半正定二次型;

(2) 存在可逆矩阵 $\boldsymbol{C}$, 使得 $\boldsymbol{C}^{\mathrm{T}}\boldsymbol{AC}=\operatorname{diag}(d_1,d_2,\cdots,d_n)$, $d_i\geqslant 0$ $(i=1,2,\cdots,n)$;

(3) 它的正惯性指数与秩相等;

(4) 存在实矩阵 $\boldsymbol{S}$, 使得 $\boldsymbol{A}=\boldsymbol{S}^{\mathrm{T}}\boldsymbol{S}$;

(5) $\boldsymbol{A}$ 的所有主子式非负;

(6) $\boldsymbol{A}$ 的所有特征值非负;

(7) 存在半正定矩阵 $\boldsymbol{S}$ 使得 $\boldsymbol{A}=\boldsymbol{S}^2$.

习 题 4.4

(A)

1. 当 t 取何值时, 下述二次型是正定的?

(1) $f(x_1,x_2,x_3)=x_1^2+x_2^2+5x_3^2+2tx_1x_2-2x_1x_3+4x_2x_3$;

(2) $f(x_1,x_2,x_3)=2x_1^2+x_2^2+x_3^2+2x_1x_2+tx_2x_3$.

2. 已知 $\boldsymbol{A}=\begin{pmatrix}2-t & 1 & 0\\ 1 & 1 & 0\\ 0 & 0 & t+3\end{pmatrix}$ 是正定矩阵, 求 t 的值.

(B)

3. (2010, 数学一) 设二次型 $f(x_1,x_2,x_3)=\boldsymbol{X}^{\mathrm{T}}\boldsymbol{A}\boldsymbol{X}$ 在正交变换 $\boldsymbol{X}=\boldsymbol{Q}\boldsymbol{Y}$ 下的标准形为 $y_1^2+y_2^2$, 且 $\boldsymbol{Q}$ 的第三列为 $\left(\dfrac{\sqrt{2}}{2},0,\dfrac{\sqrt{2}}{2}\right)^{\mathrm{T}}$.

(1) 求矩阵 $\boldsymbol{A}$;

(2) 证明 $\boldsymbol{A}+\boldsymbol{E}$ 为正定矩阵, 其中 $\boldsymbol{E}$ 为三阶单位矩阵.

4. (2005, 数学三) 设 $\boldsymbol{D}=\begin{pmatrix}\boldsymbol{A} & \boldsymbol{C}\\ \boldsymbol{C}^{\mathrm{T}} & \boldsymbol{B}\end{pmatrix}$ 为正定矩阵, 其中 $\boldsymbol{A},\boldsymbol{B}$ 分别为 m,n 阶方阵, $\boldsymbol{C}$ 为 $m\times n$ 矩阵. 设 $\boldsymbol{P}=\begin{pmatrix}\boldsymbol{E}_m & -\boldsymbol{A}^{-1}\boldsymbol{C}\\ \boldsymbol{O} & \boldsymbol{E}_n\end{pmatrix}$.

(1) 计算 $\boldsymbol{P}^{\mathrm{T}}\boldsymbol{D}\boldsymbol{P}$.

(2) 利用 (1) 的结果判断 $\boldsymbol{B}-\boldsymbol{C}^{\mathrm{T}}\boldsymbol{A}^{-1}\boldsymbol{C}$ 是否为正定矩阵, 并给出证明.

(C)

5. 证明 $n\sum\limits_{i=1}^{n}x_i^2-\left(\sum\limits_{i=1}^{n}x_i\right)^2$ 是半正定的.

6. 设 $\boldsymbol{A}$ 为 m 阶实对称矩阵且正定, $\boldsymbol{B}$ 为 $m\times n$ 实矩阵, 证明 $\boldsymbol{B}^{\mathrm{T}}\boldsymbol{A}\boldsymbol{B}$ 为正定矩阵的充要条件是 $r(\boldsymbol{B})=n$.

4.5 奇异值分解

奇异值分解 (singular value decomposition) 理论在科学技术的诸多领域有着广泛的应用, 该理论可以追溯到这些人的工作: 意大利数学家尤金尼奥 · 贝尔特拉米、法国数学家卡米尔 · 若尔当、英国数学家詹姆斯 · 西尔维斯特、德国数学家艾哈德 · 施密特和数学家赫尔曼 · 韦尔. 近年来, 美国数学家 G. H. 戈卢布开创性地提出一种稳定而有效的算法来计算它. 贝尔特拉米和若尔当是奇异值分解的先驱, 贝尔特拉米在 1873 年证明了对于具有不同奇异值的实可逆矩阵的结果. 随后, 若尔当完善了这一理论, 并消除了贝尔特拉米强加的不必要的限制. 西尔维斯特显然对贝尔特拉米和若尔当的结果并不熟悉, 他在 1889 年重新发现了这一结果, 并指出其重要性. 施密特利用奇异值分解证明可以用低阶矩阵来逼近一个给定的矩阵, 这样把奇异值分解从数学理论转化为重要的实用工具. 韦尔演示了如何在允许误差的情况下找到低阶近似值. 然而, 奇异值 (singular value) 是由英国数学家贝特曼在 1908 年发表的一篇研究论文中首先使用的.

实对称矩阵的正交相似对角化定理 (定理 3.5.3) 表明: 任何一个实对称矩阵 $\boldsymbol{A}$ 都正交相似于对角矩阵 $\boldsymbol{D}$, 即存在正交矩阵 $\boldsymbol{Q}$, 使得 $\boldsymbol{A}=\boldsymbol{QDQ}^{\mathrm{T}}$. 那么对于任意的 n 阶实矩阵, 或者更广的 $m\times n$ 阶实矩阵, 是否也存在类似的分解呢? 在此意义下, 下面的奇异值分解定理可以看作是实对称矩阵的正交相似对角化定理的推广.

定理4.5.1 设 $\boldsymbol{A}$ 是 $m\times n$ 阶实矩阵且 $r(\boldsymbol{A})=r$, 则存在 m 阶与 n 阶正交矩阵 $\boldsymbol{U},\boldsymbol{V}$ 使得

$$\boldsymbol{A}=\boldsymbol{U\Sigma V}^{\mathrm{T}},\quad \boldsymbol{\Sigma}=\begin{pmatrix}\boldsymbol{D} & \boldsymbol{O}\\ \boldsymbol{O} & \boldsymbol{O}\end{pmatrix}_{m\times n}$$

其中, $\boldsymbol{D}=\mathrm{diag}(\sigma_1,\sigma_2,\cdots,\sigma_r)$ 为 r 阶对角矩阵, $\sigma_i=\sqrt{\lambda_i}$ 称为 $\boldsymbol{A}$ 的奇异值, $\lambda_1\geqslant\lambda_2\geqslant\cdots\geqslant\lambda_r$ 是 $\boldsymbol{A}^{\mathrm{T}}\boldsymbol{A}$ 的全部非零特征值.

证 由定理 4.4.6 可知, $\boldsymbol{A}^{\mathrm{T}}\boldsymbol{A}$ 是半正定矩阵. 由习题 1.8(B) 第 7 题知 $r(\boldsymbol{A}^{\mathrm{T}}\boldsymbol{A})=r(\boldsymbol{A})=r$, 因而 $\boldsymbol{A}^{\mathrm{T}}\boldsymbol{A}$ 的特征值可设为

$$\lambda_1,\lambda_2,\cdots,\lambda_r,0,\cdots,0\quad(\lambda_i>0)$$

其对应的正交单位特征向量为

$$v_1,v_2,\cdots,v_r,v_{r+1},\cdots,v_n$$

令 $\boldsymbol{V}=(v_1,v_2,\cdots,v_n)$, 则 $\boldsymbol{V}$ 为 n 阶正交矩阵, 且

$$\boldsymbol{V}^{\mathrm{T}}(\boldsymbol{A}^{\mathrm{T}}\boldsymbol{A})\boldsymbol{V}=\mathrm{diag}(\lambda_1,\lambda_2,\cdots,\lambda_r,0,\cdots,0)$$

即

$$\boldsymbol{v}_i^{\mathrm{T}}\boldsymbol{A}^{\mathrm{T}}\boldsymbol{A}v_j=\begin{cases}\lambda_i & (i=j)\\ 0 & (i\neq j)\end{cases}\tag{4.5.1}$$

这里 $\lambda_{r+1}=\cdots=\lambda_n=0$. 令

$$u_i=\sigma_i^{-1}\boldsymbol{A}v_i\quad(i=1,2,\cdots,r)$$

式中: $\sigma_i=\sqrt{\lambda_i}$, 则可以验证 $u_1,u_2,\cdots,u_r$ 为 r 维的标准正交向量组, 将其扩充为 $\mathbf{R}^m$ 的一组标准正交基

$$u_1,\cdots,u_r,u_{r+1},\cdots,u_m$$

令 $\boldsymbol{U}=(u_1,\cdots,u_r,u_{r+1},\cdots,u_m)$, 则 $\boldsymbol{U}$ 为 m 阶的正交矩阵, 且

$$\boldsymbol{U}^{\mathrm{T}}\boldsymbol{AV}=(\boldsymbol{u}_i^{\mathrm{T}}\boldsymbol{A}v_j)_{m\times n}$$

式中, 当 $1\leqslant i\leqslant r$ 时,

$$\boldsymbol{u}_i^{\mathrm{T}}\boldsymbol{A}v_j=(\sigma_i^{-1}\boldsymbol{A}v_i)^{\mathrm{T}}\boldsymbol{A}v_j=\sigma_i^{-1}\boldsymbol{v}_i^{\mathrm{T}}\boldsymbol{A}^{\mathrm{T}}\boldsymbol{A}v_j\xlongequal{\text{式 (4.5.1)}}\delta_{ij}\sigma_j$$

这里 δ_{ij} 为克罗内克符号; 当 $r+1 \leqslant i \leqslant m, 1 \leqslant j \leqslant r$ 时, 由于 $\boldsymbol{A}v_j = \sigma_j u_j$, 所以 $\boldsymbol{u}_i^{\mathrm{T}}\boldsymbol{A}v_j = \sigma_j \boldsymbol{u}_i^{\mathrm{T}} u_j = 0$; 当 $r+1 \leqslant i \leqslant m, r+1 \leqslant j \leqslant n$ 时, 因 $\boldsymbol{A}v_j = 0$, 故 $\boldsymbol{u}_i^{\mathrm{T}}\boldsymbol{A}v_j = 0$. 因此,

$$\boldsymbol{A} = \boldsymbol{U\Sigma V}^{\mathrm{T}}, \qquad \boldsymbol{\Sigma} = \begin{pmatrix} \boldsymbol{D} & \boldsymbol{O} \\ \boldsymbol{O} & \boldsymbol{O} \end{pmatrix}_{m\times n}$$

式中, $\boldsymbol{D} = \mathrm{diag}(\sigma_1, \sigma_2, \cdots, \sigma_r)$ 为 r 阶对角矩阵. □

上述定理也给出求 $\boldsymbol{A}$ 的奇异值分解的步骤:

(1) 求实对称矩阵 $\boldsymbol{A}^{\mathrm{T}}\boldsymbol{A}$ 的特征值与特征向量;

(2) 将特征向量正交化、单位化得到正交矩阵 $\boldsymbol{V} = (v_1, v_2, \cdots, v_n)$;

(3) 令 $u_i = \sigma_i^{-1}\boldsymbol{A}v_i$, 其中 $\sigma_i = \sqrt{\lambda_i}\ (i = 1, 2, \cdots, r)$, 将其扩充为 $\mathbf{R}^m$ 的一组标准正交基 $u_1, \cdots, u_r, u_{r+1}, \cdots, u_m$. 令 $\boldsymbol{U} = (u_1, \cdots, u_r, u_{r+1}, \cdots, u_m)$, 则矩阵 $\boldsymbol{U}, \boldsymbol{V}$ 满足

$$\boldsymbol{A} = \boldsymbol{U\Sigma V}^{\mathrm{T}}, \quad \boldsymbol{\Sigma} = \begin{pmatrix} \boldsymbol{D} & \boldsymbol{O} \\ \boldsymbol{O} & \boldsymbol{O} \end{pmatrix}_{m\times n}$$

式中, $\boldsymbol{D} = \mathrm{diag}(\sigma_1, \sigma_2, \cdots, \sigma_r)$ 为 r 阶对角矩阵.

图 4.5.1 给出了矩阵 $\boldsymbol{A}$ 的奇异值分解 $\boldsymbol{A} = \boldsymbol{U\Sigma V}^{\mathrm{T}}$ 的直观解释, 即 $\boldsymbol{A}$ 对应的线性变换可以理解为旋转变换、放缩变换与旋转变换的复合.

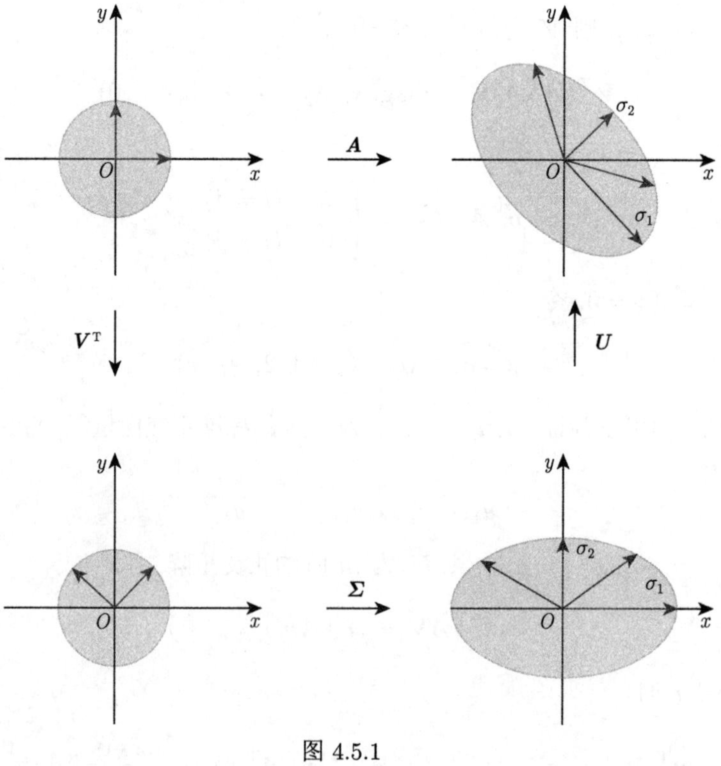

图 4.5.1

矩阵 $\boldsymbol{A}$ 的奇异值往往对应着矩阵 $\boldsymbol{A}$ 中隐含的重要信息, 且重要性和奇异值大小正相关. 每个矩阵 $\boldsymbol{A}$ 都可以表示为一系列秩为 1 的"小矩阵"之和 $\boldsymbol{A}=\sum\limits_{i=1}^{n}\sigma_i\boldsymbol{e}_i\boldsymbol{f}_i^{\mathrm{T}}$, 而奇异值 σ_i 则衡量了这些"小矩阵 $\boldsymbol{e}_i\boldsymbol{f}_i^{\mathrm{T}}$"对于 $\boldsymbol{A}$ 的权重. 矩阵的奇异值分解在通信、数据压缩、图像去噪等领域有着广泛应用, 例如, 当矩阵 $\boldsymbol{A}$ 表示一张图片时, 将矩阵分解成 $\boldsymbol{A}=\sum\limits_{i=1}^{n}\sigma_i\boldsymbol{e}_i\boldsymbol{f}_i^{\mathrm{T}}$, 对该图像进行压缩时, 我们只存储奇异值较大的前几项而达到图像压缩的目的; 机器学习中常用的主成分分析方法也使用了矩阵的奇异值分解.

习 题 4.5

(A)

1. 求矩阵 $\boldsymbol{A}=\begin{pmatrix}1&1\\0&1\\1&0\end{pmatrix}$ 的奇异值分解.

复习题四

一、选择题

1. 设 $\boldsymbol{A}$ 是三阶实对称矩阵, 若 $\boldsymbol{A}^2+\boldsymbol{A}=2\boldsymbol{E}$, 且 $|\boldsymbol{A}|=4$, 则二次型 $\boldsymbol{X}^{\mathrm{T}}\boldsymbol{A}\boldsymbol{X}$ 的规范形为 (　　).

A. $y_1^2+y_2^2+y_3^2$　　B. $y_1^2+y_2^2-y_3^2$

C. $y_1^2-y_2^2-y_3^2$　　D. $-y_1^2-y_2^2-y_3^2$

2. 设 $\boldsymbol{A}$ 为三阶实对称矩阵, 如果二次曲面方程 $(x,y,z)\boldsymbol{A}\begin{pmatrix}x\\y\\z\end{pmatrix}=1$ 在正交变换下的标准方程的图形如图题 2, 则 $\boldsymbol{A}$ 的正特征值个数为 (　　).

A. 0　　B. 1　　C. 2　　D. 3

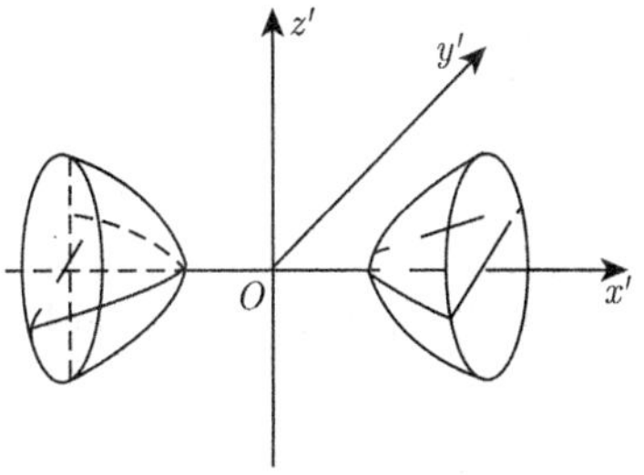

图题 2

3. 设 $\boldsymbol{A}$ 为三阶实对称矩阵, 如果二次曲面方程 $(x,y,z)\boldsymbol{A}\begin{pmatrix}x\\y\\z\end{pmatrix}=1$ 在正交变换下的标准方程的图形

如图题 3, 则 $\boldsymbol{A}$ 的正特征值个数为 (　　).

A. 0　　B. 1　　C. 2　　D. 3

4. 设 $\boldsymbol{A}$ 为三阶实对称矩阵, 如果二次曲面方程 $(x,y,z)\boldsymbol{A}\begin{pmatrix}x\\y\\z\end{pmatrix}=1$ 在正交变换下的标准方程的图形如图题 4, 则 $\boldsymbol{A}$ 的正特征值个数为 (　　).

A. 0　　B. 1　　C. 2　　D. 3

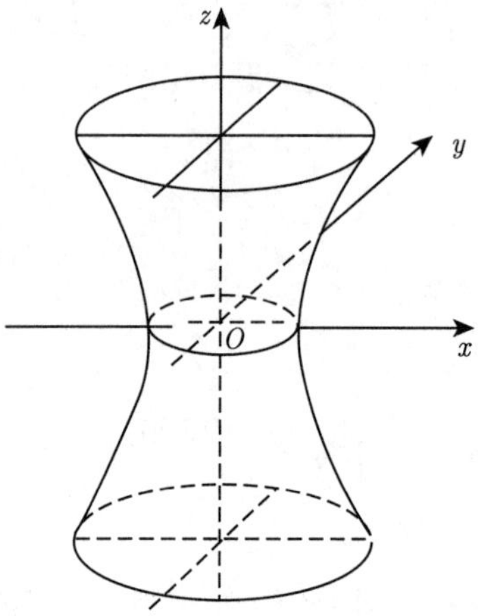

图题 3

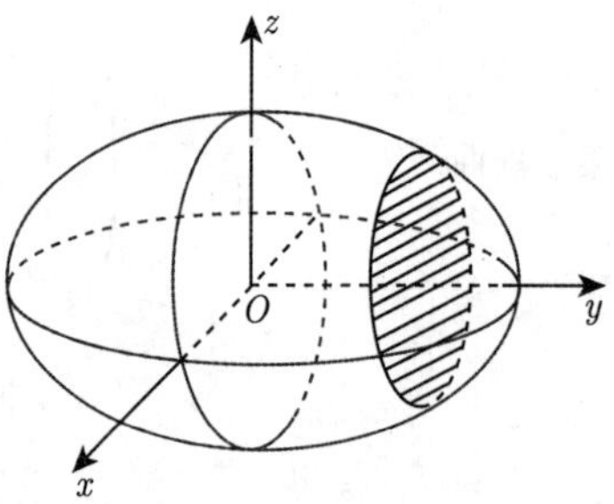

图题 4

5. 设 $\boldsymbol{A}$ 为三阶实对称矩阵, 如果二次曲面方程 $(x,y,z)\boldsymbol{A}\begin{pmatrix}x\\y\\z\end{pmatrix}=0$ 在正交变换下的标准方程的图形如图题 5, 则 $\boldsymbol{A}$ 的正特征值个数为 (　　).

A. 0　　B. 1　　C. 2　　D. 3

6. 设矩阵 $\boldsymbol{A}=\begin{pmatrix}2&-1&-1\\-1&2&-1\\-1&-1&2\end{pmatrix}$, $\boldsymbol{B}=\begin{pmatrix}1&0&0\\0&1&0\\0&0&0\end{pmatrix}$, 则 $\boldsymbol{A}$ 与 $\boldsymbol{B}$(　　).

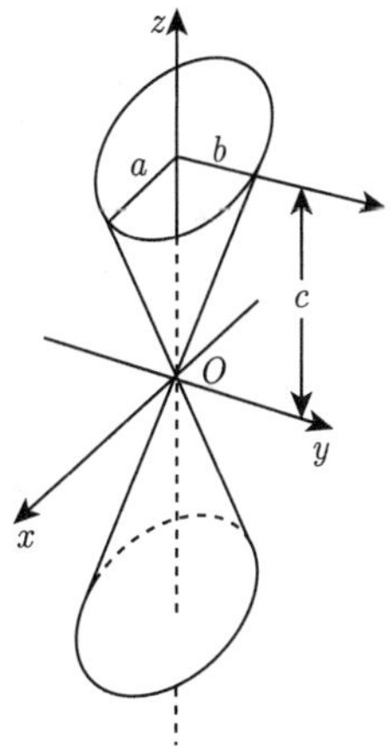

图题 5

A. 合同, 且相似　　B. 合同, 但不相似

C. 不合同, 但相似　　D. 既不合同, 也不相似

7. 设 $\boldsymbol{A}=\begin{pmatrix}1&1&1&1\\1&1&1&1\\1&1&1&1\\1&1&1&1\end{pmatrix}$, $\boldsymbol{B}=\begin{pmatrix}4&0&0&0\\0&0&0&0\\0&0&0&0\\0&0&0&0\end{pmatrix}$, 则 $\boldsymbol{A}$ 与 $\boldsymbol{B}$(　　).

A. 合同且相似　　B. 合同但不相似

C. 不合同但相似　　D. 不合同且不相似

8. 设二次型 $f(x_1,x_2,x_3)$ 在正交变换 $x=\boldsymbol{P}y$ 下的标准形为 $2y_1^2+y_2^2-y_3^2$, 其中 $\boldsymbol{P}=(e_1,e_2,e_3)$, 若 $\boldsymbol{Q}=(\boldsymbol{e}_1,-\boldsymbol{e}_3,\boldsymbol{e}_2)$, 则 $f(x_1,x_2,x_3)$ 在正交变换 $x=\boldsymbol{Q}y$ 下的标准形为 (　　).

A. $2y_1^2-y_2^2+y_3^2$　　B. $2y_1^2+y_2^2-y_3^2$

C. $2y_1^2-y_2^2-y_3^2$　　D. $2y_1^2+y_2^2+y_3^2$

9. 二次型 $f(x_1,x_2,x_3)=a(x_1^2+x_2^2+x_3^2)+2x_1x_2+2x_1x_3+2x_2x_3$ 的正、负惯性指数分别为 1, 2, 则 (　　).

A. $a>1$　　B. $a<-2$　　C. $-2<a<1$　　D. $a=1$ 或 $a=-2$

10、设二次型 $f(x_1,x_2,x_3)=x_1^2+x_2^2+x_3^2+4x_1x_2+4x_1x_3+4x_2x_3$, 则 $f(x_1,x_2,x_3)=2$ 在空间直角坐标系下表示的二次曲面为 (　　).

A. 单叶双曲面　　B. 双叶双曲面

C. 椭球面　　D. 柱面

11. 设 $\boldsymbol{A}=\begin{pmatrix}1&2\\2&1\end{pmatrix}$, 则在实数域上与 $\boldsymbol{A}$ 合同的矩阵为 (　　).

A. $\begin{pmatrix} -2 & 1 \\ 1 & -2 \end{pmatrix}$　　B. $\begin{pmatrix} 2 & -2 \\ -1 & 2 \end{pmatrix}$　　C. $\begin{pmatrix} 2 & 1 \\ 1 & 2 \end{pmatrix}$　　D. $\begin{pmatrix} 1 & -2 \\ -2 & 1 \end{pmatrix}$

12. 二次型 $f(x_1,x_2,x_3)=(x_1+x_2)^2+(x_2+x_3)^2-(x_3-x_1)^2$ 的正、负惯性指数分别为 (　　).

A. $2,0$　　B. $1,1$　　C. $2,1$　　D. $1,2$

二、解答题

1. (2020, 数学一) 设二次型 $f(x_1,x_2)=x_1^2+4x_1x_2+4x_2^2$ 经正交变换 $\begin{pmatrix} x_1 \\ x_2 \end{pmatrix}=\boldsymbol{Q}\begin{pmatrix} y_1 \\ y_2 \end{pmatrix}$ 化为二次型 $g(y_1,y_2)=ay_1^2+4y_1y_2+by_2^2$, 其中 $a\geqslant b$. 求:

(1) a,b 的值;

(2) 正交矩阵 $\boldsymbol{Q}$.

2. (1998, 数学一) 已知二次曲面方程 $x_1^2+ax_2^2+x_3^2+2bx_1x_2+2x_1x_3+2x_2x_3=4$ 可以经过正交变换 $\boldsymbol{X}=\boldsymbol{PY}$ 化为椭圆柱面方程 $y_2^2+4y_3^2=4$, 求 a,b 的值和正交矩阵 $\boldsymbol{P}$.

3. 设 $\boldsymbol{A}$ 是 n 阶正定矩阵, 证明 $|\boldsymbol{A}+\boldsymbol{E}|>1$.

4. (2012, 数学一) 已知 $\boldsymbol{A}=\begin{pmatrix} 1 & 0 & 1 \\ 0 & 1 & 1 \\ -1 & 0 & a \\ 0 & a & -1 \end{pmatrix}$, 二次型 $f(x_1,x_2,x_3)=\boldsymbol{x}^{\mathrm{T}}(\boldsymbol{A}^{\mathrm{T}}\boldsymbol{A})x$ 的秩为 2. 求:

(1) 常数 a 的值;

(2) 正交变换 $x=\boldsymbol{Q}y$ 将二次型 f 化为标准形.

5. (2018, 数学一) 设实二次型 $f(x_1,x_2,x_3)=(x_1-x_2+x_3)^2+(x_2+x_3)^2+(x_1+ax_3)^2$, 其中 a 是参数. 求:

(1) $f(x_1,x_2,x_3)=0$ 的解;

(2) $f(x_1,x_2,x_3)$ 的规范形.

6. (2003, 数学三) 设二次型 $f(x_1,x_2,x_3)=\boldsymbol{x}^{\mathrm{T}}\boldsymbol{A}x=ax_1^2+2x_2^2-2x_3^2+2bx_1x_3(b>0)$, 其中 $\boldsymbol{A}$ 的特征值之和为 1, 特征值之积为 -12. 求:

(1) a,b 的值;

(2) 正交变换 $x=\boldsymbol{Q}y$ 将二次型 f 化为标准形.

7. (2021, 数学一) 设矩阵 $\boldsymbol{A}=\begin{pmatrix} a & 1 & -1 \\ 1 & a & -1 \\ -1 & -1 & a \end{pmatrix}$. 求:

(1) 正交矩阵 $\boldsymbol{P}$, 使得 $\boldsymbol{P}^{\mathrm{T}}\boldsymbol{AP}$ 为对角阵;

(2) 正定矩阵 $\boldsymbol{C}$, 使得 $\boldsymbol{C}^2=(a+3)\boldsymbol{E}-\boldsymbol{A}$.

参 考 文 献

莫里斯 · 克莱因 (Morris Kline), 2022. 古今数学思想 (第三册). 万伟勋, 等, 译. 上海：上海科学技术出版社.

同济大学数学系编, 2014. 工程数学：线性代数. 6 版. 北京：高等教育出版社.

文军, 屈龙江, 易东云, 2016. 线性代数课程教学案例建设研究. 大学数学, 32(6): 46-52.

吴赣昌, 2011. 线性代数 (理工类). 4 版. 北京：中国人民大学出版社.

徐运阁, 章超, 廖军, 2021. 高等代数. 北京：科学出版社.

ANTON H, RORRES C, 2015. Elementary linear algebra with supplemental applications. New Jersey: John wiley & Sons Inc.

LAY D C, 2017, 线性代数及其应用. 原书第 3 版. 刘深泉、洪毅, 等, 译. 北京：机械工业出版社.

Gilbert Strang, 2019. Introduction to linear algebra. 5 版. 北京：清华大学出版社.

习题答案

第 1 章

习题 1.1 (A)

1. $x=1, y=2, z=-\dfrac{1}{2}$;

2. $x=-5, y=-6, u=4, v=-2$.

习题 1.2 (A)

1. 行阶梯形矩阵为 (1)、(4)、(5)、(7)、(8); 行最简形矩阵为 (1)、(5)、(8).

2. $\boldsymbol{A} \to \begin{pmatrix} 1 & 3 \\ 0 & 1 \end{pmatrix} \to \begin{pmatrix} 1 & 0 \\ 0 & 1 \end{pmatrix}$ 是 $\boldsymbol{A}$ 的两个不同的行阶梯形.

3. (1) $\begin{pmatrix} 1 & 0 & 0 \\ 0 & 1 & 0 \\ 0 & 0 & 1 \end{pmatrix}$; (2) $\begin{pmatrix} 1 & 0 & 0 & 1 \\ 0 & 1 & 0 & 2 \\ 0 & 0 & 1 & 3 \end{pmatrix}$; (3) $\begin{pmatrix} 1 & 0 & 0 & 10 \\ 0 & 1 & 0 & -20 \\ 0 & 0 & 1 & 12 \end{pmatrix}$.

4. 系数矩阵的行最简形矩阵为 $\begin{pmatrix} 1 & 0 & -2 & -\dfrac{5}{3} \\ 0 & 1 & 2 & \dfrac{4}{3} \\ 0 & 0 & 0 & 0 \end{pmatrix}$, 原方程组有无穷多解, 一般解为

$$\begin{cases} x_1 = 2x_3 + \dfrac{5}{3}x_4 \\ x_2 = -2x_3 - \dfrac{4}{3}x_4 \end{cases}$$

其中 x_3, x_4 为自由未知量.

习题 1.2 (B)

5. (1) 当 $a=-4$ 时, 原方程组无解; 当 $a=4$ 时, 原方程组有无穷多解; 当 $a \neq \pm 4$ 时, 原方程组有唯一解;

(2) 当 $a=\pm\sqrt{2}$ 时, 原方程组无解; 当 $a \neq \pm\sqrt{2}$ 时, 原方程组有唯一解.

6. (1) 当 $a \neq 0, b = -1$, 或 $a = 0, b \neq 1, 5$ 时, 原方程组无解; 当 $a \neq 0, b = 1$, 或 $a = 0, b = 1$ 或 5 时, 增广列不是主列, 原方程组有无穷多解; 当 $a \neq 0, b \neq \pm 1$ 时, 原方程组有唯一解.

(2) 当 $a \neq 1$ 或 $b \neq -1$ 时, 增广列是主列, 原方程组无解; 当 $a = 1, b = -1$ 时, 增广列不是主列, 且主列数 $= 2 < 4$, 原方程组有无穷多解.

习题 1.2 (C)

7. (A) 主列数 $= 2$, 增广列是主列, 方程组无解;

(B) 主列数 $= 3$, 增广列是主列, 方程组无解;

(C) 主列数 $= 3$, 增广列是主列, 方程组无解;

(D) 主列数 $= 2$, 增广列是主列, 方程组无解;

(E) 主列数 $= 3$, 增广列不是主列, 方程组有唯一解;

(F) 主列数 $= 2$, 增广列不是主列, 方程组有无穷解;

(G) 主列数 $= 1$, 增广列不是主列, 方程组有无穷解;

(H) 主列数 $= 2$, 增广列不是主列, 方程组有无穷解.

习题 1.3 (A)

1. (1) $\boldsymbol{\alpha} - \boldsymbol{\gamma} = (-8, 4, -7, -1)^{\mathrm{T}}$;

(2) $6(\boldsymbol{\alpha} - 3\boldsymbol{\beta}) = (-90, -114, 60, -36)^{\mathrm{T}}$;

(3) $-\boldsymbol{\alpha} + (\boldsymbol{\beta} - 4\boldsymbol{\gamma}) = (-13, 13, -36, -2)^{\mathrm{T}}$;

(4) $(6\boldsymbol{\alpha} - \boldsymbol{\gamma}) - (4\boldsymbol{\alpha} + \boldsymbol{\beta}) = (-15, -1, -3, -3)^{\mathrm{T}}$.

2. $\boldsymbol{x} = \left(-\dfrac{25}{3}, 7, -\dfrac{32}{3}, -\dfrac{2}{3}\right)^{\mathrm{T}}$.

3. $a = 3, b = -1$.

习题 1.4 (A)

1. $\boldsymbol{\beta} = -11\boldsymbol{\alpha}_1 + 14\boldsymbol{\alpha}_2 + 9\boldsymbol{\alpha}_3$.

2. $\begin{pmatrix} 1 & 1 & 2 \\ 2 & -1 & 1 \\ 3 & 2 & -1 \end{pmatrix}$.

3. $\begin{pmatrix} 1 & 1 & -1 \\ -1 & 1 & 1 \\ 1 & -1 & 1 \end{pmatrix}$.

习题 1.4 (B)

4. (1) 当 $a \neq 1$, $b = a$ 时, $\boldsymbol{\beta}$ 不能由 $\boldsymbol{\alpha}_1, \boldsymbol{\alpha}_2, \boldsymbol{\alpha}_3$ 线性表示;

(2) 当 $a \neq 0$, $b \neq a$ 时, $\boldsymbol{\beta}$ 能由 $\boldsymbol{\alpha}_1, \boldsymbol{\alpha}_2, \boldsymbol{\alpha}_3$ 唯一地线性表示;

(3) 当 $a=b=1$ 时, $\boldsymbol{\beta}$ 能由 $\boldsymbol{\alpha}_1,\boldsymbol{\alpha}_2,\boldsymbol{\alpha}_3$ 线性表示, 但不唯一.

5. (1) $a=5$; (2) $\boldsymbol{\beta}_1=2\boldsymbol{\alpha}_1+4\boldsymbol{\alpha}_2-\boldsymbol{\alpha}_3,\boldsymbol{\beta}_2=\boldsymbol{\alpha}_1+2\boldsymbol{\alpha}_2,\boldsymbol{\beta}_3=5\boldsymbol{\alpha}_1+10\boldsymbol{\alpha}_2-2\boldsymbol{\alpha}_3$.

习题 1.4 (C)

6. $(7,5,2)^{\mathrm{T}}$.

习题 1.5 (A)

1. (1) 线性相关; (2) 线性无关.

2. $a\neq -1,2$.

习题 1.5 (B)

3. $\boldsymbol{\beta}$ 能由 $\boldsymbol{\alpha}_1,\boldsymbol{\alpha}_2$ 线性表示.

4. 不一定线性相关.

5. 线性无关.

习题 1.5 (C)

6~7. 略.

习题 1.6 (A)

1. (1) $\boldsymbol{\alpha}_1,\boldsymbol{\alpha}_2,\boldsymbol{\alpha}_3$ 是一个极大无关组, 且 $\boldsymbol{\alpha}_4=5\boldsymbol{\alpha}_1-3\boldsymbol{\alpha}_2-\boldsymbol{\alpha}_3$.

(2) $\boldsymbol{\alpha}_1,\boldsymbol{\alpha}_2$ 是一个极大无关组, 且 $\boldsymbol{\alpha}_3=\dfrac{1}{3}\boldsymbol{\alpha}_1-\dfrac{4}{3}\boldsymbol{\alpha}_2,\boldsymbol{\alpha}_4=\dfrac{2}{3}\boldsymbol{\alpha}_1+\dfrac{13}{3}\boldsymbol{\alpha}_2$.

2. $a=2,b=5$.

3. 2.

4. 第 1、3 列是 $\boldsymbol{A}$ 的列向量组的一个极大无关组.

5. $\boldsymbol{\alpha}_1,\boldsymbol{\alpha}_2,\boldsymbol{\alpha}_4$ 是它的一个极大无关组, 且 $\boldsymbol{\alpha}_3=3\boldsymbol{\alpha}_1+\boldsymbol{\alpha}_2$, $\boldsymbol{\alpha}_5=\boldsymbol{\alpha}_1+\boldsymbol{\alpha}_2+\boldsymbol{\alpha}_4$.

习题 1.6 (B)

6. 当 $a\neq -1$ 时, 等价; 当 $a=-1$ 时, 不等价.

7. 4.

8~9. 略.

习题 1.6 (C)

10~11. 略.

习题 1.7 (A)

1. (1) 是; (2) 是.

2. (1) 是; (2) $(-1,1,0)^{\mathrm{T}},(3,3,2)^{\mathrm{T}}$.

3. $a=6$.

习题 1.7 (B)

4. (1) 是; (2) $k=0$.

习题 1.8 (A)

1. (1) $k\left(0,0,\frac{1}{2},1\right)^{\mathrm{T}}$, $k\in\mathbf{R}$;

(2) $(-1,-2,0,0)^{\mathrm{T}}+k_1(-1,2,1,0)^{\mathrm{T}}+k_2\left(-\frac{8}{7},-\frac{18}{7},0,1\right)^{\mathrm{T}},k_1,k_2\in\mathbf{R}$.

2. $(1,-1,1,-1)^{\mathrm{T}}+c\left(-1,\frac{1}{2},-\frac{1}{2},1\right)^{\mathrm{T}}$, $\forall c\in\mathbf{R}$.

3. $a=1$ 或 $a=2$.

当 $a=1$ 时, 公共解为 $k_1(-1,0,1,0)^{\mathrm{T}}+k_2(0,0,0,1)^{\mathrm{T}},k_1,k_2\in\mathbf{R}$;

当 $a=2$ 时, 公共解为 $(0,1,-1)^{\mathrm{T}}$.

习题 1.8 (B)

4. 通解为 $k(-1,2,-1)^{\mathrm{T}},k\in\mathbf{R}$.

5. 通解为 $(1,1,1,1)^{\mathrm{T}}+k(1,-2,1,0)^{\mathrm{T}},k\in\mathbf{R}$.

6. 通解为 $(2,3,4,5)^{\mathrm{T}}+k(3,4,5,6)^{\mathrm{T}},k\in\mathbf{R}$.

7~8. 略.

习题 1.8 (C)

9. (a) $r(\boldsymbol{A})=1,r(\overline{\boldsymbol{A}})=2$, 方程组无解;

(b) $r(\boldsymbol{A})=2,r(\overline{\boldsymbol{A}})=3$, 方程组无解;

(c) $r(\boldsymbol{A})=2,r(\overline{\boldsymbol{A}})=3$, 方程组无解;

(d) $r(\boldsymbol{A})=1,r(\overline{\boldsymbol{A}})=2$, 方程组无解;

(e) $r(\boldsymbol{A})=3,r(\overline{\boldsymbol{A}})=3$, 方程组有唯一解;

(f) $r(\boldsymbol{A})=2,r(\overline{\boldsymbol{A}})=2$, 方程组有无穷解;

(g) $r(\boldsymbol{A})=1,r(\overline{\boldsymbol{A}})=1$, 方程组有无穷解;

(h) $r(\boldsymbol{A})=2,r(\overline{\boldsymbol{A}})=2$, 方程组有无穷解.

10. 略

习题 1.9 (A)

1. $\frac{1}{7}(20,-5,10)^{\mathrm{T}}$.

2. $k_1(-1,1,0)^{\mathrm{T}}+k_2(-1,0,1)^{\mathrm{T}}, k_1,k_2\in\mathbf{R}$.

3. $\sqrt{14}$.

4. $\boldsymbol{e}_1,\boldsymbol{e}_2,\boldsymbol{e}_3$.

习题 1.9 (B)

5. 提示：利用 $(\boldsymbol{\beta},\boldsymbol{\alpha}_i)=0\ (i=1,2,\cdots,r)$.

6. 提示：(1) 设 $\boldsymbol{A}=\begin{pmatrix}\boldsymbol{\alpha}_1^{\mathrm{T}}\\ \boldsymbol{\alpha}_2^{\mathrm{T}}\\ \vdots\\ \boldsymbol{\alpha}_{n-1}^{\mathrm{T}}\end{pmatrix}$. 利用 $\boldsymbol{\beta}_1,\boldsymbol{\beta}_2$ 是 $\boldsymbol{Ax}=\mathbf{0}$ 的解向量;

(2) 与习题 1.9(B) 中第 5 题类似.

7. 略.

习题 1.10 (A)

1. (1) $x_1=\frac{17}{95}, x_2=\frac{143}{285}$;

(2) $x_1=12, x_2=-3, x_3=9$.

2. $x=(\boldsymbol{A}^{\mathrm{T}}\boldsymbol{A})^{-1}\boldsymbol{A}^{\mathrm{T}}b$.

3. (1) $a=0$;

(2) $\begin{pmatrix}1\\-2\\0\end{pmatrix}+k\begin{pmatrix}0\\-1\\1\end{pmatrix}$, $k\in\mathbf{R}$.

复习题一

一、1. C; 2. D; 3. D; 4. A; 5. A; 6. C; 7. B; 8. A; 9. B; 10. A; 11. C; 12. D; 13. A; 14. C; 15. A; 16. B; 17. B; 18. D; 19. B; 20. C; 21. B; 22. A; 23. D; 24. C; 25. B.

二、

1. $a=-1$, $\boldsymbol{\beta}_3=3\boldsymbol{\alpha}_1-2\boldsymbol{\alpha}_2$.

2. (1) 略;

(2) $a=2, b=3$, 通解为 $(2,-3,0,0)^{\mathrm{T}}+k_1(-2,1,1,0)^{\mathrm{T}}+k_2(4,-5,0,1)^{\mathrm{T}}, k_1,k_2\in\mathbf{R}$.

3. (1) $\lambda=-1, a=2$.

(2) 通解为 $\begin{pmatrix}\frac{3}{2}\\-\frac{1}{2}\\0\end{pmatrix}+k\begin{pmatrix}1\\0\\1\end{pmatrix}, k\in\mathbf{R}$.

4. $a=-1$, 通解为 $\begin{pmatrix}0\\-1\\0\\0\end{pmatrix}+k\begin{pmatrix}1\\1\\1\\1\end{pmatrix},k\in\mathbf{R}$.

5. 略.

6. $\begin{pmatrix}-\frac{1}{\sqrt{15}}\\\frac{1}{\sqrt{15}}\\\frac{2}{\sqrt{15}}\\\frac{3}{\sqrt{15}}\end{pmatrix},\begin{pmatrix}-\frac{2}{\sqrt{39}}\\\frac{1}{\sqrt{39}}\\\frac{5}{\sqrt{39}}\\-\frac{3}{\sqrt{39}}\end{pmatrix}$.

7. (1) 基础解系 $\boldsymbol{\xi}_1=\begin{pmatrix}0\\0\\1\\0\end{pmatrix},\boldsymbol{\xi}_2=\begin{pmatrix}-1\\1\\0\\1\end{pmatrix}$;

(2) 公共解为 $k(-1,1,1,1)^{\mathrm{T}},\ k\in\mathbf{R}$.

8. 略.

9. 通解为 $k(1,-1,\cdots,1,-1)^{\mathrm{T}},k\in\mathbf{R}$.

10. (1) 能. (2) 不能.

(3) 通解 $\begin{pmatrix}1\\-1\\0\\0\\0\end{pmatrix}+k_1\begin{pmatrix}0\\-2\\3\\1\\0\end{pmatrix}+k_2\begin{pmatrix}-\frac{1}{3}\\\frac{5}{3}\\-\frac{1}{3}\\0\\1\end{pmatrix},\ k_1,k_2\in\mathbf{R}$.

11. 公共解 $k(-1,1,2,1)^{\mathrm{T}},\ k\in\mathbf{R}$.

12. $a+7b-2c+d=0$.

13. (1) 略; (2) 公共解 $k_1\begin{pmatrix}3\\1\\0\\1\\0\end{pmatrix}+k_2\begin{pmatrix}2\\1\\0\\0\\1\end{pmatrix},\ k_1,k_2\in\mathbf{R}$.

14. 略.

第 2 章

习题 2.1 (A)

1. 略.

2. 不是; 理由略.

习题 2.2 (A)

1. (1) $\begin{pmatrix} 1 & 1 & -1 \\ 0 & 2 & -3 \\ 2 & -1 & 1 \end{pmatrix}$; (2) $\begin{pmatrix} 1 & 0 & 2 \\ -2 & 1 & -3 \\ 2 & 1 & 2 \end{pmatrix}$.

2. $\boldsymbol{A}-\boldsymbol{B}=\begin{pmatrix} -1 & -2 & 2 \\ -1 & 3 & 0 \end{pmatrix}$, $2\boldsymbol{A}-3\boldsymbol{B}=\begin{pmatrix} -4 & -4 & 3 \\ -2 & 9 & -1 \end{pmatrix}$, $\boldsymbol{A}^{\mathrm{T}}\boldsymbol{B}=\begin{pmatrix} 2 & 3 & 0 \\ -4 & 0 & -2 \\ 6 & -3 & 4 \end{pmatrix}$.

3. (1) $\boldsymbol{A}^3=\begin{pmatrix} \cos 3\theta & \sin 3\theta \\ -\sin 3\theta & \cos 3\theta \end{pmatrix}$; (2) $\boldsymbol{A}^3=\begin{pmatrix} \lambda^3 & 3\lambda^2 & 3\lambda \\ & \lambda^3 & 3\lambda^2 \\ & & \lambda^3 \end{pmatrix}$; (3) $9\boldsymbol{A}$.

4. (1) $\boldsymbol{X}=\begin{pmatrix} a & b & c \\ & a & b \\ & & a \end{pmatrix}$, $a,b,c\in\mathbf{R}$;

(2) $\boldsymbol{X}=\mathrm{diag}(x_{11},x_{22},\cdots,x_{nn})$, $x_{ii}\in\mathbf{R}$ $(i=1,2,\cdots,n)$.

5. $\boldsymbol{\alpha}^{\mathrm{T}}\boldsymbol{\alpha}=3$.

6. (1) $\boldsymbol{e}_i\boldsymbol{A}=(a_{i1},a_{i2},\cdots,a_{in})$, $\boldsymbol{A}\boldsymbol{e}_i=\begin{pmatrix} a_{1i} \\ a_{2i} \\ \vdots \\ a_{ni} \end{pmatrix}$, $\boldsymbol{e}_i\boldsymbol{A}\boldsymbol{e}_j=a_{ij}$.

(2) $\boldsymbol{E}_{ij}\boldsymbol{A}=$ 第 i 行 $\begin{pmatrix} 0 & 0 & \cdots & 0 \\ \vdots & \vdots & & \vdots \\ a_{j1} & a_{j2} & \cdots & a_{jn} \\ \vdots & \vdots & & \vdots \\ 0 & 0 & \cdots & 0 \end{pmatrix}$, $\boldsymbol{A}\boldsymbol{E}_{ij}=\begin{pmatrix} 0 & \cdots & a_{i1} & \cdots & 0 \\ \vdots & & \vdots & & \vdots \\ 0 & \cdots & a_{i2} & \cdots & 0 \\ \vdots & & \vdots & & \vdots \\ 0 & \cdots & a_{in} & \cdots & 0 \end{pmatrix}$ (第 j 列),

$\boldsymbol{E}_{ij}\boldsymbol{A}\boldsymbol{E}_{kl}=$ 第 i 行 $\begin{pmatrix} 0 & \cdots & 0 & \cdots & 0 \\ \vdots & & \vdots & & \vdots \\ 0 & \cdots & a_{jk} & \cdots & 0 \\ \vdots & & \vdots & & \vdots \\ 0 & \cdots & 0 & \cdots & 0 \end{pmatrix}$ (第 l 列) $=a_{jk}\boldsymbol{E}_{il}$.

习题 2.2 (B)

7. $\left(\sum\limits_{i=1}^{n} a_i^2\right)^{k-1}\boldsymbol{A}$.

8. $\boldsymbol{O}$.

9~10. 略.

习题 2.2 (C)

11. 略.

习题 2.3 (A)

1. (1) $\begin{pmatrix} \boldsymbol{A}^n & \\ & \boldsymbol{B}^n \end{pmatrix}$; (2) $\begin{pmatrix} \boldsymbol{AB} & \\ & \boldsymbol{BA} \end{pmatrix}$.

2. $\begin{pmatrix} \boldsymbol{O} & \boldsymbol{E}_{n-k} \\ \boldsymbol{E}_k & \boldsymbol{O} \end{pmatrix}$

习题 2.3 (B)

3. $\left(\sum\limits_{l=1}^{n} a_l b_l\right)^{k-1} \boldsymbol{A}$.

4. 略.

习题 2.4 (A)

1. 28.

2. 27.

3. (1) -294×10^5; (2) 48.

习题 2.4 (B)

4. 1.

习题 2.5 (A)

1. 当 $n \equiv 0, 1 \pmod 4$ 时, $n(n-1)\cdots 21$ 是偶排列; 当 $n \equiv 2, 3 \pmod 4$ 时, $n(n-1)\cdots 21$ 是奇排列.

2. $\dfrac{n(n-1)}{2} - k$.

3. $(-1)^{n-1} n!$.

4. $x = \sqrt{3}, -\sqrt{3}, -3$.

5. -2.

习题 2.5 (B)

6. 略.

习题 2.5 (C)

7. 0.

习题 2.6 (A)

1. (1) $x^n+(-1)^{n+1}y^n$;

(2) $\left(a_0-\sum\limits_{i=1}^{n}\dfrac{1}{a_i}\right)\prod\limits_{i=1}^{n}a_i$;

(3) $\left(1+\sum\limits_{i=1}^{n}\dfrac{a}{x_i-a}\right)\prod\limits_{i=1}^{n}(x_i-a)$;

(4) 当 $a\neq b$, 时, $D_n=\dfrac{a(x-b)^n-b(x-a)^n}{a-b}$; 当 $a=b$ 时, $D_n=[x+(n-1)a](x-a)^{n-1}$;

(5) $\left(1+\sum\limits_{k=1}^{n}\dfrac{1}{a_k}\right)a_1a_2\cdots a_n$.

习题 2.6 (B)

2. $25, 61$.

习题 2.6 (C)

3. (1) $D_n=1+x^2+x^4+\cdots+x^{2n}$,

(2) $D_n=\begin{cases}\dfrac{\boldsymbol{a}^{n+1}-\boldsymbol{b}^{n+1}}{\boldsymbol{a}-\boldsymbol{b}} & (\boldsymbol{a}\neq\boldsymbol{b})\\ (n+1)\boldsymbol{a}^n & (\boldsymbol{a}=\boldsymbol{b})\end{cases}$

(3) $a_n+a_{n-1}x+\cdots+a_1x^{n-1}+x^n$;

(4) $\dfrac{(-1)^{n-1}(n+1)!}{2}$.

习题 2.7 (A)

1. $2\boldsymbol{A}$.

2. $\mathrm{diag}(6,6,6,-1)$.

3. $\dfrac{3}{2}$.

4. 4.

习题 2.7 (B)

5. $\begin{pmatrix}-1 & 0 & 0\\ -\dfrac{1}{2} & -1 & 0\\ -\dfrac{1}{4} & -\dfrac{1}{2} & -1\end{pmatrix}$.

6. $\boldsymbol{A}^{-1}=\left(\dfrac{\boldsymbol{A}-\boldsymbol{E}}{2}\right)$; $(\boldsymbol{A}+2\boldsymbol{E})^{-1}=\left(\dfrac{3\boldsymbol{E}-\boldsymbol{A}}{4}\right)$.

7. 略.

习题 2.8 (C)

8. 略.

习题 2.8 (A)

1. (1) $\boldsymbol{A}^{-1}=\begin{pmatrix}0&0&1\\0&1&-2\\1&-2&1\end{pmatrix}$; (2) $\boldsymbol{A}^{-1}=\dfrac{1}{2}\begin{pmatrix}-1&1&1\\1&-1&1\\1&1&-1\end{pmatrix}$.

2. $\begin{pmatrix}1&0&0\\-\dfrac{1}{2}&\dfrac{1}{2}&0\\0&0&1\end{pmatrix}$.

3. $P(i,j)$.

4. (1) $a=-4$; (2) $\begin{pmatrix}1&0&0\\0&1&0\\0&2&1\end{pmatrix}\begin{pmatrix}1&0&0\\1&1&0\\0&0&1\end{pmatrix}\boldsymbol{A}\begin{pmatrix}1&0&0\\0&-1&0\\0&0&1\end{pmatrix}=\boldsymbol{B}$.

5. (1) $a=2$; (2) $\boldsymbol{P}=\begin{pmatrix}0&4&1\\0&-1&0\\\dfrac{1}{2}&0&\dfrac{1}{2}\end{pmatrix}$.

6. 略.

习题 2.8 (B)

7. (1) $\begin{pmatrix}\boldsymbol{A}&\boldsymbol{\alpha}\\0&|\boldsymbol{A}|(b-\boldsymbol{\alpha}^{\mathrm{T}}\boldsymbol{A}^{-1}\boldsymbol{\alpha})\end{pmatrix}$; (2) 略.

8. 略.

习题 2.9 (A)

1. (1) 2; (2) $r(\boldsymbol{A})=\begin{cases}3, & a\neq 1,-2;\\2, & a=-2;\\1, & a=1.\end{cases}$

2. $x=0,y=2$.

3. $a=5$.

4. 略.

习题 2.9 (B)

5. 略.

6. $\boldsymbol{\alpha}_1,\boldsymbol{\alpha}_2,\boldsymbol{\alpha}_4$.

习题 2.9 (C)

7. 略.

8. 略.

复习题二

一、1. D; 2. A; 3. D; 4. D; 5. B; 6. C; 7. C; 8. A; 9. D; 10. D; 11. B; 12. A; 13. B; 14. D; 15. C; 16. B; 17. C; 18. B; 19. A; 20. C; 21. A; 22. A. 23. C.

二、

1~2. 略.

3. 当 $a=-1$ 且 $b=0$ 时, $\boldsymbol{C}=\begin{pmatrix}1+k_1+k_2 & -k_1\\ k_1 & k_2\end{pmatrix}$.

4. 略.

第 3 章

习题 3.1 (A)

1. (1) $a=3,\ b=\dfrac{5-a}{4-a}=2,\ c=\dfrac{2}{a-4}=-2$;

(2) $\begin{pmatrix}1 & 0 & 2\\ 0 & 1 & -2\\ 0 & 0 & 1\end{pmatrix}$.

2. (1) $\boldsymbol{P}=\begin{pmatrix}1 & 0 & 0\\ 1 & 1 & 1\\ 1 & 1 & -1\end{pmatrix}$;

(2) $(1,3,3)^{\mathrm{T}}$;

(3) $\boldsymbol{\eta}=-k\boldsymbol{\alpha}_1+2k\boldsymbol{\alpha}_2+k\boldsymbol{\alpha}_3, \forall k\in\mathbf{R}$.

习题 3.1 (B)

3. (1) 略; (2) $k=-2,\ \boldsymbol{\xi}=-k\boldsymbol{\alpha}_1+k\boldsymbol{\alpha}_3,\ k\in\mathbf{R}$.

4~5. 略.

习题 3.2 (A)

1. (1) $\boldsymbol{A}$ 的特征值为 $\lambda_1=7,\lambda_2=-2$, 当 $\lambda_1=7$ 时, 特征向量是 $k(1,1)^{\mathrm{T}},\ k\neq 0$; 当 $\lambda_2=-2$ 时, 特征向量是 $k(4,-5)^{\mathrm{T}},\ k\neq 0$.

(2) $\boldsymbol{A}$ 的特征值为 $\lambda_1=\lambda_2=1,\lambda_3=-1$, 当 $\lambda_1=\lambda_2=1$ 时, 特征向量是 $k_1(0,1,0)^{\mathrm{T}}+k_2(1,0,1)^{\mathrm{T}},\ k_1,k_2$ 不同时为零; 当 $\lambda_3=-1$ 时, 特征向量是 $k(-1,0,1)^{\mathrm{T}},\ k\neq 0$.

(3) $\boldsymbol{A}$ 的特征值为 $\lambda_1=\lambda_2=\lambda_3=2,\lambda_4=-2$. 当 $\lambda_1=\lambda_2=\lambda_3=2$ 时, 特征向量是 $k_1(1,1,0,0)^{\mathrm{T}}+k_2(1,0,1,0)^{\mathrm{T}}+k_3(1,0,0,1)^{\mathrm{T}},\ k_1,k_2,k_3$ 不同时为零; 当 $\lambda_4=-2$ 时, 特征向量是 $k(1,-1,-1,-1)^{\mathrm{T}},\ k\neq 0$.

2~5. 略.

习题 3.2 (B)

6. $\boldsymbol{B}+2\boldsymbol{E}$ 的特征值为 $9,9,3$, 对应的特征向量分别为 $(1,-1,0)^{\mathrm{T}},(-1,-1,1)^{\mathrm{T}},(0,1,1)^{\mathrm{T}}$.

7. $\boldsymbol{A}$ 的特征值为 $\underbrace{1,\cdots,1}_{n-1},-1$; 属于 -1 的特征向量是 $\boldsymbol{\alpha}$; 属于 1 的特征向量是 $k_1\boldsymbol{\eta}_1+k_2\boldsymbol{\eta}_2+\cdots+k_{n-1}\boldsymbol{\eta}_{n-1}$, $k_1,k_2,\cdots,k_{n-1}$ 不同时为零, 且

$$\boldsymbol{\eta}_1=\begin{pmatrix}-\dfrac{a_2}{a_1}\\1\\0\\\vdots\\0\end{pmatrix},\quad \boldsymbol{\eta}_2=\begin{pmatrix}-\dfrac{a_3}{a_1}\\0\\1\\\vdots\\0\end{pmatrix},\quad \cdots,\quad \boldsymbol{\eta}_{n-1}=\begin{pmatrix}-\dfrac{a_n}{a_1}\\0\\0\\\vdots\\1\end{pmatrix}.$$

习题 3.2 (C)

8. 提示：利用特征多项式降阶公式.

9. 略.

10. $a=2,b=-3,c=2,\lambda_0=1$.

11~12. 略.

习题 3.3 (A)

1. (1) $x=0,y=-2$; (2) $\boldsymbol{P}=\begin{pmatrix}0&0&-1\\-2&1&0\\1&1&1\end{pmatrix}$.

2~3. 略.

习题 3.3 (B)

4. (1) $k=(\boldsymbol{\alpha}\boldsymbol{\alpha}^{\mathrm{T}})^{m-1}$; (2) 略.

5. (1) 略; (2) $\boldsymbol{B}=\mathrm{diag}(3,1,\cdots,1)$, $\boldsymbol{B}^3=\mathrm{diag}(27,1,\cdots,1)$.

习题 3.3 (C)

6. 当 $a=-2$ 时, $\boldsymbol{A}$ 可对角化; 当 $a=-\dfrac{2}{3}$ 时, $\boldsymbol{A}$ 不可对角化.

7. (1) $\boldsymbol{B}=\begin{pmatrix}0&0&0\\1&0&3\\0&1&-2\end{pmatrix}$; (2) -4.

8. 略.

习题 3.4 (A)

1. 提示：(1) 利用 $|\boldsymbol{E}-\boldsymbol{A}|=|\boldsymbol{A}\boldsymbol{A}^{\mathrm{T}}-\boldsymbol{A}|$;

(2) 利用 $|\boldsymbol{E}+\boldsymbol{A}|=|\boldsymbol{A}\boldsymbol{A}^{\mathrm{T}}+\boldsymbol{A}|$.

2~3. 略.

习题 3.5 (A)

1. 略.

2. $\boldsymbol{Q}=\begin{pmatrix}\frac{1}{3} & -\frac{2}{3} & \frac{2}{3}\\ \frac{2}{3} & -\frac{1}{3} & -\frac{2}{3}\\ \frac{2}{3} & \frac{2}{3} & \frac{1}{3}\end{pmatrix}$, $\boldsymbol{Q}^{-1}\boldsymbol{AQ}=\begin{pmatrix}-2 & & \\ & 1 & \\ & & 4\end{pmatrix}$.

习题 3.5 (B)

3. (1) $\boldsymbol{A}$ 的特征值是 $-1,1,0$, 对应的特征向量分别是 $(1,0,-1)^{\mathrm{T}},(1,0,1)^{\mathrm{T}},(0,1,0)^{\mathrm{T}}$;

(2) $\boldsymbol{A}=\begin{pmatrix}0 & 0 & 1\\ 0 & 0 & 0\\ 1 & 0 & 0\end{pmatrix}$.

4. $\boldsymbol{A}=\begin{pmatrix}1 & 1 & 1 & 1\\ 1 & 1 & 1 & 1\\ 1 & 1 & 1 & 1\\ 1 & 1 & 1 & 1\end{pmatrix}$.

5. (1) $\boldsymbol{B}$ 的特征值为 $-2,1,1$, 属于特征值 -2 的全部特征向量为 $k_1(1,-1,1)^{\mathrm{T}}, k_1\neq 0$, 属于特征值 1 的全部特征向量为 $k_2(1,1,0)^{\mathrm{T}}+k_3(-1,0,1)^{\mathrm{T}}$, k_2,k_3 不全为零.

(2) $\boldsymbol{B}=\begin{pmatrix}0 & 1 & -1\\ 1 & 0 & 1\\ -1 & 1 & 0\end{pmatrix}$.

复习题三

一、1. A; 2. B; 3. D; 4. B; 5. C; 6. B; 7. A; 8. A; 9. B; 10. C.

二、1. (1) $a=-3,b=0,\lambda_0=-1$; (2) 不可对角化.

2. $\boldsymbol{A}=Q\mathrm{diag}(-1,1,1)\boldsymbol{Q}^{\mathrm{T}}=\begin{pmatrix}1 & 0 & 0\\ 0 & 0 & -1\\ 0 & -1 & 0\end{pmatrix}$.

3. (1) $\boldsymbol{\beta}=-\frac{1}{2}\boldsymbol{\xi}_1+2\boldsymbol{\xi}_2-\frac{1}{2}\boldsymbol{\xi}_3$;

(2) $\frac{1}{2}\boldsymbol{\xi}_1+2^{n+1}\boldsymbol{\xi}_2-\frac{3^n}{2}\boldsymbol{\xi}_3$.

4. (1) 略;

(2) $\boldsymbol{P}^{-1}\boldsymbol{AP}=\begin{pmatrix}0 & 6\\ 1 & -1\end{pmatrix}$, $\boldsymbol{A}$ 可对角化.

5. (1) $\begin{pmatrix}-2+2^{99} & 1-2^{99} & 2-2^{98}\\ -2+2^{100} & 1-2^{100} & 2-2^{99}\\ 0 & 0 & 0\end{pmatrix}$;

(2) $\boldsymbol{\beta}_1=(-2+2^{99})\boldsymbol{\alpha}_1+(-2+2^{100})\boldsymbol{\alpha}_2$;

$\boldsymbol{\beta}_2=(1-2^{99})\boldsymbol{\alpha}_1+(1-2^{100})\boldsymbol{\alpha}_2$;

$\boldsymbol{\beta}_3=(2-2^{98})\boldsymbol{\alpha}_1+(2-2^{99})\boldsymbol{\alpha}_2$.

6. (1) 略;

(2) 通解为 $(1,1,1)^{\mathrm{T}}+k(1,2,-1)^{\mathrm{T}}, k\in\mathbf{R}$.

7. (1) $\boldsymbol{B}=\begin{pmatrix}1&0&0\\1&2&2\\1&1&3\end{pmatrix}$;

(2) $1,1,4$;

(3) $\boldsymbol{P}=(\boldsymbol{\alpha}_2-\boldsymbol{\alpha}_1,\boldsymbol{\alpha}_3-2\boldsymbol{\alpha}_1,\boldsymbol{\alpha}_2+\boldsymbol{\alpha}_3)$.

8. $k=0$; $\boldsymbol{P}=\begin{pmatrix}1&-1&1\\0&2&0\\1&0&2\end{pmatrix}$, $\boldsymbol{P}^{-1}\boldsymbol{A}\boldsymbol{P}=\mathrm{diag}(1,-1,-1)$.

9. (1) $a=4,b=5$;

(2) $\boldsymbol{P}=\begin{pmatrix}2&-3&-1\\1&0&-1\\0&1&1\end{pmatrix}$, $\boldsymbol{P}^{-1}\boldsymbol{A}\boldsymbol{P}=\begin{pmatrix}1&&\\&1&\\&&5\end{pmatrix}$.

第 4 章

习题 4.1 (A)

1. (1) $\boldsymbol{A}=\begin{pmatrix}0&-2&1\\-2&0&1\\1&1&0\end{pmatrix}$, 秩为 3;

(2) $\boldsymbol{A}=\begin{pmatrix}1&-1&1\\-1&-3&-3\\1&-3&0\end{pmatrix}$, 秩为 2;

2. $\boldsymbol{A}=\begin{pmatrix}a_1\\a_2\\\vdots\\a_n\end{pmatrix}(a_1,a_2,\cdots,a_n)$, $r(\boldsymbol{A})=1$.

3. $a=\pm2,b=\mp4$.

习题 4.1 (B)

4. $\boldsymbol{B}=\boldsymbol{A}^{\mathrm{T}}\boldsymbol{A}$.

习题 4.2 (A)

1. (1) $2y_1^2+3y_2^2+\dfrac{5}{3}y_3^2$; (2) $-z_1^2+4z_2^2+z_3^2$.

2. (1) $f=y_1^2+y_2^2-4y_3^2$; (2) $y_1^2-3y_2^2+\frac{3}{4}y_3^2$.

3. (1) 正交矩阵 $\boldsymbol{U}=\frac{1}{\sqrt{2}}\begin{pmatrix}1&0&-1\\1&0&1\\0&1&0\end{pmatrix}$, 二次型的标准形为 $2y_1^2+2y_2^2$;

(2) 正交矩阵 $\boldsymbol{U}=\frac{1}{\sqrt{2}}\begin{pmatrix}1&0&-1&0\\1&0&1&0\\0&1&0&-1\\0&1&0&1\end{pmatrix}$, 二次型的标准形为 $y_1^2+y_2^2-y_3^2-y_4^2$.

4. $a=1$.

习题 4.2 (B)

5. 略.

6. $a=2$, $\boldsymbol{Q}=\begin{pmatrix}\frac{1}{\sqrt{2}}&\frac{1}{\sqrt{3}}&\frac{1}{\sqrt{6}}\\0&-\frac{1}{\sqrt{3}}&\frac{2}{\sqrt{6}}\\-\frac{1}{\sqrt{2}}&\frac{1}{\sqrt{3}}&\frac{1}{\sqrt{6}}\end{pmatrix}$.

习题 4.2 (C)

7~8. 略.

习题 4.3 (A)

1. (1) $\lambda_1=a,\lambda_2=a-2,\lambda_3=a+1$; (2) $a=2$.

2. $-2\leqslant a\leqslant 2$.

3. $y_1^2-2y_2^2-2y_3^2$.

习题 4.3 (B)

4. (1) 秩等于 3, 符号差等于 3;

(2) 当 $(x,y,z)=\frac{1}{\sqrt{12+4\sqrt{6}}}(-1,2+\sqrt{6},1)$ 时, $f(x,y,z)$ 取最小值 $5-2\sqrt{6}$; 当 $(x,y,z)=\frac{1}{\sqrt{12-4\sqrt{6}}}(-1,2-\sqrt{6},1)$ 时, $f(x,y,z)$ 取最大值 $5+2\sqrt{6}$.

5. 略.

习题 4.3 (C)

6. (1) 秩 3, 正、负惯性指数 2, 1;

(2) 秩 3, 正、负惯性指数 1, 2;

(3) 秩 3, 正、负惯性指数 3, 0;

(4) 秩 2, 正、负惯性指数 2, 0;

(5) 秩 2, 正、负惯性指数 1, 1.

7. 略.

习题 4.4 (A)

1. (1) $-\frac{4}{5} < t < 0$; (2) $-\sqrt{2} < t < \sqrt{2}$.

2. $-3 < t < 1$.

习题 4.4 (B)

3. (1) $\boldsymbol{A} = \begin{pmatrix} \frac{1}{2} & 0 & -\frac{1}{2} \\ 0 & 1 & 0 \\ -\frac{1}{2} & 0 & \frac{1}{2} \end{pmatrix}$;

(2) 略.

4. (1) $\boldsymbol{P}^{\mathrm{T}}\boldsymbol{D}\boldsymbol{P} = \begin{pmatrix} \boldsymbol{A} & \boldsymbol{O} \\ & \boldsymbol{B} - \boldsymbol{C}^{\mathrm{T}}\boldsymbol{A}^{-1}\boldsymbol{C} \end{pmatrix}$;

(2) 是正定矩阵.

5~6. 略.

习题 4.5 (A)

1. $\boldsymbol{A} = \begin{pmatrix} \frac{\sqrt{6}}{3} & 0 & -\frac{\sqrt{3}}{3} \\ \frac{\sqrt{6}}{6} & -\frac{\sqrt{2}}{2} & \frac{\sqrt{3}}{3} \\ \frac{\sqrt{6}}{6} & \frac{\sqrt{2}}{2} & \frac{\sqrt{3}}{3} \end{pmatrix} \begin{pmatrix} \sqrt{3} & 0 \\ 0 & 1 \\ 0 & 0 \end{pmatrix} \begin{pmatrix} \frac{\sqrt{2}}{2} & \frac{\sqrt{2}}{2} \\ \frac{\sqrt{2}}{2} & -\frac{\sqrt{2}}{2} \end{pmatrix}$

复习题四

一、1. C; 2. B; 3. C; 4. D; 5. C; 6. B; 7. C; 8. A; 9. C; 10. B; 11. D; 12. B.

二、1. (1) $a = 4, b = 1$;

(2) $\boldsymbol{Q} = \begin{pmatrix} 0 & 1 \\ -1 & 0 \end{pmatrix}$.

2. $a = 3, b = 1$, $\boldsymbol{P} = \begin{pmatrix} \frac{1}{\sqrt{2}} & \frac{1}{\sqrt{3}} & \frac{1}{\sqrt{6}} \\ 0 & -\frac{1}{\sqrt{3}} & \frac{2}{\sqrt{6}} \\ -\frac{1}{\sqrt{2}} & \frac{1}{\sqrt{3}} & \frac{1}{\sqrt{6}} \end{pmatrix}$.

3. 提示：利用正定矩阵的特征值全大于零.

4. (1) $a = -1$;

(2) $\boldsymbol{Q}=\begin{pmatrix}-\frac{1}{\sqrt{3}} & -\frac{1}{\sqrt{2}} & \frac{1}{\sqrt{6}}\\ -\frac{1}{\sqrt{3}} & \frac{1}{\sqrt{2}} & \frac{1}{\sqrt{6}}\\ \frac{1}{\sqrt{3}} & 0 & \frac{2}{\sqrt{6}}\end{pmatrix}$, 标准形为 $2y_2^2+6y_3^2$.

5. (1) 当 $a\neq 2$, 时 $f(x_1,x_2,x_3)=0$ 只有零解; 当 $a=2$ 时, $f(x_1,x_2,x_3)=0$ 的解为 $k(-2,-1,1)^{\mathrm{T}}$, $k\in\mathbf{R}$.

(2) 当 $a\neq 2$ 时, $y_1^2+y_2^2+y_3^2$; 当 $a=2$ 时, 规范形 $y_1^2+y_2^2$.

6. (1) $a=1,b=2$.

(2) $\boldsymbol{P}=\begin{pmatrix}0 & \frac{2}{\sqrt{5}} & \frac{1}{\sqrt{5}}\\ 1 & 0 & 0\\ 0 & \frac{1}{\sqrt{5}} & -\frac{2}{\sqrt{5}}\end{pmatrix}$, 标准形为 $2y_1^2+2y_2^2-3y_3^2$.

7. (1) $\boldsymbol{P}=\begin{pmatrix}-\frac{1}{\sqrt{3}} & -\frac{1}{\sqrt{2}} & \frac{1}{\sqrt{6}}\\ -\frac{1}{\sqrt{3}} & \frac{1}{\sqrt{2}} & \frac{1}{\sqrt{6}}\\ \frac{1}{\sqrt{3}} & 0 & \frac{2}{\sqrt{6}}\end{pmatrix}$;

(2) $\boldsymbol{C}=\boldsymbol{P}\begin{pmatrix}1 & & \\ & 2 & \\ & & 2\end{pmatrix}\boldsymbol{P}^{\mathrm{T}}$.